최신 RFID 기술

여준호 저

홍릉과학출판사

머리말

모든 사물이 지능화되고 네트워크로 연결할 수 있는 유비쿼터스(Ubiquitous) 기술은 20세기 후반부터 전 세계적으로 연구되고 있으며 최근들어 반도체 집적 기술과 컴퓨터 기술의 발달로 구현이 현실화됨으로써 각광 받고 있다. 이러한 유비쿼터스 기술 중에서 RFID(Radio Frequency IDentification) 기술은 유비쿼터스 컴퓨팅의 차세대 핵심 기술로 여겨지고 있다. RFID 기술의 기원은 2차 세계대전 당시 연합군 항공기와 적기를 구별하기 위해 개발한 아군기-적기 식별 시스템 (IFF: Identification, Friend or Foe)에서 시작되었으며, 현재 RFID 기술은 우리 실생활에서 교통카드, 출입통제용 카드 및 스마트 카드, 도서관 서적관리, 우편물 관리, 학교에서 출석 확인 등에 이용되고 있다. RFID 기술은 초기에는 태그에 저장된 ID를 이용하여 단순한 사물 정보를 제공하는 기능에서 사물의 이력 정보를 저장하는 기능으로 확장되고, 태그에 다양한 센서를 부가하여 온도, 습도 등과 같은 주변 환경 정보를 센싱하는 기능으로 발전하고, 궁극적으로는 센서 네트워크처럼 태그 간의 통신 및 제어가 가능한 지능형 네트워크로 발전할 것으로 예상된다.

이 책은 향후 실현될 유비쿼터스 사회의 근간이 되는 RFID(Radio Frequency Identification) 기술의 개요, 원리, 응용, 국제표준화 및 정보보호기술 등을 최신 동향 및 정보를 바탕으로 다루고 있으며, 크게 다섯 부분으로 나누어져있다. 1장은 RFID 기술의 설명에 앞서 유비쿼터스 사회에 대해 설명한다. 유비쿼터스 사회는 결국 RFID 기술이 적용되고 구현되는 종착점이라고도 할 수 있으며, RFID 기술 및 다른 센서 네트워크와 유무선 통신망을 결합하여 최종적으로는 사용자가 환경과 시간의 제약없이 컴퓨터와 네트워크 망에 접속하여 서비스를 받는 사회이다. 그리고 RFID 기술의 개발이 결과적으로 어떠한 목표를 가지고 있는지, 관련된 연구는 언제부터 연구되었는지, 앞으로는 어떻게 연구 될 것인지, 그와 관련된 연구는 어떠한 것들이 있는지에 대해서 간략히 설명한다. 2장은 RFID의 시스템의 구성 및 시스템 분류, RFID 시스템 구성 요소의 핵심 기술에 대해 정리하였다. RFID의 특성상 주파수별, 사용목적별, 태그의 전지유무 등에 따라 몇 가지로 분류 할 수 있으며, RFID 시스템의 구성 요소인 리더, 태그, 미들웨어 각각의 핵심 기술에 대해 기술하였다. 또한, 이러한 핵심기술의 현재 기술 동향에 대해서도 최신자료들을 추가하여 최신 기술 동향을 습득할 수 있게끔 해준다. 3장은 RFID 기술의 문제점 중의 하나이며, 현재 이슈가 되고 있는 정보 보호와 관련된 내용을 다룬다. RFID 기술은 무선주파수를 이용하는 기술이며,

그 응용 분야는 주로 사물의 정보, 개인의 신상 정보를 가지고 서비스류가 대부분이다. 이러한 사물의 정보가 무방비상태의 공간에 떠돌아 다니게 된다면 이는 사생활 정보의 침해 및 다른 범죄에 악용될 가능성이 많아지게 된다. 이러한 문제점들의 해결방법, 기술동향 및 관련 법규에 대하여 설명한다. 4장은 RFID 기술과 관련된 국내 및 국외의 표준화 현황을 최신자료를 이용하여 정리하였다. 표준화는 전세계적으로 단일화된 규격의 제품 생산으로 RFID 제품 설계시 또는 사용자가 제품 사용시 다양한 규격들을 사용했을 때의 혼란을 없앨 수 있으며, 현재 각 나라별로 자국의 기술이 국제 표준화가 될 수 있도록 많은 노력들을 하고 있다. 세계 표준화 기구 및 국내 표준화 단체 등의 최신 자료들을 엄선하여 현재 표준화 동향을 상세히 기술하였다. 5장은 RFID의 적용 분야에 관해 정리하였다. RFID 기술이 실제 우리 생활에 어떻게 적용되는지에 관해서, 여러 가지 응용 분야가 있겠지만 그중에서도 특히 국내 정부의 RFID 시범사업을 중심으로 그 내용을 정리하여 단순한 가상 시나리오가 아닌 실제 현장에서 적용되고 있는 서비스를 살펴봄으로써 RFID 응용에 대해서 쉽게 이해할 수 있도록 한다.

이 책은 RFID 기술을 처음 접하는 학생들에게 RFID 기초 지식과 기술 습득하는데 도움을 줄 수 있을 뿐만 아니라, RFID 관련 업체 종사자나 기술자들에게는 산업분야에서의 현장 적응력을 배양하고 현장에서 바로 활용 가능한 최신 기술을 습득할 수 있으며 새로운 응용 분야에 적용할 수 있는 창의적인 아이디어를 발굴하여 구현하는데 도움이 될 것으로 기대한다.

마지막으로 이 책이 나오기까지 자료조사와 원고작성에 도움을 준 대구대학교 김용주 학생에게 감사하며, 출간되기까지 많은 수고를 해주신 홍릉출판사 관계자분들에게 깊은 감사를 드립니다.

2008년 2월

여 준 호

목 차

제 1장 RFID/USN과 유비쿼터스 사회 1

1.1 유비쿼터스 사회 2
1.1.1 유비쿼터스 컴퓨팅 5
1.1.2 유비쿼터스 지향점 14
1.1.3 유비쿼터스 서비스 15
1.2 RFID/USN 기술 개념 20
1.2.1 USN 개념 20
1.2.2 USN 응용 분야 24
1.2.3 RFID 개념 29
1.2.4 RFID/USN 시장 동향 32

제 2장 RFID 기술 39

2.1 RFID 분류 42
2.1.1 주파수대역에 의한 분류 42
2.1.2 에너지 결합방법에 의한 분류 46
2.1.3 태그 전원 유무에 따른 분류 47
2.1.4 태그 Read/Write능력에 따른 분류 49
2.2 RFID 시스템의 구성 50
2.2.1 RFID 태그 51
2.2.2 RFID 리더 64
2.2.3 RFID 미들웨어 70
2.3 모바일 RFID 기술 83
2.4 차세대 RFID 기술 90
2.4.1 센서(Sensor) 태그 90
2.4.2 칩리스(Chipless) 태그 96

제 3장 RFID 정보보호 ······111

3.1 개인정보와 RFID 정보 ······ 112
3.2 RFID 시스템에서 발생할 수 있는 공격 기법 및 위협 ······ 115
3.3 정보보호 필요 요소 ······ 117
3.3.1 인증 ······ 117
3.3.2 암호알고리즘 ······ 117
3.3.3 보안프로토콜 ······ 118
3.3.4 네트워크 인프라공격 대응 (DoS) ······ 118
3.4 RFID 정보보호 기술 ······ 119
3.4.1 인증 및 접근 제어 ······ 119
3.4.2 도청 방지 ······ 125
3.4.3 정보 차단 ······ 131
3.5 RFID 네트워크 정보보호 기술 ······ 135
3.5.1 리더와 태그 구간 ······ 136
3.5.2 리더와 로컬 서버 구간 ······ 137
3.5.3 유선구간(서버 ↔ 서버 구간) ······ 141
3.5.4 ODS(Object Directory Service) ······ 141
3.5.5 정보서버 ······ 142
3.6 RFID 프라이버시 보호 가이드라인 ······ 143
3.6.1 RFID 프라이버시보호 가이드라인의 필요성 ······ 143
3.6.2 RFID 프라이버시 보호에 대한 법제 동향 ······ 144
3.6.3. 국내 RFID 프라이버시 보호 가이드라인 ······ 150
3.7 RFID 정보보호 서비스 ······ 156
3.7.1 RFID를 이용한 화물 컨테이너 보호 ······ 156
3.7.2 RFID 기반 유가증권 보호 기술 ······ 161

제 4장 RFID 표준화 및 특허 ······171

4.1 RFID 표준화 ······ 172
4.1.1 표준화 ······ 172
4.1.2 표준화의 필요성 ······ 173
4.1.3 RFID 기술 표준화 영역 ······ 174

4.1.4 ISO/IEC 국제공식표준 ··· 175
4.1.5 EPCglobal 국제사실표준 ··· 215
4.1.6 국내 RFID표준 ··· 224
4.1.7 모바일 RFID 표준 ··· 227
4.1.8 국내외 RFID 주파수 배분 및 기술기준 ··· 231
4.2 RFID 특허 ··· 236
4.2.1 특허 개요 ··· 236
4.2.2 특허 정보 ··· 236
4.2.2 RFID 관련 특허 동향 ··· 240

제 5장 RFID 응용 ··· 245

5.1 국내 시범사업 ··· 248
5.1.1 RFID 기반 u-의약품 공유시스템 구축사업 ··· 249
5.1.2 RFID 기반 항공화물 공통 RFID 인프라 구축사업 ··· 254
5.1.3 RFID 기반 식품안전정보관리 공통시스템 구축사업 ··· 258
5.1.4 RFID/USN 기반 양식지능화 시스템 개발 ··· 263
5.1.5 모바일 RFID u-포털 서비스(SKT) ··· 267
5.1.6 모바일 RFID u-스테이션 서비스(KTF) ··· 272
5.2 RFID 확산사업 ··· 276
5.2.1 RFID를 활용한 군수물자관리시스템 확산사업 ··· 276
5.2.2 RFID를 활용한 u-기록물관리 확산사업 ··· 278
5.2.3 RFID 기반 국가물품관리서비스 고도화 ··· 280
5.3 적용사례 ··· 282
5.3.1 스마트형 유아 안심관리 유니폼 ··· 282
5.3.2 RFID 자산관리 ··· 284
5.3.3 RFID를 이용한 RTLS(Real Time Location Systems)의 응용 ··· 288
5.3.4 RFID를 이용한 도서관리 ··· 394
5.3.5 u-헬스케어(Healthcare) ··· 297

제 1장

RFID/USN과 유비쿼터스 사회

1.1 유비쿼터스 사회

현재 우리가 살고 있는 정보화 사회(Information Oriented Society)는 인터넷을 기반으로 하고 있으며 미래에는 모든 사물이 지능화되고 네트워크로 연결되는 유비쿼터스 사회(Ubiquitous Society)로 발전해 갈 것이다. 미국 Xerox PARC(Palo Alto Research Center)의 마크 와이저(Mark Weiser) 박사는 1988년 '유비쿼터스 컴퓨팅'에 대해 처음으로 언급을 하였다. 유비쿼터스의 아버지라고도 불리는 그는 '21세기의 컴퓨터(The Computer of the 21st Century)라는 유비쿼터스에 대한 첫 논문에서 유비쿼터스의 컴퓨팅 환경을 형성하는 여러 분류의 컴퓨팅 기기들을 제시하였으며, 유비쿼터스 컴퓨팅이 메인 프레임(Main Frame), PC에 이은 제 3의 정보혁명의 물결을 이끌어 갈 것이라고 주장하였다. 또한, 그는 유비쿼터스 컴퓨팅을 통하여 신기술로 인해 소외되는 인간들을 하나의 인간 공동체로서 재활시키려는 이념을 담고 있었다. 언제 어디서든 사용가능한 컴퓨팅이 여러지역의 사람들을 한 곳에 모을 수 있는 것이 유비쿼터스 컴퓨팅이라고 생각했기 때문이다. 한편, 이와 비슷한 시기에 일본의 트론(TRON) 프로젝트를 주도해 세계의 주목을 받은 사카무라 켄 교수는 유비쿼터스 환경이 정보습득과 활용이 최적화되어 소모성 자원의 효율적인 사용이 가능해 질것이며, 지속적 성장이 가능한 순환형 시스템의 정착을 가능하게 해줄 것이라고 그의 저서에서 밝힌바 있다. 또한, 세계 최대의 소프트웨어 업체인 마이크로소프트(MS)의 빌 게이츠 회장은 2002년 컴덱스(COMDEX) 기조연설에서 'SPOT(Smart Personal Object Technolohy)를 새로운 화두로 제시하였다. SPOT의 스마트 오브젝트는 유비쿼터스와 유사한 개념으로 모든 사물에 인터넷 기능을 구현하여 언제 어디서든 온라인에 쉽게 접근 할 수 있는 전자 기기를 의미한다. 이와 같이 전 세계적으로 유비쿼터스에 관한 관심이 커지고, 불과 얼마 전까지만 하더라도 인터넷 기반의 정보화 사회, e-사회(electronic Society)를 외치던 세계도 이제는 u-사회(ubiquitous Society)를 외치고 있다. [1-1]

21세기 현재 정보통신 분야에서 가장 가파른 성장곡선을 타고 있는 단어인 '유비쿼터스(ubiquitous)'는 이제는 일반인들도 그 뜻을 알고 있을 만큼 널리 알려진 단어이다. 이 단어는 원래 라틴어로서 '신이 언제나(anytime) 어디에나(anywhere) 존재하는, 동시에 도처에 존재하는' 이라는 의미인데, 이 어휘가 컴퓨팅 또는 네트워크와 합하여 '유비쿼터스 컴퓨팅(Ubiquitous Computing)' 또는 '유비쿼터스 네트워크(Ubiquitous Network)' 라는 키워드로서 최근 사용되고 있다. '유비쿼터스 컴퓨팅'의 창시자로 불리는 마크 와이저 박사는 그 개념의 설명을 다음과 같이 하고 있다. '미래의 컴퓨터는 우리가 그 존재를 의식하지 않은 형태로 생활 속에 점점 파고들어 확산될 것이다. 한 개의 방에 수 백개의 컴퓨터가 있고, 그것들이 케이블과 무선으로 상호 접속 되어 있을 것이다'. 이 말은 초소형의 컴퓨터들이 각자 다양한 크기와 특정 목적에 맞는 역할을 맞게 된다는 것을 전제 하고 있음을 알 수 있다. 그 컴퓨터들은 지금의 PC와는 달리 사물의 내부에 내장되어 수많은 컴퓨터가 결코 사용자를 귀찮게 하거나 불편하지 않게 조용히 자신을 불러주기를 기다리는 이상적인 컴퓨팅 환경을 제공하는 것이다. 유비쿼터스 컴퓨팅은 인간에게 가능한 한 컴퓨터의 모습은 사물 속에 숨겨져, 우리의 시야에서 사라진다. 이러한 사라짐은 벽장, 물건 등의 환경 속으로 스며든다는 의미로도 표현이 가능한데, 이런 의미에서 '유비쿼터스 컴퓨팅'이란 용어 대신 '퍼베이시브 컴퓨팅(Pervasive computing)'이라는 용어도 함께 사용된다. 그리고 기존의 PC 보다는 사용이 훨씬 용이해진 지능적인 형태가 되어 상황인식(context awareness) 이나 위치 인식(location awareness)의 기능이 뛰어나서 컴퓨터에 끌려 다니는 현재와는 다른 환경과 서비스를 제공하여 인간의 삶을 보다 자연스럽게 이끌어주는 기술이라 할 수 있다. [1-2]

결국 미래사회는 컴퓨터들이 현실 공간 전반에 걸쳐 편재되고, 이들 사이는 유무선 통신망을 통해 이음새 없이 연결되어 사용자가 필요로 하는 정보나 서비스를 즉시에

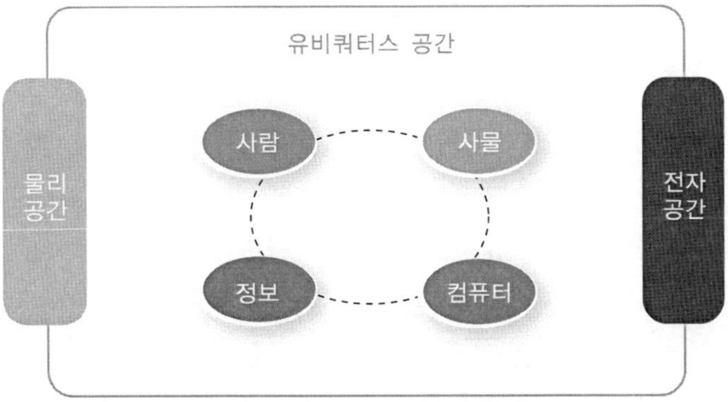

[그림 1-1] 유비쿼터스 개념도 [1-3]

제공하는 환경으로, 유비쿼터스 컴퓨팅과 유비쿼터스 네트워크의 결합 그리고 나노기술(NT; Nano Technology), 바이오기술(BT; Bio Technology)과의 거대융합으로 인해 차세대 IT 혁명과 동시에 사회전반에 총체적인 변화가 있을 것으로 생각되어 진다.

[그림 1-1]과 같이 유비쿼터스란 말이 생기면서 기존에 물리공간과 전자공간으로 나뉘던 것이 이제는 제 3의 공간 유비쿼터스 공간이 만들어지게 되었다. 유비쿼터스 공간에서는 물리적 환경과 사물들 간에도 전자공간과 같이 정보가 흘러 다니며 마치 사람이 그 속에 들어가 있는 것처럼 지능화되어 정보를 수신 및 발신하고 사람들이 원하는 활동을 수

행한다. 결국 유비쿼터스 혁명은 물리공간과 전자공간의 한계를 동시에 극복하고 사람, 컴퓨터, 사물을 하나로 연결함으로써 최적화된 공간을 창출하는 마지막 단계의 공간혁명이다.

이러한 개방적이고 언제 어디서든 정보와의 접촉이 가능한 사회는 멀리 있지 않다. 사람과 컴퓨터, 그리고 사물이 하나로 연결되는 유비쿼터스 라이프(Ubiquitous Life)는 이미 우리생활 깊숙이 파고들어 우리생활의 일부분을 차지하고 있다. 교통카드나 출입증 카드가 대표적인 예이지만 우리는 그것이 유비쿼터스 라이프의 일부분이라는 것을 인식하지 못하고 있었을 뿐인 것이다. 교통카드를 가지고 버스나 전철의 개찰구를 통과할 때 카드 속에 들어 있는 정보는 물리공간에 존재하는 센서와 신호를 주고받으며 요금을 계산하며, 출입자의 신분을 증명 및 확인해 주는 역할을 한다.

휴대폰과 금융 서비스의 연계로 최근 금융권에서는 고객이 은행창구를 직접 찾지 않고도 통신망을 이용하거나 휴대폰의 적외선 통신으로 은행 ATM 기기를 통하여 언제든지 잔고확인, 계좌이체 등의 업무를 볼 수 있으며 앞으로는 TV를 보면서 리모컨을 이용한 은행 업무가 가능한 T-Banking 서비스도 곧 도입이 될 것으로 본다.

위치 정보를 자동으로 발신하는 태그를 넣어 절대 잃어버리지 않는 골프공도 나왔으며, 일부 고급 자동차에 장착되는 자동감지 와이퍼는 빗물의 양의 스스로 감지해 와이퍼의 속도를 조절하며, 자동차의 키를 가진 운전자가 자동차 문 앞에만 다가서도 자동으로 문이 열리게 되는 스마트키 기술(Smart Key)도 개발되었으며, 지능형 타이어(Intelligent Tire)는 타이어 내부에 설치된 자동센서가 압력과 온도를 스스로 감지하고 공기압의 이상 유무를 운전자에게 알려준다.

전국의 국공립 및 학교 도서관에서도 이미 대출 및 반납 시 직원들과 눈을 마주칠 필요가 없게 되고, 도서관 자리예약의 불편함도 이제는 유비쿼터스 도서관(u-Library)으로 인해서 해결 될 수 있게 되었다. 학교에서는 건물 곳곳에 부착된 센서 및 칩셋 형태로 태그가 심어져 학생과 교사, 방문자 모두가 언제 어디서나 어떤 단말기로도 필요한 정보를 수집하고 교환 할 수 있는 유비쿼터스 캠퍼스(u-Campus)의 구현도 얼마 남지 않았다.

이밖에도 전국의 각 도시들 마다 지방 행사나 시티 투어를 위해서 도시 곳곳에 센서나 태그를 심어 두어 타 지역 여행객이나 해외여행자들이 단말기를 가지고 관광명소나 맛집, 혹은 버스 정류장에 부착된 태그에 갖다 대기만 하면 관련된 정보를 단말기를 통해 즉시 받아 볼 수 있는 서비스가 시범적으로 시행 중에 있다.

[그림 1-2]는 2005년 정보통신부에 의해 개관된 'u-드림관'의 모습이다. 정보통신부 1층에 마련되었으며 총 300평 규모의 전시관은 'u-홈', 'u-거리', 'u-사무실', '미래형 상점', '온라인게임 공간' 등으로 구성되어 있다.

'u-홈'에는 인체매질 통신을 통해 인증된 주인에게만 문을 열어주는 지능형 문(Smart Door),

관람객이 직접 음성을 통해 다양한 서비스를 시연할 수 있는 거실 등으로 구성되어 있다. 또 벽에는 디지털 액자가 걸려 있어 세계적 명화들이 수시로 바뀌면서 집안의 분위기를 바꿔준다. 'u-거리'와 'u-사무실'에는 이용자의 일정에 맞춰 적정한 노선버스 정보를 제공하는 지능형 정거장(Smart Station), 서비스 로봇이 일정을 체크, 메일 정리, 보고 준비를 도와주는 모습들을 체험해볼 수 있다. '미래형 상점(Future Store)'에서는 RFID(전자태그)를 통해 훨씬 편리해진 쇼핑 문화를 체험할 수 있다. 물건을 골라서 그냥 출입구를 통과하기만 하면 계산이 저절로 이뤄진다.

이밖에 이동 중에도 고화질로 방송을 시청할 수 있는 지상 및 위성 DMB(Digital Multimedia Broadcasting)가 전시회며, 악수만으로도 전자명함을 교환할 수 있는 웨어러블 PC, 손목 PC 등이 전시되어 첨단 정보통신 기술이 가져다 줄 미래의 생활상을 미리 체험해 볼 수 있다. u-드림관에 전시된 기술 중에서 일부는 이미 서비스 중이며, 수년 내에 이러한 유비쿼터스 라이프를 실제로 누리며 살 수 있을 것이다. 이렇듯 유비쿼터스 사회에서는 모든 정보들이 공유가 되며, 때와 장소를 가리지 않으면서 이용자에게 최대한의 편의를 제공해준다. [1-4]

[그림 1-2] 유비쿼터스 드림관(u-드림관, 정보통신부)

1.1.1 유비쿼터스 컴퓨팅

유비쿼터스 컴퓨팅의 창조자인 마크 와이저는 유비쿼터스 컴퓨팅의 개념을 크게 두 가지로 요약했다.

첫째, 어디에나 존재하는 컴퓨터 : 보이지 않는 컴퓨터

(Invisibcl Computer, or Disappearing Computer)

사회과학자, 철학자, 인류학자들로부터 영감을 얻은 마크 와이저는 컴퓨팅과 네트워킹

이 어떻게 되어야 하는지 근본적으로 고찰했다. 일상생활에서 어떤 물건을 새로 장만하거나 가지게 됐을 때 그 물건의 사용법은 낯설기만 하지만 계속해서 사용하다 보면 사용법은 익숙해지고 자신도 모르게 자연스럽게 된다. 보이지 않는 컴퓨팅도 이와 마찬가지로 생활하는 가운데 불편함을 느끼지 않고 자연스럽게 컴퓨팅을 하는 것이다. 보이지 않는 컴퓨팅을 처음 시도해본 것은 사무실에 일인당 여러 크기의 수많은 무선컴퓨팅 디바이스를 가지게 하는 것이였다. 이 테스트는 운영체제, 사용자 인터페이스, 네트워크, 무선, 디스플레이 등 여러 분야의 작업을 필요로 했다. 이들은 PDA 와는 달리 보이지 않아야 하며 퍼스널 디바이스 개념이 아니라 일상생활 곳곳에 존재하는 자연스러운 목재 물건과 같아야 한다.

둘째, 사용자가 의식하지 않고 자연스럽게 사용하는 컴퓨터 : 조용한 컴퓨터 (Calm Computer)

지난 30여년 동안 컴퓨터에 대한 연구, 디자인에 대한 연구는 아주 드라마틱한 기계를 꿈꾸어 왔다. 이 꿈의 최고 목표는 없어서는 안 될 정도로 재미있고, 경이적이며 흥미있는 컴퓨터를 만드는 것이다. 그가 말하는 '보이지 않는다'는 것의 마지막 단계는 생각하지 않고 사용할 정도로 임베디드(embeded)되며 자연스럽고 적절한 컴퓨터를 만드는 것이다. 이런 것을 구현하기 위해 ParcTab. ParcPad, Liveboard 등을 만들어 봤지만([그림 1-5] 참조) 보이지 않는 것은 아니였다. 그는 이 작업을 통해 '눈에 보이지 않는' 유비쿼터스 컴퓨팅의 새로운 방향을 찾았다. [1-5]

마크 와이저의 유비쿼터스 컴퓨팅에 대한 이 두 가지 정의를 정리하면 '일상생활 언제 어디서든 사람이 컴퓨터를 사용하지만 전혀 의식하지 않고 자연스럽게 상황에 맞는 서비스를 사용 하는 것'이 바로 유비쿼터스 컴퓨팅이라 할 수 있겠다.

이러한 보이지 않는, 상황에 적절한 유비쿼터스 컴퓨팅을 구축하기 위해서는 네트워크 인프라 및 단말/정보가전의 통합 및 상황인식 기술이 굉장히 중요하다. 유비쿼터스 환경은 고객이 원하는 서비스 즉, 은행 업무, 쇼핑, 메디컬 케어(Medical Care), Home Theater, 사무실의 업무를 보는 등 다양한 요구를 집, 자가용, 사무실, 비행기 등 어디에서든지 원하는 시간에 서비스를 제공 할 수 있어야 한다. 이러한 기능을 가능케 하는 기술은 우리가 매일 사용하는 기기들(휴대폰, PDA, 노트북 등)의 컴퓨팅 기능과 네트워크 기능이 함께 제공되어야 함을 의미한다. 이를 위해서 서비스는 개방형 서비스를 제공할 수 있는 기반과 더불어, 개인화(Personalization), 지능화를 통한 통합 서비스 플랫폼(Integration service platform)을 갖추어야 할 것이다.

통합 서비스 플랫폼을 고객이 가진 기기를 통해 제공하기 위해서는 센서, 초소형 컴퓨터칩, MEMS(Micro-ElectroMechanical Systems) 등의 기술과 연동하여 정보가전을 통합하고, 다양한 접속을 가능케 하는 광대역 네트워크를 통한 서비스가 전달이 되어야 한다.

광대역 네트워크는 이동통신, 유선통신, 방송 및 위성 등 다양한 네트워크가 서로 연동되어 서비스를 제공 할 수 있어야 한다. 미디어, 금융, 거래, 방송, 홈 기능 등의 서비스를 모든 UAP(Ubiquitous computing network Access Point, 유비쿼터스 컴퓨팅 네트워크 접속지점)에서 WLAN과 xDSL 및 가정의 게이트웨이, 블루투스, 이동통신, 위성통신의 네트워크를 통해 제공되어야 할 것이다.

또한, 네트워크에 대한 고속 이동성 및 속도를 보장하기 위한 시스템이 등장하게 되는데, 이 시스템은 이종망간의 고른 수직 핸드오버 제공이 중요하며, 유비쿼터스 컴퓨팅 네트워크와의 연동이 필수적이다. 한정된 공간에서의 무선 접속 기술은 블루투스(Bluetooth)나 무선랜(WLAN), WCDMA 등의 사용과 외부에서 이동하면서 무선 접속을 하기 위한 휴대인터넷, 4세대 이동통신 등의 기술이 필요하다. 이동 네트워크 기술은 e-mail, e-commerce, ITS, WWW 등의 제공에서 벗어나 화상전화, 휴대용 TV 및 영상 멀티미디어 서비스를 제공하게 된다.

유비쿼터스 컴퓨팅은 또한 사용자의 상황에 따라 제공되는 서비스가 변해야 한다. 상황(context)이란 사용자를 둘러싸고 있는 정보를 말한다. 사용자는 지속적으로 이동을 하고 그에 따라 사용자를 둘러싸고 있는 환경도 계속해서 변동하게 된다. 과거의 컴퓨팅 시스템에서는 그러한 상황정보를 사용자가 직접 입력하여 갱신해주는 방법을 사용하였다 하지만 상황에는 그 종류가 매우 다양하여 사용자가 직접 이것을 실시간으로 입력한다는 것은 힘든 일이다.

사용자 상황을 보면 먼저 사용자 주변의 물리적 환경(physical context)이 있다. 그리고

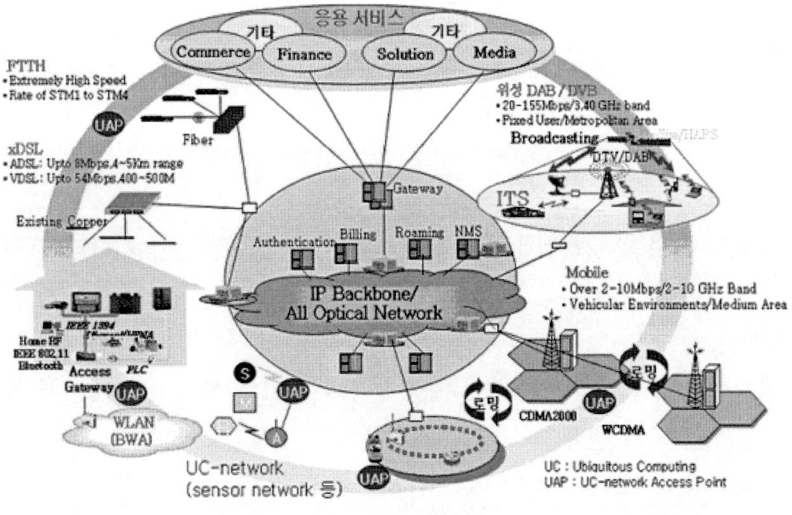

[그림 1-3] 유비쿼터스 네트워크의 연동 [1-6]

시간에 관련된 환경(temporal context)이 있고, 의료환경(physiological context)이라고 하는 사람의 생리, 그 사람의 신체적인 것에 관련된 환경이 있다. 또한 사람이 화가 난 상태인지 혼란에 빠져있는 상태인지 신체의 변화를 읽어 인간의 감정을 나타내는 감정상태(emotional context)라는 것도 있다. 이외에도 개인의 어떠한 기록도 상태가 될 수 있으며, 개인의 일상생활양식 또한 하나의 상황이 될 수 있다. 이렇게 환경 상황은 다양하게 있을 수 있다. 그것을 지능화된 초소형 센서 등을 통하여 상황을 인지하여 사물과 주변 환경의 변화를 인식 또는 추적하여 그에 따른 적절한 정보와 서비스를 제공하는 것이 바로 유비쿼터스 컴퓨팅이다. 예를 들면, 가정에서 외출하기 직전 오늘의 날씨에 대한 정보를 미리 습득하고 사람의 감정 상태를 미리 인지하여 그날 외출복은 어떤 디자인, 어떤 색상으로 코디를 할지를 모니터로 보여준다면 편리 할 것이다. [1-7]

결국 우리가 사용하는 TV, PC, PDA, 휴대폰 등 각종 정보통신기기들은 다양한 접속 및 이종망 간의 고른 수직 핸드오버 제공이 가능한 터미널 기능을 갖추고 정보가전과의 통합이 반드시 고려되어 제품화 되어야 하는 것이다.

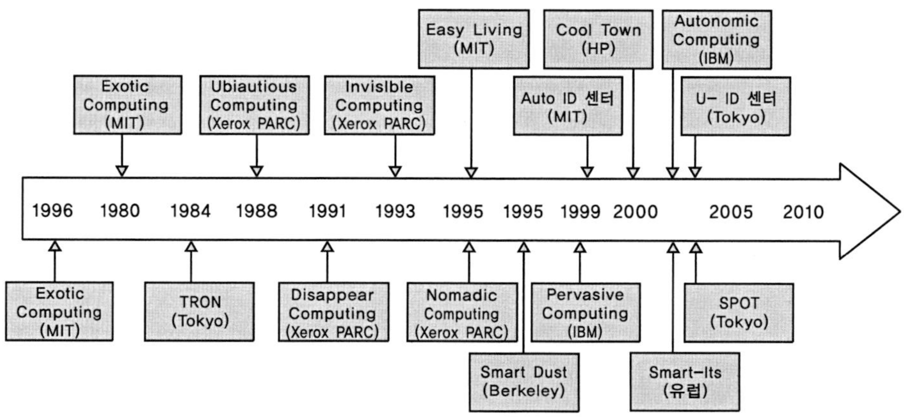

[그림 1-4] 유비쿼터스 컴퓨터 연구 역사 [1-8]

이러한 유비쿼터스 컴퓨팅의 개념 및 기술은 [그림 1-4]에 나타나 있듯이 각 나라별로 연구를 진행해 나가고 그 개념을 조금씩 확장시켜나며 관련 기술 개발도 진행 되고 있는 상황이다.

실질적인 유비쿼터스 기술에 대한 연구는 1988년 Xerox PARC에서 시작되었다고 볼 수 있다. 유비쿼터스 컴퓨팅의 개념을 처음으로 소개하고 그와 관련된 프로젝트의 결과물로 ParcPad와 ParcTab이 개발되었다. ([그림 1-5]참조)

그 후 유럽에서 Disappearing Computer 프로젝트가 진행되면서 다양한 개념과 실험적인 시도들이 일어났다. [1-8]

미국은 이 분야에서 가장 활발한 활동을 보이고 있다. 국가적으로는 국방성 산하의 DARPA(Defense Advanced Research Projects Agency)를 중심으로 대학이나 연구기관에 대한 연구 자금을 지원하고 있다. DARPA의 IPTO(Information Processing Technology Office)는 현재 버클리 대학의 Smart Dust, Endeavour 프로젝트, 조지아 공대의 Info-Sphere 프로젝트, 워싱턴 대학의 Portolano, 카네기 멜론 대학의 Aura, MIT의 Oxygen 등을 지원하고 있다.

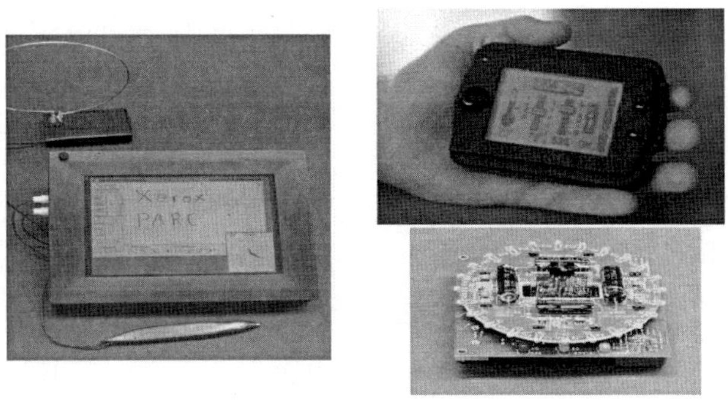

[그림 1-5] Xerox PARC의 유비쿼터스 컴퓨터 프로젝트 [1-9]

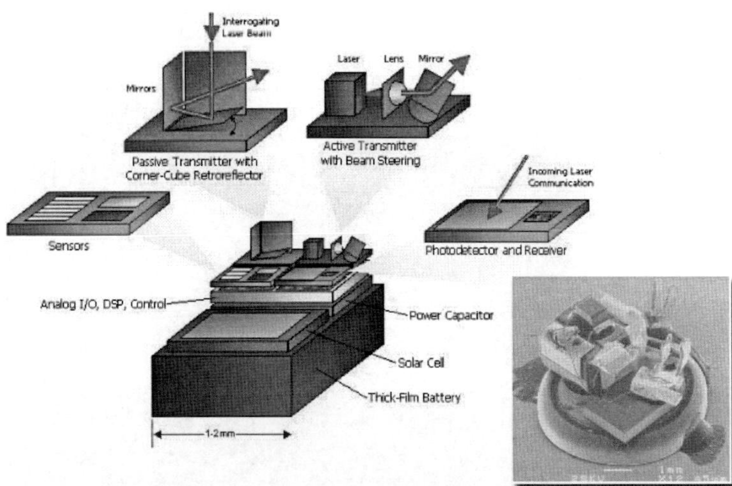

[그림 1-6] Smart Dust 프로젝트의 Multifunctional Mote [1-10]

또한, NIST(National Institute of Standards and Technology)의 ITOA(Informatie Technologie & Organisatie Advies)는 Pervasive Computing을 지원하고 있다. [그림 1-6]은 UC Berkely대학에서 수행한 '스마트 더스트(Smart Dust)' 프로젝트의 연구 결과물인 모트(mote) 이다. 스마트 더스트는 1㎟ 크기의 실리콘 모트(Silicon mote)라는 입방체 안에 완전히 자율적인 센싱과 통신 플랫폼 능력을 갖춘 보이지 않는 컴퓨팅 시스템이다. 이는 가벼워서 떠다닐

수 있고 에너지 관리, 제품의 품질 관리 및 유통관리, 군사 목적으로 사용된다.

한편, 미국 기업들은 주로 이동성 지원 및 지능형 공간에 대한 어플리케이션에 주력하고 있다. 마이크로소프트는 EasyLiving 프로젝트를 전략적으로 추진하고 있다. 이 프로젝트는 물리적인 공간 세계와 전자적 센싱과 세계 모델링(Sensing and World Modeling) 공간 및 분산 시스템의 결합을 통해 인간에게 가장 쉬운 삶의 공간을 창조하는 것을 목표로 하고 있다.

HP는 CoolTown 프로젝트를 통해 유무선 통신 네트워크 기술과 웹 기반의 정보 통신 기술을 기반으로 하는 미래 도시 모델을 제시하고 있으며, 2002년 부터 영국의 버크셔와 미국의 팔로알토, 그리고 캐나다에서 시범 도시를 설립하여 운영 중에 있다. 이 프로젝트는 노매딕 컴퓨팅(Nomadic Computing), 어플라이언스, 네트워킹, 웹 등 다양한 분야에 대한 연구를 총체적으로 포함하고 있으며, 모바일 서비스를 중심으로 연구를 진행하고 있다. IBM은 컴퓨터들이 주변환경속으로 스며드는 Pervasive Computing이 미래의 문제에 대한 해결 방안으로 보고 이 분야에 역점을 두고 연구를 진행 중이다. [그림 1-7]은 HP 의 CoolTown 프로젝트의 일부 서비스를 나타낸 것이다. 사람들은 모바일로, 장치와 서비스는 상황 인식에 따라 연합되며 모든 것을 웹에서 실현할 수 있으며, 워싱턴 쿨타운 스쿨, 스타벅스 핫스팟 등 조금씩 현실로 바꾸어 나가고 있다.

[그림 1-7] HP의 CoolTown 프로젝트 [1-11]

유럽에서는 2001년에 시작된 유럽연합(EU)의 정보화 사회 기술(IST, Information Society Technologies)의 일환으로 미래기술계획(FET)이 '사라지는 컴퓨팅(Disappearing Computing)'을 지원을 하면서 유비쿼터스 컴퓨팅에 대한 대응 전략을 모색하고 있다. 현재 16개의 독립적인 프로젝트를 지원하고 있으며, 상황 인식 서비스와 플랫폼, 홈 네트워크 기술, 센서

망 기술 및 단말에 관련된 기술을 연구, 개발하고 있는 엠비언트 인텔리전스(Ambient Intelligence)에 대한 연구도 활발하게 진행 중 이다. 그 중 Smart-Its 프로젝트가 가장 대표적이며, 일반 사물의 지능화 및 지능화된 사물간의 통신을 목표로 하고 있다. 사물에 소형의 내장형 디바이스인 Smart-Its를 삽입하여 감지, 인식, 컴퓨팅 및 무선통신 등의 기능을 지닌 정보 인공물을 개발하고 사물간의 협력적인 상황인식 및 활용할 수 있는 기술을 개발한다. [그림 1-8]참조

바다 건너 일본에서는 1984년에 동경 대학교의 사카무라 켄(Sakamura Ken) 교수가 중심이 되어 제안한 TRON(The Real-time Operating System Nucleus) 프로젝트가 일본 유비쿼터스 컴퓨팅의 효시라고 할 수 있다. 이는 모든 컴퓨터의 운영체제를 공통화해 모든 기기들의 호환성을 실현하는 환경을 구축한다는 개념이다.

[그림 1-8] 유럽의 Smarts-Its 프로젝트의 Mediacup [1-12]

이를 위해서 두 가지의 TRON 프로젝트로 구성하였다. 하나는 내장 컴퓨터 기기에 내장하여 사용하는 내장 컴퓨터의 기본 기술을 개발하는 시스템 프로젝트이고 다른 하나는 내장 컴퓨터의 미래 응용 분야를 연구하는 응용 프로젝트이다. 이 프로젝트의 가장 큰 성과는 지능적 기능을 가진 숨겨진 컴퓨터들을 점대점으로 연결하여, 주변장치들과 대등하게 교환이 가능한 주변 정보들을 가지고 자율적으로 판단하고 동작되도록 한다는 유비쿼터스 네트워크에 대한 개념적 기반을 제공하였다.

이 TRON 프로젝트에서 여러 파생 프로젝트들이 생겨나고 이는 모든 물건들이 컴퓨터를 포함하고 있으며 네트워크에 연결되어 있는 환경을 구현하기 위한 핵심기술을 개발하기 위함 이였다. 예를 들면 T-Engine Forum은 2002년에 TRON을 중심으로 임베디드 개발을 촉진시키고자 설립된 것이다. 그 이후 Ubiquitous ID Center가 설립되어 자체적으로 개발한 사물식별 코드인 'ucode'를 중심으로 RFID 기술을 널리 보급시키는 계기가 되었다. 다음 [그림 1-9]는 TRON 프로젝트를 기반으로 한 일본 도요타 자동차의 "Toyota Dream House PAPI"이다. 이는 유비쿼터스 컴퓨팅 환경이 접목되어 다양한 유비쿼터스 생활을 즐길 수 있도록 설계 되었다.

[그림 1-9] TRON 프로젝트를 기반으로 한 'TOYOTA Dream House PAPI' [1-13]

일본 총무성은 2001년 11월 27일 '유비쿼터스 네트워크 기술의 장래 전망에 관한 조사 연구회'를 발족시키고, e-Japan 전략, e-Japan 중점 계획 등을 발표하였다. 그리고 2002년 6월 11일에는 유비쿼터스 포럼을 정식 발족시켜 일본 차세대 국가 정보화 방향인 유비쿼터스 정보 기반 구축에 본격적으로 나설 것임을 공식적으로 밝혔다. 현재 일본에서는 대학, 연구 기관 그리고 NTT, 소니, 히타치 등의 기업이 하나가 되어 네트워크 관련 기술 분야, 소프트웨어 및 어플리케이션 기술 분야, 보안 및 인증 기술 분야 그리고 디바이스 기술 분야를 중심으로 작업을 추진하고 있다. [1-1][1-7][1-8]

한국의 유비쿼터스 컴퓨팅에 대한 본격적인 연구는 다른 선진국들에 비해 조금 뒤늦은 1999년 한국전자통신연구원(ETRI)이 인터넷을 거대한 전자적 신대륙이란 관점에서 보고 작성한 '지식 정보화 시대의 전자 국토론'이란 보고서를 출발점으로 보고 있다. 이후 2003년 4월 정통부와 KT, SKT, 삼성전자, ETRI가 참가하는 'u-KOREA'포럼을 창립했다. 그리고, 2003년 9월부터 2013년 까지 유비쿼터스 컴퓨팅사업단 산하의 UCN(The Ubiquitous Autonomic Computing and Network) 프로젝트를 추진하면서 통신 플랫폼 및 서비스 프레임워크 기술 등을 연구 중이며, SKT는 2002년부터 MONETA 프로젝트를 통한 모네타 시범 서비스를 실시하였고 현재 각종 단말기에 내장되어 상용화되어 사용 중에 있다. 이밖에도 LG 전자에서는 HomeNet 프로젝트를 통하여 LG 전자의 모든 가전제품을 네트워킹 시키려는 연구도 함께 진행되고 있다. [1-14]

한편, 2005년도부터 e-Korea에서 u-Korea의 새로운 비전을 제시하면서 u-네트워크, u-플랫폼, u-어플라이언스, u-공간, u-서비스/어플리케이션, u-법제도 등의 계층으로 나누어 관련 정책 및 연구를 진행 중이다. 한국은 선진국에 비해 뒤늦게 유비쿼터스 컴퓨팅 연구에 뛰어들었지만 높은 수준의 인터넷과 무선 통신 보급률, 반도체 기술, 홈 어플라이언스 기술, 다양한 컨텐츠 기술 등을 보유하고 있으므로 유비쿼터스 컴퓨팅 시대에 높은 발전 가능성을 가지고 있다. [1-15][1-16]

다음 표는 국내외 유비쿼터스 컴퓨팅 관련 연구 프로젝트를 정리한 것이다.

[표 1-1] 국내외 유비쿼터스 컴퓨팅 관련 프로젝트 [1-17][1-18]

국가	프로젝트명	수행기간	프로젝트 내용
미국	Easy Living	1995년~진행중	· 미국 마이크로소프트사가 제시한 유비쿼터스 컴퓨팅 기술의 시제품 · 상황인식과 위치, 감각 컴퓨팅, 그리고 분산 컴퓨팅, 이동, 무선 컴퓨팅을 통한 u-Home
	Cooltown	1994년~진행	· HP연구소가 미래학자, 사회학자와 함께 연구한 혁신적인 생활공간 프로젝트 · 스마트 정보기기를 웹과 연동하기 위한 일련의 핵심 어플리케이션 및 표준개발기기 컴퓨팅의 구현
	AURA	1999년~진행	· CMU(카네기 멜론대)에서 시작된 '보이지 않는 컴퓨팅(invisible computing)'에 관한 프로젝트 · '가장 귀중한 컴퓨팅 자원은 인간의 집중도'라는 것이 기본적인 생각
	TTT (Things That THink)	1995년~진행중	· 1995년부터 개시한 MIT 미디어랩의 프로젝트로 미래의 컴퓨팅은 '컴퓨터가 우리 주변의 일상생활에 들어와서 그것들이 서로 협조하면서 우리들의 생활을 돕는다'는 생각에 기초 · 인공지능/ 인터페이스 중심의 연구개발이 진행 중
유럽	PALCOM	2004년~2007년12월	· 주관 기관인 University of Aarhus 외에도 11개의 기관이 참여하고 있는 큰 규모의 연구 프로젝트 · Palpable Computing의 약자로, Palpable Computing을 위한 아키텍처와 개념적 프레임워크 개발을 목표
	AMIGO	2004년~2008년2월	· 홈네트워킹 환경의 유용성을 부각시키고, 홈네트워킹 환경에서 상호연동성과 동적인 자동 설정 기능을 구현하기 위한 기술과 서비스 개발
	ASK-IT	2004년~2008년9월	· SIEMENS에 의해 진행되는 프로젝트로 지능형 무선전화 단말기 및 이와 관련된 컨텐츠와 플랫폼 개발
일본	TRON	1984년~진행중	· 사카무라 켄 박사에 의해 1984년에 시작 · 새로운 컴퓨터 운영체제 아키텍처 기술 산업과 학계가 TRON 개념의 성장을 공동으로 이끌기 위해 협력
	GOOPAS	2006년 상용	· 오므론과 도쿄전철이 공동으로 개발한 역의자동개찰을 이용한 정보제공서비스
	T-engine	2002년~진행중	· TRON 프로젝트에서 진화된 표준개발환경 오픈 아키텍처, 오픈개발환경 · TRON 프로젝트의 개념을 그대로 이어옴
한국	UCN Project	2003년~2013년	· 세계 시장을 선도하는 미래 신기술을 개발하기 위한 범부처적인 장기 연구개발사업의 일환으로 추진 · 미래 유비쿼터스 환경에서 사용자 맞춤형 지능형 서비스 구현에 필요한 개방형 유비쿼터스 플랫폼(USPi)과 지능공간 기초 원천 기술을 선행 개발
	HomeNet 프로젝트	2000년~진행중	· LG HomeNet을 구성하는 홈플라이언스 제품을 네트워킹 시키는 것을 목표로 모든 가전제품을 개발

1.1.1 유비쿼터스 지향점 [1-1]

유비쿼터스 컴퓨팅은 각종 사물들과 물리적인 환경 및 공간전반에 걸쳐 컴퓨터들이 편재하되, 사용자들에게는 컴퓨터로서 겉모습이 드러나지 않도록 환경을 조성하고, 모든 사물과 대상이 지능화 되고, 전자공간에 연결되어 서로 정보를 주고받는 공간을 만드는 개념으로 기존 홈 네트워킹, 모바일 컴퓨팅 보다 한 단계 발전된 환경을 말한다. 이에 유비쿼터스는 5A(Any Where, Any Time, Any Network, Any Device, Any Service)와 5C(Computing, Communication, Connectivity, Contents, Calm)를 지향하고 있다.

1.1.2.1 Any Where(어디에서나)

네트워크가 가능한 단말기를 가지고 있다면 어느 장소에 있더라도 네트워크 통신이 가능하다. 예전엔 공중전화와 같은 유선통신이 주류를 이루었지만 지금은 모두 휴대폰을 통한 무선통신이 가능해졌듯이 유비쿼터스 사회에는 음성, 영상뿐만 아니라 다양한 멀티미디어 컨텐츠를 어디에서나 이용 가능하게 될 것이다.

1.1.2.2 Any Time(언제든지)

유비쿼터스 환경은 24시간, 365일 항상 네트워크망에 연결되어 있는 환경이다. 이러한 환경으로 인하여 실시간으로 원하는 서비스를 제공 받을 수 있을 것이다. 예를 들면 집안에 혼자 있는 환자의 정보를 낮과 밤, 새벽을 가리지 않고 병원에서 실시간으로 센싱하는 기술, 산림에 화재 감지 시스템, 자동차의 실시간 이상 유무 감지 등 24시간 네트워크와 연결된 서비스를 받을 수 있게 될 것이다.

1.1.2.3 Any Network(어떤 망이든지)

현재의 통신망은 여러 통신업체로 이루어져 있으며, 사용자는 가입한 통신업체의 네트워크망만을 사용할 수 있었다. 유비쿼터스 환경에서 사용자는 이러한 다양한 통신 사업자에 관계없이 단일 통신망을 이용하는 것처럼 서비스를 받을 수 있을 것이다.

1.1.2.4 Any Device(어떤 단말기라도)

불과 얼마 전까지만 하더라도 TV로는 TV 시청만, 휴대폰으로는 전화통화만, MP3로는 MP3 재생만 가능하였다. 하지만 점차 정보통신 기술이 발달함에 따라 이러한 IT 단말기들이 융합되고 있다. MP3 플레이 동영상 재생 및 전자사전 기능을 뛰어넘어 DMB를 통한 TV 시청도 가능해지고, 더 나아가 휴대폰에서도 이 모든 것들이 가능해졌다. 유비쿼터스 사회에서는 이제 이러한 휴대폰, MP3, TV의 구분이 사라질지도 모른다.

1.1.2.5 Any Service(어떤 서비스라도)

유선전화는 시내, 시외, 국제전화 서비스를 제공하고, 무선전화는 개인용 휴대전화 서비스, 기업용 상업무선통신 서비스를 제공한다. 데이터 통신은 데이터 통신 전용 회선이나 인터넷 회선을 이용했고, 팩스 서비스는 유선전화망을 이용했지만 향후에는 한 개의 통신망에서 이 모든 서비스들을 제공하게 된다. 이를 차세대 통신망(NGN; Next Generation Network)이라 하는데 소프트 스위치가 중심인 통신망이다.

5C의 개념은 5A와 유사한 개념으로 의미하는 바는 아래 [표 1-2]와 같다.

[표 1-2] 유비쿼터스와 5C

컴퓨팅 (Computing)	언제 어디서나 사용할 수 있어야 한다.
커뮤니케이션 (Communication)	언제 어디서나 어떤 장치와도 통신이 가능해야 한다.
접속 (Connectivity)	항상 모든 장치들은 네트워크에 접속되어 있어야 한다.
컨텐츠 (Contents)	어떤 장치에서든지 혹은 이동 중이더라도 유무선을 의식하지 않고 자연스럽게 연동시켜 줄 수 있어서 사용자가 요구하는 컨텐츠를 제공할 수 있어야 한다.
편안함 (Calm)	고요함 또는 편안함이라는 사전적의미로 인간과 직접 커뮤니케이션이 가능한 무장벽 인터페이스(펜, 음성/언어, 몸짓 인식 등)를 이용해서 편안하게 이용한다는 개념이다.

1.1.3 유비쿼터스 서비스 [1-19]

1.1.3.1 u-City

u-City란 도시의 경쟁력과 삶의 질의 향상을 위하여 유비쿼터스 도시 기술을 활용하여 건설된 유비쿼터스도시 기반시설 등을 통하여 언제 어디서나 유비쿼터스 도시서비스를 제공하는 도시를 말한다. 여기에는 기본적으로 건설·정보통신 융합기술을 적용하여 지능화된 시설 및 광대역 종합정보통신망, 초고속정보통신망 기타 통신망 등으로 이루어진 기반시설들을 필요로 한다. 이러한 유비쿼터스 도시기반시설 등을 통하여 행정·교통·복지·환경·방재 등 도시의 주요 기능별 정보를 수

[그림 1-10] u-City

집한 후 그 정보 또는 이를 서로 연계하여 제공하는 서비스를 u-City 서비스라 한다. [1-20]

1.1.3.2 u-Healthcare

때와 장소를 가리지 않고, 사용자의 위치, 건강상태 등을 실시간으로 모니터링하고 개인화된 건강관리를 할 수 있게 끔 해주는 것이 바로 u-Healthcare 서비스이다. 집안 곳곳 혹은 병원 곳곳에 심어진 각종 센서를 통해 거주자의 생체상태나 변화를 감지할 수 있는 계측장비와 센서가 장착되고 이를 통해 수집되는 각종 생체정보는 의료연구센터 내 중앙서버에 실시간으로 전송되어 개인의 건강상태를 점검하는 데이터베이스로 활용 된다. 이와 같은 실험연구가 성공할 경우 병원을 일정시간대에 방문해 고정된 기기로 검사를 받아야 하는 현행 진단체계의 근본적인 변화와 함께 주변 생활 곳곳에 각종 의료용 칩과 센서를 부착하여 언제 어디서나 자연스럽게 의료서비스를 제공하는 유비쿼터스 헬스케어 시대를 앞당기는데 크게 기여할 것으로 된다.

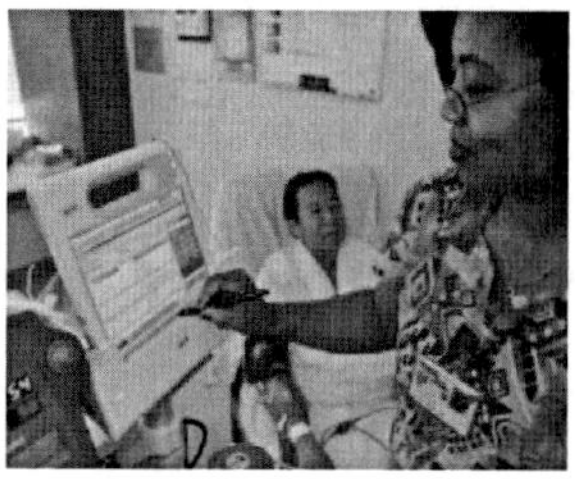

[그림 1-11] u-Healthcare

1.1.3.3 스마트 타이어

[그림 1-12] 스마트 타이어

스마트 타이어(Smarte Tire)란 기존 고무 타이어에 각종 안전센서를 장착해 운전자의 위험상황을 경고하는 기능까지 수행하는 미래형 타이어로 실제 주행 중인 타이어가 펑크가 나기 전에 타이어 공기압 정보를 운전자에게 알려주거나 노면조건을 감지하고 타이어 외부형태까지 바꾸는 꿈의 자동차 타이어이다. 스마트 타이어의 핵심기술인 타이어 압력 모니터링 시스템(TPMS : Tire Pressure Monitoring System)은 네 개의 타이어 내부 링에 장착된 무선 송신기와 압력·온도 센서 모듈, 운전석에 설치된 전용수신기로 구성되어, 시동을 켤 때마다 모든 타이어의 압력상황이 체크되어 계기판으로 압력정보가 전송되고 위험징후 시 경고알람을 보내며 디스플레이를 통해 위급상황을 무선으로 준다.

1.1.3.4 위치기반서비스(LBS)

LBS(Location Based Service)는 휴대폰 속의 칩을 이용해 가입자들의 위치를 반경 수십 센티에서 수십 미터 내에서 언제든지 확인 할 수 있도록 해주며 사용자가 원하는 각종 정보를 개인화된 환경에서 서비스가 가능하도록 해 준다. 서비스 방식에 따라 이동통신기지국을 이용하는 방식과 위성을 활용한 GPS(Global Positioning Service)로 구분되며, 서비스

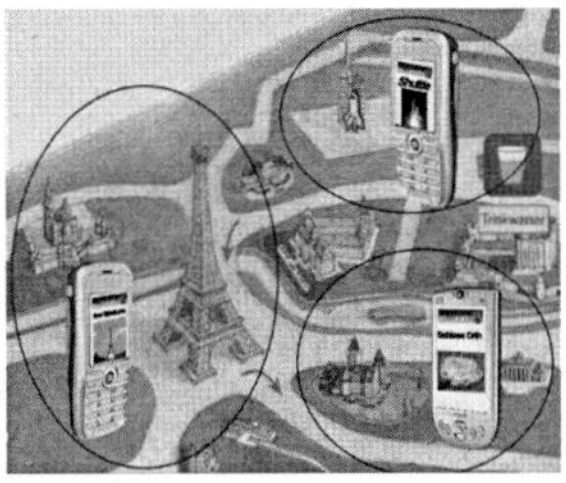

[그림 1-13] LBS

유형별로 위치추적서비스, 공공안전서비스, 위치기반정보서비스 등으로 분류된다. 최근 SK텔레콤, KTF, LG텔레콤 등 이동통신 3사에서 카 네비게이션, 위치기반 컨텐츠, 모바일 옐로 페이지 서비스 등 그 활용분야가 확대되는 추세이다. [1-21]

1.1.3.5 UFID 프로젝트

건물, 문화재, 도로, 교량, 하천, 호수 해안 등 인공 및 자연 지형지물에 부여될 전자식별자(UFID : Unique Feature Identifier)는 쉽게 말해 사람의 주민등록번호와 동일한 개념으로 지형지물 관리기관별로 관리해온 데이터베이스에 UFID를 주 검색기로 사용함으로써 국가기반시설물들을 통합 관리할 수 있게 한다. 예를 들면, 부산시 금정구 장전동에 새로운 공장이 들어선다면 다음과 같은 UFID가 부여될 수 있고, '2 21 11061 4611 3591300300 00099007652 7' 이같은 UFID 숫자에는 정확한 행정구역(2 21 11061)과 공장의 지형지물분류코드(4611), 도엽번호(3591300300), 각 기관별 지형지물 식별자(0009907652), 오류확인(7) 등 다양한 정보들이 수록된다. 또 이 32자리의 UFID는 아스키(ASCII) 또는 이진(Binary)형태로 저장할 수 있다. 더욱이 건물, 문화재, 철도, 도로, 하천, 호수, 해안, 행정경계, 측량기준점, 지적, 등고선 등 국가 기본지리정보에 포함되는 모든 지형지물에는 UFID가 부여된다. 따라서 UFID 활용체계가 구축되면 항목, 위치, 행정구역, 지도, 관리기관 등 개별 식별자만으로도 원하는 종류의 각종 속성정보를 검색하고 출력할 수 있다. 또한, 개별 관리되는 데이터베이스에 동일 지형지물의 정보를 중복 입력하지 않으므로 정보의 일관성을 유지하고 정보 수집 및 입력 시 중복 투자도 막을 수 있다.

[그림 1-14] UFID

1.1.3.6 스마트 디스플레이

무선 랜이 장착된 터치스크린 형태의 스마트 디스플레이는 한마디로 서버(PC)와 단말기(모니터) 간의 각종 입출력 정보를 무선으로 연결해 주는 역할로 집안에서 가전제품의 연결선(wire) 없이 집안 어디서나 인터넷을 즐기며 정보가전제품을 제어 할 수 있는 쉽고 편리한 유비쿼터스 컴퓨팅 시대를 가능하게 해준다. 스마트 디스플레이는 사무공간의 유비쿼터스화에도 적용되어 사무실에서 장소를 이동하

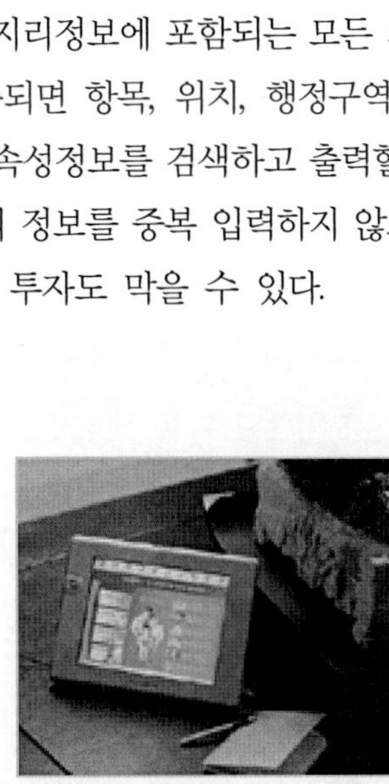

[그림 1-15] 스마트 디스플레이

며 작업을 하거나 PC를 직접 들고 다니기 곤란할 때, 프린트 할 때 등 언제 어디서나 자유로운 업무환경을 제공해 준다.

1.1.3.7 BMS(Bus Management System)

유비쿼터스 서비스 중의 하나인 BMS(Bus Management System)은 위치측정시스템(GPS)과 무선송수신기를 장착하고 자신의 운행위치 및 상태와 배차간격, 도착 예정시간이 실시간으로 제공된다. 버스와 정류소에 무선 송수신기를 설치함으로써 버스의 운행상황을 실시간으로 파악하여 정류소에서 해당 노선버스의 도착시간을 안내하는 시스템으로써, 이를 유무선 인터넷을 통하여 제공함으로써, 이용시민이 체감하는 대기시간을 축소하고, 버스운수회사의 수익을 증대 시키는 등 다양한 이익을 가져 올 것으로 보고 있다. 서울 및 기타 대도시를 중심으로 몇 년 전부터 시행해오고 있으며, 실제 시내버스 이용자들에게 편리한 서비스를 제공하고 있으며, 시내버스의 서비스 질을 향상시켜 대중 교통이용에도 큰 도움을 주고 있다.

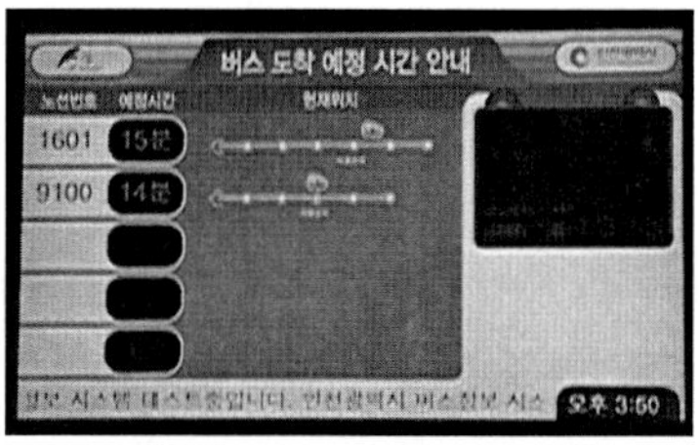

[그림 1-16] BMS 서비스

1.1.3.8 u-Home

IT 기술의 급속한 발달로 인해서 집안 생활공간에서의 디지털 컨버전스 홈 네트워크가 선보여지고 있다. 유비쿼터스 센서 네트워크를 이용한 홈네트워크는 가정 내의 정보가전 기기가 네트워크로 연결되어 기기·시간·장소에 구애받지 않고 다양한 서비스를 제공하기 위한 H/W 및 S/W로 구성된 솔루션 및 서비스 이다. u-Home의 주요 서비스에는 홈서버·홈게이트웨이, 유무선 홈네트워킹, 지능형 정보가전 등이 있다. 홈 네트워크는 통신과 방송 융합, 유비쿼터스 사회로의 급진전 등 IT의 빠른 환경변화에 따라 디지털 방송, 지능형 로봇 등 신성장 동력 산업이 융합되는 IT 분야의 종합 예술과 같은 성격을 가지며, 일상생활과 밀접한 다양한 비즈니스 모델을 창출하고 다른 신 성장 산업 활성화의 동인 역할을 수행하여 새로운 수요와 부가가치를 창출 할 것으로 본다. [1-22]

[그림 1-17] u-Home

1.1.3.9 차세대 네트워크(NGN) 프로젝트

NGN(Next Generation Network)은 전화망(PSTN), 인터넷, ATM(Asynchronous Transfer

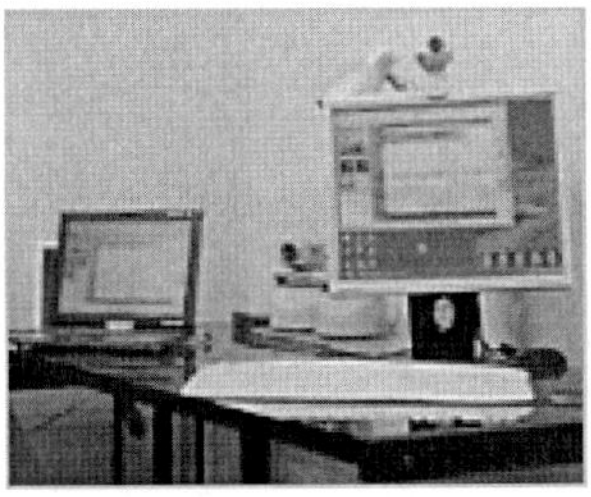

[그림 1-18] NGN

Mode), FR(Frame Relay), 전용망, 무선망 등의 서로 다른 망을 하나의 공통된 망으로 구조를 단순화 해 음성과 데이터를 통합한 다양한 멀티미디어 서비스를 통합적으로 제공할 수 있는 차세대 통신 네트워크를 말한다. NGN 환경에서는 사용자의 편의에 따라 어떤 단말기로 통신을 시도하더라도 콘텐츠와 전자기기들의 사용이 가능하며 초고속 광대역으로 통신을 할 수가 있어 그동안 꿈꿔왔던 상상 속의 디지털 라이프 스타일을 구현 할 수 있게 하며, 이를 위해 KT는 2007년을 목표로 NGN 프로젝트를 추진 중이며 다른 국내외 사업자들도 2010년 까지는 NGN 환경을 갖춰나갈 계획이다.

1.1.3.10 UFC(Ubiquitous Fashion Computer)

UFC란 사용자가 이동 환경에서 자유자재로 컴퓨터를 사용하기 위하여 소형화, 경량화하여 신체 또는 의복에 착용할 수 있도록 제작한 웨어러블(Wearable) 컴퓨터로 한국이 최초로 주창한 용어이다.[1-23]

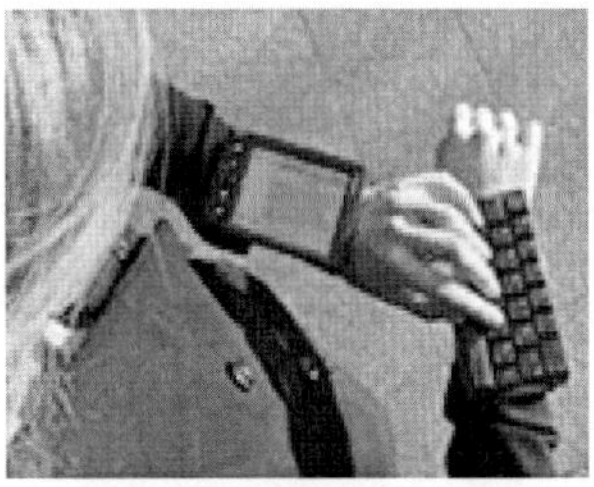

[그림 1-19] UFC

선진국에서는 이미 웨어러블 컴퓨터, 스마트 섬유, 스마트 패션등 다양한 형태의 스마트 웨어(Smart wear) 혹은 UFC 관련 연구들이 가시화 되고 있는데 스마트 웨어를 입으면 굳이 컴퓨터 앞이 아니더라도 언제, 어디서나 네트워크에 접속해 원하는 작업 처리가 가능한 네트워크의 중심이 된다. 스마트 웨어는 21세기에 들어 IT, NT, BT, ET 등의 기술혁신과 전 산업분야에서의 기술융합이 가져온 대표적 산물로 미래 유비쿼터스 시대의 통신 주체이자 섬유, 패션 산업지도를 한순간에 바꿀 기폭제로 다가오고 있다.

1.1.3.11 u-Game

[그림 1-20] u-Game

유비쿼터스 게임은 유비쿼터스 컴퓨팅 환경 하에 게임을 구현한 것이다. 모바일 게임이 지닌 온라인화, 소형화, 경량화 된 게임 하드웨어 환경 등의 특성을 모두 지니고 있다. 기존의 게임 디자인은 스토리텔링, 그래픽 디자인, 캐릭터 디자인, 레벨 디자인, 인터페이스 디자인 등으로 나누어 진행된다. 유비쿼터스 게임은 스토리텔링의 공간이 물리세계로 확대되기 때문에, 현실 세계와 가상 세계에서의 서로 다른 문맥을 인식하고 이들 사이에서 자연스러운 상호작용이 가능하도록 하는 디자인이 더욱 더 강조되어야 한다.

유비쿼터스 게임은 유비쿼터스 네트워킹과 데이터 엑세스, 위치인식, 센싱, 문맥인식, 웨어러블 장치, 인간과 컴퓨터 상호작용과 같은 많은 분야에서 실제 구현을 위한 하나의 대표적인 연구 방법론을 제공하므로, 연구목적으로서의 유비쿼터스 게임 개발이 필요하다. [1-24]

1.2 RFID/USN 기술 개념

유비쿼터스 사회 실현의 핵심 기술인 RFID/USN 기술은 사물이나 생활 공간에 부착된 태그나 센서로부터 사물 및 환경 정보를 감지, 저장, 가공, 통합하고 상황인식 정보 및 지식 컨텐츠 생성을 통하여 언제, 어디서, 누구나 원하는 맞춤형 지식 서비스를 자유로이 이용할 수 있는 첨단 지능형 사회의 기반 인프라이다. RFID/USN 기술은 기존의 사람 중심에서 사물까지 정보화의 지평을 확대하는 새로운 패러다임의 유비쿼터스 IT 기술이며, 센서를 초소형 무선장치에 접목하여 사물과 사물 간의 통신과 컴퓨팅으로 사물 주변에서 변화하는 물리 환경계의 다양한 정보를 획득하여 생산성, 안전성 및 인간 생활 수준의 고도화를 실현한다.

또한, RFID/USN 기술은 가장 기본적인 사물의 식별 단계로부터 이력 추적, 상태정보의 모니터링, 실시간 감시 및 제어, 자율형 서비스로 진화함에 따라 전통적인 RFID 및 무선센서네트워크(Wireless Sensor Network)에서 출발하여 궁극적으로 다양한 응용서비스를 지원하는 USN 기술로 발전될 것이다.

1.2.1 USN 개념

USN은 기존 정보화의 대상을 모든 사물에 까지 확장하는 개념으로 궁극적으로는 IT 활용의 지능화에 의한 유비쿼터스 컴퓨팅을 실질적으로 구현 가능하게 한다. 이와 같은 새로운 정보통신혁명을 가져올 USN은 현재의 기술발전 로드맵상의 RFID 네트워크처럼 단순히 사물의 ID만으로 정보를 습득하겠지만 점차 주변상황을 감지하고 양방향 통신을 가능케 하는 지능형 센서 네트워크로 발전해 갈 것이며 그에 따른 다양한 어플리케이션이 가능하게 될 것이다.

IT 패러다임의 변화에서 센서 네트워크화는 물리공간에 존재하는 컵, 화분, 자동차, 벽, 교실이나 사람들이 지니고 다니는 옷, 안경, 신발, 시계 등 모든 사물에 다양한 기능을 갖는 컴퓨터 장치를 심고 이들을 보이지 않는 네트워크로 연결하는 작업이다. 이를 통해 기능적, 공간적으로 사람과 컴퓨터, 그리고 사물은 하나로 연결되고 이들 간에 자유롭게 정보가 흘러 다니게 된다. 이것이 바로 물리 공간과 전자공간의 연결이고 이렇게 연결된 무한한 공간이 바로 센서 네트워크이다.

국외 센서 네트워크 관련 연구와 관련해서, 일반적으로 USN 대신 WSN(Wireless Sensor Network)이라는 개념을 사용하고 있다. 국내에서는 정보통신부가 IT839 전략에서 USN을 '전자태그(RFID)와 u-센서를 광대역 통합망(BcN)과 연계해 사물의 정보를 인식, 관리하는 네트워크이며, 기존 사람 중심의 정보화를 사물에까지 확대해 유비쿼터스 사회를 구현하기 위한 기본 인프라'로 정의하고 있다.

반면 WSN은 기존 유선 기반의 센서 노드에 지그비(Zigbee), 블루투스(Bluetooth), 와이파이(WiFi)와 같은 무선 RF기술과 애드혹(Ad-Hoc), 메시(Mesh) 네트워크 기술을 접목해 무선 기반의 센서 네트워크를 구현하는 것으로 정의된다. USN은 WSN을 포함하는 보다 광범위한 개념으로 이해할 수 있다.

USN에서는 기존의 RFID를 사물의 정보를 감지하는 일종의 센서로 인식함으로써, 처리 대상을 환경 정보뿐만 아니라 사물 정보까지 확대한 것이다. [1-25]

유비쿼터스 센서 네트워크의 개념은 크게 두 가지로 요약할 수 있다. 하나는 실세계의 각종 사물과 환경 전반(물리공간)에 컴퓨터를 장착하되 사용자에게 컴퓨터의 모습 보이지 않도록 환경내에 효과적으로 심어지고 융합될 수 있도록 하는 것이다. 또 하나는 사용자가 의식하지 못하게 언제 어디서나 존재하는 컴퓨터를 편리하게 이용할 수 있도록 만드는 것이다.

즉, 유비쿼터스 센서 네트워크(USN : Ubiquitous Sensor Network)는 필요한 모든 곳에 전자태그와 센서노드를 부착하고(Ubiquitous), 이를 통하여 기본적인 사물의 인식정보(Identification)는 물론 주변의 환경정보(온도, 습도, 오염정보, 균열정보, 냄새 등) 까지 수집하여(Sensor) 이를 네트워크망을 이용하여 실시간으로 관리하는 것을 의미하며(Network), 궁극적으로 모든 사물에 컴퓨팅 및 통신기능을 부여하여 언제 어디서든지, 무엇이든지 통신이 가능한 환경을 구현하기 위한 것이다.

USN 구조를 더 자세하게 살펴보면 USN은 여러 개의 센서 네트워크 필드가 게이트웨이를 통해 외부 네트워크에 연결되는 구조를 갖는다. 센서 노드들은 가까운 싱크(Sink) 노드로 데이터를 전송하고 싱크 노드로 집적된 데이터는 게이트웨이로 전송된다. 게이트웨이에서 관리자에게 전달되는 데이터는 위성통신, 유무선 인터넷 등을 통해 전송될 수 있으며, 이런 액세스 망은 기존의 인프라를 이용한다.

액세스 망은 IPv6 기반의 광대역 통합망(BcN)으로 인터넷 통합망을 가정하며 이는 곧 모든 센서 노드에 IPv6가 적용될 것을 뜻한다. 또한 센서 네트워크의 어플리케이션을 위해 미들웨어로써 서비스 플랫폼이 제공되어 사용자는 이를 통해 차세대 네트워크인 지능형 센서 네트워크를 자유롭게 이용하게 된다. [1-26]

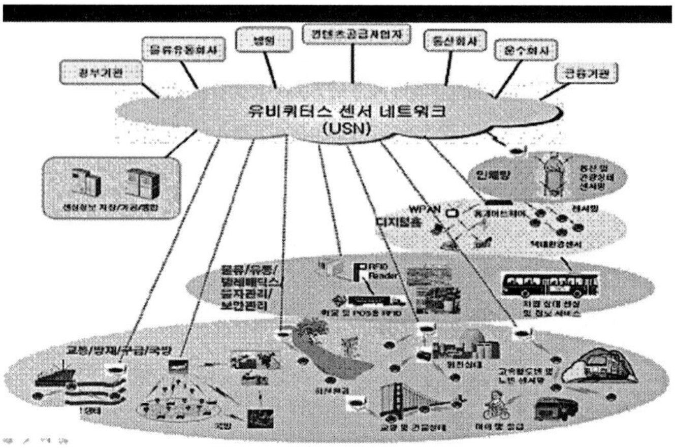

[그림 1-21] RFID/USN 네트워크 [1-27]

USN 구현 기술은 크게 센싱 영역, 프로세싱 영역, 커뮤니케이션 영역, 인터페이스 영역, 보안 영역의 다섯 가지로 나눠진다.

센싱기술은 외부의 정보나 환경을 인지하는 기술로, 현재 RFID 기술, 즉, 사물이나 사람을 식별해 필요로 하는 서비스를 자동화하는 전자태그 기술이 이에 해당하는 핵심기술이라 하겠다. 센서는 인간의 오감(시각, 청각, 촉각, 후각, 미각)을 대신하여 물리계 또는 환경계의 현상을 정량적으로 측정하여 정보를 검출하는 소자 및 시스템이며, 센서 네트워크는 통신기능을 가진 이러한 센서들의 네트워크이다. 센서 네트워크는 애드혹(Ad-hoc)네트워크의 일종으로서 특정 목적을 위하여 센서 노드들과 베이스 싱크 노드로 형성하며, 베이스 노드에서는 연동된 네트워크에서 요구된 서비스를 관련 센서 네트워크로 전달하고, 센서 노드는 서비스의 요구에 따라 또는 이미 설정한 조건의 이벤트 발생에 따라 센싱된 정보를 베이스 노드로 전달한다. 이렇게 베이스 노드로 전달되는 정보는 센싱된 기초데이터 또는 주변 센서 노드간의 결합에 의해 가공된 형태로 저전력을 소모하는 경로를 찾아 전달된다. 이후 수집된 정보는 사용자 요청에 대한 응답으로 사용되거나 통계적 자료로 활용된다. [1-28]

프로세싱기술은 센서를 통해 획득한 정보를 판단하는 기술로, 유비쿼터스 컴퓨팅을 위해서는 실시간 정보처리가 이루어져야 한다.

커뮤니케이션기술은 사물과 사물, 사람과 사물의 의사소통을 가능하게 하는 기술로 무선기술이나 애드혹(Ad-hoc)기술이 핵심이다. 유비쿼터스 환경에서는 수많은 기기와 통신을 해야 한다. 그리고 수많은 IP주소를 할당해야 한다. 그러나 이미 IP주소는 고갈 상태다. 이 때문에 주소 용량을 키운 IPv6가 필수적인 기반 기술이 된다. IPv6는 IP주소의 길이를 32비트에서 128비트로 확장시켜, IP주소를 가진 사물이 아무리 늘어나더라도 제한 없이 IP 주소를 공급하게 해주는 차세대 인터넷 주소체계다. 지능형 가전제품이 늘어나고, 홈 네트워크, 유비쿼터스 등이 현실화되기 위해서는 IPv6가 필수적이다.

인터페이스기술은 최종 사용자인 사람과의 의사소통을 위한 기술로, 인간 친화적이면서도 지능화된 기술의 구현이 중요하다. 유비쿼터스에 있어 대수롭지 않게 여겨질 수 있지만 가장 중요한 기술은 바로 HCI(Human Computer Interface)다. HCI는 사용자가 시스템과 대화하기 위해서 반드시 필요한 부분이다. 좀더 구체적으로 설명하면 제한된 창과 입력장치를 통해 사용자가 가장 사용하기 쉬운 형태의 인터페이스가 개발돼야 한다는 것을 의미한다.

마지막으로 보안기술은 정보의 도용·왜곡·분실을 방지하기 위한 기술로, 생체정보 인식 등이 핵심으로 부상하고 있다.

위의 5가지 기술 영역 가운데 환경에 대한 정보를 인지하고 판단하기 위해서는 최소한 센싱, 프로세싱, 커뮤니케이션기술이 필요하며, 인간과의 자연스러운 의사소통을 위해서는 인터페이스 기술과 보안기술이 추가로 구현돼야 한다.

USN은 RFID태그와 리더가 진화하면서 주변 환경을 감지하는 센서 기능이 추가되고, 인식정보를 제공하는 소형 네트워크 노드라 할 수 있다. RFID에서는 식별코드인 EPC정보를 응용에서 활용하기 위해서 데이터베이스, ONS(Object Naming System)등과 같은 타 시스템 연동이 필요한데, 이러한 기능들은 미들웨어 인터페이스에서 지원하고 있다. RFID의 미들웨어 기술은 상용화 단계로 접어드는 반면, 센서 네트워크를 위한 미들웨어 기술은 아직 초기단계에 머물러 있다고 할 수 있다. RFID 미들웨어 기술을 기반으로 하여 향후 센서 네트워크에서 필요한 기능들이 연구되고 있으며, 현재 대표적인 RFID 미들웨어로는 EPC 계열의 Savi, Sun과 MS 미들웨어 진영이 활동하고 있고 국내에서는 ETRI에서 자동식별 미들웨어를 개발하고 있으며 이들은 해운, 항공, 의료, 물류, 유통, 조달 등에 적용되고 있다. 센서 네트워크를 위한 미들웨어는 센서 노드 하드웨어와 응용 소프트웨어 사이에서 동작하는 중간계 소프트웨어로써, 그 특성상 개방형 표준 인터페이스가 매우 중요하므로 선도적 기술 표준화를 요하는 분야라 할 수 있다. USN에서의 미들웨어는 사용자의 환경을 감지하고, 상황을 인식할 수 있는 상황인식(Context-Awareness)기술이 RFID 미들웨어와 차별화 되는 주요 기능이라 할 수 있다. 상황인식기술은 센서 노드의 주변 환경 정보를 객체로 표현하여 위치, 움직임은 물론 수행중인 작업이나 현재 상태정보를 다른 센서 노드, 응용계층, 센서 하드웨어가 활용할 수 있는 형태로 전달하는 기능을 담당할 예정이다. 상황 인식 기술이 개발된 이후에는 자율적으로 사물제어가 가능한 에이전트 기술 기반의 미들웨어가 필요할 것으로 예측되고 있다. [1-9]

1.2.2 USN 응용 분야

1.2.2.1 의 료

의료와 관련해서는 관점에 따라 'u-헬스케어(u-Healthcare)'와 'u-병원(u-Hospital)'으로 구분할 수 있다. u-헬스케어는 개인 사용자들이 병원 이외의 곳에서 쉽게 의료 서비스를 받을 수 있는 원격 진료 개념에 기반하는 것이며, u-병원은 병원 내에서의 의료진 및 환자 정보 관리에 대한 시스템을 취급한다.

u-헬스케어는 당뇨, 고혈압, 비만, 치매 등 만성질환자가 일상생활을 하면서 휴대폰이나 홈네트워크를 이용하여 언제, 어디서나, 자연스럽게 자신의 건강상태를 체크할 수 있도록 도와준다. 또한 u-헬스케어를 의사나 의료기관 등과 연계하여 원격 진료 및 생활 습관, 식단, 운동 지침과 같은 필요한 서비스를 실시간으로 제공받을 수 있다.

이와 관련하여 우리나라의 행정안전부에서는 2008년 5월 'u-헬스케어' 시범 사업을 독거노인을 대상으로 하는 '독거노인 u-Care 시스템 구축 사업'과 취약 계층을 대상으로 하는 '원격 건강모니터링 시스템 구축 사업' 두 가지로 진행 할 계획이다. [1-15][1-29]

[그림 1-22] 실시간 u-헬스케어 제품들

u-병원에서는 무선통신을 통해 24시간, 어디서나 의료 서비스를 제공받을 수 있다. 의사와 간호사는 종이서류와 필름 대신 디지털 진료차트를 사용하게 되며, PDA폰(Personal Digital Assistants Phone)과 노트북 PC를 통해 환자 상태를 언제나 확인할 수 있고, 회진 때는 환자 손목에 차고 있는 바코드로 환자 정보를 보다 쉽게 확인할 수 있다. 환자는 개인 스마트카드를 발급받아 병원 내에서는 물론 외래 진료 시에도 무인안내시스템을 통해 예약, 접수, 수납까지 자동으로 처리할 수 있다. 현재 연세대학교 세브란스병원, 건국대학교병원, 인천 길병원, 단국대학교병원, 삼성병원, 서울대학교병원 등이 u-병원을 구현하고자 노력하고 있다.

[그림 1-23] 병원모바일 UC[1-29]

또한, 의학용 영상 정보의 저장, 판독 및 검색 기능 등의 수행을 통합적으로 처리하는 시스템인 PACS(Picture Archiving and Communications System)를 통해 모든 방사선 검사 결과를 디지털 이미지로 변환, 촬영과 동시에 대용량 기억장치에 저장시켜 영상의학과 전문가가 모니터를 통해 판독할 수 있도록 하는 시스템도 시행 중이다. [1-30]

위 [그림 1-23]은 삼성전자가 삼성서울병원에 국내에서 최초로 IP 기반 '병원 모바일 UC(통합 커뮤니케이션)'을 구축한 모습이다. 환자의 혈압이나, 심박수 등의 수치가 정상에서 벗어나면 환자에게 연결된 의료기기가 자동으로 의료진의 무선 IP 폰으로 전달 되 신속한 조치를 받을 수 있게 된다. IP 기반이라 별도의 통화료도 없으며, 병원뿐만 아니라 다른 공공기관에도 다양하게 적용 될 수 있으리라 생각되어진다. [1-29]

1.2.2.2 교 육

u-러닝(u-learning)은 인터넷에 접속해 원하는 교육과정을 수강하는 e-러닝에서 한발 나아가 무선 인터넷이 가능한 곳에서 PDA, 타블렛 PC 등 모바일 디바이스들을 활용해서 학생들에게 언제, 어디서나, 내용에 상관없이, 어떤 단말기로도 학습할 수 있는 교육환경을 조성함으로써 보다 창의적인 학습이 가능하게 한다. [1-31] 교사·학부모·학습자 상호간의 적극적인 커뮤니케이션이 이루어지며, 센서나 칩 형태의 컴퓨터를 내장한 모든 현실 세계가 학습공간이 될 수 있다. u-러닝은 모바일 단말기나 네트워크 인프라 이외에도 전자태그(RFID)와 센서 리더가 그 핵심적 역할을 담당하게 된다.

교육과학기술부에서는 u-러닝 시범연구학교를 선정해 실제 u-러닝 사례를 만들어내는 등 u-러닝 구축에 노력하고 있으며, 이에 따른 중장기 계획도 수립하고 있다. 현재는 PDA와 태블릿 PC(Tablet PC)를 활용하여 학습 활동과 학교 경영 개선 연구 등에 대해 시범 실시하고 있다. 2008년 5월에는 경북 구미의 도량 초등학교를 연구학교로 지정하여 'u-러닝 학습관'을 개관하고 시범 운영하기로 하였다. [1-32]

[그림 1-24] 도량초등학교 'u-러닝 학습관' [1-32]

대학교에서는 'u-캠퍼스(u-Campus)'라는 내용으로 캠퍼스의 유비쿼터스화를 꾀하고 있다. 2차원 바코드, RFID, 모바일 디바이스(Mobile Device) 등을 중심으로 구축하고 있으며 학생증, 출입증, 현금카드를 통합하고 수강 정보, 학사 행정 등을 교내 어디에서나 편리하게 제공하는 형태로 구축하고 있다. 연세대학교를 시작으로 서울대학교, 한국정보통신대학교(ICU), 숙명여자대학교 등 많은 수의 대학교들이 u-캠퍼스 구축에 나서고 있는 상황이다.

[그림 1-25] 한국 싸이버 대학교 u-Campus 서비스 [1-33]

또한, 대구대학교 등 일부 대학에서는 RFID 태그가 내장된 학생증을 이용하여 강의실에 설치된 전자출결 시스템으로 출석을 확인할 수 있는 시스템도 시범적으로 운영하고 있다.

1.2.2.3 물류·유통

물류·유통분야에서는 RFID 기술을 이용한 시스템을 구축하고 있다. 3~4전부터 관심이 높아진 RFID 기술은 정부 차원의 시범사업을 기반으로 확대되고 있으며, 유비쿼터스 사

[그림 1-26] RFID 키오스트

회를 구현하는 핵심 기술로 부상하고 있다. RFID의 대표적인 활용 기술로는 일상생활에서 사용하고 있는 교통카드를 들 수 있다. 교통카드의 경우 13.56㎒ 대역의 저주파수 대역임에도 불구하고 도서 관리나 생산라인 관리 등 다른 분야로 확대되고 있다. 특히 900㎒ 대역에서 제공되는 RFID는 차세대 유통·물류 시스템의 핵심으로 부각되고 있으며, 이런 흐름은 이미 월마트(Walmart)를 중심으로 글로벌 대형 유통업체들이 각국 납품업체에 RFID 부착을 의무화하면서 빠르게 현실화되고 있다. 국내에서도 대기업을 중심으로 자산 관리 및 유통·물류시스템의 효율화를 위해 도입하는 추세다.

1.2.2.4 홈

u-홈(Home)은 친환경적인 주거환경에 정보가 결합이 되는 형태가 될 것이다. 또한 공간 활용과 편리성도 중요한 고려 요소이다. 공간 활용을 위해서 기기들의 컨버전스(Convergence)가 일어나고, 가정 내 가구 및 벽 등의 사물에 가전제품이 내장된다. 휴대폰으로 가스 밸브를 잠그거나 전기밥솥에 조리를 지시를 할 수 있고, 집안 곳곳에 센서가 내장되어 집안 상황이나 사용자의 움직임을 감지하여 편리한 서비스를 제공할 수 있다.

국내 주요 건설업체들의 동향국내 건설업체 중 삼성건설은 래미안 브랜드를 통해 매년 아파트에 대한 신상품 발표회를 가져왔다. 지난 2004년 '주거성능주의'를 표방, 주거 환경의 Well-Living을 제시하였고, 2005년에는 첨단 유비쿼터스 기술과 집이 어우러진 '래미안 U 플랜'을 발표해 미래 주거문화에 대한 기준을 제시하였다. 2006년에는 앞의 두 개념을 발전시켜 사람·집·미래·기술이 유기적으로 융합된 새로운 공간 개념 'Housing Convergence'를 소개했다. 올해에는 하우징 스피어(Housing Spear)란 개념을 도입하였다. 하우징 스피어란 집을 둘러싼 다양한 환경들, 이를테면 생태 환경, 자연 에너지 환경, 감성 디자인 환경, 미래 기술 환경 등이 사람과 소통하며 공생하는 혁신적이고 새로운 주거 환경을 의미한다. [1-34]

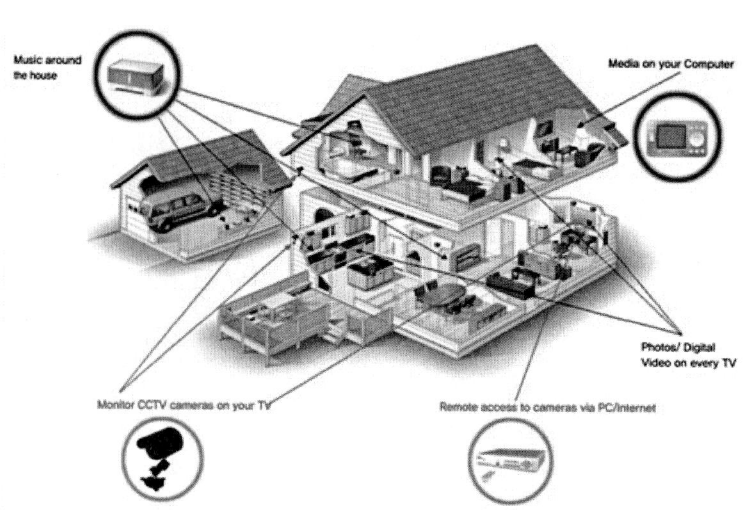

[그림 1-27] u-Home [1-34]

1.2.2.5 도 시

u-도시(u-City)는 유비쿼터스 IT를 기반으로 물리적인 도시공간과 전자적 도시공간을 연계함으로써 새로운 서비스가 구현되는 공간이다. u-도시에서는 지금까지 구축해온 도시 관리 IT 시스템과 서비스가 통합되고, 시민과 기업에게 맞춤형 서비스를 제공한다.

기술적으로는 전자정부, 지리정보시스템(GIS; Geographic Information System), 지능형 교통시스템(ITS; Intelligent Transportation System), 시설물관리시스템, 스마트카드, RFID, IPv6, USN, BcN 등의 IT 기술이 융합되어 구현된다.

이러한 u-도시 인프라를 통한 서비스를 u-서비스라 하는데, 이 u-서비스들은 도시 내의 중요 정보를 취합·통합·관제하고, 분산된 개별 u-서비스와 기존시스템 연결을 u-도시로 재구성하는 기술 프레임워크, 즉 u-도시 통합 플랫폼이 필요하게 된다. u-도시 통합플랫폼은 다자간 통합, 연계를 통하여 u-도시에서 제공되는 다양한 서비스간 상호 운용성을 확보하고 융복합 서비스를 실현하게 하며, 서비스 개발 비용을 최소화할 수 있게 해준다. [1-36]

우리나라에서는 2005년부터 부산, 대전, 광주, 수원, 경북, 제주 등의 수 많은 지방자치단체에서 각자 특성에 맞는 'u-도시'를 구현하려고 한다. 아직 기획 및 조사단계인 곳도 있고 연구 용역을 끝내고 본격적으로 사업 추진을 준비하는 곳도 있다. 일례로 서울시가 건설 중인 디지털미디어시티(Digital Media City) 중심가에는 첨단 디지털 기술과 미디어 제품들로 구성된 '디지털 미디어 스트리트(Digital Media Street)'가 조성된다. 한편, u-행정 정보화에 가장 앞서 있는 지방자치단체로는 서울시 강남구가 꼽히고 있다.

[그림 1-28] u-City(송파문정지구)

1.2.2.6 기 타

종교계에서도 유비쿼터스 개념을 논의하고 있다. "어디에나 존재한다"라는 의미가 신과 관련된 개념이기 때문이다.

에너지 분야에서는 유비쿼터스 에너지 전력 IT 관점으로 접목하고 있다. 예술 분야에서는 백남준의 비디오 아트가 사물과 컴퓨터가 접목되는 '유비쿼터스 조형예술의 원조'라고 평가하기도 한다.

1.2.3 RFID 개념

RFID(Radio Frequency IDentification) 기술은 사물에 부착된 태그로부터 전파를 이용하여 사물의 정보 및 주변 환경을 인식하여 각 사물의 정보를 수집, 저장, 가공, 추적함으로써 사물에 대한 측위, 원격 처리, 관리 및 사물간 정보 교환 등 다양한 서비스를 제공할 수 있다. RFID는 비접촉 시스템(Contactless System)으로 여러개의 태그를 동시에 인식할 수 있고, 인식시간이 짧고, 태그에 대용량의 데이터를 저장할 수 있으며, 반영구적인 사용 및 긴 인식거리 등의 장점을 가지고 있다. 이러한 기술은 기존의 바코드를 대체하여 물품 관리를 네트워크화 및 지능화함으로써 유통 및 물품 관리뿐만 아니라 보안, 안전, 환경 관리 등에 혁신을 선도할 것으로 전망되며, 이전에 존재하지 않았던 거대한 새로운 시장을 형성할 것으로 기대된다.

[그림 1-29]는 RFID의 시스템 구성을 나타낸 것이다. 기본적으로 RFID 시스템에는 사물의 정보를 가지고 있는 태그(Tag), 사물에 부착된 태그를 판독 및 해독하는 기능을 가진 리더기(Reader, 혹은 Interrogator), 그리고 리더로부터 받은 태그의 정보를 처리하는 호스트 컴퓨터 (Host Computer)및 네트워크, 응용 프로그램으로 구성된다.

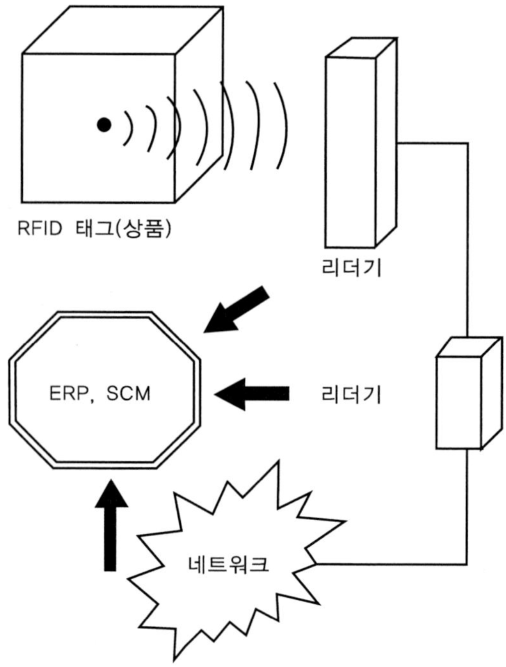

[그림 1-29] RFID 시스템[1-37]

기본적인 동작원리는 RFID 태그의 안테나와 리더의 안테나가 전파를 이용, 데이터를 주고받는 통신을 수행하는 것이며, RFID 태그 안에 내장된 IC 칩이 기동하여 칩 안의 정보를 신호화하여 태그의 안테나로 신호를 발신하며, 리더는 태그로부터 발신된 정보 신호를 안테나를 통하여 수신하여 유무선 통신방식에 의해 서버로 전달한다.

태그는 IC 칩과 안테나로 구성되어 있고 다양한 모양과 크기가 존재한다. 예를 들면, 동물을 추적하기 위해 피부 아래에 이식되는 태그는 직경이 연필심만큼 작으며 길이는 1cm 밖에 되지 않는다.

IC 칩의 주요 기능은 데이터의 저장으로 메모리 크기(25bits에서 512KB 이상), 메모리 형태(읽기전용, 읽고 쓰기가 가능한 형, 한 번만 쓰며 여러 번 읽기가 가능한 형태), 메모리 종류(EEPROM, FeRAM)에 따라 가격이 다르다. [1-37]

또한, RFID 태그는 트랜스폰더(Transponder)와 전원 공급의 유무에 따라 태그 스스로 전파를 송신하는 능동형(Active)과 리더기의 전력 신호의 의해 작동하고 전파를 송신하는 수동형(Passive)이 있다. 능동형 태그는 리더로부터 전원공급을 받을 필요가 없으므로 리더와의 인식거리를 멀리 할 수 있는 장점이 있으나, 전원 공급 장치를 필요로 하기 때문에 작동 시간의 제한을 받으며 수동형에 비해 고가인 단점이 있다. 반면, 수동형은 능동형에 비해 매우 가볍고 가격도 저렴하면서 반영구적으로 사용이 가능하지만, 태그에 전원 공급을 하기 위해 인식거리가 짧고 리더에서 더 많은 전력을 소모한다는 단점이 있다.

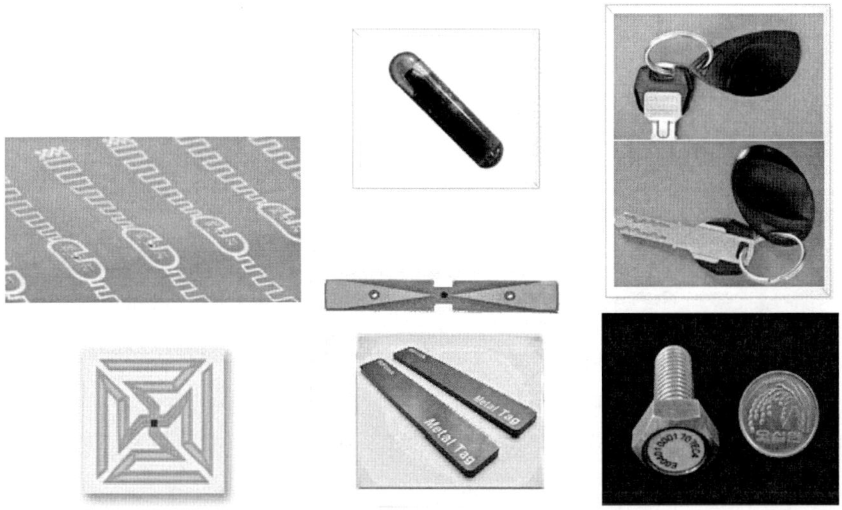

[그림 1-30] 여러 가지 종류의 태그

RFID 시스템은 무선접속 방식에 따라 상호유도(Inductively coupled)방식과 전자기파(Electromagnetic wave)방식으로 나눌 수 있다. 상호유도방식은 근거리(1m 이내)용, 전자기파 방식은 중장거리용으로 사용되며, 상호유도 방식은 코일(Coil) 안테나를 이용하며 전자기파 방식은 고주파 안테나를 이용해서 서로 무선접속을 한다.

리더는 주어진 주파수 대역에 맞게 RF 캐리어 신호와 에너지를 RFID 태그에 송신하고, 태그는 RF 신호가 들어오면 위상이나 진폭 등을 변조하여 태그에 저장된 데이터를 리더로 되돌려 준다. 되돌려 받은 변조 신호는 리더에서 복조하여 태그 정보가 해독하는 것으로 동작하게 된다.

RFID 기술은 1934년 첫 특허를 받은 바코드만큼이나 오래된 기술이다. 2차 세계대전 중 영국 공군은 들어오는 아군과 적군 비행기를 레이더를 이용하여 파악하기 위해 RFID 기술을 이용했다. 그 후 RFID의 이론과 구현에 관해 처음으로 상세히 소개한 Harry Stockman의 '반사력을 이용한 통신'이란 논문이 1948년 10월 무선학회(IRE)에서 발표되었다. 그리고 1973년에는 Charles Walton이 수동 RFID 기반 도어락 리더기로 RFID 특허를 최초로 취득하는데 성공했다. 70년대에는 탄도미사일 추적을 위해 연구되고, 80년대에는 태그의 크기가 작아지고, 가격이 낮아지면서 가축관리, 기타 산업분야에서 일반용으로 사용되기 시작하였으며, 90년대 들어 RF 기술이 발전함에 따라 저가, 고기능의 태그가 개발되어 Card, Label, Coin등 다양한 형태의 제품이 출현하게 되었으며, 2000년대 들어서 RFID는 무선 인식 기술의 중요성이 부각되면서 다양한 솔루션이 개발되었고 전자화폐, 물류관리, 보안시스템, SCM 등의 핵심 기술로 발전하여 현재 사용 중인 바코드와 2차원 바코드의 기능을 대신 할 것이다. [1-38]

유비쿼터스 사회에서 RFID 기술이 바코드를 대체하기 위해서 가장 먼저 해결해야 할 것이 바로 태그의 저가격화이다. 유비쿼터스 사회에서는 모든 사물에 RFID 태그가 부착이 되어 모든 사물 하나하나가 네트워크화될 것이다. 현재의 태그는 RFID Chip과 안테나의 패키징 가격으로 인해서 바코드에 비하면 굉장히 고가이다. MIT Auto-ID 센터에서는 RFID 칩 이용 프로젝트로 “The internet of Things”(사물의 인터넷)를 진행중에 있다. 이는 인터넷과 인터넷 비슷한 네트워크를 통하여 무선태그가 부착된 사물을 원거리에서 실시간 감지하는 개념이다. 즉, 사물이 인터넷의 컨텐츠가 되는 개념인 The Internet of Things는 인터넷의 새로운 사용을 가능하게 할 것이다. The internet of Things를 궁극적으로 가능케 하기위해서는 최소 5센트 이하의 스마트 태그가 필요한데 5센트 이하의 저가격, 초소형, 고기능의 RFID 태그 구현을 위해서는 칩, 안테나 및 패키징 등의 가격이 전반적으로 내려가야 하는데, 현재 칩의 가격이 태그 가격의 약 40%를 차지하고 있으며, 5센트 이하 태그 실현을 위해서 칩을 소형화하고 패키징 가격을 줄이는 새로운 기술 개발이 필요하다.

[그림 1-31] 여러 가지 종류의 리더

현재 읽기 전용 칩 가격은 5~20센트이며 태그 가격은 약 10~50센트이다. 하지만 태그 가격은 수년 이내 5센트 이하로 하락할 전망이며, 1센트 이하로 칩을 구현하기 위해서는 칩리스(chipless)태그 기술이 필요하며, 2010년 이후 부터는 칩리스 태그의 시장 점유율이 10%로 높아질 전망이다. [1-39]

1.2.4 RFID/USN 시장 동향

물류산업 분야에서 가장 먼저 2003년 월마트가 팔렛(Pallet), 케이스(Case)에 태그를 부착하는 RFID 의무화를 발표하면서 기술 개발, 표준화, 시범사업 등이 촉진되어 왔으며, 이에 따라 2007년에는 팔렛 단위의 태그 식별 기술은 성숙 단계에 이를 것으로 전망되고 있고 향후 수 년 내에 물품 단위에 태그를 부착함에 따라 2016년이면 개별물품 식별 RFID 시장이 약 132억 달러에 달할 것으로 전망되고 있다. 하지만 개별 물품 단위로 태그를 부착하기 위해서는 리더 간 간섭, 리더 태그 간 간섭 등이 아직까지 기술적 문제점으로 작용하고 있으며, 통일된 표준의 부재 등이 앞으로 해결해야 할 과제이다. RFID 도입의 효과가 2005년 아칸소대학의 연구결과에 의하여 입증되었으나, RFID 기술 전반에 걸쳐 태그의 가격, 인식률, 정보 보안 및 프라이버시 문제는 여전히 존재하고 있다. [1-40]

IDTechEx의 조사에 따르면 2006년 세계 RFID 총판매 개수는 37억 5000에 달하며, 그중에 27%와 19%는 각각 2006년과 2005년에 발생한 수치이다. 2006년에 10억개의 판매량은 전문가들이 예상한 당초 목표에 턱없이 부족한 것으로 이는 태그 단가의 10센트 진입 실패, 유통업계의 성과부진이 문제점인 것으로 분석하고 있다.

월마트나 약품 시장에서의 RFID 적용은 납품업체의 RFID 사용 의무화는 실현하였지만, 솔루션 제공업체 및 포장 소비재조업체들은 RFID 채택에 따른 이익실현에 실패 하고, 공급과잉 문제 발생, 액체나 금속에서 태그의 100% 인식 등과 같은 문제점에 의해서 좋지 않은 실적을 낸 것으로 나타났다. 이와 관련해 2007년에는 다수의 태그 제조업체가 아예 RFID 부문에서 손을 떼거나 혹은 아웃소싱을 시도할 계획인 것으로 파악된다.

항공수하물이나 의류와 같은 품목별 태깅 사업에서는 비교적 많은 수의 태그를 수용하려는 움직임을 보이고 있으며, 중국은 2007년에 주민증에 RFID를 도입할 계획이며, 중국의 Hyan Label 사는 2006년 중국 정부에 학생 철도 여행할인권을 위한 1000만개의 RFID 스티커를 조달한바 있으며, 중국 RFID 기업인 XingTag 역시 1억 2500개의 RFID 열차표를 조달하였다. 이는 중국의 연간 판매 열차표 수가 30억장에 달하는 것을 고려하였을 때 RFID 도입에 큰 비중을 차지하는 수치이다. 이러한 부문을 고려하면 중국은 전체 RFID 시장 규모면에서 세계 1위 국가로 등장하게 될 것이나 대부분 내수용이며, 카드부문을 제외한 RFID 시장에서는 여전히 미국이 세계 최대 시장자리를 고수 할 것으로 예상하고 있다. [1-41]

2006년 국내 RFID 시장은 태그와 리더를 포함하는 장비시장 매출이 1,314억원을 기록한 것으로 추산되며, 2007년은 이에 대비 48.2% 정도 성장한 1,948억원 규모를 형성할 것으로 전망된다고 한국 IDC(www.idckorea.com)에서 발간한 '2006년 국내 RFID 장비시장 분석 및 전망 보고서'를 통해 발표 하였다. 2011년까지 연평균 42.1%의 고속 성장이 예상 되는 RFID의 시장 확대를 위해서는 파트너와의 공조를 통한 RFID솔루션 개발을 비롯해 소프트웨어 및 미들웨어 벤더와의 협력, 그리고 이를 사용하는 사용자에 대한 교육이 중요하다고 보고서를 통해 언급하였다. 더불어 일반 대중 시장으로 확대되기 위해서는 RF 태그 가격이 충분히 낮아 져 대기업을 중심으로 이루어진 RFID 사업이 중소기업으로 이어져야 하며, 물품 수준의 태그부착(Item Level Tagging)이 가능해져 다양한 응용 서비스가 가능해 질 것이라고 설명했다. [1-42]

최근에는 EPCglobal을 중심으로 개별 물품 식별에 가장 적합한 주파수 선택을 위한 시험이 저주파, 고주파, 초고주파 대역에서 의류, 의약품, DVD 인식 등 모두 7가지 서비스 시나리에서 진행 중이며 개별 물품 식별을 위한 새로운 프로토콜이 필요한지에 대한 연구도 진행 중에 있다. 성숙된 기술과 신호간섭의 영향이 적다는 장점을 갖는 HF 대역 기술, 기존의 Gen2 프로토콜과의 호환성을 내세우는 near-field UHF 대역 기술, HF 대역과 UHF 대역의 hybrid 형태의 RFID 기술 등에 대한 다양한 연구도 이루어지고 있다.

미국은 2010년 유비쿼터스 IT 실현을 목표로 NITRD(Networking and Information Technology R&D) 프로그램과 NSF(전미과학재단)에서 센서 네트워크관련 연구를 주도적으로 추진하고 있고, 유럽은 IST(정보사회기술) 프로그램을 통해 USN 연구 개발 및 인간중심의 'Ambient Intelligence' 비전을 준비하고 있으며, 일본은 u-Japan 정책 기반하에 2010년까지 세계 최첨단 u-Network 구축을 목적으로 UNS 기술개발을 추진중에 있다.

국내에서는 RFID/USN 기술이 2004년부터 지금껏 정부의 IT-839 정책에 발맞추어 연구 및 기술개발이 진행 되어왔지만 몇 년째 시범사업만 진행되고 민간의 초기 투자부담, 보안문제, 국민·기업의 인식 저조 등의 당면 과제로 인하여 제대로 상용화 되어 확산되지 못한점을 감안하여 2007년 7월 RFID/USN 확산을 위한 "RFID/USN 확산 종합대책"을 수립하였다. 총 16개의 확산과제를 선정하여 우수기업에 세제 지원등 인센티브가 지원되며, 'RFID/USN 활성화 촉진법'이 제정되는 등 범정부 차원에서 RFID/USN 정책이 본격 추진될 전망이다.

주요 내용으로는 국내 항만 물류 경쟁력 제고를 위한 항만 컨테이너에 대한 태그 부착을 의무화 하고, 의약품 유통구조 개선을 위한 의약품에 태그부착 근거 규정 마련, 한미 FTA와 관련하여 농수산물에 대한 이력추적을 RFID적용, 독거노인들의 고독사 방지를 위한 센서기술을 이용한 독거노인 활동상태 모니터링 시범사업 등이 있으며, 기술개발, 표준화, 인력양성, 대국민 인식 제고 등 RFID/USN 확산 여건 조성에도 적극 나서기로 하여 국내의 RFID 기술 개발 및 시장 개발에 많은 도움이 될 것이다.

한편 일반 사용자가 가장 손쉽게 사용할 수 있는 휴대폰에 RFID 리더를 탑재하고 이동통신 혹은 무선 인터넷 네트워크를 이용하여 다양한 서비스를 제공항수 있는 모바일 RFID 기술은 2005년부터 우리나라에서 900㎒ 대역 기반으로 세계 최초로 개발 되었으며, 모바일 RFID 포럼을 통하여 모바일 RFID 서비스 제공을 위한 핵심 규격을 표준화 하여, TTA의 정보통신단체 표준으로 제정하였다. 또한 이들 표준 규격을 바탕으로 2006년에 시범서비스, 2007년부터 서비스 사용화를 추진하고 있으며, 국제표준화기구인 ISO/IEC 를

통한 국제 표준화도 함께 추진하고 있다. [1-43]

이러한 모바일 RFID 기술은 향후 ZigBee 기술 등과 통합되어 사람과 사물 사이의 직접적 정보소통을 통한 모바일 컨버전스 서비스를 제공할 수 있는 모바일 USN 기술로 발전하고 궁극적으로 휴대폰이 유비쿼터스 복합 정보 단말기로 진화할 수 있는 근간이 될 것이다.

현재 기술의 방향은 Digital Convergence, Device Convergence 등과 같이 이미 유비쿼터스 시대를 대비하고 있다. 이러한 점에서 볼 때 능동형 태그, 센서 태그 기술, 칩리스 태그 및 모바일 USN 기술 등과 같은 차세대 RFID 기술은 가까운 미래의 유비쿼터스 시대의 핵심 기술이 될 것이다. [1-44]

[1 - 1] “유비쿼터스 기술(RFID와 홈네트워킹)”, 한종수, 배성수, 김경목, 도서출판 세화
[1 - 2] http://blog.naver.com/sunspace93?Redirect=Log&logNo=120012363450
[1 - 3] 아이뉴스24, www.inews24.com
[1 - 4] http://blog.naver.com/hongjig?Redirect=Log&logNo=140011477092
[1 - 5] http://www.ubiu.net ,유비쿼터스 컴퓨팅의 유래, 윤훈주
[1 - 6] http://kiie.org/iemagazine/10_2/special_edition.html
[1 - 7] “유비쿼터스 시스템의 이해”, 권오병, 정기욱, 신론사
[1 - 8] “유비쿼터스 사회의 RFID”, 유승화, 전자신문사
[1 - 9] http://www.ubicomp.com/wanthttp://want
[1-10] http://www.computerworld.com/computerworld/records/images/story/MultifunctionalMote_larg-e.gif
[1-11] http://www.teco.uni-karlsruhe.de/~michael/publication/mediacup.pdf
[1-12] http://www.itreport.co.kr/tag/Cooltown
[1-13] http://tronweb.super-nova.co.jp/
[1-14] http://csnews.kaist.ac.kr/cs_sub/techex/2003.01/cs_techex_0013.html
[1-15] “유비쿼터스란?”, 박연경 기자, 유비쿼터스월간지
[1-16] http://blog.naver.com/gigsda/60004440508
[1-17] “유비쿼터스 패러다임과 u-소사이어티”, 조위덕 외 5 공저, JinhanM&B
[1-18] http://blog.naver.com/wffman?Redirect=Log&logNo=40018250086
[1-19] http://www.ubiquitousdream.or.kr/
[1-20] “u-City IT 인프라 구축 가이드라인 V1.0”, 한국정보사회징흔회
[1-21] “LBS 주요 기술 및 서비스현황”, 와이즈인포
[1-22] “u 시대를 향한 홈네트워크”, 문경덕, 박광로, ETRI, 2005.11.
[1-23] http://www.ufcom.or.kr
[1-24] “유비쿼터스 게임”, 정기숙, 이동훈, 정순기, 한국저보처리학회, 2005.
[1-25] “USN-인간, 컴퓨터, 사물의 유기적 연계마법사”, 안철현, 한국전산원
[1-26] 미래 RFID/USN 기술 전망, 박석지, 한국전자통신연구원
[1-27] “RFID/USN 기술개발 마스터 플랜(안),” IITA, 2005. 11.
[1-28] “유비쿼터스 컴퓨팅 개념과 센서네트워크”, 홍원표, 한밭대학교
[1-29] http://www.zdnet.co.kr, 김태정 기자, 2008. 5. 23
[1-30] “의료 정보화 표준화 기술동향”, 김창환, 수양엔지니어링 기술사무소, 2008.
[1-31] http://www.itdaily.kr, 조상록 기자, 2008. 4. 15.
[1-32] http://www.gminews.com, 이수원 기자, 2008. 5. 19.
[1-33] 한국사이버대학교, http://www.kcu.ac

[1-34] "u-Home", 윤훈주, LG CNS 가치창조 2007년 5월호
[1-35] http://www.cnews.co.kr, 임정옥 기자, 2008. 6. 5.
[1-36] "u-City 사업모델과 u-서비스", 이병철, 이용주, 삼성SDS, TTA 저널 No112.
[1-37] "무선식별 기술", 이근호, R&DB 대표컨설턴트
[1-38] "RFID 개념과 동향", 권수갑, 전자부품연구원
[1-38] "RFID 최신 기술 및 표준화 동향", 여준호, 전자통신연구원, 2006년 9월
[1-40] http://www.infides.co.kr
[1-41] "2006년 RFID 시장 점검 및 2007년 전망", KOTRA
[1-42] "2006년 국내 RFID 장비시장 분석 및 전망 보고서", 한국 IDC(www.idckorea.com)
[1-43] "RFID/USN 확산 종합대책", 정보통신부 보도자료
[1-44] "RFID/USN 관련 국내외 서비스시장의 최근 동향 및 전망", (주)폴리소프트

제 2장

RFID 기술

RFID(Radio Frequency IDentification)는 사람, 동물, 상품 등 관리하고자 하는 사물에 태그를 부착하고 이를 전파를 이용하여 사물의 ID 정보 및 주변 환경 정보를 인식하여 각 사물의 정보를 수집, 저장, 가공 및 추적함으로써 사물에 대한 관리, 측위, 원격처리 및 사물간 정보교환 등 다양한 서비스를 제공하는 기술이다. 이는 사물에 대한 자동식별(AIDC; Automatic Identification and Data Capture) 기술 중의 하나이며, 아래 [그림 2-1]은 RFID와 유사한 기능을 수행하는 다양한 자동인식 시스템과 RFID 시스템간의 관계를 나타낸 것이다.

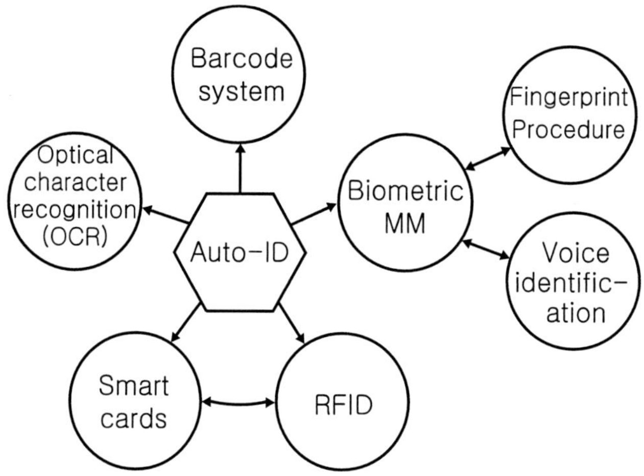

[그림 2-1] 자동인식의 중요한 시스템들간의 관계 [2-2]

컴퓨터로 사물의 정보를 자동으로 인식하는 기술 중 현재까지도 가장 널리 쓰이고 있는 바코드(Barcode) 시스템이 있다. 바코드는 1976년에 상용화되었으며, 13개의 디지트(Digit)로 구성되며 유통, 물류, 도서관리 등의 분야에서 광범위 하게 사용되어 지고 있는 자동인식 기술의 대표주자라 할 수 있다. 다른 자동 인식 기술로는 전자식 데이터 저장 시스템인 스마트카드(Smart Card)가 있으며, 공중전화 카드 및 은행 카드, 결제 수단으로 많이 사용되어졌었다. 근래에는 바이오 인식 기술로서 홍채인식, 음성인식, 지문인식 기술 등이 있으며, 손 혈관인식 및 얼굴패턴 인식 기술 등 바이오 인식 기술에 대한 연구가 활발하게 진행 되고 있다.

[표 2-1] RFID 시스템의 장·단점 비교표 [2-2] ("RFID Handbook", Klaus Finkenzeller, 2003 참조 및 수정)

시스템 파라미터	바코드	OCR	음성인식	생체인식	스마트카드	RFID
데이터 크기(Byte)	1~100	1~100	-	-	16~64K	64K이하
데이터 밀도	낮음	낮음	높음	높음	매우 높음	매우 높음

기계적 인식률	좋음	좋음	낮음	낮음	좋음	좋음
사람에 대한 인식	제한적	간단함	간단함	어려움	불가능	불가능
오염물질에 의한 영향	매우 높음	매우 높음	-	-	접촉식의 경우 가능함	영향이 없음
시야 가림에 의한 영향	완전차단	완전차단	-	가능	-	영향 없음
방향과 위치에 의한 영향	제한적	제한적	-	-	단방향성	영향이 없음
마모성	제한적	제한적	-	-	접촉에 의함	영향이 없음
가격	매우 낮음	중간	매우 높음	매우 높음	낮음	중간
운영비용	낮음	낮음	없음	없음	중간(접촉식)	없음
수정가능성	약간	약간	가능	불가능	불가능	불가능
인식속도	낮음 (~4초)	낮음 (~3초)	매우 낮음 (>5초)	매우 낮음 (>5~10초)	낮음 (~4초)	매우 빠름 (~0.1초)
최대인식거리	0~50cm	<1cm 스캐너	0~50cm	직접 접촉	직접 접촉	0~100m

하지만 수백 수천 가지의 사물의 수를 동시에 인식하고, 다양한 사물의 재질, 다양한 주변 환경에서 이를 자동으로 식별하기에 바코드 시스템은 가격 면에서는 서림할시 모르나 제품의 인식속도, 수용할 수 있는 제품의 개수, 인식거리 등 여러 분야에서 이미 한계를 느끼고 있는 실정이다. 또한 바코드 시스템은 물품 하나 하나를 스캔에 의하여 인식하고, 한 번 프린트한 바코드는 다시 쓰려면 프린트를 해야 하며 물품에 새로 인쇄한 코드를 다시금 붙여야 하는 번거로움이 있다. 이에 반하여 RFID는 여러 개의 태그를 동시에 인식 할 수 있고 재 프로그래밍의 과정을 통하여 물품 정보를 지우고 다시 쓸 수 있으므로, 태그를 다시 붙여야 하는 번거로움이 줄어든다. 게다가 무선으로 서로 통신이 되므로 물품 하나하나가 스캐너가 꼭 볼 수 있는 위치에 있어만 서로 통신이 가능하며, 인식속도 또한 느린 편이다. 그러나, RFID는 이동 중에도 인식이 가능하므로 물품의 이동 중에도 인식이 되며 바코드나, 스마트카드에 비해 인식거리 및 인식속도 또한 빠르다. ([표 2-1] 참조)

이러한 점에서 RFID 기술은 스마트카드에서 사용되는 기계적인 접촉과는 다르게 RF 신호를 이용하여 객체들을 식별하는 비접촉(Contactless) 인식 기술로서 기존의 자동인식 기술의 단점들을 보완한 차세대 자동인식 기술시스템이라 할 수 있다. 또한, 바코드가 상품단위까지만 구별할 수 있는 단점을 보완하기위하여 일련번호(Serial Number)를 추가하여 같은 상품이라도 구별할 수 있는 확장된 차세대 식별코드를 사용한다. 다만 태그의 가격이 타 인식매체에 비해 아직 고가이기 때문에 실용화를 위해서 아직 태그 가격의 인하가 진행 중에 있다. [2-1]

2.1 RFID 분류

2.1.1 주파수대역에 의한 분류

RFID 시스템은 RF 신호를 이용한 기술로서 RFID 시스템 단말기인 리더와 태그 간 사용하는 RF 주파수 대역에 따라서 [그림 2-2]와 같이 크게 다섯 개로 분류 할 수 있다. 이는 RFID 또한 전자기파를 발생시키고 방사시키기 때문에 법적으로 무선 시스템으로 분류되고, 다른 무선 서비스에 대하여 보호 작업이 필요하므로 사용 가능한 적절한 동작 주파수의 범위에 제한이 생긴다는 말이 된다. 이러한 이유 때문에 산업용, 과학용, 의학용(ISM)의 어플리케이션을 위해 특별히 개방된 주파수 범위를 사용하는 것만이 가능하다. ISM 주파수뿐만 아니라, 135KHz 이하의 전 주파수 대역(북남미, 일본은 400KHz 이하) 역시 사용하기 적절한데 이는 이대역에서 유도성 RFID 시스템 이용시 높은 자계강도로 작동 시킬 수 있기 때문이다. 따라서 현재 RFID는 저주파(LF; Low Frequency, 125kHz, 135kHz), 고주파(HF; High Frequency, 13.56㎒), 극초단파(UHF; Ultra High Frequency, 433㎒, 860~960㎒) 및 마이크로파(MWF; MicroWave Frequency,2.45㎓) 등 여러 무선 주파수대에서 동작하는 시스템이 제시되어 상용화되었다. [그림 2-2]는 각 주파수별 RFID의 특징을 정리하여 나타낸 것이다. [2-3]

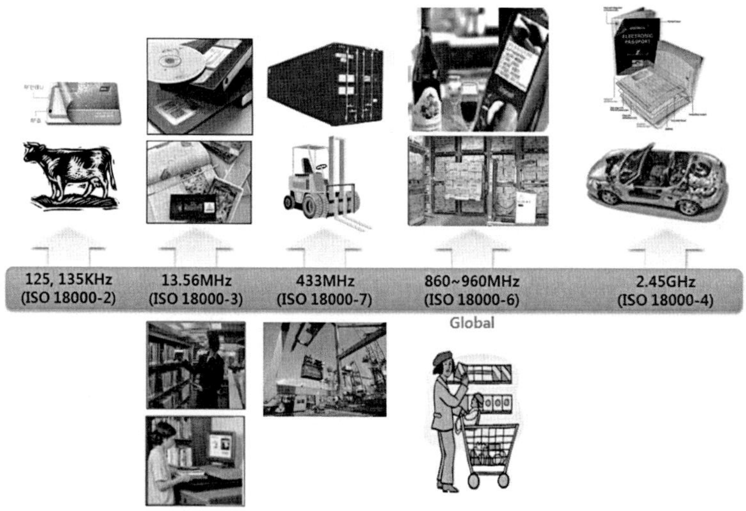

[그림 2-2] RFID 주파수 할당 및 응용 분

135KHz이하의 범위는 ISM(Industrial Scientific Medical) 주파수 대역으로 허가 된 것이 아니므로 다른 무선 서비스들과 함께 사용되어진다. 저주파대 제품은 사용거리가 짧고, 데이터 전송속도가 낮지만 저렴한 태그 가격으로 인하여 출입통제, 보안, 동물의 인식 및 추적, 작업의 자동화, 재고관리, 재고자산 추적과 같은 분야에서는 효율적으로 사용된다.

135KHz이하 대역과 함께 13.56㎒ 대역은 RFID 시스템에서 오래전부터 여러 분야에서 활용되어져 출입통제 보안, 스마트카드 등에 사용되며 최근에는 물류시스템 관리에도 사용되기 시작하였다. 현재 13.56㎒ 대역의 활용도는 급격히 증가하고 있으며 국제적으로 13.56㎒ RFID를 확장한 개념인 NFC(Near Field Communication)를 휴대폰에 탑재하고자 규격화 작업과 함께 기술개발도 함께 진행되면서, 이미 여러 시범사업까지 진행되고 있다.

13.56㎒ 이하의 RFID 시스템은 주파수 대역측면에서 낮은 주파수로 인해 짧은 인식거리 및 낮은 전송속도라는 단점을 가지고 있지만, 오히려 프라이버시 문제나 개인의 인증 문제에 대해서는 이러한 점이 장점이 되어서 더 중요하게 활용 될 수 있다.

[그림 2-3] 필립스社 의 NFC 결제 시스템 [2-4]

그러한 이유에서 현재 개인의 ID 카드 및 신용카드 등에 많이 사용되고 있다. [그림 2-3]은 필립스사에서 개발한 NFC 를 내장한 휴대폰을 이용하여 물건 값을 지불하는 사례이다.

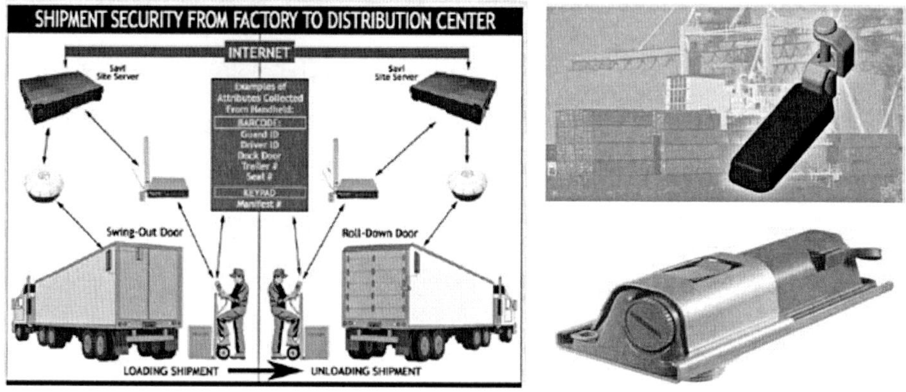

[그림 2-4] SAVI社의 e-Seal(전자봉인 시스템)서비스 및 태그 [2-5]

433㎒ 대역은 전 세계 아마추어 무선 서비스로 할당되어 있다. 미국 등에서 일부 컨테이너 관리용으로 사용하고 있으며, 9.11 테러 이후 미국에서는 테러방지를 위해 앞으로 자국 항만에 들어오는 컨테이너에 전자봉인(e-Seal) 사용을 법제화하고, 세계 각 국에서 전자봉인 장착을 의무 함으로써 전 세계적으로 파급될 것으로 예상된다.

860~960㎒ 대역은 인식거리, 제작가격 등에서 유리한 면이 있어 전 세계적인 유통, 물류 등의 용도에 가장 적합한 대역으로 전망 받고 있으며 기술개발측면에서 가장 활발한 주파수 대역이라 할 수 있다. 860~960㎒ 대역은 다시 각 나라마다 사용하는 주파수가 아래 그림과 같이 정해져 있다.

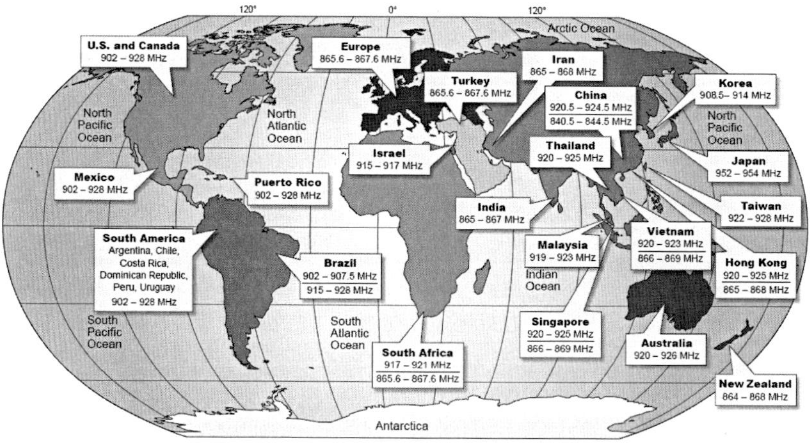

[그림 2-5] 각 나라별 UHF RFID 주파수 사용 현황 [2-6]

미국은 ISM대역으로 분배된 902~928㎒ 대역을 이미 비허가 무선기기를 사용할 수 있도록 규정함으로써 RFID 서비스가 가능하게 되었다. 유럽은 862~870㎒ 대역이 기존의

SRD(Short Range Device)용으로 할당되었으나, RFID 서비스에는 적합하지 않아 865~868㎒ 대역에서 새로운 전송규격을 설정하였으며, 2004년 말에 주파수 대역을 배정하였다. 또한, 일본도 950~956㎒ 대역을 전자태그용으로 설정하고, 전송방식과 출력 등을 연구 중이이다. 유럽과 미국에 앞서 2004년 7월 우리나라는 908.5~914㎒ 주파수대역을 배정하였다.

2.45㎓ 대역은 전 세계적으로 ISM 또는 소출력 대역으로 분배되어 있으므로 RFID용도로 활용 가능 한 대역이다. UHF 대역과 대체적으로 비슷한 장단점을 갖지만 주파수가 높음에 따라 안테나의 크기를 줄일 수 있어 초소형 태그 구성이 가능하므로 전자여권 등에 활용이 가능하다. 또한 동일한 주파수대에 블루투스(Bluetooth), 무선 랜(Wireless LAN) 등의 근거리 통신기술과 사용주파수가 동일하여 주파수 간섭 영향을 받기 쉽다는 단점이 있다.

5.8㎓ 대역도 RFID 시스템에서 사용하는데, 국가별로 서로 다른 주파수 대역을 배정하고 있으며, 우리나라의 HIGH PASS와 같이 고속도로 통행료 자동징수를 위해 ITS분야에서 이미 사용하고 있어 현재는 유럽지역에서만 적용이 가능하다. [2-8]

아래 [표 2-2]는 각 주파수별 RFID 시스템의 특징을 이해하기 쉽게 정리 한 것이다.

[표 2-2] RFID 주파수별 시스템 특징 [2-7]

주파수	주파수(LF)	고주파(HF)	극초단파(UHF)		마이크로파
	125, 134KHz	13.56㎒	433.92㎒	860~960㎒	2.45㎓
인식거리	60cm 미만	약 60cm	약 50~100m	약 3.5~10m	약 1m 이내
일반특성	· 비교적 고가 · 환경에 의한 성능저하 거의 없음	· 저주파보다 저가 · 짧은 인식거리와 대중 태그 인식이 필요한 분야에 적합	· 긴 인식거리 · 실시간 추적 및 컨테이너 내부 습도, 충격 등 환경 센싱	· IC기술의 발달로 가장 저가로 생산 가능 · 다중태그인식거리와 성능이 가장 뛰어남	· 900㎒ 대역 태그와 유사함 · 환경에 영향을 가장 많이 받음
동작방식	수동	수동	능동	능동/수동	능동/수동
적용분야	· 공정자동화 · 출입통제/보안 · 동물관리	· 수화물관리 · 대여 물품관리 · 교통카드 · 출입통제/보안	· 컨테이너관리 · 실시간 위치추적	· 공급망 관리 · 자동 통행료 징수	· 위조방지
인식속도	저속 ←――――→ 고속				
환경영향	少 ←――――→ 多				
태그크기	大 ←――――→ 小				

2.1.2 에너지 결합방법에 의한 분류

RFID 시스템은 전자파 에너지 전달방식에 따라 상호 유도(Inductively coupled) 방식과 전자기파(Electromagnetic wave) 방식으로 나눌 수 있으며, 상호 유도방식은 현재 대부분의 저주파 RFID에서 적용되는 원리로서 13.56㎒ 이하의 주파수에서 코일 안테나를 이용하여 형성되는 자계에너지에 의해 전원에너지 및 데이터의 전송이 이루어지는 근거리용이다. 즉, 구동 전류에 의해 리더의 안테나에서 발생한 전력에너지는 자계장을 형성하며 자계장 영역에 위치한 태그는 자장의 변화에 의한 전류가 유기되어 이로 인한 전압이 발생한다. 이 경우에 태그는 요구되는 최소 전력을 리더에서 수신하게 된다. 수신된 전력에 의해 동작하는 태그는 자체 데이터 송출을 동일한 원리에 의해 리더에 전달하게 되는데 태그에 흐르는 전류는 미약 전류이므로 리더에 전송하는 거리는 근거리이다. 또한 저주파라는 점으로 인해서 데이터 전송속도가 느리며 전송 데이터양에 제한적이라는 단점을 가질 수밖에 없다. 보통 인식거리는 3~100cm 정도로 최대 인식 거리는 리더의 출력을 증가 시켰을 경우이며 지나친 리더의 출력 증가는 저주파로 인한 다른 기기에 영향을 미칠 수도 있다.

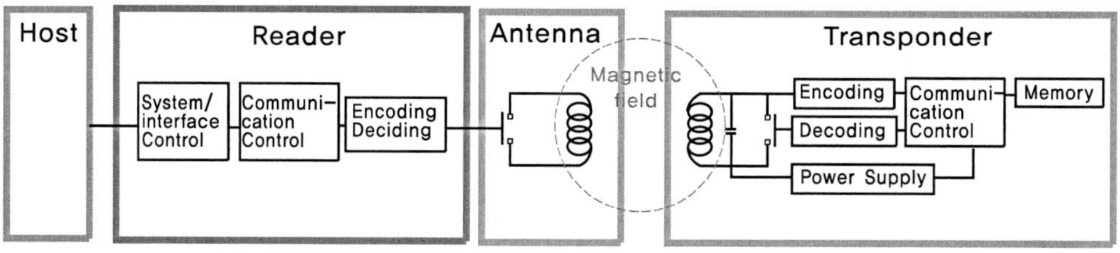

[그림 2-6] 상호유도 방식(Inductively-coupled) RFID 시스템 [2-9]

전자기파 방식은 주로 극초단파(UHF) 대역 이상의 주파수를 이용하여 중거리용 RFID로 사용된다. 짧게는 30cm부터 길게는 수십, 수백m 정도의 긴 인식거리를 가지고 있다. RF 전파 방식으로 전파통신, 레이더와 같이 전파전송 원리를 적용한 것이다. 즉, 리더에서 전송되는 마이크로파 전자계 신호를 태그가 반사하며, 반사된 신호를 리더가 수신하는 레이더의 원리와 유사하다. 이 경우에 태그에서 반사하는 신호는 리더의 반송파 주파수 신호를 태그의 ID 데이터정보에 의해 변조하여 후방산란(Backscattering)방법에 의해 리더기로 재송신되며, 리더는 변조되어 수신된 신호를 복조하여 태그의 ID 정보를 해석한다. 전자기파 방식은 저주파를 사용하는 상호유도방식에 비해 높은 주파수를 사용함으로 데이터 전송속도가 높고 인식거리도 굉장히 긴 편이다. [2-8]

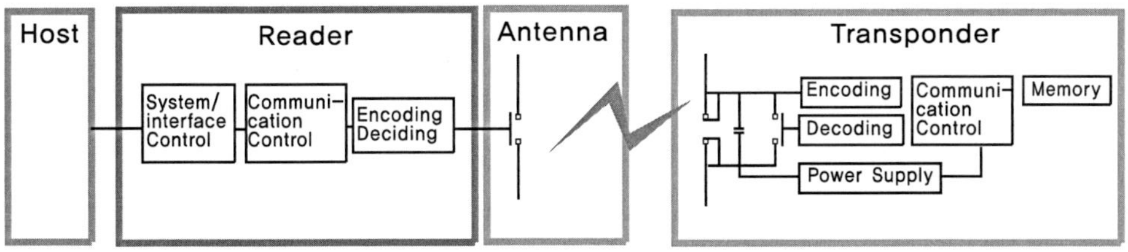

[그림 2-7] 전자기파 방식(Electromagnetic wave) RFID 시스템

2.1.3 태그 전원 유무에 따른 분류

RFID 태그는 트랜스폰더와 전원 공급의 유무에 따라 태그 스스로 전파를 송신하는 능동형(Active), 리더기의 전력신호의 의해 작동하고 전파를 송신하는 수동형(Passive), 수동형에 전지가 추가되어 통신거리를 늘릴 수 있는 반수동형(Semi-passive)이 있다. 능동형 태그는 리더로부터 필요전력을 줄이고 리더와의 인식거리를 멀리 할 수 있는 장점이 있으나, 전원 공급 장치를 필요로 하기 때문에 작동 시간의 제한을 받으며 수동형에 비해 고가인 단점이 있다. 반면, 수동형은 능동형에 비해 매우 가볍고 가격도 저렴하면서 반영구적으로 사용이 가능하지만, 인식거리가 짧고 리더에서 더 많은 전력을 소모한다는 단점이 있다. 반수동형 태그는 수동형 태그에 전지가 추가된 태그로서 수동형 태그와 같이 후방산란변조 방식을 이용하여 리더로 정보를 전송하나 전지를 이용할 경우 수동형 태그보다 2배 이상의 인식거리를 향상시킬 수 있다.

2.1.3.1 수동형(Passive) RFID

수동형 RFID 시스템은 [그림 2-8]에서와 같이 태그와 리더로 구성되며, 호스트를 통하여 인터넷 망에 연동되어 응용 서비스를 제공한다. 태그를 부착한 물체가 리더의 인식 범위에 놓이게 되면 리더는 태그에게 질문(interrogation)을 보내고, 태그는 리더의 질문에 응답한다.

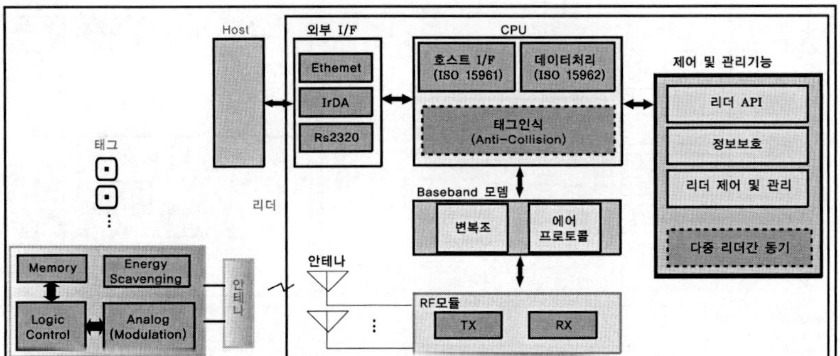

[그림 2-8] 수동형 RFID 시스템

리더는 특정 주파수를 가지는 연속적인 전자파를 변조하여 태그에게 질문 신호를 송출하고, 태그는 내부 메모리에 저장된 자신의 정보를 리더에게 전달하기 위하여 리더로부터 송출된 전자파를 후방산란변조(back-scattering modulation)시켜 리더에게 되돌려 보낸다. 후방산란변조란 리더로부터 송출된 전자파를 태그가 산란시켜 리더에게 되돌려 보낼 때, 그 산란되는 전자파의 크기나 위상을 변화시켜서 태그의 정보를 보내는 방법이다.

2.1.3.2 반수동형(Semi-passive) RFID

반수동형 RFID 태그는 수동형 태그의 단점인 수 m이내의 짧은 인식거리를 늘리기 위해 전지가 추가된 형태의 태그이다. 수동형 태그의 인식거리가 짧은 이유가 리더로부터 충분한 전력을 받지 못하기 때문에 수동형 태그에 전지를 추가할 경우 인식거리를 수십m까지 증가시킬 수 있다. 태그에서 리더로 보내는 정보는 수동형 태그와 같은 후방산란변조 방식을 사용하여 전송하며 전지를 이용하여 센서를 구동할 수 있는 장점도 가지고 있다. 따라서 능동형 태그에 비해 전력소모가 적어 수명이 길어질 수 있지만 인식거리는 능동형에 비해 짧다.

2.1.3.3 능동형(Active) RFID

능동형 RFID 태그는 수동형 RFID 태그와는 달리 자체적으로 내부 전지 및 송신 장치도 내장하고 있어 스스로 송신할 수 있는 RF 단말 장치이다. UHF(433㎒) 대역의 능동형 RFID 리더와 태그는 단일 주파수 대역 FSK 신호를 이용하며, 반이중(half-duplexing) 방식으로 상호 통신한다. 능동형 RFID 태그는 비교적 긴 인식거리를 가지므로 공항이나 항만의 팔렛, 컨테이너 관리, 공장의 부품 관리 등의 자산 추적 관리 시스템에 주로 활용된다.

능동형 RFID 시스템은 리더, 태그, 호스트 등으로 구성될 수 있다. 하나의 리더는 전파 전파 방식에 의해 다수의 태그와 통신을 하며, 리더는 유선의 이더넷을 통해 호스트로 직접 연결될 수 있으며, WLAN을 통해 무선으로 AP와 우선 접속한 후 이더넷(Ethernet)을 통해 최종적으로 호스트와 연결될 수도 있다. [2-10]

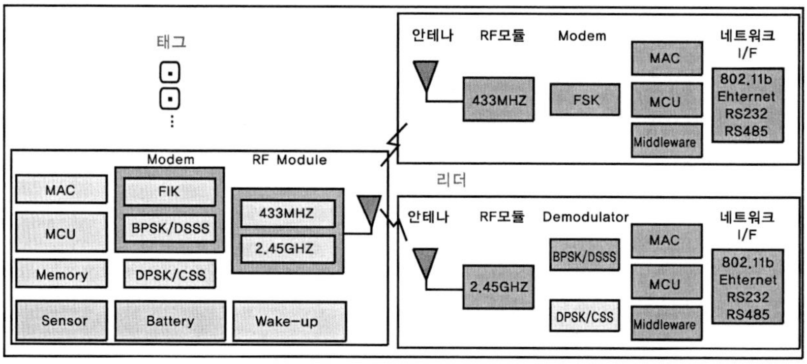

[그림 2-9] 능동형 RFID 시스템

2.1.4 태그 Read/Write 능력에 따른 분류

태그 메모리를 기능상으로 읽고 쓰기 형태(Read/Write), 한 번 쓰고 수시로 많이 읽기 형태(WORM), 읽기만 하는 형태(Read only)로 분류한다. 읽고 쓰기 형태는 일반적으로 정상적인 동작 상태에서 메모리 내에 저장된 데이터를 필요에 따라 수시로 변경 사용할 수 있다. 능동형 태그의 경우 자체의 전원을 가지고 있기 때문에 전류의 소비가 큰 메모리에 대해 읽기와 쓰기가 가능한 형태가 주류이다. 예를 들면, 고속도로의 요금징수 및 지불카드 등에 이용 될 수 있다. 그러나 가격이 비싸다는 단점이 있다. 한 번 쓰고 읽기 형태는 단 한 번 사용자 요구에 맞도록 쓰이며, 보통 제조공정에서 제조자에 의해 고유 코드번호를 부여하여 쓰이고, 절대로 수정이 불가능하다. 읽기만 하는 형태는 가장 가격이 저렴하며, 높은 보안성을 부가시켜 주지만 최근에는 사용하지 않는 추세이다.

이상으로 RFID를 여러 특징을 기준으로 분류하여 보았으며, 아래 [표 2-3]에 위 내용을 간략하게 정리 하였다.

[표 1-1] 분류 및 특성

RFID 방식별 분류		주요특징	
태그의 Read/Write 능력	Read only	▪ 태그의 제조 시 입력되며, 추후 내용의 변경 불가 ▪ 바코드와 유사하게 식별코드만을 인식하며 서버로 전송하여 DB와 연동 가능	
	WORM	▪ 사용자가 초기에 식별 코드에 대해 한 번의 데이터 입력은 가능하나, 추후 변경은 불가 ▪ 일반적으로 태그에 사용자가 식별코드 입력	
	Read/Write	▪ 사용자가 임의적이며 반복적으로 태그에 데이터의 읽기 및 쓰기가능 ▪ 메모리의 용량이 커짐에 따라 가격이 고가이며, 다양한 용도로 활용가능	
태그의 전원 유무	수동형 (Passive)	▪ 리더에서 방출하는 전자기장을 이용하여 자체 전원을 발생하기 때문에 인식거리가 짧은 근거리용 ▪ 가격이 저렴하며, 크기는 용도에 따라 변경이 가능하며, 반영구적인 수명(약10년)	
	반수동형 (Semi-Passive)	▪ 자체 전원이 있으나 센서부와 같은 외부 인터페이스를 구동하는데 사용 ▪ 수동형 태그보다는 비싸나 최소의 가격으로 최대의 성능 발휘	
	능동형 (Active)	▪ 태그에 자체전원을 포함하여 수십m~100m의 인식거리, 원거리용 ▪ 가격이 고가이며, 자체전원으로 인한 수명 제한, 크기에 대한 제한	
주파수 대역	저주파 (135KHz 이하)	▪ 인식 거리가 짧고 가격이 저렴하기 때문에 동물 인식 등과 같은 용도로 주로 쓰임 ▪ 저주파를 사용하기 때문에 데이터의 전송 속도가 느림	유도결합

	고주파 (13.56㎒)	▪ 암호화 관련 모듈이 내장되어 있어 금융거래와 관련된 응용범위에 사용됨 ▪ 10cm 이내의 인식거리에서 실용화 ▪ 1m 전후의 응용 분야도 있음(ISO/IEC 18000-3기반)	
	극초단파 (433, 860~960㎒)	▪ 433㎒(Active), 860~960㎒(Passive) 대역 이용 ▪ 다른 대역에 비해 인식거리가 길며, 유통 물류 분야에 활용	전파전파
	마이크로파 (2.45㎓)	▪ 2.45㎓ 의 ISM 대역사용, 태그의 소형화, 저가화 가능 ▪ UHF 대역보다 수분, 금속 환경에서 인식률 저하	

2.2 RFID 시스템의 구성

RFID 시스템을 구성하는 요소로는 기본적으로 반도체 칩과 안테나가 결합된 태그(Tag) 혹은 트랜스폰더(Transponder), 그리고 태그로 전파를 송수신하는 리더 안테나와 리더기(Reader, 혹은 interrogator)가 존재한다. 마지막으로 리더로부터 읽어 들인 정보를 어플리케이션과 연결시켜주는 미들웨어(Middleware)가 있다. 자세한 내용은 각 세부 항목에서 다루도록 하겠다.

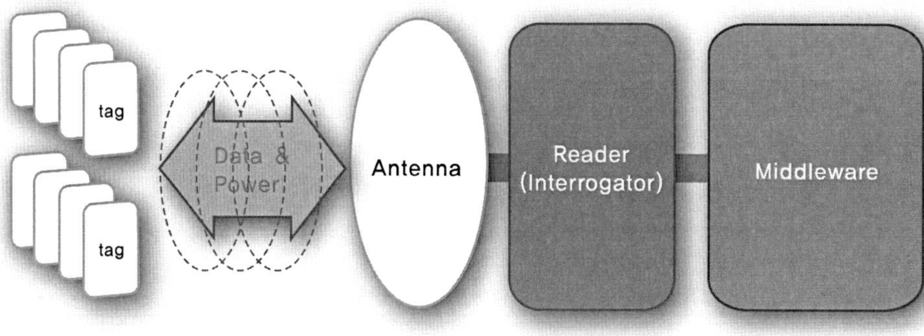

[그림 2-10] RFID 시스템 구성도

2.2.1 RFID 태그

2.2.1.1 RFID 태그

RFID 표준을 선도 하고 있는 EPCglobal에서는 주파수, 커플링 방법, 키잉 및 변조방식, 정보 저장 용량, 상호 작동 모드 등을 전부 묶어서 태그를 분류하는 방법을 정의하고 있다. 정확히 태그를 분류한다는 목적에서 태그 클래스가 만들어진 것은 아니며, 새로운 기술의 상위 태그가 개발된다면 하위 클래스 태그에 대한 호환성을 갖고 상위 태그도 하위 태그의 기능을 모두 포함한다는 의미에서 만들어진 로드맵이다. 아래 [표 2-4]는 EPCglobal에서 정의한 태그 클래스에 대한 내용이다.

[표 2-4] EPCglobal의 RFID 태그 구분

	Class 0	Class 1	Class 2	Class 3	Class 4
개요	제조사입력 /읽기전용	사용자입력 /읽기전용	수동형 /읽기쓰기기능	반수동형 /읽기쓰기기능	능동형 /읽기쓰기기능
능동형/수동형	수동형 (Passive)			반수동형(Semi-Passive)	능동형(Active)
읽기/쓰기	읽기전용		읽기/쓰기/기능		
전송 성공률	낮다			높다	
전지	없음			리튬/마그네슘 전지	
수명	길다		짧다	길다	
도달거리	짧다		길다	중간	길다
무선망 네트워크	기능 없음				

가) 수동형(Passive) 태그(Class 0, 1 및 2)

Class 0, 1 및 2 태그는 수동형 태그로서 자체 전원을 가지고 있지 않은 형태이다. 수동형 후방산란(Backscatter) 태그는 가격이 저렴하여 현재 대부분의 RFID 시스템에서 사용되고 있는 방식이다. 이 수동형 후방산란 태그는 코드 발생, RF 신호 수신, 변조, 재송신, DC 전압 발생 등의 주요 기능을 가지고 있다.

수동형 태그는 리더에서 수신된 RF 신호로부터 DC 전압을 추출해야 하는데, 검파기 다이오드(또는 쇼트키 다이오드)가 이러한 정류기 기능을 수행한다. 정류된 DC 전압은 응답코드를 발생하고 변조회로에 변조파형을 공급하는 전원으로 사용된다. 후방산란 방식은 태그 안테나를 스위칭에 의해 수신 RF 신호를 반사하는 것이 기본원리이다.

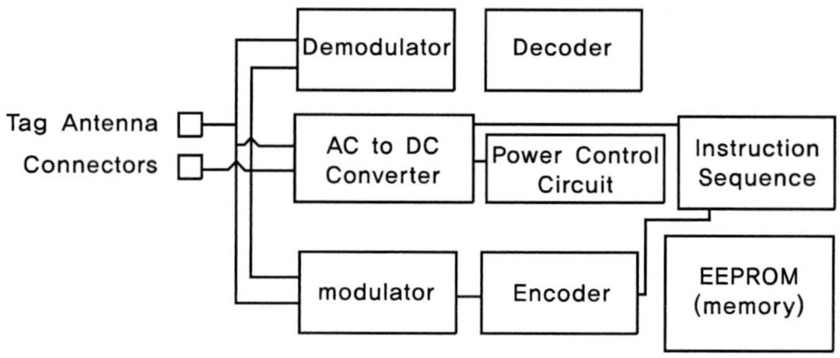

[그림 2-11] 수동형 태그의 블록 다이어그램 [2-11]

[그림 2-12]의 후방산란 구조에서 태그 안테나는 제어 데이터 비트가 '1'이면 수신 RF 신호를 반사하며, 제어 데이터 비트가 '0'이면 수신 RF 에너지를 흡수한다.

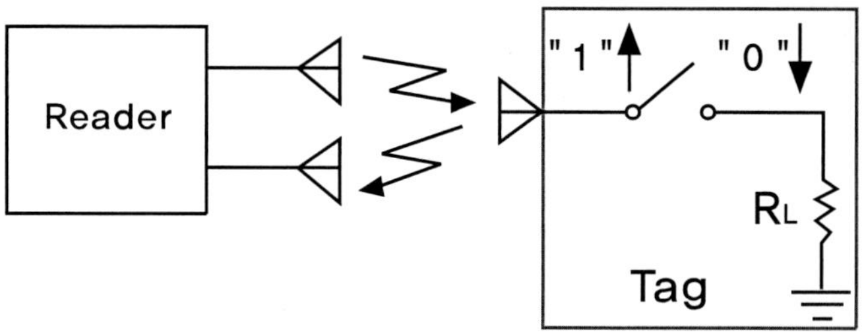

[그림 2-12] 후방산란 태그 [2-9]

일반적으로 안테나에 인입된 RF 신호는 안테나에 흐르는 RF 전류를 변화시켜 변조될 수가 있는데, 이 기법은 종단된 안테나의 임피던스 변화에 의해 가능하다. 요구되는 변조 패턴에 따라 안테나 단자의 저항 또는 리액턴스를 변화시켜 변조된 전파 반사가 발생 되도록 다양한 기법이 사용될 수 있다.

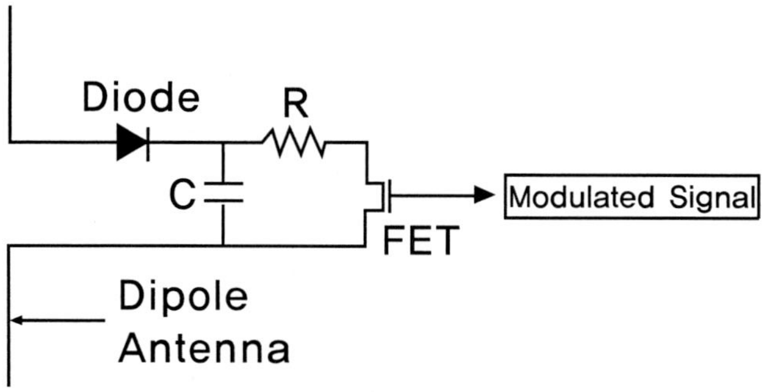

[그림 2-13] PIN 다이오드 후방산란 [2-9]

디지털 코드를 송신하기 위해서 가장 널리 사용되는 PIN 다이오드 스위칭 방식에서 다이오드는 두 가지 상태를 갖게 되는데, 즉, "On"상태(저 저항, 수 Ω)와 "Off"상태(고 저항, 수 kΩ)를 갖는다. 즉, 다이오드 단자의 이상적인 임피던스는 임피던스가 개방상태에서 단락상태로 변화함을 보여주며, 반사계수의 크기는 일정하게 유지하면서 위상만 180° 변한다. 그러므로 PIN 다이오드의 순방향 바이어스 전류를 변화시켜 Bi-phase 위상변조(PSK) 방식이 가능하며, 안테나는 자체 공진 상태가 되어 방사저항을 On과 Off 저항 사이의 값으로 유지한다. 즉, 안테나는 다이오드 임피던스가 두 가지 상태를 갖는 형태로 임피던스 변화를 갖는다. 그러나 PIN 다이오드 후방산란방법은 낮은 저항을 얻기 위해서는 비교적 큰 전류가 인가되어야 하는 단점을 갖는다. 산란신호를 변조하는 다른 방법으로는 [그림 2-13]과 같은 방법으로서 정류기의 부하전류 IL이 FET(field-effect transistor) 스위치와 저항의 조합에 의해 변조된다. 정류기 커패시터 C는 공진주파수에서 저 임피던스 시에는 바이패스(bypass), 변조할 때는 고 임피던스가 된다. PIN 다이오드 경우와 같이 변조과정은 안테나 부하임피던스가 되는 다이오드 임피던스의 변화에 근거한다. 즉, 안테나 부하 임피던스 상태에 따라 수신 RF 신호를 안테나로부터 흡수하거나 방사한다. RF에너지의 흡수는 안테나 임피던스가 다이오드 임피던스와 정합되는 상태에서 발생한다. 이 과정을 통하여 수신된 태그의 리더 입력신호는 효과적으로 진폭 변조되며, 디지털 변조신호에 의해 진폭 변조된다. 이 회로에서 쇼트키 다이오드는 태그의 몇 가지 기능, 즉 RF- DC 정류기, 검파기 및 수신기 기능을 갖는다.

나) 반수동형(Battery-assisted Passive) 태그(Class 3)

수동형 태그는 리더에서 전송하는 RF 신호만을 이용하여 태그를 동작시키는 형태이어서 낮은 전력사용으로 인해 짧은 인식거리를 가지고 있을 수밖에 없다. 인식거리를 늘리려면 리더기의 송신 전력의 세기를 늘려야 하지만 이는 같은 주파수대를 사용하는 다른 기기, 혹은 밀집지역에서의 여러 대의 리더기 사용 시에 서로에게 영향을 미칠 우려가 있으므로 전파법에 의해 제한되어져 있다. 이런 수동형 태그의 단점인 짧은 인식거리 문제를 해결하기 위해서 Class3 태그는 수동형 태그에 자체 전원을 추가한 반수동형 태그로 정의하였다.

작동방식은 수동형 태그와 동일하게 리더로부터 태그가 신호를 받게 되면 다시 리더로 태그 정보를 보내는 후방산란 형식이다. 언뜻 보기엔 자체 전지가 있기에 능동형 태그와 착각하는 경우가 있지만 능동형 태그는 전지가 있음과 동시에 자체 발진으로 인해서 RF 신호를 생성하지만 반수동형 태그는 전지는 있지만 RF 신호를 생성 하는 것이 아니라 수동형 태그에서와 마찬가지로 후방산란 방식에서 반송파의 신호 세기만 증가 시켜주는 역할을 할 뿐이다. 혹은 자체 전원을 이용하여 센서를 추가적으로 덧붙여서 센싱 기능을 추가 할 수도 있다. 자체적으로 RF 신호를 생성하지 못하기에 능동형 태그에 비해서는 짧은 10~30m의 인식거리를 가지고 있다.

한편, 2006년까지만 해도 반수동형(Semi-passive), 반능동형(Semi-active), 전지지원(Battery-assisted) 태그를 같은 종류의 태그로 분리하였으나, 최근에는 국제표준화 기구인 ISO/IEC JTC1/SC31/WG4/SG3에서 수동형 태그에 전지가 추가될 경우 그 성능과 전류 사용량에 따라 반수동형(Semi-passive) 태그와 반능동형(Semi-active) 태그로 분리하여 정의할 필요가 있다는 의견이 있어서 연구반을 결성하여 작업하고 있다. 반수동형 태그는 앞에서 설명했듯이 수동형 태그에 전지가 추가하여 수동형 태그와 같은 후방 산란변조 방식을 이용하고 단지 리더로 부터 에너지나 데이터를 수신할 때 전지를 사용하여 인식거리를 늘리는 방식이며, 이때 전지만 사용한 것이지 어떠한 능동소자도 사용되지 않는다. 반수동형 태그는 반능동형 태그는 좀 더 인식거리를 향상시키기 위해 선택적으로 RF 저전력증폭기(LNA)를 사용할 수 있고 또한 능동형 송신기(transmitter)를 사용하여 부분적으로 리더로 신호를 전송하는 태그이다. 반수동형 태그를 Class 3 태그로, 반능동형 태그를 Class 3 Plus 태그로 부르기를 권고하고 있다.

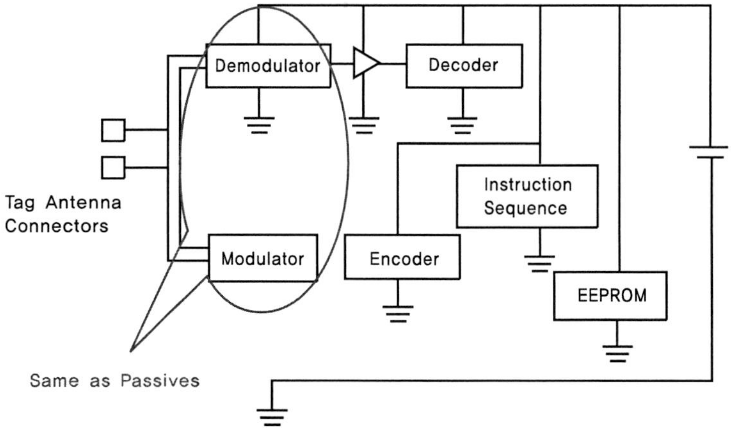

[그림 2-16] Battery -assisted Passive tag(반수동형 태그) 블록 다이어그램 [2-11]

다) 능동형(Active) 태그(Class 4)

능동형 태그는 수동형 태그와 비교하여 RF 적인 부분과 인터페이스 부분에서 크게 다를 것이 없다. 다만 [그림 2-17]과 같이 태그 안에 자체 송신기를 내장하고 있어, 스스로 송신할 수 있으며, 전지를 저장하고 있어 전지가 유지되는 동안 데이터와 명령을 리더와 주고받을 수 있다. 이 때문에, 능동형 태그는 전원 관리 부분이 따로 필요하며, 계속적인 대기 상태에 있을 경우 계속적인 전류가 소모되기 때문에 전력 설계가 중요시 되고 있다. 일반적으로 소비 전류가 적은 슬립 모드(sleep mode)에서 일정한 간격으로 웨이크-업(wake-up)을 하여 리더로부터 전달되는 신호가 있는지를 검사하고 리더로부터 웨이크-업 신호 또는 명령이 전달되었을 때, 웨이크-업하여 명령에 대응하는 동작 또는 그에 대한 응답을 수행한 후 다시 슬립 모드로 전환하게 된다.

현재 원거리 능동형 태그 국제 표준은 433㎒에서 10mW ERP를 갖도록 규정되어 있다. [그림 2-17]에서 나타난 것처럼 태그 내부에 각종 센서를 부착시킬 수 있으며, 전송거리가 수십 m를 초과한다. 또한 읽기/쓰기가 가능한 메모리가 있어 128 KB 이상의 데이터를 저장할 수 있다. [2-9] 한편, 2.45㎓ 대역에서도 국제표준에서 전지가 추가될 수 있는 모드가 정의되어 있으므로 능동형 방식을 지원할 수 있을 것으로 기대되나, 블루투스, WLAN나 지그비(ZigBee)와 같은 기존의 무선 통신시스템과의 충돌이 일어나지 않도록 사용되어야 한다.

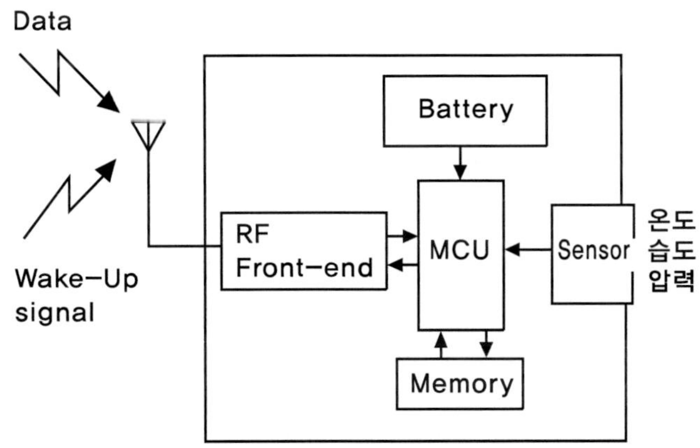

[그림 2-17] 능동형 태그 [2-9]

2.2.1.2 RFID 태그 요소 기술

가) 전원의 정류 기술

전원의 정류 기술은 태그에서 사용할 전원을 만들기 위한 기술로 자체 전원을 가지고 있는 능동형 태그에서는 필요 없는 기술이다.

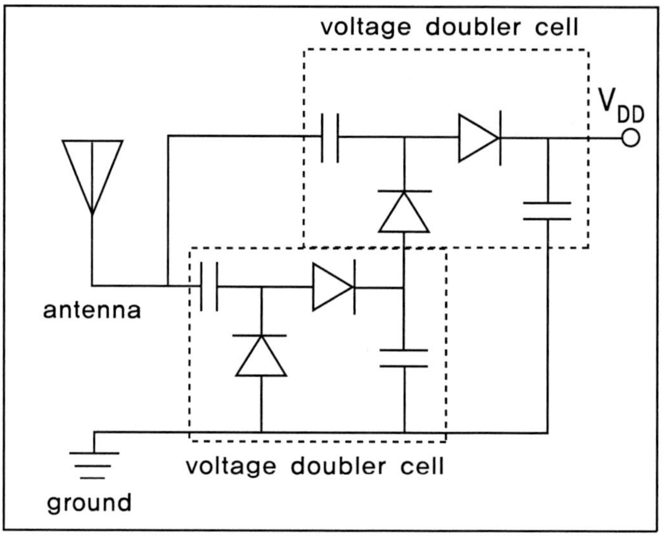

[그림 2-18] 반파배전압 정류회로 [2-12]

수동형 태그에서 리더의 전자파 에너지(AC)가 태그의 안테나를 통하여 임피던스 정합회로를 경유하여 칩으로 수신되면 이 전자파 에너지를 다이오드와 콘덴서 등으로 구성된 정류회로(Rectenna)를 통하여 IC 칩의 동작용 전원으로 이용 될 수 있도록 직류전원(DC)로 만드는 기술이다. 여기서 렉테나(Rectenna)는 정류회로라는 'Rectifier'와 안테나의 'Antenna'의 합성어이다. 이론적인 부분은 간단하지만, 태그의 공간적인 제약으로 인해서 리더에서 송신하는 전력을 직류전원으로 변환하는 효율은 GaAs 소자를 사용했을 시 20~30%정도에 그치며 Si CMOS 소자는 이보다 더 낮기 때문에 저 전력 소모 회로 설계가 매우 중요하다. [2-9]

나) 태그의 변조 방식

수동형 태그 칩은 자체 발진기 없이 리더에서 송출되는 전파를 이용하여 칩의 메모리에 입력된 정보를 변조신호로 사용하여 리더의 반사전파에 정보를 전송하는데 이런 방식을 후방산란(backscatter)변조 방식이라 한다. 후방산란변조 방식에서는 전통적인 디지털 변조 방식에서 사용되는 진폭 변조 방식(ASK; Amplitude Shift Keying), 위상 변조 방식(PSK; Phase Shift Keying) 및 주파수 변조 방식(FSK; Frequency Shift Keying) 등을 사용할 수 있다.

진폭 및 위상 변조 방식은 정보성분이 변조하는 것으로부터 억압시킨 반송파 fc를 좁히고 양측파대에 넓히기 때문에 리더에서 태그로의 반송파와 태그로부터 리더로의 변조파와의 간섭은 일어나지 않기 때문에 통신시스템에는 적합하다. 진폭 변조 방식은 반송파의 유무 여부로 정보의 "0"과 "1"을 식별한다. 여기에서 태그 칩이 정보 "0"일 때에 반송파를 반사하지 않고, "1"일 때에 반송파를 반사하는 경우, 리더로부터 보면, 그 통신공간에 태그칩이 존재하지 않는 경우와 "0"의 정보를 전송하고 있는 경우가 구별되지 않는다.

한편, 위상 변조 방식은 정보의 "0"인지, "1"인지를 반송파의 위상이 0도인지 180°인지로 식별한다. 통신하고 있는 공간에 태그가 존재하지 않을 때는 태그에서 반사되는 반송파도 존재하지 않기 때문에 이들의 세 가지 상태를 식별할 수 있다.

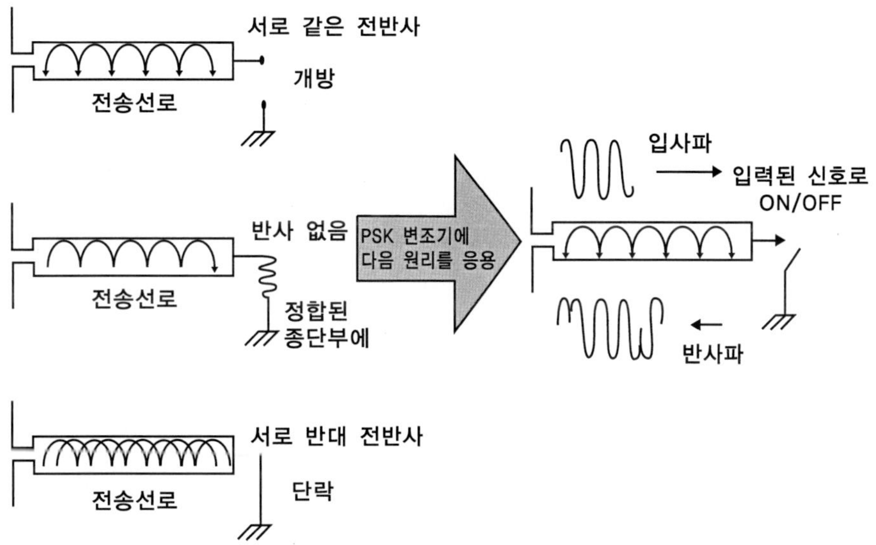

[그림 2-19] 후방산란(Backscatter)변조방식[2-1]

[그림 2-19]에서와 같이 안테나로부터 입력된 반송파는 그 안테나와 반사측의 전송선로 끝에 전송선로와 같은 임피던스의 부하로 종단하면 거기에서는 반사는 일어나지 않는다. 그런데, 전송선로 끝을 개방하면 거기에서는 서로 같고 또 단락하면 서로 반대이고 전반사를 일으킨다. 즉, 안테나의 반대측 전송선로 종단에 RFID칩의 메모리에 기억된 정보신호 레벨에 의해 단락/개방이 되는 스위치를 설치하는 것으로부터 반송파는 전송선로 종단에서 위상변조가 된다. 또 스위치의 단락, 혹은 개방의 어느 쪽 상태이든 안테나가 임피던스 정합되면 반사가 일어나지 않기 때문에 변조도 100%의 진폭 변조도 가능하다. 전송선로가 생략되어 있어, 안테나와 그 급전점에 스위치를 설치한다고 생각하면 된다. 이 같은 원리를 이용하여 태그 측에는 특별한 고주파회로 없이 간단한 고주파 스위치를 설치하는 것만으로도 진폭이나 위상 변조회로가 구성될 수 있다. 안테나의 부하 임피던스를 변화시키기 위하여 트랜지스터가 사용되며 스위치의 ON-OFF 신호는 태그의 디지털 신호에 의해 스위칭된다. 즉, 바이폴라 트랜지스터의 베이스단자에 high 신호가 인가되면 스위칭회로가 특성임피던스 50Ω으로 정합되어 RF신호는 무반사 되고, low 신호가 인가되면 스위

칭회로가 부정합되어 단말기로 부터의 RF신호는 전반사된다. 이러한 원리에 의해 위상 변조회로를 구성할 수 있다.

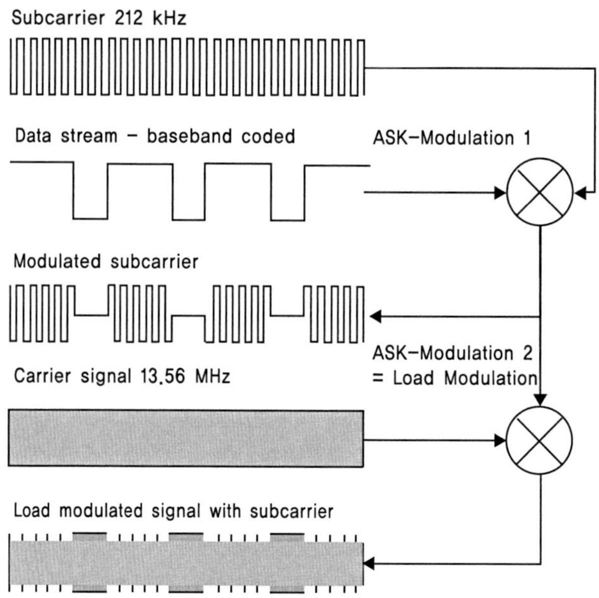

[그림 2-20] ASK 변조된 부반송파와의 부하 변조에 의한 다중 변조의 단계적 발생

한편, 한정된 주파수자원을 효율적으로 사용하여 동시에 여러 리더가 운용 가능하도록 하기 위해 위와 같은 변조 방법 이외에도 부반송파(Sub-carrier)를 사용한다. 부반송파는 결과적으로 다중 변조(Multilevel modulation)를 사용하는 것과 같은 효과를 내는 것으로 최종 변조단에서 변조되기 전단에서 변조가 한 번 된 후 이 신호와 원신호가 다시 한 번 변조 된다. 이와 같은 부반송파를 사용하는 이유는 부반송파에 의한 부하 변조는 리더에서 전송한 동작 주파수로부터 부반송파 주파수 f_H 만큼 떨어진 위치에 두 개의 스펙트럼선을 발생시킨다. 실제적인 태그 정보는 이제 두 개의 부반송파 라인의 측파대에서 전송되며, 이때의 스펙트럼 형태는 부반송파와 코딩된 기저 대역 데이터 스트림의 변조 결과에 좌우되며 이를 통해 태그 신호를 리더 신호로부터 분리할 수 있다.

다) 부호화(coding) 기술

RFID 리더의 명령 및 RFID 태그의 메모리에 저장된 ID 또는 데이터를 바로 변조할 경우 광대역의 대역폭을 점유하기 때문에 채널 대역폭이 제한된 RFID 리더 또는 RFID 태그에서 완벽한 인식률을 보장할 수 없다. 따라서 변조 전에 전송하고자 하는 데이터를 직렬 정보 스트림으로 인코딩하여 디지털 신호화 한다. 한편, 수동 RFID 태그에는 사용되는 코딩 방식에 고유의 요구 사항이 있다. 온보드 상태의 수동 태그에 대한 정밀 타이밍 소스를 구현할 수 없다는 점, 어려운 대역폭 요구 사항 그리고 태그 작동을 위한 최대 RF 전력 공급의 필요성 때문에 수많은 RFID 어플리케이션에 있어 데이터 인코딩이 매우 중요한 요소가 된다. 이러한 요구사항을 만족시키기 위해 리더는 태그와의 통신에 Manchester(Bi-Phase-L)와 PIE(Pulse Interval Encoding)를 많이 사용한다. 이런 코딩 방식의 중요한 특징은 코딩 방식이 변환을 바탕으로 하고 있고 자체 클러킹이 가능하여 전력이 부족한 태그에 필요한 동기화 회로의 복잡성을 대폭 줄여준다는 점이다. 또한, 리더에서 보내는 데이터가 '0'과 '1'로 계속적으로 변하더라도 충분한 전력을 태그에게 공급할 수 있다. 이중에서 PIE 인코딩은 20ms와 같이 지정된 최소 펄스 지속 시간이나 간격을 바탕으로 한다. 이 주기를 'Tari' 라고하며 ISO 18000-6 Type A Reference Interval(Tari)에서 그 이름을 따온 것이다. SOF(Start Of Frame) 및 EOF(End Of Frame)와 같은 특수한 심벌뿐 만 아니라 '1'과 '0'비트도 서로 다른 tari 주기로 구성된다. 여기서 tari란 signaling의 시간 기준 단위 이다. 이에 따라 지정된 비트 변수 수에 대한 송신 길이가 만들어진다. PIE 인코딩은 자체 클러킹 방식이므로 변수 길이는 거의 영향을 미치지 않지만, Tari 길이는 송신된 신호의 대역폭 결정에 있어 중요한 요소인 변조된 신호에 대한 최소 펄스폭이라는 점에서 중요하다. Tari 길이가 짧을수록 신호에 대한 내역폭 요구 사항은 더 커지게 된다. ISO 18000-6, Type C와 같은 보다 최근의 표준에서는 전 세계적으로 다양한 규제에 따른 스펙트럼 방출 요구 사항을 수용할 수 있도록 여러 가지 Tari 길이(6.25, 12, 25ms)를 허용하고 있다.

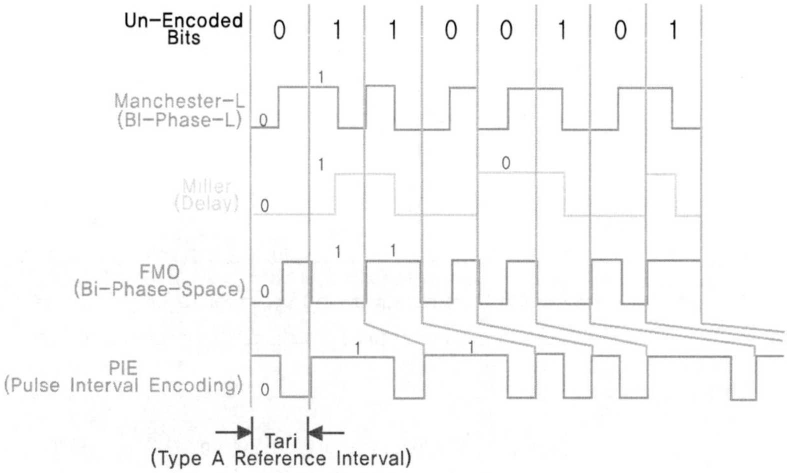

[그림 2-21] 태그에서 리더로의 데이터 코딩 예시 [2-13]

RFID 코딩 방식에 중요한 또 다른 특성은 DC 스펙트럼 구성 요소이다. 후방 산란 태그는 반송파 신호를 변조한다. 그런 다음 반송파 신호는 태그 리더의 기저 대역 DC 레벨로 다시 필터링 되어 태그에서 훨씬 더 약한 업링크 변조만 남기게 된다. 태그의 코딩 방식에서는 리더로의 업링크가 DC 에너지를 거의 또는 전혀 가지지 않아야 하므로 반송파 신호와 충돌을 일으킨다. Miller 및 FM0 인코딩은 스펙트럼에 DC 에너지가 거의 또는 전혀 없는 이런 특성을 공유한다. ISO 18000-6 Type C는 다른 부반송파 속도를 제공함으로써 Miller 인코딩을 보다 향상시킨다. 부반송파 주파수의 1, 2, 4, 8배가 변조 인코딩을 조정할 수 있도록 함으로써 판독거리, 속도 또는 대역폭을 최적화한다. 그러나 [그림 2-22]에 나타나듯이 부반송파 주파수를 증가 시킬수록 실제 데이터 전송률은 감소한다.

또한 ISO 18000-6 Type C 규격은 리더가 조밀하게 배치된 환경(밀집리더환경, Dense-interrogate mode)에서 다운링크와 업링크 전력 레벨 불균형 문제도 해결한다. 여러 개의 리더가 서로 가까운 곳에 근접하여 배치된 경우에는 서로 쉽게 간섭을 일으킬 수 있다. 대역폭과 채널 수가 풍부한 미국에서는 주파수 호핑 확산 스펙트럼(Frequency Hopping Spread Spectrum) 기술을 사용하여 많은 리더가 서로 근접한 상태에서 작동할 수 있도록 지원하지만, 유럽과 아시아 국가에서는 주파수 대역폭이 부족하므로 ISO 18000-6 Type C 규격을 이용해 여러 개의 리더가 인터로게이션을 동기화할 수 있도록 허용함으로써 트래픽 폭주를 경감시킬 수 있다. 채널 폭을 변화시키기 위해 채널을 피하거나 네 개의 서로 다른 부반송파 인코딩 속도(FM0, Miller M=2, M=4 & M=8)를 사용할 수 있다. [2-2]

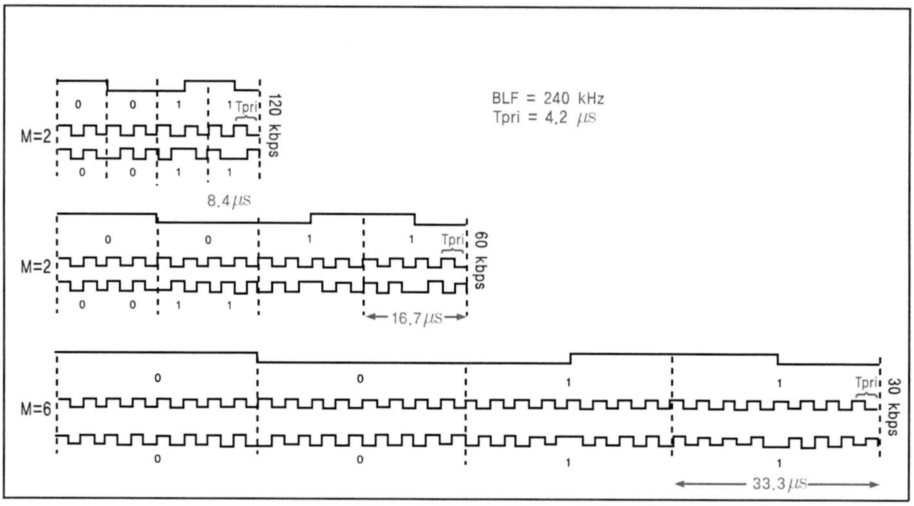

[그림 2-22] Miller 인코딩을 이용한 예 (M=2, 4, 8) [2-12]

라) 안테나 기술

수동형 RFID 태그의 IC 칩 임피던스는 태그 칩의 정류 및 검파회로에서 쇼트키 다이오드(Schottkey Diode)와 함께 사용되는 커패시턴스에 의해 실수부와 용량성 허수부로 구성된 복소 입력 임피던스(Complex Input Impedance)를 가진다. RFID 칩을 제조함에 있어서 임피던스 매칭을 위해 IC 칩 내에 임피던스 정합용의 코일이나 용량의 큰 콘덴서를 내재하는 것은 어렵다. 이를 위해서 안테나 측에서 IC 칩의 입력임피던스에 합쳐진 설계를 수행하는 것이 필요하게 된다. 따라서 태그 안테나 임피던스는 RFID 칩 임피던스와 복소 공액 정합(Complex Conjugate Matching)시켜야 한다. 그리고 현재 상용의 RFID 칩은 각자 다른 임피던스를 가지고 있기 때문에 각 상용 RFID 칩 임피던스에 맞추어서 안테나를 제작하여야 한다. 또한, 쇼트키 다이오드의 비선형성으로 인하여 칩 임피던스는 칩에 인가된 전압에 따라서 달라지므로 리더와 태그 간의 통신 거리에 따라 입력 전력이 변할 경우 달라지게 된다.

수동형 태그용 안테나로는 대부분 다이폴(dipole) 안테나 혹은 태그 크기를 줄이기 위해 다이폴 안테나를 변형한 미앤더 라인(Meander Line) 안테나가 대부분 사용된다. 다이폴 안테나의 경우 동작 주파수의 반파장보다 길게 하면 유도적(Inductive)이고, 짧게 하면 용량성분(Capacitive)의 안테나 리엑턴스(Reactance)성분을 보인다. 이 특성을 이용해 안테나와 IC칩의 입력 임피던스를 정합시킨다.

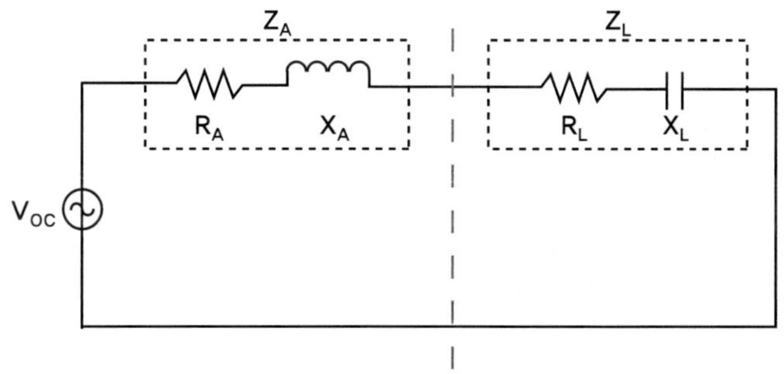

[그림 2-23] 태그의 등가회로

[그림 2-23]은 태그 안테나의 기본 형태인 다이폴 안테나 태그의 등가 회로도이다. 가운데 점선을 중심으로 왼쪽이 안테나 부분이며, 오른쪽이 칩 부분이다.

$Z_A = R_A + jX_A$는 안테나 임피던스이고, $Z_L = R_L + jX_L$은 칩 임피던스이다. 칩의 리액턴스(reactance) 성분인 X_L은 대개 매우 큰 음의 범위에서 값을 가지기 때문에 안테나의 리액턴스 값은 그것에 공액 매칭이 되도록 큰 양의 범위에서 값을 가지도록 설계되어야 등가 회로상에서 최대 전력을 가질 수 있다. V_{OC}는 리더에서 전자기파가 입사했을 때, 태그의 안테나와 칩 사이가 개방(open)되었을 경우의 전압을 나타낸 것이다.

칩으로 전달되는 전력인 P_L은 등가 회로에서 식 (2-1)과 같이 나타낼 수 있다. 여기서 태그의 안테나 임피던스와 칩 임피던스 사이의 공액 매칭 조건에서는 P_L은 식 (2-2)로 나타내어지며, 이것이 실제 이용할 수 있는 최대 전력 P_{AV}이다.

$$P_L = \frac{1}{2}|I|^2 Re(Z_L) = \frac{1}{2}\left|\frac{V_{OC}}{Z_A + Z_L}\right|^2 R_L \tag{2-1}$$

$$P_{AV} = \frac{|V_{OC}|^2}{8R_A} \tag{2-2}$$

식 (2-1)과 (2-2)를 이용하여 P_L과 P_{AV} 사이의 관계식을 식 (2-3)과 같이 유도할 수 있다. 여기서 $\Gamma = \dfrac{Z_A - Z_L}{Z_A + Z_L}$는 안테나와 칩 사이의 반사 손실을 나타내며 공액매칭을 시켰을 때 P_L은 P_{AV}와 같으며 부정합(Mismatching) 조건에서는 반사되는 만큼 P_L 값이 줄어든다.

$$P_L = P_{AV} \cdot \frac{4R_A R_L}{|Z_A + Z_L|^2} = P_{AV} \cdot (1 - |\Gamma|^2) \tag{2-3}$$

태그에서의 전력 밀도는 식 (2-4)로 표현되며, 안테나 유효면적(effective aperture)은 식 (2-5)와 같이 나타낸다.

$$S_{tag} = \frac{P_{\in} G_{reader}}{4\pi r^2} = \frac{(EIRP)_{reader}}{4\pi r^2} \tag{2-4}$$

$$A_e = \frac{\lambda^2 G_{tag}}{4\pi} \tag{2-5}$$

여기서, P_{in}은 리더로부터의 입사 전력이며, G_{tag}와 G_{reader}는 태그와 리더의 이득이다. r은 리더와 태그 사이의 거리를 나타내고 λ는 파장을 나타낸다. 여기서 식 (2-5)와 G_{tag}를 이용하면 아래와 같이 태그의 RCS(Radar Cross Section)를 구할 수 있다.

$$\sigma = A_e \cdot G_{tag} \cdot (1 - |\Gamma|^2) \tag{2-6}$$

RCS는 칩의 임피던스에 따라 달라지며, 칩 임피던스가 실수일 경우 칩 임피던스가 단락상태일 때 최대가 되고 칩 임피던스가 매칭 상태일 때는 RCS는 단락일 때 RCS의 약 1/4이 된다. 하지만 칩 임피던스가 실수부와 허수부를 가질 경우 안테나 임피던스가 리액턴스 성분이 커지면 복소 공액 로드 안테나가 [그림 2-24]에서와 같이 단락 회로 안테나보다 전력을 더 많이 재방사할 수도 있다. 또한, RCS는 태그에 입사되는 파의 각도에 따라서도 그 값이 달라진다. 이러한 RCS의 변화는 EM 시뮬레이션 또는 측정을 통해 확인할 수 있다. [2-14]

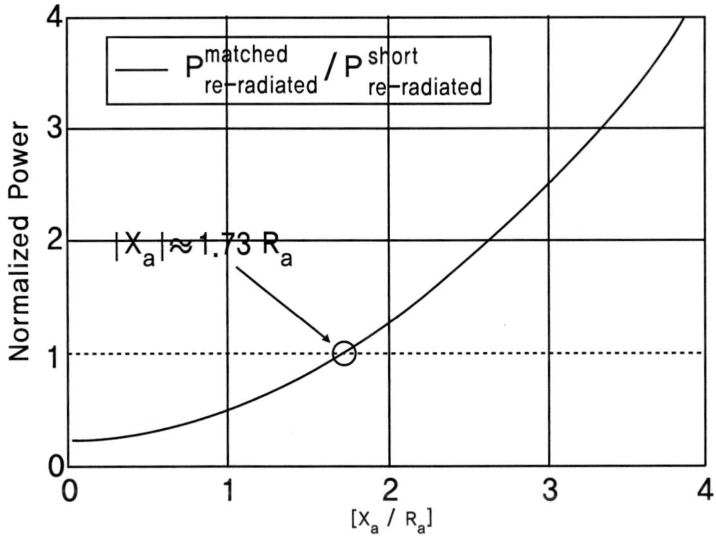

[그림 2-24] 칩 임피던스가 복소 임피던스일 경우 방사 전력 비교

RCS는 태그의 이득과 상관관계가 크다고 할 수 있다. 일반적으로 태그 안테나의 크기가 커지게 되면 안테나의 이득과 RCS가 커지게 되는 비례관계를 형성한다. 하지만 이는 설계 시 주어진 태그 크기에 따라 차이가 있을 수 있다. 태그용 안테나는 물체에 부착하기 때문에 소형으로 설계하는 것이 바람직하다. 그러나 안테나의 크기가 작아지면(RCS 감소) 대역폭과 효율 등 안테나 성능이 저하된다. [2-15]

또한, 태그가 물체에 부착 시에 물체에 따라서는 안테나의 특성이 크게 변할 수 있으므로 이러한 점을 고려하여 안테나의 성능을 그대로 유지하기 위한 소형으로 안테나를 설계하는 방법과 금속에 부착하여 사용하는 방법, 소형 고효율 안테나 설계에 대하여 지속적으로 연구되고 있다. [2-1]

마) 태그 메모리 기술

메모리는 태그 IC의 고유 ID 또는 사용자에 의해 입력된 데이터를 저장하고 있는 공간이다. 태그 IC 가격의 대부분을 차지하고 있으며, 저전압, 저전력 메모리를 설계하는 것이 가장 큰 관건이다.

메모리는 초기에 한 번 쓰면 읽기만 할 수 있는 메모리와 사용자가 임의적으로 읽기/쓰기가 모두 가능한 메모리로 구분할 수 있다. 읽기만 가능한 메모리는 태그 IC의 제조 당시 IC 제조사에서 고유의 ID를 입력하면 그 이후에는 읽기만 가능할 뿐 더 이상 쓸 수 없는 것이며, 인의적인 읽기와 쓰기가 가능한 메모리는 EEPROM과 같은 메모리를 두어 사용자가 임의로 정보 등을 기록하거나 저장할 수 있도록 하는 메모리다. 최근에는 R/W 메

모리 및 인식속도 향상을 위한 고속메모리를 채택한 제품들이 선보여지고 있으며 R/W시 같은 동작전압을 사용할 수 있는 Fe-RAM을 사용한 태그에 대한 연구도 진행되고 있다.

2.2.2 RFID 리더

수동형 태그에 전력을 공급하려면 무선 송신기가 있어야 되고, 태그에서 보내는 신호를 받으려면 수신기가 있어야 한다. 또한 태그로부터 얻은 태그 정보를 처리하기 위해서는 네트워크망 및 호스트와 연결된 송신기는 필수적이다. RFID 시스템에서 이러한 역할을 담당하는 요소가 바로 리더이다.

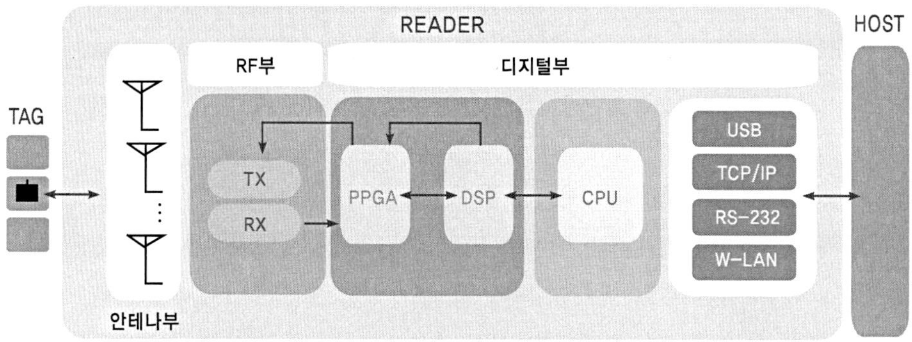

[그림 2-25] RFID 리더의 구성도 [2-11]

리더는 RF 신호를 통해 태그와 통신하기 때문에 리더는 반드시 하나 이상의 안테나(Antenna)를 포함하고 있다. 이러한 리더 안테나의 성능에 의해서 인식거리, 인식률 등에 많은 차이를 보인다. 또한, 태그로부터 받은 태그 정보를 호스트 및 다른 장치와 통신하여야 하기 때문에 이더넷(Ethernet)이나 RS 232, UART(Universal Asynchronous Receiver/Transmitter) 등의 네트워크 인터페이스를 요구한다. 마지막으로 통신 프로토콜을 구현하고 하드웨어를 제어하기 위한 마이크로 컨트롤러가 있다.

[그림 2-25]와 같이 RFID 리더는 기본적으로 디지털부와 RF/아날로그 부로 나뉠 수 있다. RF/아날로그부는 안테나로 전력과 데이터를 전달하기 위한 전력 증폭기(Power Amplifier)와 주파수 상향 혼합기(Mixer), 태그로부터 안테나에 수신된 응답신호를 복원하기 위한 저잡음 증폭기(LNA : Low Noise Amplifier)와 아날로그 신호처리부로 구성된다. 디지털 신호처리제어부는 디코더(Decoder), 인코더(Encoder), 클록 발생회로(Clock Generator), 메모리(Memory), 프로세서(Processor) 및 호스트 인터페이스부(Host Interface) 등으로 구성된다.

이러한 RFID 리더의 RF/아날로그와 디지털 신호처리 제어부는 주로 단일 칩 혹은 다중 칩의 형태로 구성된다. 또한 RFID 리더에서 이러한 리더칩 이외에 안테나와 RF 정합을 위한 정합회로부(Matching Circuit), 대역통과 필터, 서큘레이터(Circulator) 등이 전체 RFID 리더 시스템을 구성하고, 각각의 리더 구성부가 리더의 요소기술에 해당한다.

특히, 860~960㎒의 UHF 대역 RFID 리더 시스템은 실제로 고주파 신호의 처리를 하는 부분은 주파수 상·하향 변환기, 전력 증폭기, 저잡음 증폭기, 국부발진기(Local Oscillator) 등이고, 대부분의 디지털 회로는 10㎒ 내외의 클록 주파수 부근의 주파수대역에서 동작한다. 따라서서 안테나와 RF 정합을 위한 정합회로부, 대역통과 필터, 서큘레이터 등을 제외한 UHF RFID 리더는 CMOS 공정기술을 이용하여 단일 SoC(System on Chip)형태의 개발이 가능하다. 이러한 RFID 리더의 칩 공정기술에 디지털부에는 0.35um급 공정기술이 사용된다.

RF/아날로그부에서는 저잡음 증폭기와 전력 증폭기의 특성 및 요구규격이 칩 제작공정을 결정하는 중요한 요소로서, 데이터를 반송파로 진폭변조(ASK)나 주파수변조(FSK)하여 안테나단으로 전송한다. RFID 반송파가 UHF 주파수 대역일 경우 최대 960㎒이므로, 최소 0.25um 급 혹은 0.18um 급 CMOS 공정기술이 요구된다. 그러나 RFID 리더는 태그와의 무선접속 방식에 따라 태그에 공급하여야 하는 RF 반송파 전력과 태그로부터 수신되는 RF 반송파 전력이 차이가 나고, 또한 인식거리에 따라서도 이러한 RF 반송파 전력이 차이가 난다.

RFID 리더는 안테나 및 RF 회로, 변복조기, 실시간 신호처리 모듈, 프로토콜 프로세서 등으로 구성된다. RFID 리더는 RFID 태그의 동작에 필요한 고주파 전력을 송출하고, 또한 태그에 필요한 명령어를 보내고 데이터를 기록하며, 태그로부터 반사파에 실려 온 정보를 수신하고 분석하며, 태그로부터 수집한 정보를 미들웨어로 전송하는 기능을 수행한다. RFID 리더의 요소기술은 다음의 일곱 가지로 요약 된다.

■ RF 트랜스미터(Transmitter) 기술은 태그에 고주파 전력을 송출하고 정보를 반송하기 위한 신호를 생성하는 기술로 안정된 고주파 신호의 발진회로, 불요파의 송출을 억제하는 필터회로, 필요한 전력 레벨까지 신호를 키워주는 증폭회로, 그리고 송출을 담당하는 안테나의 정합회로 등으로 구성된 고주파회로 설계기술을 요구한다.

■ 변조(Modulation) 기술은 리더에서 태그에 필요한 명령을 전달하기 위하여 RF 트랜스미터 회로에 연결되어 리더의 CPU 데이터에 따라 송출되는 고주파 전력의 출력을 ON/OFF 하는 방식의 변조회로로 주파수 스펙트럼 외의 불필요파 발사를 억제하기 위하여 필터회로 등이 부가된 요소 기술이다.

수동형 RFID 관련 최신 통신프로토콜인 ISO 18000 Type C(EPC Gen2, Class1이라고도 함)에서는 리더에서 태그로의 통신에서 DSB-ASK(Double Side Band-Amplitude Shift Keying),

SSB-ASK(Single Side Band-ASK) 및 PR-ASK(Phase Reversal-ASK)가 사용된다. 여기서, 일반적인 진폭 편이 변조(ASK)된 디지털 변조의 스펙트럼 활용은 비효율적이어서 지정된 데이터 전송률에 대해 상당한 RF 대역폭이 필요하다. RF 대역폭 Hz 당 0.20비트의 대역폭 효율은 DSB-ASK에서는 흔히 볼 수 있는 수준이다. 대역폭 효율을 높이기 위한 방법으로 SSB-ASK 있는데, 이것은 대역폭 제한에서 DSB-ASK를 제외시키는 유럽 국가에서 특히 중요하다. DSB-ASK와 SSB-ASK의 전력 효율은 변조 지수에 따라 다르다. 변조 지수가 1이거나 반송파의 OOK(On and Off Keying)인 경우 DSB-ASK와 SSB-ASK에 대해 지정된 BER(Bit Error Rate) 달성에 필요한 가장 낮은 C/N(Carrier to Noise)을 얻게 된다. 불행히도 이 경우에는 태그에 에너지를 공급하기 위한 다운링크 상의 RF 전력 공급량도 최소가 된다. 이상적인 조건으로 태그를 설계하려면 반송파의 오프 시간을 최소화하여 태그에 전력이 부족하지 않도록 해야 한다. ID 판독 범위의 극대화를 위해 C/N 요구 사항도 최소화되어야 하며 수 많은 변조에 있어 이는 상충되는 목표이다. 좁은 대역에서 C/N 요구 사항을 최소화하는 동시에 태그로의 전력 공급을 극대화할 수 있는 한 가지 변조 방식이 바로 PR-ASK이다. PSK(Phase Shift Keyed) 신호와 유사한 PR-ASK는 심벌을 보낼 때 마다 위상을 180° 바꾼다. PR-ASK는 이전 심벌과 새 심벌의 위상 벡터를 곱하면 그냥 진폭이 '0'이 되므로 100%의 진폭 변조도 또는 '1'의 변조 지수를 만들 수도 있다. 이것은 진폭이 간단히 '0'으로 줄어들지만 반송파 전원이 꺼지는 시간을 최소화하여 수동 태그로의 전원 공급이 최적화될 때 쉽게 감지되는 클럭 신호를 제공한다.

- RF 리시버(Receiver) 기술은 리더의 송신부로부터 송출된 고주파 전력신호에 태그가 고유의 ID 정보에 따라 반사파의 신호 레벨에 변화를 주어 실어 보내 온 정보를 수신하고 필터링한 다음 복조하는 요소기술이다.
- 아날로그 및 디지털 기술은 RF 리시버로부터 복조된 태그의 정보를 해석하기 위한 부분으로 미약한 수신 아날로그 신호를 증폭하고, 필터링하고, 트리밍하여 디지털 신호로 해석 가능하도록 정형화하여 디지털 신호로서 정보를 분석하고 CRC(cyclic redundancy checking) 등의 비교를 통하여 정확한 정보를 취득하여 저장 또는 호스트에 보내는 요소기술이다.
- 호스트 인터페이스 기술은 태그로부터 수신하고 분석된 정보를 응용 프로그램에서 활용될 수 있도록 호스트에 접속하는 기술이다. 지금까지는 주로 직렬통신 방식인 RS-232C나 RS-422 등의 인터페이스를 이용하여 기본적인 접속이 될 수 있도록 하였지만, 현재는 이더넷(Ethernet) 드라이버, USB 등의 호스트 인터페이스를 제공하여 네트워크를 이용한 데이터 활용이 가능해고 좀 더 쉬운 인터페이스 환경이 만들어지고 있다.
- 충돌방지 기술은 하나의 리더에서 여러 개의 태그를 동시에 인식 할 수 있도록 하는 기

술로서, 이러한 충돌방지 기술은 크게 확률적 충돌방지(Stochastic Collision Resolution) 방법과 결정적 충돌방지(Deterministic Collision Resolution) 방법으로 나눌 수 있다. 확률적 충돌방지 방법은 알로하(ALOHA) 알고리즘을 기반으로 하며 시간을 슬롯(Slot) 단위로 나누어 태그의 응답이 되도록 한 슬롯에는 하나의 태그만 응답하게 한다. 결정적 충돌방지 방법은 트리(tree) 생성을 기반으로 하며 트리를 만들 때 태그의 고유한 식별 ID를 사용하여 트리를 만들어 태그를 구별한다.

UHF 대역이 물류분야에서 활발하게 사용됨에 따라 태그와 리더, 태그과 태그 사이의 충돌문제에 관한 관심이 높아지고 있다. 18000-6 Type C(EPC Gen2)도 슬롯 알로하 기반 충돌방지 알고리즘을 사용하고 있다. 이외에 433㎒ 대역에서의 18000-7, 13.56㎒ 대역에 서의 EPC C1도 슬롯 알로하 기반 충돌방지 알고리즘을 사용하고 있다. [2-18]

슬롯 알로하 기반의 충돌방지 알고리즘은 전송 요구가 있을 때마다 전송하는 알로하와는 달리 전송시간을 여러 개의 타임 슬롯으로 분할하여 각각의 태그들이 슬롯을 임의로 선택하여 전송하는 방식으로 동작한다. 일반적으로 RFID 시스템에서는 리더가 슬롯개수를 파라미터로 질의명령에 포함하여 영역내의 태그로 전송하면 각각의 태그들은 임의의 랜덤한 수를 생성하여 슬롯을 선택한 후 전송할 정보를 슬롯에 적재하여 리더로 응답한다. 정확히 하나의 정보만 적재된 슬롯, 즉 식별 슬롯은 리더에 의하여 식별되지만 다수개의 정보가 적재된 슬롯, 즉 충돌이 발생한 슬롯은 적재된 정보를 인식할 수 없게 되며 이 슬롯에 정보를 적재한 태그들은 다음 라운드 혹은 프레임에 정보를 재전송해야한다. 또한, 리더로 응답된 슬롯 중 하나의 정보도 적재되지 않은 슬롯, 즉 빈 슬롯도 포함되어 있다.

좀 더 자세한 동작 과정을 설명하자면 리더는 p = <N, R, I>를 파라미터로 태그에 질의하면서 태그식별 과정을 시작한다. 여기서, N는 슬롯개수, R은 랜덤 값 생성에 필요한 종자(seed) 값, I는 태그 식별자 범위 혹은 태그식별 참여여부 정보를 의미한다. 이때, 영역내의 선택된 태그들은 R 값을 이용하여 랜덤 값을 생성하고 이 값을 기준으로 슬롯개수의 범위 내에서 임의의 슬롯을 선택하여 자신의 태그 식별자정보를 적재한 후 리더로 전송한다.

리더가 수신한 슬롯은 빈 슬롯, 식별 슬롯, 충돌발생 슬롯 중 하나일 것이다. 한 프레임 혹은 한 라운드에서 슬롯들의 상태는 다음과 같이 표시된다. c = <c0, c1, ck> 여기서, c0은 빈 슬롯의 개수, c1은 식별 슬롯의 개수, ck는 충돌발생 슬롯의 개수를 의미한다. 일반적으로 위의 c 값을 이용하여 영역내의 태그 개수를 추정하며 c0가 대부분을 차지할 경우 슬롯 개수를 감소시켜야하고 ck가 대부분을 차지할 경우는 슬롯 개수를 증가시켜야 한다. 정확한 태그 개수의 추정이 가능하다면 이에 맞는 시스템 효율이 가장 높은 슬롯 개수를 새로 설정하고 다음 프레임 혹은 라운드를 새로 시작한다.

효율적인 태그식별을 위하여 슬롯 개수는 시스템 효율, 즉 전체슬롯 중 식별 슬롯이 차지하는 비율이 가장 높게 나올 수 있도록 설정한다. 태그 개수에 비해 지나치게 큰 슬롯 개수는 슬롯의 낭비를 초래하고 지나치게 작은 슬롯 개수는 태그들 사이의 충돌 발생율을 증가시킨다. [2-18][2-19]

- 안테나 기술은 리더로부터 생성된 고주파 신호를 원하는 방향에 최대의 효율로 송출하기 위한 장치로 용도에 따른 크기와 구조를 가질 수 있으며, UHF 대역 이상에서는 송출되는 전파빔의 지향성을 형성할 수도 있고, 수직편파, 수평편파, 원형편파 등 자유공간에 최대의 효율로 전파가 되도록 하는 특정한 파장에 대한 최대전력 전달 임피던스 정합을 요구하는 요소기술이다. [2-1]

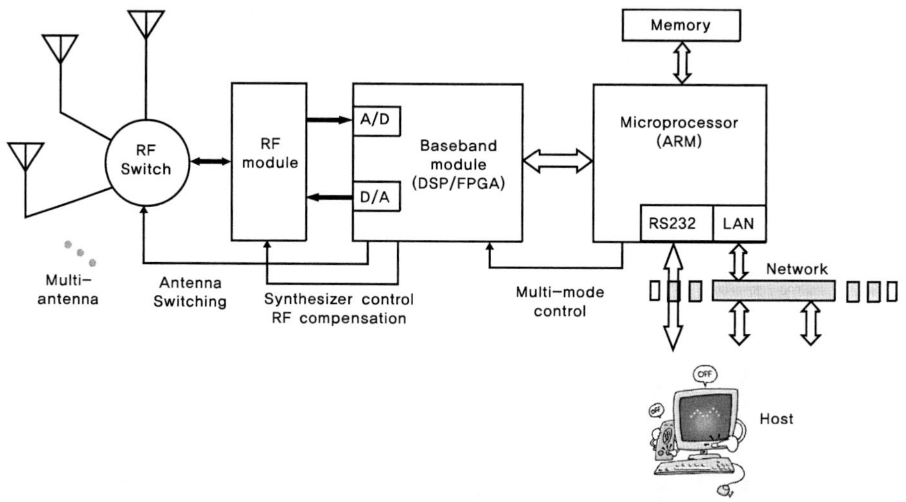

[그림 2-26] 900MHz 대역 고정형 RFID 리더 구성도 [2-21]

리더도 태그와 마찬가지로 여러 가지 장단점을 가지는 다양한 형태 및 방식이 나와 있으며, 어떠한 서비스에 사용할 것인지에 따라 사용가능한 리더가 다양하다. 대표적으로 리더는 고정된 리더 혹은 이동형 리더 이렇게 두 가지로 분류 할 수 있다. 고정형 리더는 출입 게이트나 포털등과 같은 곳에 고정적으로 설치되어, 태그 정보를 무선으로 수신하여 이들 정보를 RS-232, USB, 또는 이더넷 인터페이스들을 거쳐 호스트에 전달하는 기능을 수행한다. 기본적인 구성은 앞서 설명한 일반적인 RFID 리더의 구성과 동일하며, 제품을 설계하는 업체에 따라서 그 특성은 다양하다.

주로 사용되는 곳이 포털과 같은 어떤 출입구를 통해 들어오거나 나가는 태그가 부착된 아이템을 인식하기 위한 곳, 컨베이어 벨트와 같은 조립라인이나 제품 포장 단계에서 특정 아이템이 어느 위치를 지나가고 있는지 알아내려고 하는 터널형의 경우, 아이템이 선반에 들어오거나 나가는 것을 파악할 수 있는 스마트 선반 등 그 사용분야가 다양하다.

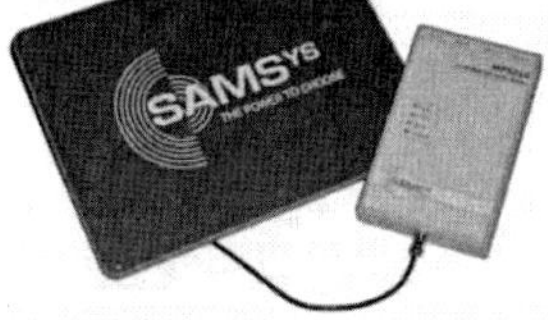

(a) 13.56㎒ (b) 900㎒ (c) 2.4㎓

[그림 2-27] 여러 종류의 고정형(Fixed) RFID 리더(Reader) [2-22][23][24]

이동형 RFID 리더는 고정형 RFID 리더와 같은 기능을 수행하며, 하드웨어 구성 역시 거의 동일하나 무선으로 리더에 수신된 태그 정보를 서버에 전송하기 위해서 무선 네트워크 인터페이스를 내장하고 있다. 리더 플랫폼은 안테나 송·수신부인 RF 트랜시버와 송수신 신호를 제어하기 위한 아날로그 부분을 SoC화 한 FPGA 부분, 메인 컨트롤러부분(Main Controller)과 컴퓨터와의 연동을 위한 인터페이스 부분으로 나누어진다. 고정형 리더와 다르게 아이템을 리더 쪽으로 바라보게 하는 것이 아니라 이동하고 힘든 고정된 아이템에 대해서 이동형 RFID 리더를 이용하여 바코드 시스템처럼 스캔하는 방식이다.

(a) 900㎒ 대역 (b) 13.56㎒ 대역 (c) PCMCIA 용 리더 모듈

[그림 2-28] 다양한 형태의 이동형(Handheld) RFID 리더(Reader) [2-25][26][27]

업체 제품 마다 조금씩 차이가 있으나, 이러한 이동형 RFID 리더제품에는 현재 사용중인 바코드 시스템과도 호환이 되는 제품들도 많이 있다.

PDA용 PCMCIA형 리더의 경우는 리더 부분에는 큰 차이를 보이지 않으나 인터페이스 부분이 PCMCIA WLAN 인터페이스라는 점에서 차이가 있다. 따라서 USB나 시리얼

(Serial) 인터페이스 대신에 PCMCIA WLAN 인터페이스를 제공한다. 이러한 802.11b WLAN 플랫폼은 기존의 802.11 WLAN PC 카드에서 호환성을 최대로 하고 Power-over-Ethernet, Bluetooth, Homeplug, USB, UART, I2C, SPI와 GPSI와 같은 추가 옵션과 더불어 외부의 구성 부품을 최소로 사용한다. [2-1] 고정형 RFID 리더와 다르게 이동성을 위한 전지 착용으로 인한 사용시간의 제한된 점 및 출력 전력의 한계 및 소형화를 위한 리더 안테나의 설계 어려움으로 인한 안테나의 효율이 낮아지는 점으로 인해서 고정형 RFID 리더보다 인식 거리 면에서 단점을 가질 수밖에 없다.

최근에는 IT 기술이 발전함에 따라 다양한 통신망 사용 및 이용자에게 다양한 서비스를 제공하기 위한 모바일 RFID용 리더기도 출시되고 있다. 모바일 RFID용 리더기는 휴대폰이나 PDA의 외부에 연결 하여 사용가능한 외장형 동글 형태가 있으며, SoC기술 발달로 인하여 휴대폰 내부에 장착 가능한 원칩(One-Chip) 형태의 리더도 출시되고 있는 상황이다.

2.2.3 RFID 미들웨어

일반적인 시스템에서의 미들웨어(Middleware)란 내부 시스템과 외부시스템의 가운데에 위치하여 서로 다른 어플리케이션에서 데이터 교환이 가능하도록 해주는 일종의 소프트웨어를 얘기한다. 시스템이 갈수록 분산화 되고, 다양해지고, 네트워크망에 의존적이 되면서 처리해야할 정보를 단일 사용자 환경으로 만들어 줄 필요성이 생기게 되었으며, 이러한 작업을 처리하는 소프트웨어가 바로 미들웨어 이다.

RFID 시스템에서의 미들웨어도 일반적인 미들웨어의 의미와 유사하다고 할 수 있다. RFID에서의 미들웨어 의미는 다수의 이 기종 RFID 리더 시스템간의 이질성(예, 프로토콜, 네트워크 인터페이스 등)이 존재하는 환경 하에서, RFID 하드웨어 시스템을 상위계층에서 일관되게 접근이 가능하도록 해주는 것을 의미한다.

RFID 리더로부터 수집된 초기 태그 데이터가 다양한 응용 시스템과 연동되어 사용되기 위해서는 RFID 리더에서의 필터링 후 인터페이스를 통해 요구되는 장소와 시간에 응용 시스템으로 전달하는 RFID 기반 미들웨어가 필요하다. 소수의 리더만 사용하는 경우, 대용량 데이터 처리의 관점에서는 RFID 미들웨어의 효용성은 그리 높지 않을 수 있지만 인터페이스 및 필터링 기능을 제공한다는 점은 매우 중요한 부분이다.

이러한 자동식별 미들웨어를 사용할 경우 얻을 수 있는 장점들을 다음 [표 2-5]에 정리하였다.

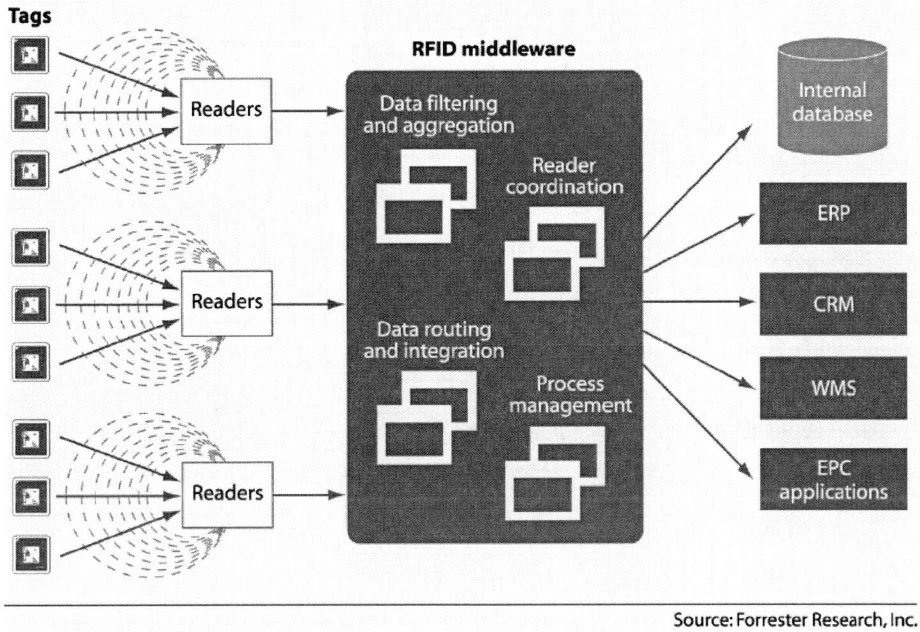

[그림 2-29] RFID Middleware 개념도 [2-28]

[표 2-5] RFID 미들웨어 사용시의 장점 [2-1]

구분	내용
Single Image Reader	다양한 어플리케이션과 다양한 리더들의 표준화된 인터페이스를 미들웨어가 제공함으로써 어플리케이션이 리더에 대해 하나의 이미지를 가질수 있도록 해준다.
Preprocessing 지원	지속적으로 읽혀지는 태그들에 대해 사전처리를 가능하게 해준다. 여기서 사전처리는 필터링(Filtering)과 에러수정(Error Correction) 등을 포함한다.
Light weight Application	리더에 대한 Access나 처리 및 제반 RFID 네트워크 관련 서비스들은 응용 프로그램 개발에서 분리되게 되므로 개발자는 이에 대해 전혀 고려하지 않고 응용 프로그램을 개발하수 있게 된다.
실시간 태그 DB 제공	리더에서 읽혀지는 태그들은 하나의 스트림을 형성하여 계속 입력되게 되는데, 이의 빠른 처리를 위해서는 미들웨어 자체적으로 고성능의 DB를 지원할 필요가 있다. 보통 In Memory DB를 사용하게 된다.
Globalization	글로벌 RFID 시스템 통합화에 기여하게 된다.

현재, RFID 산업체의 사실(Defacto) 표준화 기구로 알려진 EPCglobal 에서는 EPC 처리 시스템에서 적용되고 있는 ALE(Application Level Events)라는 RFID 미들웨어 스펙 v1.0을 2005년 개발 및 발표 했으며, Gen2의 완벽한 지원 및 태그에 쓰기 기능 및 보안 등의 기술을 추가한 ALE v1.1을 현재 초안 작업 중에 있다. 사실상 산업체의 표준 미들웨어라고

알려져 있으며, 많은 업체들이 ALE 미들웨어를 사용 중이며 미들웨어 개발 업체 또한 EPC ALE 에 대한 인증을 획득하려고 노력중이다.

가) ALE(Application Layer Events)

ALE는 EPC 처리 시스템에서 RFID 태그를 인식한 리더가 어플리케이션 계층으로 데이터를 전달하는 역할을 하는 미들웨어이다. [그림 2-30]에서 보듯이 ALE는 EPCglobal Network에서 EPCIS(EPC Information Services)와 Reader Management사이에 존재하며, 리더로부터 받은 태그의 정보를 어플리케이션 단일 EPCIS로 전달해 주는 역할을 한다.

지금의 ALE와 같은 기능을 예전에는 Savant라고 하였는데, 이는 MIT Auto-ID Center에서 시작된 EPCglobal Network 아키텍처의 초기버전에서 사용된 용어로 2002년에 구현 스펙 중심의 Savant Version 0.1[2-29]과 2003년에 Savant Version 1.0[2-30]를 제안하였다. 하지만 RFID가 다양한 응용 서비스에서 사용되기 위해서는 RFID 장치에 저장되어 있는 데이터를 적절한 장소와 적절한 시간에 응용 서비스로 전달하는 RFID 기반 미들웨어가 요구된다. 이러한 점을 기존의 미들웨어 Savant는 충족하지 못하였고, 기존의 Savant를 기반으로 하여 2005년 11월 다양한 센서로부터 EPC 코드 데이터를 받아 필터링하고 통합하여 클라이언트에게 제공하는 미들웨어의 인터페이스에 관한 ALE 표준 버전1.0을 EPCglobal이 발표하였다. [2-31]

ALE 표준은 미들웨어의 인터페이스(interface)에 관한 것이다. 또한 ALE 인터페이스는

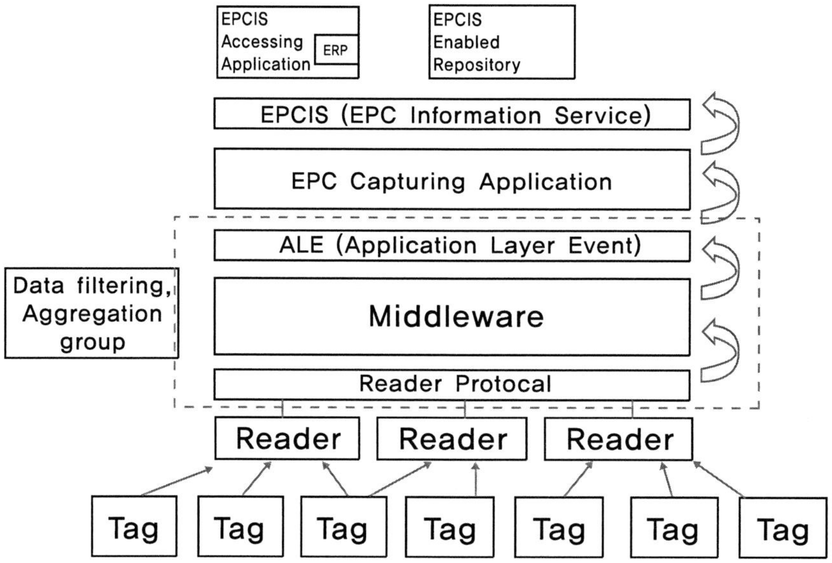

[그림 2-30] EPCglobal Network & Middleware [2-32]

응용과 물리 계층을 분리함으로써 기술 제공자와 사용자에게 비용 및 독립성 면에서 이점을 제공한다는 사실에 기반하여 설계되었다. [2-33]

ALE 이전에는 데이터를 수집, 가공 처리하는 기능들은 Savant가 수행하였었다. [2-30] ALE는 Savant에서와는 달리 이 스펙에서는 구체적인 구현 전략 혹은 특정 소프트웨어 모듈 내에서의 내부 인터페이스를 기술하지 않는다. 대신 오로지 한 개의 외부 인터페이스만을 다룬다. 인터페이스를 따르기만 하면 어떻게 구현하든지는 미들웨어 개발자에게 맡긴다. 이런 기능차이로 인해서 EPCglobal은 Savant라는 용어 대신 ALE 라는 새로운 용어를 만든 것이다.

EPCglobal의 ALE v1.0에서는 ALE의 기능을 다음과 같이 세 개의 계층으로 구분하여 이해를 돕고 있다.

- ***Reader Interface Layer*** : 미들웨어는 RFID 리더나 라벨 프린터 등과 같은 하드웨어 컴포넌트와의 환경 구성을 통해 손쉬운 통신을 지원하며, 이들 하드웨어를 관리하기 위한 사용자 인터페이스를 제공한다.
- ***Transaction Layer*** : 태그로부터 RFID 리더에 의해 생성된 방대한 데이터, 즉 리더에 의해 동일 태그가 반복적으로 읽혀졌다거나 잘못 읽혀진 값들을 필터링 기법을 통해 적절히 정제한 후 이를 적절한 기업용 어플리케이션 솔루션에 넘겨주는 역할을 수행한다.
- ***Application Interface Layer*** : 미들웨어는 사용자가 비즈니스의 필요에 따라 적합한 솔루션을 구축할 수 있도록 기업 환경에 적합한 소프트웨어 아키텍처를 제공해야 한다. [2-34]

EPC가 RFID 시스템을 통해 구현될 때 엄청난 양의 객체 데이터가 발생한다. 하지만 발생하는 데이터의 대부분은 사용할 수 없는 노이즈이다. 중복되고 사용되지 않는 데이터가 전파로 공중에 떠다니는 것이다. 이를 극복하여 효율성을 극대화하고 상호 운용성을 높이기 위해서 ALE가 개발된 것이고, ALE는 위에서 언급한 세 가지 기능을 EPCglobal Network 아키텍처의 하위단에서 수행하여 상위단과 유연한 인터페이스가 가능하게 해주는 역할을 한다.

ALE 표준 V1.0에서 ALE는 클라이언트의 요청에 대한 응답으로 리포트를 생성하는 필터링, 카운팅, 데이터를 축적하는 유연한 표준 인터페이스를 제공하게 설계되었다. 반면 클라이언트는 비즈니스 로직상에서 리포트의 의미를 해석하고 처리하도록 한다. 여기서 ALE 클라이언트는 기업의 어플리케이션만을 의미하는 것이 아니라 미들웨어의 상위 레벨에서 동작하는 EPC윈 소프트웨어(EPCIS와 같은)까지를 포함하는 개념이다.

클라이언트의 요청에 대해서 ALE는 두 가지 방식의 API를 제공하는데 즉시전송(Immediate)과 반복전송(Recurring)이 그것이다. 즉시전송의 경우 클라이이언트 요청시 한 번 씩 리포트 되며, 반복전송은 이벤트가 감지 될 때나 지정된 시간 간격으로 주기적으로 리포트되는 형태이다. 또한 리포트는 요청한 클라이언트 만이 아니라 요청 클라이언트가 지정한 제 3자에게 제공되기도 한다.

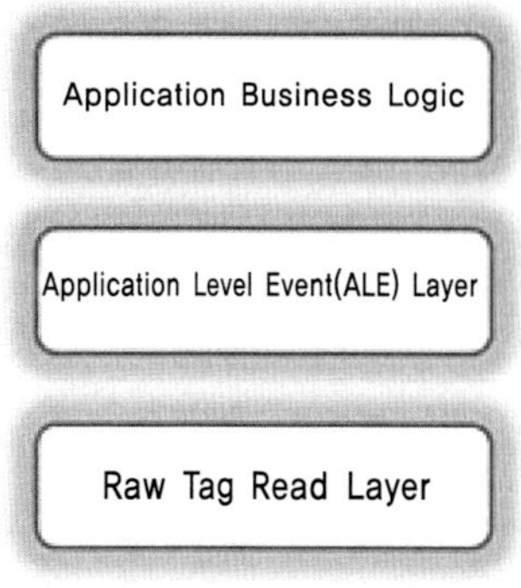

[그림 2-31] ALE Layer

이러한 리포팅 API는 태그 리딩 레이어와 어플리케이션 비즈니스 로직 사이에 위치하고 있는 기능성 레이어로서 ALE Layer라고 부른다. ALE 표준 V1.0에서는 ALE 레벨의 프로세싱의 위치는 정의되지 않았다. 이는 클라이언트의 인터페이스 접점으로 역할을 수행하지만 적합한 리더나 독립된 소프트웨어 미들웨어에서 ALE 레벨의 프로세싱을 수행할 수도 있다는 의미이다.

다시 말하면 소프트웨어에서 ALE 레벨 프로세싱을 수행하기도 하지만 디바이스에서 수행할 수도 있다는 의미이다. 향후에는 필터링, 카운팅 등의 기능을 디바이스에 통합하고 미들웨어에서는 이에 대한 인터페이스만 담당하는 형태로 발전할 수 있음을 엿볼 수 있다. ALE 는 클라이언트의 요청에 대한 프로세싱을 담당하는 레이어이므로 상위 레벨의 EPCIS나 클라이언트 어플리케이션과 아래와 같은 차이점을 가지고 있다.

- ALE 인터페이스는 EPC 데이터를 실시간으로 처리하며 실패복원을 제외하고 EPC 데이터를 저장하는 영구적인 기억장치가 없다. ALE 는 데이터를 저장하기 위한 프로세싱이 아니라 데이터를 전달하기 위한 프로세싱이다.

- ALE 인터페이스를 통해 전달된 데이터는 비즈니스적 의미가 없는 대상, 장소, 시간에 대한 정보만을 가지고 있다. 비즈니스적 로직은 클라이언트에서 처리한다. 예를 들어, ALE는 “시간 간격 T1~T2 사이에 위치 L에서 케이스 EPC 100개와 팔레트 EPC 1개를 판독했다”라는 리포트를 클라이언트에게 제공한다. 클라이언트는 제공된 리포트로 “시간 T2에 포장위치 L에서 케이스 EPC 100개가 1개의 팔레트 EPC와 합쳐졌다”라는 정보를 생성해 낼 수 있다. ALE는 리딩 정보만을 제공하게 되고 상위레벨인 비즈니스 레벨에서는 ALE가 제공한 리포트와 비즈니스 정보를 결합하여 비즈니스 프로세스를 이해할 수 있기 때문이다.

ALE 레이어는 데이터를 수집하여 이 데이터를 비즈니스 로직이 해석하는데 적절한 출발점이 될 수 있는 의미 있는 이벤트로 필터링하는 메커니즘이다. 비즈니스 레이어는 다양한 기업 정보의 토대가 되는 이벤트 기록과 비즈니스 프로세스를 처리하므로 이에 대한 구현 도한 다양한 접근 방법이 있을 수 있다. 그래서 ALE 는 이러한 다양한 접근방식에 유용한 표준적인 인터페이스를 제공하는 것이다. [2-17]

나) ALE의 동작

ALE 의 동작을 이해하기 앞서 이벤트 발신자 및 ALE에서 사용되어지는 데이터의 종류에 대해서 알아보도록 하겠다.

■ 이벤트 발신자

이벤트 발신자는 RFID 태그의 존재를 파악하거나 물리적인 공간에서 어떠한 이벤트를 스캔하는 장치를 뜻한다. 이벤트 발신자의 예로 RFID 리더와 센서를 들 수 있다. ALE 규격에서는 물리적인 장치를 리더하고 구분해서 생각한다. 물리적 장치가 리더가 될 수도 있고, 바코드 스캐너, 센서 혹은 다른 어떠한 장치 일수도 있다. 본질적으로 리더는 가공되지 않은 EPC 이벤트를 제공하는 데이터 소스를 뜻한다. 리더는 다양한 방식으로 대응될 수 있다.

- 단일 물리 장치에 한 리더가 대응 되는 경우

리더가 단일 물리 장치에 대응 될 수 도 있다. 안테나가 한 개인 RFID 리더, EPC 호환 바코드, 스캐너, 모든 안테나에서 오는 관측이 전부 하나로 합쳐지는 방식으로 여러 안테나에 연결된 리더와 같은 것이 이런 예에 해당된다.

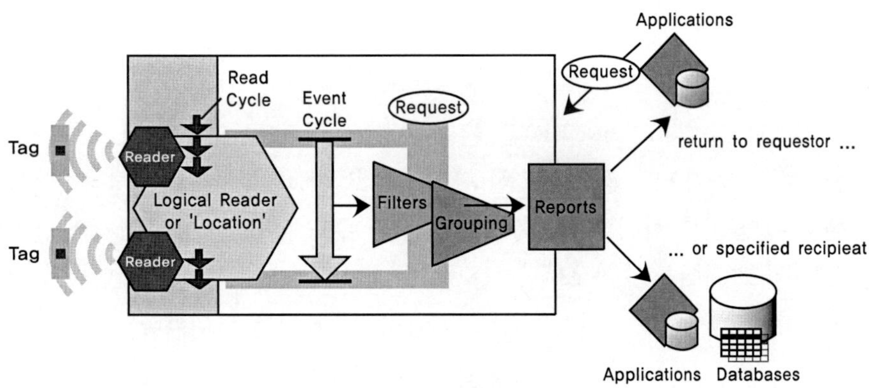

[그림 2-32] ALE 미들웨어의 구조[2-17]

- 같은 물리 장치에 여러 리더가 대응되는 경우

안테나가 여러 개 연결되어 있고, 각 안테나를 서로 다른 소스로 간주하는 리더의 경우와 마찬가지로 한 리더가 여러 리더에 대응되는 경우도 있다.

- 여러 물리 장치가 한 리더에 대응 되는 경우

여러 리더가 하나처럼 작동해서 종합적인 관측 결과를 도출해 내는 경우도 있다. 예를 들어 두 대 이상의 리더를 사용하여 삼각측량 방식으로 위치 정보를 알아낼 수도 있다.

ALE에서는 리드 사이클(Read cycle), 이벤트 사이클(Event cycle), 리포트(Report) 이렇게 세 가지 종류의 데이터를 사용하여 동작하게 된다. [그림 2-33]에서는 리드 사이클, 이벤트 사이클, 리포트의 관계를 나타내고 있다.

리드 사이클(Read cycle)은 리더와 상호 작용하는 최소 단위(unit)이다. 리더에서는 정해진 주기마다 또는 요청에 따라 RFID 태그를 스캔하거나 다른 물리적인 관측을 할 수 있다. 이를 리드 사이클이라고 말하며, 각 리드 사이클 마다 리더에서 스캔 결과를 반환하게 되어 있다. 가공되지 않은 태그 리드 레이어(Raw tag Read Layer)와 ALE 레이어간의 인터페이스에서 리드 사이클의 출력은 ALE의 입력이 된다.

리드 사이클은 시간 간격, 데이터의 양, 기타 센서 입력 등을 바탕으로 정해 질수 있으며, ALE 에는 이와 관련된 어떠한 제약 조건이 포함되어 있지 않다. [그림 2-33]에서 '리더 사이클 1'에는 Tag1, Tag2, Tag3 총 세 개의 태그를 읽어 들이고, '리더 사이클 2'에서는 Tag1, Tag2, Tag4 를 읽어 들인 것을 볼 수 있다.

이를 하나의 집합 Sn으로 나타낸다면, 아래와 같이 표현 할 수 있다.

S1 = {Tag1, Tag2, Tag3}, S2 = {Tag1, Tag2, Tag4}

S3 = {Tag3, Tag5}, S4 = {Tag3, Tag5}, ...

이벤트 사이클(Event cycle)은 한 개 이상의 리더로부터 수집된 한 개 이상의 리드 사이클이며, 클라이언트 관점에서 한 단위(unit)로 취급한다. 다수의 클라이언트(어플리케이션)에서 여러 리드 사이클마다 정보를 요구할 수도 있을 것이며, 각각의 클라이언트는 요구하는 리드 사이클 수가 모두 다를 수 있다. 이 부분에서 바로 이벤트 사이클이 적용되며 클라이언트와 ALE 서비스와 상호 작용을 위한 기본 단위이다.

이런 점에서 이벤트 사이클과 리드 사이클은 다양한 방식으로 대응 될 수 있다. 예를 들면 한 이벤트 사이클이 여러 리드 사이클마다의 정보를 요구하는데, 또 다른 클라이언트에서도 그와 중복된 리드 사이클마다의 정보를 요구 할 수 있다는 것이다.

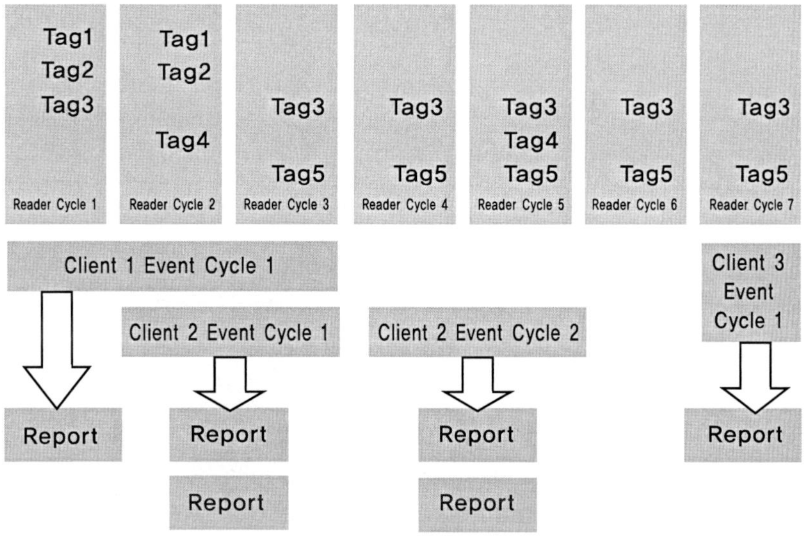

[그림 2-33] ALE의 동작 [2-11]

[그림 2-33]에서 보는 것과 같이 '클라이언트 1 이벤트 사이클 1'은 리드 사이클 1, 2, 3, 3개의 리드 사이클을 모아서 정보를 수집해 간다.

이때에 클라이언트와 ALE 서비스 사이의 상호 작용에 있어서 이벤트 사이클의 크기보다 작은 각 리드 사이클에 수집된 정보는 클라이언트에서 알 수가 없다. 클라이언트는 이벤트를 받아올 리더를 설정하게 되는데 이벤트 사이클은 해당 리더의 리드 사이클을 수집한다. 수집된 리드 사이클들에서 중복된 것은 제거하여 이벤트 사이클을 생성한다. 즉, 수집된 리드 사이클의 합집합을 이벤트 사이클로 간주하면 된다는 것이다.

[그림 2-33]에서 'Client 1 Event Cycle'은 다음과 같이 나타낼 수 있다.

EC1EC1 = {S1 U S2 U S3} = {Tag1, Tag2, Tag3, Tag4, Tag5}

[그림 2-33]은 한 개 리더에서 발생하는 리드 사이클을 나타내지만 실제로는 해당 이벤트 사이클은 한 개 이상 리더에서 발생한 리드 사이클을 수집한다. 그림에 표시된 것 처럼, 어느 시점에서나 동작하는 이벤트 사이클이 한 개 이상 있다. 다수의 이벤트 사이클은 다른 리드 사이클에 따라 시작/종료 되고 임의적으로 교차된다. 이벤트 사이클은 동일 리더, 다른 리더 또는 리더의 임의 교차 부분으로부터 데이터를 수집한다. 여러 동작 이벤트 사이클은 동시에 여러 요청을 하는 클라이언트나 독립된 클라이언트에서 발생한다. 그러나 모든 경우에 있어서, 동일 리드 사이클은 해당 리더로부터 데이터를 요청한 모든 동작 이벤트 사이클이 공유한다. [2-35]

클라이언트는 리포트를 통해 해당 이벤트 사이클 정보를 얻는다. 리포트(Report)는 ALE 레이어에서 클라이언트로 전달되는 이벤트 사이클에 대한 데이터이다. 리포트는 ALE 레이어의 출력으로 어플리케이션 비즈니스 로직 레이어로 전달되며, 다음 세 가지 매개 변수의 조합으로 지정된다.

■ 리포트할 집합 R 설정
-현재 리드 사이클들의 합집합으로 표현되는 이벤트 사이클의 집합 R
R = Ecurrent
-이전 이벤트 사이클에 대한 현재 이벤트 사이클의 차이만 포함하고 있는 차집합
추가집합 : R = Ecurrent - Eprevious
삭제집합 : R = Eprevious - Ecurrent

■ 필터 F(R) 옵션 설정
EPC Tag Data Standard 1.3 의 필터 비트를 기준으로 한 팔레트, 케이스와 같은 제품객체와 창고, 트럭, 소매 진열대와 같은 위치객체를 필터 옵션으로 사용한다.

■ 리포트 대상
- F(R) 집합의 원소이며 표현 포맷은 아이덴티티 URI, 태그 URI, 2진수 등에서 선택
- 집합 F(R)의 원소의 수

결국 ALE 의 동작은 합집합과 차집합으로 이루어진다. 이에 대한 구현은 다양한 방법이 존재 할 수 있지만 클라이언트는 제공된 ALE API 를 바탕으로 적합한 형태의 리포트를 요구하기만 하면 되고 내부의 구현은 알 필요가 없다. 이는 ALE 제작하는 개발자의 몫이다. [2-17]

다) RFID 미들웨어 솔루션 동향

현재 RFID 미들웨어 시장은 중소 RFID 소프트웨어 벤더들을 중심으로 기본적인 RFID 태그 데이터 처리에 치중하였으나, IBM, SAP, Sun Microsystems, Oracle 등 대형 IT 솔루션 벤더들의 시장진입으로 RFID 기술을 기반으로 한 시스템 통합 플랫폼 시장으로 확대되어 가고 있으며 향후 시장의 확대에 따른 업체간 경쟁이 한층 가열될 것이라 예상된다.

Sun Microsystems는 2004년 6월에 RFID 미들웨어 솔루션인 'Sun Java System RFID Software'플랫폼을 발표하였다. [그림 2-34]에서 보는 바와 같이 미들웨어 솔루션이 크게 EPC event manager와 EPC information server로 구성되어 있다. EPCevent manager는 다수의 리더와의 연결 및 관리를 지원하며 이들로부터 전달되는 RFID 태그 혹은 센서정보들을 처리하는 시스템으로 JINI 기반 Rio 플랫폼 위에 구현됨으로써 경량이면서 동시에 fault-tolerant한 구조를 지원한다. 그리고, EPC information server는 EPC event manager로 부

터 전달 받은 데이터를 관리하고 차후 해당 데이터를 질의하는 외부 어플리케이션에게 일관된 형식으로 데이터를 제공하는 역할을 담당한다.

Oracle은 'Sensor-based Service'란 명명 하에 RFID를 포함한 센서기반 서비스를 제공하기 위한 통합 플랫폼을 제시하고 기존 솔루션인 Oracle Application Server 10g 및 Oracle Database 10g에 이와 같은 기능을 추가적으로 제공하는 통합 솔루션을 시장에 선보였다. Oracle은 이를 기반으로 자사가 보유하고 있는 다양한 business solution suite와의 연동을 지원함으로써 RFID를 기반으로 한 비즈니스 프로세스 전 과정을 지원 통합된 환경을 제공하고 있다.

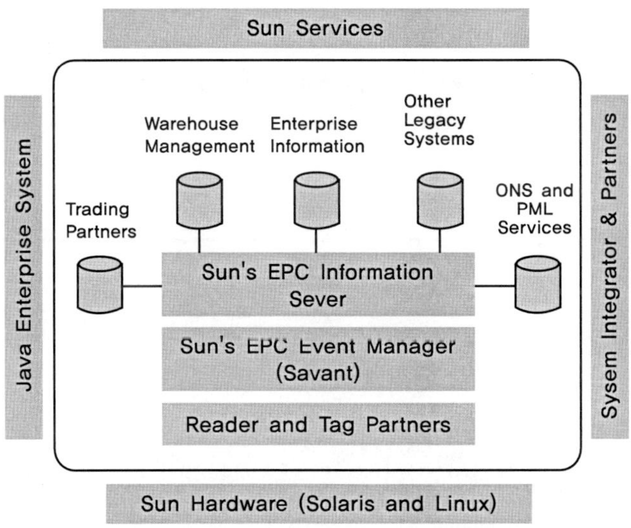

[그림 2-34] Sun Java System RFID Software

국산 RFID 미들웨어 솔루션은 아직 출시되지 않고 있으며 개발된 연구시제품으로는 ETRI의 자동식별 미들웨어가 있다. 자동식별 미들웨어는 [그림 2-35]와 같은 계층 구조를 가진다. REMS(RFID Event Management System version)라고 부르는 미들웨어 코어는 최하단부터 다수의 RFID 리더기와의 인터페이스를 담당하는 RIC(Reader Interface Component), 리더로부터 전달된 RFID 태그데이터를 정제, 요약한 후 이를 응용 프로그램에 전달하는 기능을 제공하는 EMC(Event Management Component), 리더로부터 수집된 정보에 대한 이력관리 및 일괄처리 기능 등을 제공하는 TMC(Task Management Component), 응용 프로그램과의 통신을 담당하는 AIC(Application Interface Component)로 구성된다. 또한, REMS 외에도 레거시 시스템(ERP, SCM, CRM)과의 연동을 위해 수집된 RFID 태그정보를 바탕으로 사용자가 기 정의한 규칙정보와 비교하여 semanticevent를 생성하는 RBPTS, 마지막으로 인식된 태그 정보를 이용하여 태그가 부착된 객체에 대한 정보를 제공하는 서비스위치 정보를 제공하는 ONS로 구성되어 있다.

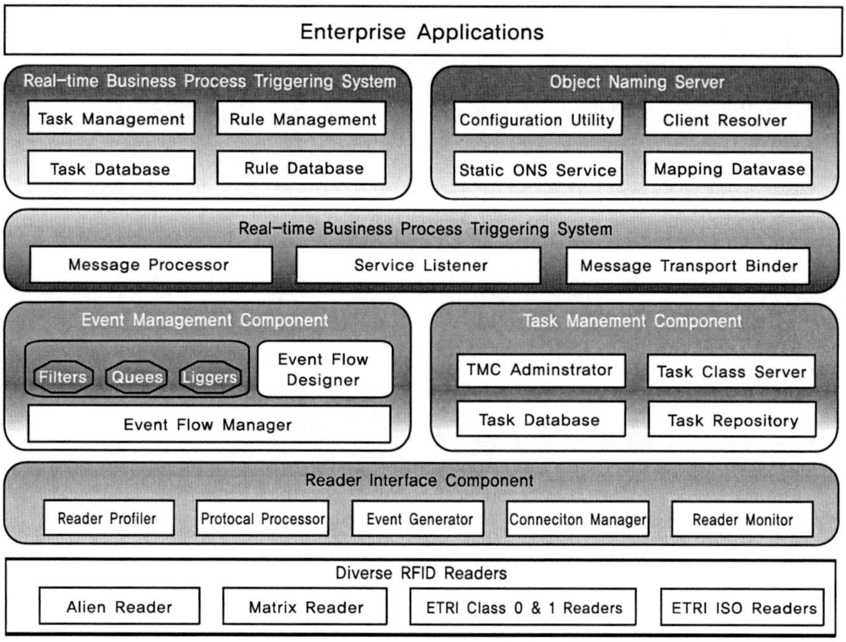

[그림 2-35] ETRI 자동식별 미들웨어 구조

REMS를 통해 현재 지원되고 있는 RFID 리더 시스템으로는 Alien, Matrics 등 상용 RFID 리더기를 포함, ETRI에서 개발한 EPC Class 0 및 1 리더기, ETRI ISO 리더기 등을 지원한다. 또한, 추가적인 리더 시스템을 지원하기 용이한 컴포넌트 기반 구조로 설계되어 있다. Event management system에서는 기본적으로 필터링 기능을 지원하기 위해 다수의 build-in 필터를 구비하였으며, 응용 도메인에 적합한 필터를 Java 언어를 통해 구현하여 이를 손쉽게 등록할 수 있도록 커스터 마이징이 용이한 구조를 제공한다. 또한, 응용 시스템과의 연동을 지원하기 위해 기본적으로 데이터베이스, 파일 등의 영속적인 저장소 혹은 HTTP, SOAP 등 개방형 표준에 따르는 다양한 연동방식을 제공하고 있다. 물론, 응용 시스템별로 상이한 데이터 형식 및 프로토콜을 지원하기 위해 커스텀 어댑터를 구현하여 미들웨어 시스템에 등록한 후 사용할 수 있다. [2-36]

라) EPCglobal 인증

EPC코드 보급과 EPC 시스템의 표준 활성화를 위하여 시험인증이 필요하다는 요구에 따라 EPCglobal은 인증 프로그램을 개발하였다. EPCglobal은 현재와 미래에 최종 사용자의 정보 욕구를 만족시키기 위하여 크게 두 가지 종류의 인증을 준비하고 있다. 하드웨어 인증 프로그램과 소프트웨어 인증 프로그램이 그것이다. 하드웨어 인증 프로그램은 Gen1 인증과 Gen2 인증으로 분리되어 있다. Gen1 표준이 2003년 11월에 승인되어 이 표준에 따라 제조업체가 Gen1 표준에 따라 하드웨어 태그, 태그 프린터/인코더와 리더를 출시한 상황에서 Gen2 표준이 2004년 12월에 인증됨에 따라 Gen2 표준에 적합한 제품이 시장에 나오는데 까지의 시간을 고려하여 인증프로그램을 두 가지로 구분하여 Gen1 표준 하드웨어에 대해서는 상호운용성 시험결과를 제공하였다. EPCglobal 소프트웨어 인증 프로그램은 표준에 기반한 소프트웨어의 적합성 시험 프로그램이다. EPCglobal ALE1.0 표준 스펙에 대한 인증 절차는 다음과 같다.

1. *EPCglobal 회원가입 (회원에게만 인증 자격이 주어짐.)*
2. *ALE 인증 신청서 제출*
3. *진흥원 및 EPCglobal 에서 신청서 검토*
4. *신청서에 문제가 없을 경우, 인증 비용을 위한 invoice 발송*
5. *인증 비용 입금 후, 테스트를 대행하고 있는 미국 Met Lab 과 협의 하여 테스트 일정 확정*

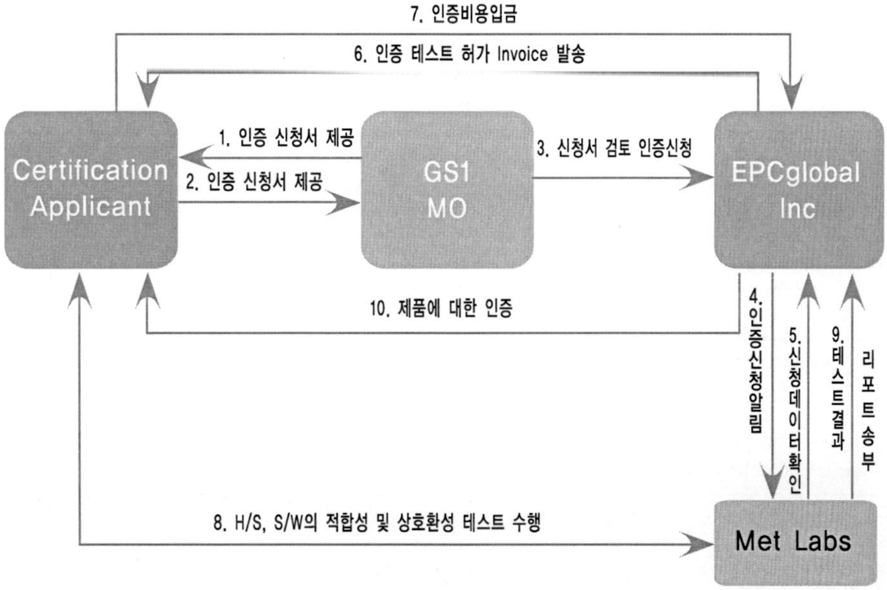

[그림 2-36] EPCglobal ALE 표준 스펙 인증 절차 [2-37]

이 프로그램은 2006년 10월 18일에 Reader Protocol(RP)1.1과 Application Level Events(ALE)1.0에 대해 처음으로 실시되었으며, 총 11개 사가 참가했으며, 13개의 소프트웨어가 인증에 통과해서 인증마크를 획득했다. 시험에 제공된 소프트웨어는 중립적이고 신뢰할 만한 소스에 기반 한 시험 프로그램으로 표준 기반 적합성 테스트를 받았다. 이 인증 시험은 EPCglobal 파트너 시험기관인 MET Lab에 의해 실시되었으며, 이후 비준된 표준이 늘어나면 인증 분야가 늘어날 것이다.

국내에서는 "RFID 산업 활성화 지원센터(http://www.rfidepc.or.kr)"에서 인증을 대행 한다고 하며, 이 분야에서는 ETRI의 REMS (RFID Event Management System) V2.0이 국내 최초로 EPCglobal ALE 1.0 스펙 규격을 준수하여 인증마크를 획득했다. 이 기술은 다양한 주파수 대역의 수동형 및 능동형, 모바일 RFID 리더와도 연동이 가능하며, EPC 호환 RFID 리더기기 뿐만 아니라 ISO RFID 데이터 프로토콜까지 지원이 가능해, 향후 국제 RFID 시장에서 유리한 입장이 될 것으로 ETRI는 전망했다. [2-38] 또 2007년 10월 20일 EPCglobal이 'EPCIS(EPC Information Services:기업간 데이터공유를 가능케 하는 표준 인터페이스) 1.0' 버전을 발표함에 따라 ETRI, 삼성SDS 등 업체들은 EPC ALE 인증에 이어 EPCIS 인증 준비도 본격 진행키로 했다. [2-39]

아래는 EPCglobal ALE 1.0 에 대한 인증 현황을 나타낸 것이다.

[표 2-6] EPCglobal ALE 1.0 에 대한 인증 현황(2007년) [2-39]

회사명	제품명
BEA Systems	WebLogic RFID Edge Server
ETRI	REMS(RFID Event Management System) V2.0
GloberRanger	IMotion
MetaRights	iTag-AS
NEC	RFID Manager Enterprise
NTT COMWAR	NTT COMWARE RFID middleware
7iD Technologies	SEPTAmoD Acquisition Server
Skandsoft Technologies	Setu
Supply Insight	rPlatform(ALE)
TIBCO Software	TIBCO RFID Interchange
Vue Technology	True VUE Site Manager/Enterprise Manager
Samsung SDS	Rubiware
ECO	SmartEPC URECA
Asiana IDT	U-Link
MetaBiz	Ontology

2.3 모바일 RFID 기술

모바일 RFID는 RFID 리더를 휴대폰과 같은 정보 단말기에 탑재하여 이동성을 부여하여 언제 어디서든 사용자와 사물과의 정보교환을 가능하게 한 것이다. 따라서 off-line 사물을 on-line에서 가능하도록 하여 유비쿼터스 시대를 주도할 핵심기술 중 하나이다. 현재 모바일 RFID용 주파수 대역으로는 13.56㎒와 860~960㎒가 사용되고 있다.

모바일 RFID 서비스 시스템은 [그림 2-37]과 같이 태그와 휴대폰 간에는 수동형 RFID 에어 프로토콜 방식, 휴대폰과 기지국은 이동통신 무선접속방식, 그리고 응용서버는 유무선 인터넷으로 구성된다.

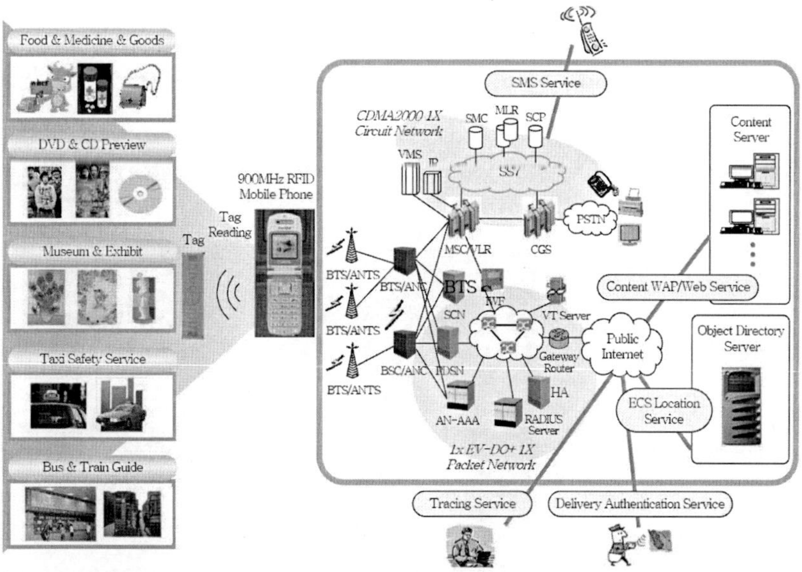

[그림 2-37] 모바일 RFID 서비스 시스템 구성 [2-40]

국내에서는 2005년 UHF 대역 모바일 RFID 기술 개발 및 시장 활성화를 위하여 모바일 RFID 포럼을 설립하였으며, 모바일 RFID 서비스 명칭은 2006년 공모를 통하여 MOBION이라 칭하기로 하였으며 MOBION과 관련된 비즈니스 및 기술개발은 국내 3대 통신사인 SKT, KTF, 팬텍 엔 큐리텔을 중심으로 활발히 진행 중이다. [2-41]

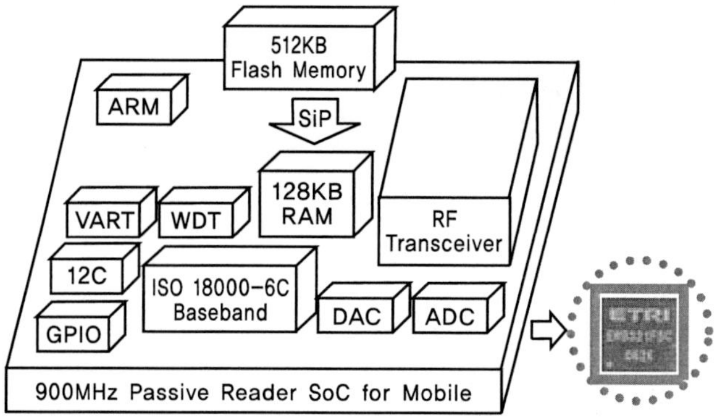

[그림 2-38] ETRI 의 모바일 RFID용 SoC [2-40]

한국전자통신연구원은 RFID/USN Korea 2005에서 모바일 RFID 서비스를 시연한 것을 시작으로 2006년 6월 SKT와 공동연구로서 모바일 RFID 서비스의 핵심기술인 모바일용 리더 SoC를 개발하였으며, 2006년 10월에는 리더 SoC를 내장한 휴대폰 시제품을 개발하였다.

ETRI에서 개발한 모바일 RFID용 SoC는 [그림 2-38]과 같이 프로세서, 플래시메모리, 베이스밴드, RF가 단일칩 안에 포함되어 있으며, 기능은 [표 2-7]과 같다.

ETRI는 [그림 2-39]와 같이 상기 SoC를 내장한 모바일 RFID용 휴대폰과 PDA 폰을 만들어 ITU Telecom World 2006 등의 전시회에서 모바일 RFID 서비스를 시연하였다.

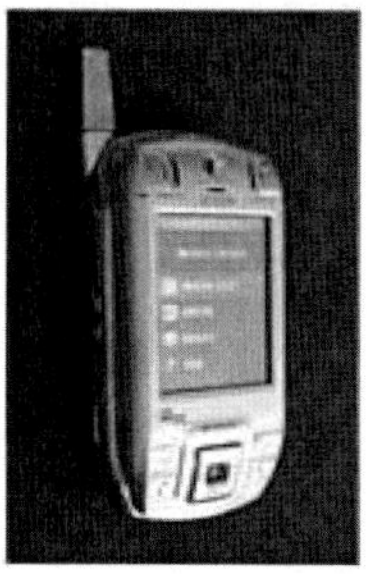

[그림 2-39] ETRI 리더 SoC 내장 단말기

[표 2-7] ETRI 모바일 SoC 사양 [2-40]

항목	사양
프로토콜	ISO/IEC 18000-6C compatible
데이터 속도	Tx(40kbps), Rx(20/40/80kbps)
채널접속 방법	LbT, frequency hopping
RF 출력	Drive am. max. +5dBm
RF 주파수 범위	880~960㎒
클럭	19.2㎒ 단일클럭
입력전원	1.8V 단일 전원
크기/두께	크기 8×8mm / 두께 1.13mm

파워소모	1.8V, 78mA, at max operation
파워제어 기능	DAC, ADC, RF, 외부 power amp

2007년 9월에는 국내 이동통신 업체인 SKT와 삼성전자가 공동으로 전자태그가 내장된 블루투스폰을 시장에 선보였다. SKT와 삼성전자가 공동으로 개발한 RFID 칩 내장 SCH-C250 모델은 RFID 리더기가 아닌 소형 휴대폰에 RFID 칩이 내장된 세계최초의 RFID 휴대폰이다. ([그림 2-40]참조)

또한 SKT 는 2007년 2월에 미국 반도체 칩 전문회사인 와킨존슨커뮤니케이션스와 함께 휴대폰용 RFID 칩 개발에 착수했다. 2007년 상반기 개발 완료를 목표로 휴대폰에 들어갈 UHF 주파수 대역 리더칩을 개발할 예정이다. [2-40]

[그림 2-40] 삼성 SCH-C250 RFID 휴대폰 [2-42]

[그림 2-41] 모비온 시범 서비스 사례 [2-43]

국내에서는 모바일 RFID 컨버젼스 서비스를 위한 모바일 RFID 포럼 표준 및 TTA 정보통신단체 표준을 바탕으로 국내 주요 이동통신 사업자인 SKT 및 KTF에서 그동안 컨소시움을 구축하여 모바일 RFID 시범사업(모비온 시범서비스)을 추진해 왔으며, 현재는 상용화 단계에 접어든 상태이다. ([그림2-41]참조)

[그림 2-42] SKT 의 터치-북스토어 서비스 [2-44]

한편 SKT는 2006년 RFID 시범서비스의 성과를 바탕으로 2007년 1월부터 대형서점에서 휴대폰을 통해 서평, 요약 내용 등의 도서정보를 제공하는 '터치-북스토어'서비스를 처음으로 상용화하였다. 서울 세 개(광화문, 강남, 자실)의 교보문고 매장에 설치한 외장형 RFID 리더를 휴대폰에 장착하고, 서가에 부착된 태그에 접촉하면 도서 요약 내용보기, 독자 서평 및 평점 보기 등이 가능하다. 차후 RFID를 이용하여 계산 및 배송 등과 관련한 기능들도 추가할 예정이며 전국 12개의 교보문고에 보급할 예정이라고 한다. ([그림 2-42]참조)[2-44]

또, 2007년 부산 국제영화제에서는 정보통신부 및 한국정보사회진흥원 주관 모바일 RFID 확산 사업으로 SKT와 함께 부산 국제영화제 기간에 RFID 리더기가 내장된 휴대폰을 통해, 혹은 동글형 RFID 리더기를 제공하여 관람객에게 영화제 상영작품과 각종 이벤트에 관한 정보 등을 편리하게 제공하는 서비스를 선보였다. 상영작품에 대한 정보, 현재 상영작, 상영관의 잔여 좌석 수까지 모두 확인이 가능한 서비스이다. ([그림 2-43]참조)

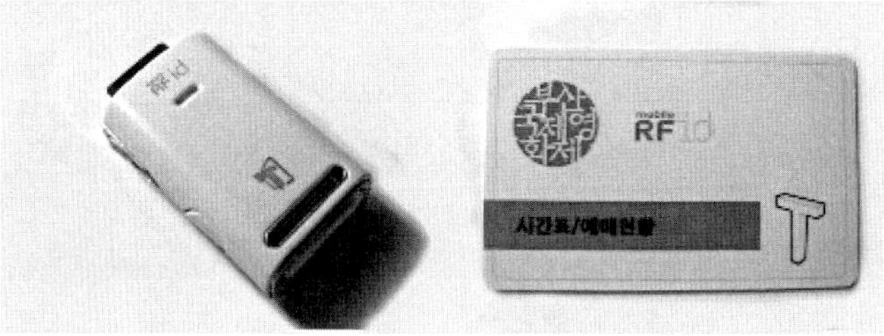

[그림 2-43] u-PIFF 에 사용된 RFID 동글 및 태그카드 [2-45]

KTF는 휴대폰에 장착 또는 내장된 900㎒ 동글형 리더기로 사물에 부착된 전자태그를 확인해 관련 정보를 확인하는 서비스를 2006년 9월에 핀란드 헬싱키에서 개최된 제 6차 아시아 · 유럽정상회의(ASEM)의 부대행사인 세계일류상품전 내에 RFID관에서 세계 최초로 선보였다. 다음 [표 2-8]은 KTF의 모바일 RFID 시범서비스의 내용을 간략히 낸 것이다.

[표 2-8] KTF의 모바일 RFID 시범 사업 내용

제공서비스	통합 사업명	확대 방안
와인 정보 제공 서비스	u-Commerce	결제연동 제공 물품 확대
양주 진품 정보 제공 서비스		
관람 영화 정보 제공 서비스		
서울 버스 정보 서비스	u-station	결제 연동 부착지역 확대
서울 택시 안심 서비스		
경기 버스 정보 서비스		
모바일 RFID 체험 서비스	일반 사용자 모바일 RFID 서비스 체험관	체험 공간 확대
관광 정보 제공 서비스	공공기관 모바일 RFID 시범 서비스	연계 기관 확대
식품 안전 정보 제공 서비스		
강원 한우 정보 제공 서비스		

KTF는 와인병에 RFID 태그를 부착해 와인병에 휴대폰을 갖다 대면 와인의 종류와 시음방법 등의 다양한 정보와 이미지 확인할 수 있는 와인 정보 제공 서비스 및 버스 정류장에 부착된 RFID 태그를 인식해 버스 도착 예정 정보와 정류장 주변 정보를 확인할 수 있는 u-Station, 음반 시장에서 사용가능한 u-미디어서비스, 서울시에 운영 중에 있는 택시에 RFID 태그를 부착하여 승객의 RFID 단말기를 활용하여 승객의 위치를 실시간으로 체크하는 택시 안심 정보 서비스 등 다양한 시범 서비스를 시행중이다. ([그림 2-44]참조)

[그림 2-44] 모바일 RFID의 버스정보서비스와 택시안심서비스(KTF) [2-46]

D&S 테크놀로지는 시큐리티와 RFID를 기반으로 한 컨버전스 개념의 u-시큐리티와 u-모바일 사업을 펼치고 있다. 아래 그림에서 보듯이 2006년 손목 부착형 wearable, 모바일 동글 리더 PDA CF타입 등 각 UHF 대역 모바일 RFID 리더제품군을 출시했다. ([그림 2-45]참조)

D&S 테크놀로지는 특정형태의 제품이 아닌 RFID 리더와 안테나로 구성된 UHF 리더 모듈을 개발했다. 이 제품은 고객이 원하는 어떠한 형태의 제품에도 장착이 가능하며 고객이 요구하는 기본적인 기능을 제공한다. [2-47]

[그림 2-45] D&S 테크놀로지의 모바일 RFID 리더 제품 [2-48]

한편, 국내에서 모바일용 RFID 리더 IC 개발에 총력을 기울여온 유컴테크놀로지는 2007년 1월 세계 최초로 플래시 메모리와 파워 엠프를 내장해 슬림형 휴대폰에 적용이 가능한 900㎒ 주파수 대역의 초소형 RFID 칩 솔루션을 개발하였다. 이 칩은 5×5[㎟] 크기의 두 개 칩 세트로 구현되며 국제규격인 ISO/IEC18000-6 B/C 타입 및 EPC global Class1 Gen2를 지원하며 전 세계 모든 주파수 대역을 지원하는 것이 특징이다. ([그림 2-46]참조)[2-49]

[그림 2-46] 유컴테크놀로지의 초소형 RFID 칩 솔루션 [2-50]

모바일 RFID 에 대해 해외에서는 2004년 초 노키아, 소니, 필립스 등 글로벌 기업들이 모여서 NFC(근거리통신) 포럼을 결성하여 관련된 연구를 진행 중에 있다. NFC는 13.56㎒ 대역의 주파수를 사용, 10Cm 이내의 거리에서 저 전력으로 데이터를 전송하는 근거리 무선통신으로 RFID의 한 분야이다. NFC 는 지난 2002년부터 노키아 등이 준비해 온 표준화 작업이 상당부분 진척됐고 일부 사용제품이 나오기도 했다.

[그림 2-47] 노키아 5140 RFID 휴대폰 [2-51]

[그림 2-47]은 노키아에서 베리사인과 공동으로 개발한 RFID 휴대폰이다. 이 RFID 휴대폰은 노키아의 5140 모델을 기반으로 제작된 것으로 13.56㎒ RFID 리더기가 부착되어 있다. 적용 가능한 서비스로는 유통점이나 상점에 진열된 선반 근처에 휴대폰을 갖다 대면 제품 정보를 휴대폰으로 전송받을 수 있으며 계산대로 가면 휴대폰에 저장된 제품 품질 보증용 정보를 계산대 컴퓨터에 즉시 전송하게 된다.

일본의 휴대폰 사업자인 KDDI에서도 RFID 리코더 및 태그가 장착된 휴대폰을 2005년에 개발하였다. RFID 리더 기능이 들어간 휴대폰은 이 모델이 최초이다. 이 휴대폰은 수동형(Passive) 형태에서는 2.45㎓ 의 주파수 대역을 사용하고 Hitachi 사의 뮤칩을 사용하여 약 10Cm 정도의 인식거리를 가지며, 능동형(Active) 형태는 315㎒ 대역의 주파수를 사용하며 약 10m 정도의 인식거리를 가지고 있다.

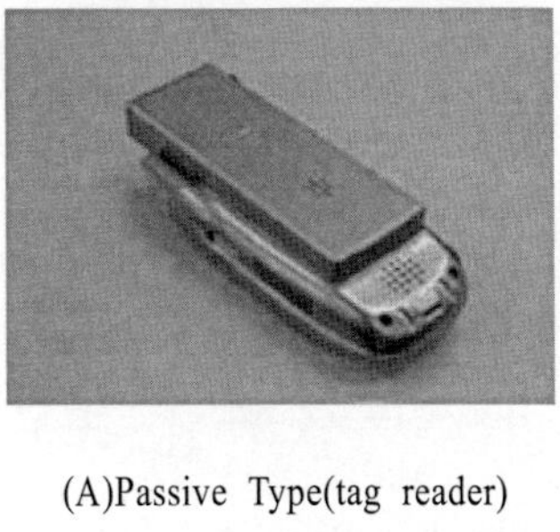

(A)Passive Type(tag reader)

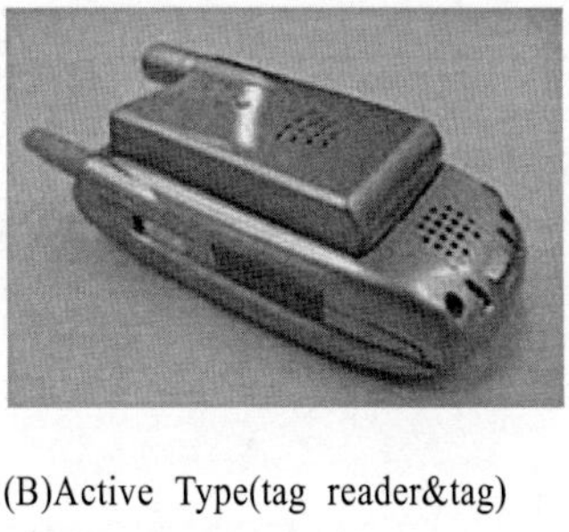

(B)Active Type(tag reader&tag)

[그림 2-48] KDDI 모바일 RFID 휴대폰 [26]

2.4 차세대 RFID 기술

2.4.1 센서(Sensor) 태그

현재 사용되고 있는 대부분의 RFID 태그는 태그가 부착되는 사물에 관한 고유한 ID정보만을 제공하고 있으나 다양하고 고부가가치를 가지는 서비스를 제공하기 위해 온도, 습도 등과 같은 주변 환경정보에 대한 요구가 증가하고 있다. 기존의 ID 획득만 가능한 태그에 외부 환경 정보를 습득할 수 있는 센서와 자체 전원 공급을 위한 박형 전지 (Film battery 혹은 Paper battery)가 추가된 RFID 태그를 '센서 태그'(Smart Active Label 혹은 RFID Sensor Tag)라고 부른다. 통신 방식에 따라 크게 반 능동형 방식 (Semi-passive, Semi-active 혹은 Battery-assisted passive)과 능동형 방식 (Active)으로 구분할 수 있다.

현재 가장 널리 사용되고 있는 수동형 태그와 이것의 인식거리를 늘릴 수 있는 반 능동형 태그의 인식거리 성능을 비교하기 위하여 각 태그의 무선 링크 버짓 (Radio Link Budget)을 Friis 전송 방정식(Friis Transmission Equation)을 이용하여 구할 수 있다. [8-9] 이 때 리더 및 태그 안테나의 임피던스 (Impedance)와 편파 (Polarization)는 정합되었다고 가정한다.

$$P_{tag} = P_{readerTx} \cdot \frac{G_{readerTx} \cdot G_{tag} \cdot \lambda^2}{(4\pi R)^2} \qquad (1)$$

여기서, P_{tag}는 태그 안테나에 수신된 전력, $P_{readerTx}$는 리더의 송신 전력, $G_{readerTx}$는 리더 송신 안테나의 이득, G_{tag}는 태그 안테나의 이득, λ는 동작 주파수에 따른 파장, R은 리더와 태그 사이의 거리 (m)이다. 태그와 리더가 모두 최대 통신 거리를 낼 수 있는 정합 링크 (Matched Link)를 가정하면 식 (1)을 리더 수신 감도와 태그 수신 감도로 나타낼 수 있다.

$$S_{reader} = \frac{e\,S_{tag}^{\;2}}{P_{readerTx}} \qquad (2)$$

여기서, S_{reader} 는 리더 수신 감도 (Reader Receiver Sensitivity), S_{tag}는 태그 수신 감도 (Tag Receiver Sensitivity), e는 반사 효율 (Reflection Efficiency), $P_{readerTx}$는 리더의 송신

전력이다. ASK (Amplitude Shift Keying) 변조 방식의 경우 e는 1로 가정할 수 있다. 식 (2)로부터 리더 수신 감도가 태그 수신 감도의 제곱에 비례한다는 것을 알 수 있다. [그림 2-49]에는 리더 송신 전력이 1W일 때 태그 수신 감도에 따른 리더 수신 감도를 나타내고 있다.

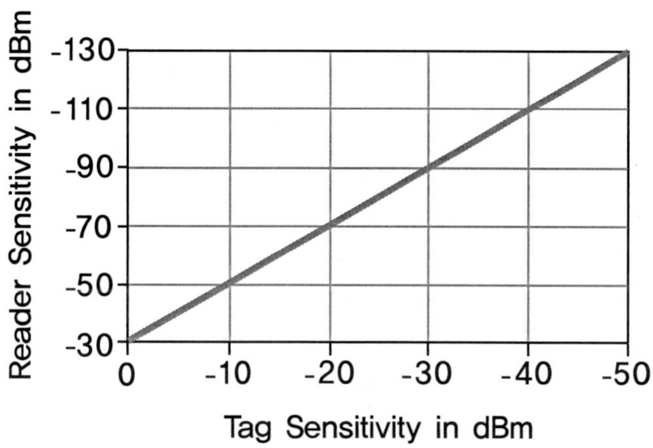

[그림 2-49] 리더 수신 감도 vs. 태그 수신 감도

현재 상용으로 판매되고 있는 대부분의 수동형 태그의 최소 수신 전력은 -10dBm (100μW) 정도이므로 수동형 리더에서 요구되는 최소 수신 감도가 -50dBm임을 그림 2로부터 알 수 있다. 대부분의 상용 수동형 리더들의 수신 감도가 -50 ~ -70dBm 범위에 있으므로 이 조건을 만족하고 있음을 알 수 있다.

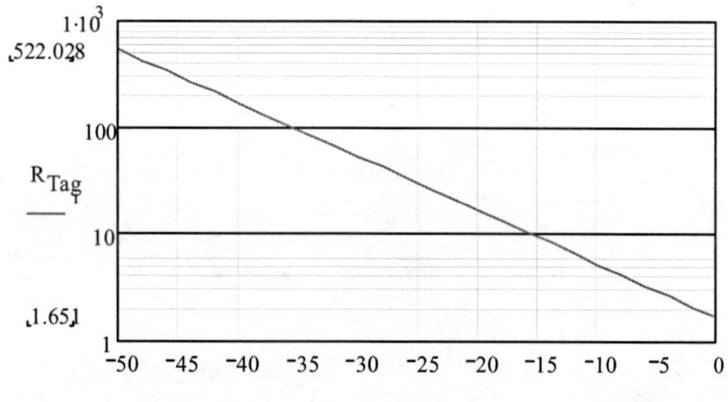

[그림 2-50] 태그 수신 감도에 따른 통신 거리 (송신 출력 1 W, 안테나 이득 6 dB)

[그림 2-50]에는 리더 송신 출력 1W와 안테나 이득 6dB일 때 리더와 태그의 이상적인 통신 거리 (Rtag)가 태그 수신 감도 (Stag)에 따라 로그(Log) 단위로 나타나 있다. [8] 수동

형 태그의 경우 태그 수신 감도를 -10dBm으로 가정할 경우 통신 거리가 5m임을 알 수 있다. 또한, 반 능동형 태그의 경우 태그 수신 감도가 -25dBm일 경우 30m 정도의 통신 거리를, -35dBm 일 경우 100m 의 통신 거리를 가질 수 있음을 알 수 있다. 한편, 그림 2를 통해 통신 거리 30m를 위해서는 리더 수신 감도가 -80dBm이상, 통신 거리 100m를 위해서는 리더 수신 감도가 -100dBm 이상이 되어야 함을 알 수 있다. 그러므로 반 능동형 센서 태그 시스템 개발에 있어서는 리더와 태그의 수신 감도를 기존 수동형 시스템에서 얼마의 비용으로 어느 정도까지 구현할 수 있는가가 시스템 성능 뿐만 아니라 시장 점유에 매우 중요한 역할을 한다고 볼 수 있다. 미국 Intelleflex사의 Class 3 태그의 경우 위의 그래프를 바탕으로 -35dBm 이하의 태그 수신 감도와 자체 전지를 이용하여 최대 100 m의 통신이 가능하다고 주장하고 있으나 실제 환경에서 100 m의 통신 거리가 나올 수 있는 지는 검증되지 않았다. 실제 리더와 태그의 통신 환경에서는 리더와 태그 가까이 있는 물체, 다중 경로(Mutipath)로 인한 페이딩(Fading), 사람이나 물체에 의한 흡수(Absorption)와 같은 현상을 고려해야 하므로 통신 거리가 많이 줄어들며 경우에 따라서는 통신 거리가 증가할 수도 있다. 또한 반 능동형 센서 태그 시스템의 경우 리더와 태그의 통신 거리가 늘어남에 따라 리더간의 간섭, 리더와 태그 간의 간섭의 영향을 더 많이 받을 수 있으므로 이에 대한 분석과 대책이 필요하겠다.

반능동형 센서 태그 기술은 기존 수동형 RFID 태그에 자체 전원 공급을 위한 박형 전지를 부가하여 수동형 태그의 최대 문제점인 인식률을 개선하고 부착물체의 영향을 보완하여 인식거리를 2배 이상 향상시킬 수 있는 기술이다. 반능동형 태그는 센싱 기능을 추가하여 식의약품 관리, 혈액 관리, 자동차 및 교통 분야, 환경 관리 분야 등의 다양한 분야에 적용 될 수 있다. 이러한 저가형 반능동형 RFID 센서 태그는 수동형 태그가 성능 면에서 차지할 수 없고 능동형 태그가 가격면에서 담당할 수 없는 응용 분야에서 최소의 가격으로 최대의 성능을 발휘할 수 있는 장점이 있다.

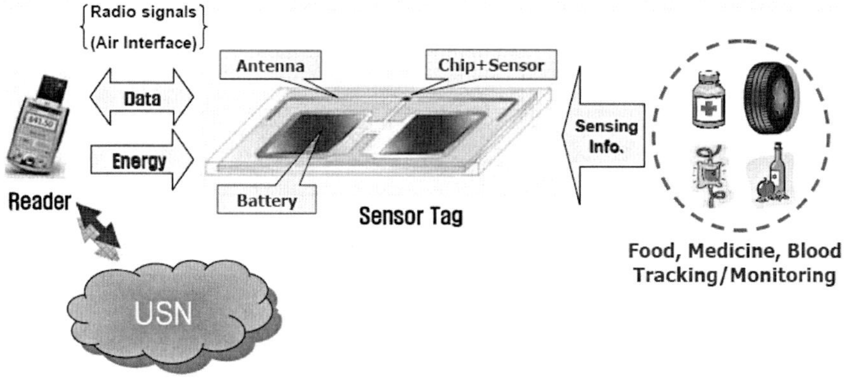

[그림 2-51] 반능동형 센서태그 시스템 [2-52]

반능동형 센서 태그 시스템은 [그림 2-51]과 같이 리더 및 태그로 구성된다. 라벨형 반능동형 센서 태그는 칩, 센서, 안테나, 박형 전지 등으로 구성된다. 박형 전지는 얇고 구부릴 수 있는 1차 전지로서 두께가 1mm 이하이며, 안테나와 함께 라벨형 태그로 단일 패키징이 가능하다. 반능동형 센서 태그는 인식거리를 향상시키기 위해 기존의 수동형 태그보다 수신 감도를 향상시켜야 하며, 전지를 사용하여 대기 상태에 있다가 리더로부터 활성화 명령어(activation command)를 받았을 때만 깨어나서 리더가 설정한 방식대로 센서로부터 데이터를 수집하여 메모리에 저장 또는 실시간으로 전송하여야 한다. 이를 위해서 최소의 전류로 동작할 수 있는 저전력 웨이크업(wake-up) 회로가 태그의 아날로그부에 추가되어야 한다. 또한 필요에 따라서는 전지 수명이 다했을 경우 메모리에 저장된 데이터를 리더로 전송하기 위하여 수동형 태그로도 동작해야 한다. 그리고 태그 디지털부도 활성화(activation)/비활성화(deactivation)및 각종 센서 데이터와 관련된 명령어를 처리 할 수 있는 기능이 추가되어야 하고, 센서 데이터를 획득하여 처리할 수 있는 인터페이스가 포함되어야 한다.

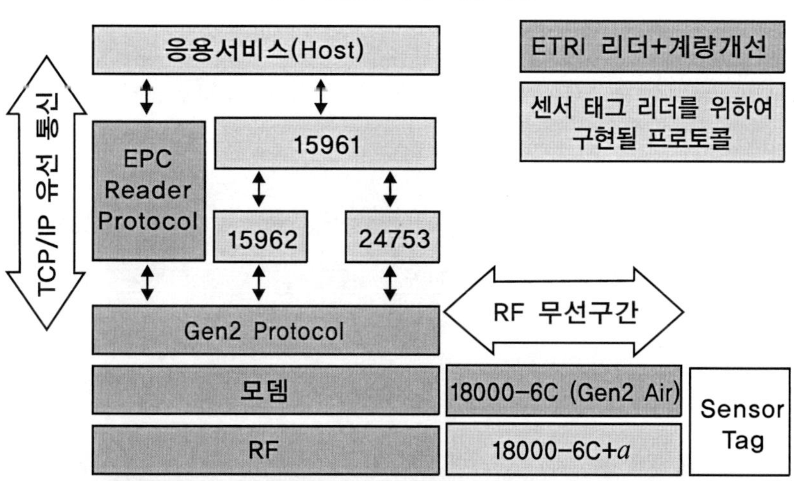

[그림 2-52] 반능동형 센서 태그용 리더 관련 규격 [2-53]

[그림 2-52]에는 웨이크업 회로를 포함한 반능동형 센서 태그의 구성도 예가 나타나 있다. 한편 반능동형 센서 태그용 리더는 기존 수동형 리더의 기능 외에 센서 데이터와 전지의 관리 기능을 수행하며, 이와 관련된 명령어를 처리할 수 있어야 한다. 기존의 수동형 리더에 추가되어야 할 부분이 [그림 2-52]에 나타나 있다. 여기서 ISO/IEC 15961은 호스트와 RFID 리더간의 응용 명령/응답 및 데이터 포맷 형식에 대한 규격이며, ISO/IEC 15962는 리더의 커맨드 포맷, 태그 드라이버, 논리 메모리 등에 대한 규격이다. 그리고 ISO/IEC

24753은 센서 데이터 구조와 센서 데이터 처리에 대한 규격으로 기존의 수동형 리더에는 없던 규격이다. 이러한 반능동형 RFID 시스템은 기존의 수동형방식인 EPCglobal Class1 Gen2 프로토콜을 토대로 센서 데이터를 처리할 수 있고, 인식거리도 비슷한 Gen2 기반 반능동형 RFID 시스템(~10m)과 30m 이상의 통신거리를 보장하기 위하여 다른 코딩방식과 리더 및 태그의 수신감도를 향상시켜 사용하는 장거리용 반능동형 RFID 시스템으로 구분할 수 있다. 대표적인 박형 일차전지 업체로는 이스라엘의 PowerPaper사가 있다. 아직 기술이 완숙기에 접어들었는지에 관해서는 다소 이견들이 있으나, 2005년에 기술 개발을 완료했다고 선언하고 있으며, 본격적으로 제품을 출시한다고 밝혔다.

국내에서는 ETRI와 로케트 전기가 독자적으로 박형 일차전지를 개발하여 상용화를 추진하고 있다. PowerPaper사의 박형 전지는 [그림 2-53]에서 보여지는 것처럼, polyester계 고분자 필름 표면에 전극을 코팅하여 단전지 형태로 구성한 것으로, 겉 포장지를 포함한 전체 두께가 1mm 이하로 전지내 활물질/도전제 성분을 제외하고는 금속 또는 무기물 성분은 전혀 사용되지 않았다.[2-53] 집전체 막과 전극층 간의 접착, 전극 및 전해질 간의 접착이 우수하였고, 구부림이 가능하고 가벼우면서도, 매우 저렴한 박형의 특징을 나타내었다. 이러한 박형 전지는 고분자막 형태의 포장재 겸 집전체를 사용한 구조인 것을 제외하고는 전극, 전해질 내 구성 성분 및 조성이 기존의 원통형 AA/AAA 사이즈의 망간 또는 알칼리 전지와 거의 유사하며, 단위면적 당 방전 용량은 2.5mAh/cm^2 이다.

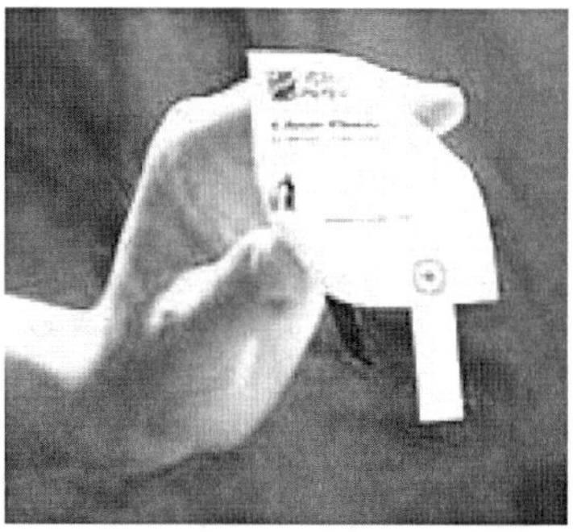

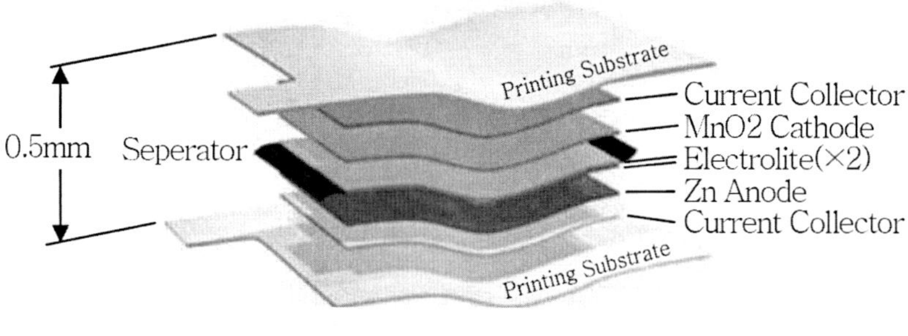

[그림 2-53] PowerPaper사의 박형 전지의 구성 [2-53]

센서 태그 기술과 관련하여 외국에서는 지난 2002년에 박형 전지 제조 회사인 PowerPaper사와 Graphic Solutions, KSW Microtec, Zebra 등의 회사들이 주축으로 민간 표준 단체인 SAL-C를 설립하였으며, 반능동형 및 능동형 태그의 연구 개발 및 사용을 촉진하기 위하여 노력하고 있다.

Alien Technology사, Identec Solutions사 및 Intelleflex사 등에서는 자체적으로 센서 태그 기술을 개발하여 미국이나 유럽 등에서 시장을 개척하고 있다.

우리나라도 정보통신부와 ETRI를 주축으로 2005년부터 UHF 대역 반능동형 센서 태그 시스템 기술 개발을 활발히 진행해오고 있다. 현재 반능동형 방식으로 센서 정보를 획득할 수 있는 상용 RFID 태그는 Alien사의 ALB-2484가 있다.

[그림 2-54] Alien사의 반능동형 태그 [2-22]

이 태그는 2.45㎓ 대역에서 동작하는 보드 형태의 태그이며, 온도 센서와 RTC를 내장하고 있다. 또한 4kbyte의 RAM을 가지며, 최대 30m의 거리에서 읽고 쓸 수 있다. ([그림 2-54]참조)

이와 달리 능동형 방식으로 온도 센서 정보를 획득할 수 있는 태그가 Identec Solutions사의 I-Q 태그이다. 최대 100m까지 읽고 쓸 수 있으며 8kbyte의 메모리를 지원한다. AA 전지를 사용하고 최대 6년까지 사용 가능하며, 온도 범위는 -40~80°C이다. ([그림 2-55]참조)

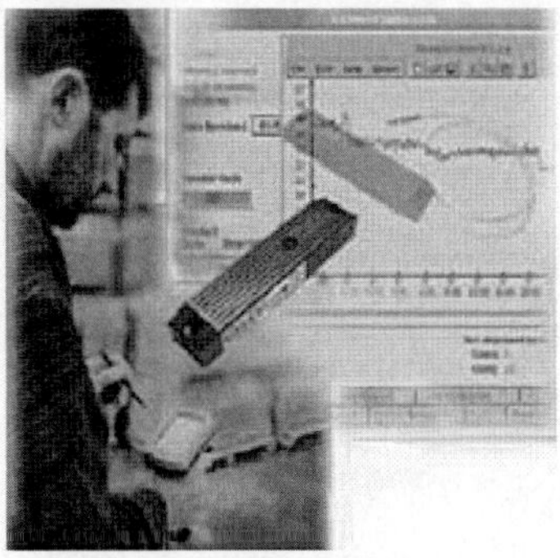

[그림 2-55] Identec Solutions사의 I-Q 태그 [2-54]

한편 미국의 Intelleflex사는 Manchester 코딩 방식과 FSK 변조 방식을 바탕으로 최대 100m까지 통신이 가능한 반능동형 태그를 개발하여 전세계적으로 판매를 추진하고 있다 ([그림 2-56]참조).

[그림 2-56] Intelleflex사의 Infosure 태그 [2-55]

2.4.2 칩리스(Chipless) 태그

칩리스(Chipless) 태그는 기존의 태그에 비해 기능을 축소하는 대신 단가를 1센트 수준으로 낮추어 종이와 같은 1회성 소비재를 비롯한 모든 물질에 부착되는 것을 목표로 하고 있으며, 이를 위해서 기존의 실리콘 반도체 대신 폴리머 전도성, 플라스틱 반도체 등의 유연한 저가격 기판 및 소자기술을 적용하는 방법이 사용되고 있다.

유기물(organic) 반도체 RFID 태그는 유기물 반도체 트랜지스터를 이용하여 태그 칩을 구현하는 것이다. 유기물 반도체 트랜지스터의 전자이동도(mobility)가 아직 0.1[㎠/V·sec] 이하이고 동작전압이 20V이상이므로 유기물 RFID 태그에 관한 기술 수준은 아직 세계적으로도 연구 초기 단계라고 할 수 있다. 그러나, 유기물 트랜지스터로 태그 칩을 구현하는 것이 가능하다면 플라스틱 등의 태그부착 대상물체 표면에 직접 태그를 프린팅 기법으로 제작하는 것이 가능하므로 태그의 제조와 부착비용을 최소화 할 수 있다. 현재, 유기물 소자인 OLED 등이 실용화를 눈앞에 두고 있어서 유기물 반도체 소자에 대한 연구가 주목받고 있으며, 유기물 반도체를 이용한 RFID 태그의 실용화는 5내지 10년 정도 이후인 2011년에서 2015년 정도에는 기술적으로 가능할 것으로 전망하고 있다. [2-56]

국외에서 유기 반도체를 이용한 RFID 태그를 연구하고 있는 대표적 기업으로는 Infineon, Philips, 3M 등 대기업 외에 벤처기업으로는 Plastic Logic, OrganicID, Precisia LLC, PolyIC 등이 있으며, 이들은 모두 그래픽 프린팅 기법에 의한 초저가형 RFID 태그 개발에 주력하고 있다.

OrganicID는 유기반도체와 프린팅기법을 이용하여 1센트 미만의 RFID 태그 칩 개발을 목표로 저가형 RFID 태그 개발을 시작하였으며 2008~2009년에 상용화를 목표로 하고 있고, Philips 전자 연구소는 2006년 2월에 ISSCC학회에서 세계 최초로 폴리머를 이용하여 13.56㎒ RFID 태그를 구현하였다고 발표하였다. Poly IC 등에서는 600kHz에서 동작하는 Organic Ring Oscillator와 13.56㎒에서 작동하는 Rectifier를 개발하였다.

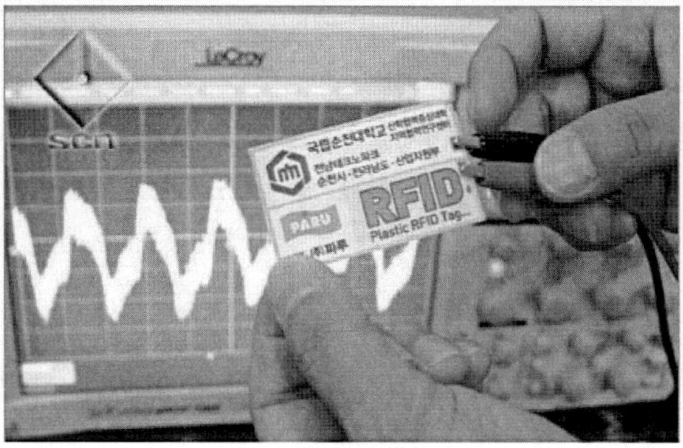

[그림 2-57] 순천대와 (주)파루의 저가형 RFID [2-57]

국내에서는 칩리스 태그와 관련하여 ETRI, 서울대, 순천대, 동아대 등 유기 트랜지스터 제작기술을 보유한 연구기관과 학교를 중심으로 신기술 개발에 대한 필요성에는 인식을 같이 하고 있으나 개발비용 및 기초기반 기술부재 등 여러 문제로 인해 현재 저가형 태그를 위한 유기 반도체 소자 및 IC회로에 대한 개발의 기초단계의 연구만이 진행되고 있는 실정이다. 2005년 10월, 순천대학교 조규진 교수 연구팀과 주식회사 파루가 공동으로 CNT(Carbon Nano Tube)를 이용하여 인버터 및 발진기를 제작하였고 RFID tag에의 상품화를 추진하고 있으나 CNT를 이용한 소자의 경우 off-state 전류가 너무 큰 문제점이 있어 RFID 적용하기 위해서는 이 문제를 해결해야 할 것이다. [2-58]

칩리스 태그는 쉽게 부서지지 않으며 스파크, 전기적 복사 또는 세탁 과정에 의하여 변화되지 않는 장점을 가지고 있다. 매우 춥거나 매우 뜨거운 상황에서도 동작하며, 견고하고, 칩 태그보다 훨씬 얇고 작으며, 현재까지의 일반적인 인식거리는 3cm~1m이다.(SAW 태그의 경우 20m까지 인식 가능) 그러나 칩리스 태그 기술의 단점은 원격 인식 및 기록을 할 수 없으며, 표준이 없고 인식거리에 제한이 있다.

현재 칩리스와 관련된 연구 중 가장 대표적인 것이 바로 SAW(Surface Acoustic Wave)기술과 전도성 폴리머(Polymer)를 이용한 태그 기술이다. 각각의 기술에 대해 자세히 알아보도록 하겠다.

가) SAW(Surface Acoustic Wave, 표면음향파 트랜스폰더)

표면 탄성파(SAW: Surface Acoustic Wave) 기기들은 압전(Piezoelectirc)효과와 느린 속도에서 탄성파(=음향파)의 표면 관련 분산(Dispersion)에 기반을 두고 있다. 만약 이온 결정이 어떤 방향에서 탄성적으로 변형된다면 결정에 전기적 전압을 가함으로써 표면 변화가 일어난다. 반대로, 결정에 대한 표면 전하의 어플리케이션은 결정격자에서의 탄성 변형을 이끌어 낸다. 표면 탄성파 기기는 마이크로파 주파수, 보통 2.45㎓의 ISM 대역에서 동작한다.

전자음향 트랜스듀서와 반사기는 압전 기판위에 평판 전극 구조를 사용하여 생성할 수 있다.

이 어플리케이션을 위해 사용되는 보통의 기판은 리튬 니오베니트(lithium niobate) 또는 리튬 탄탈레이트(lithium tantalate)이다. 전극 구조는 통합된 회로의 제조에 대하여 마이크로 전자공학에서 사용되는 방식과 유사한 사진석판(photolithographic) 방식으로 생성된다. [2-2]

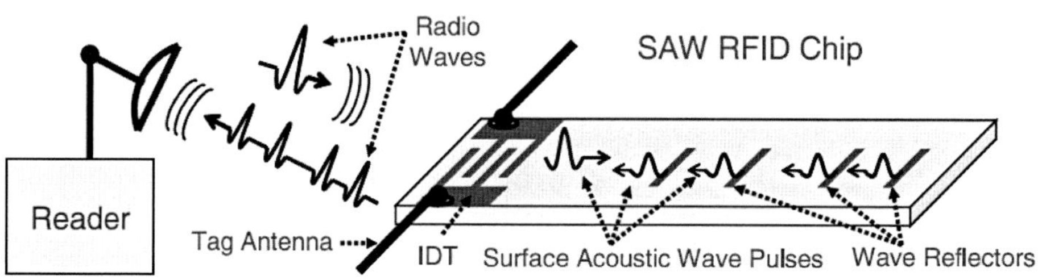

[그림 2-58] Chipless SAW RFID의 동작 원리 [2-59]

[그림 2-58]은 표면파 트랜스폰더의 기본 동작 원리를 보여준다. 이미 실용화 기술이 개발된 RF SAW사의 RFID SAW 태그는 리더가 RF 신호(2.45㎓)를 태그로 방출하고 태그 안테나는 RF 신호를 수신하여, IDT (Inter Digital Transducer)에 의하여 RF 신호가 표면 탄성파(Surface Acoustic wave)로 변환되어 태그의 표면에 입사된다. 태그에는 정해진 패턴이 존재하며 패턴에 의하여 입사된 SAW가 반사하게 된다. 이 반사 패턴에 RFID의 정보를 저장할 수 있으며 리더를 통하여 패턴이 일치 여부를 확인함으로써 SAW RFID 태그의 정보를 읽어낸다. [2-56]

손가락 모양의 전극 구조인 IDT는 긴 압전 기판의 끝에 놓이고, 동작 주파수에 대한 적합한 다이폴 안테나는 버스바(busbar)에 부착된다. 인터디지털(IDT) 트랜스듀서는 전기적 신호들과 음향 표면파간의 변환을 위해 사용된다.

버스바에 여기되는 전기적 임펄스는 전극(손가락 모양)간의 압전 효과로 인해 기판 표면에 기계적 변형을 발생시키는데, 이는 표면파(레일리 파)의 형태대로 양방향으로 흩어진다. 보통 기판에 대해서 분산속도는 3000~4000m/s 사이에 놓인다. 유사하게 트랜스듀서로 들어가는 표면파는 압전 효과로 인해 인터디지털 트랜스듀서의 버스바에서 전기적 임펄스를 생성한다.

각각의 전극은 표면파 트랜스폰더의 남은 길이에 맞게 위치한다. 전극의 가장자리는 반사하는 스트립을 형성하고 입사하는 표면파의 작은 크기를 반사한다. 반사기 스트립은 보통 알루미늄으로 만들어지지만 어떤 반사기 스트립은 에칭된 홈의 형태로 한다.

리더에 의해 발생한 높은 주파수의 스캐닝 펄스는 트랜스폰더의 다이폴 안테나로부터 인터디지털 트랜스듀서로 지원되며 따라서 음향 표면파로 변환되는데, 이는 횡방향으로 기판을 통해 흐르게 된다. 표면파의 주파수는 샘플링 펄스의 반송파 주파수 (예, 2.45㎓)와 일치한다. 따라서 반사되고 귀환된 펄스 시퀀스의 반송파 주파수는 샘플링 펄스의 전송 주파수와 일치한다.

[그림 2-59] 마이크로스트립 선로 형태의 안테나를 갖는 2.45㎓ 주파수 대역용 SAW 트랜스폰더

표면파의 일부는 기판에 배열된 각각의 반사 스트립에서 반사되는 반면, 남은 표면파의 일부는 계속 흘러가서 기판의 끝에서 흡수된다.

파동의 반사된 일부는 인터디지털 트랜스듀서로 되돌아가는데, 이는 고주파 펄스 시퀀스로 변환되는 곳으로서 다이폴 안테나에 의해 방사된다. 이 펄스 시퀀스는 리더에 의해 수신될 수 있다. 수신된 펄스의 수는 기판 위의 반사하는 스트립의 수와 일치한다. 마찬가지로 각각의 펄스간의 지연은 기판 위의 반사기 스트립간의 공간적 거리에 비례하며 따라서 반사기 스트립의 공간적 배치는 이진 시퀀스를 나타낼 수 있다.

기판 위 표면파의 느린 분산 속도로 인해 첫 번째 응답 펄스는 스캐닝 펄스의 전송 후 약 1.5ms의 제한 시간 후에 리더에 수신된다. 이것은 펄스의 수신을 위한 결정적 우위성을 준다.

금속 표면상의 스캐닝 펄스 반사는 빛의 속도로 리더의 안테나로 되돌아간다. 100m 이상의 거리에 있는 리더까지의 반사는 리더의 안테나 방사로부터 0.6ms 후에 도달한다(왕복 도달시간, 신호는 >160dB로 감쇄된다). 따라서 트랜스폰더 신호가 1.5ms 후에 돌아올 때 모든 반사는 그보다 훨씬 전에 사라지므로 펄스 시퀀스에 에러를 발생시키지 않는다.

표면파 트랜스폰더의 데이터 저장 용량과 데이터 전송 속도는 기판의 크기와 구현되는 기판위의 반사기 스트립간의 최소 거리에 의존한다. 실제로 약 16~32bit가 500kbps의 전송률로 전송된다.

표면파의 도달 거리는 스캐닝 펄스의 전송 전력에 주로 의존하고 레이더 방정식에 의해 계산될 수 있다. [2-2]

나) 전도성 Polymer 태그

전도성 플라스틱 전자공학은 25년 전에 도전성 폴리머의 발견으로부터 발달되어 왔으며 3M, Motorola, Intermec, Philips 등이 대표적인 기업이다.

폴리머의 얇은 필름으로 트랜지스터와 LED를 만들고 있다. 실리콘 칩을 폴리머 회로로 대체함으로써 많은 장점들을 얻을 수 있다. 유연하고 훨씬 튼튼한 접합부를 형성할 수 있으며, 수량이 적은 경우에도 제작비용이 저렴하다. 10억 달러에 이르는 제작공장을 건설하지 않고도 누구나 값싼 기계로 제작이 가능하며, 얇고 가벼우며, 쉽게 재생되고, 투명한 제품의 패키징에 넣기에 우수하다. 그러나 이들은 실리콘과 마찬가지로 전도성이 없다. 전류를 운반하는 전하는 보다 천천히 움직이므로 전자회로의 속도를 더 낮추게 된다. 유기 폴리머의 성능저하는 플라스틱 전자회로의 보관 기간을 제한한다.

Philips Polymeric RFID는 20년 동안 폴리머 전자부품을 연구해오고 있다. 1998년에 폴리머 RFID 스마트 라벨을 시연하였다. 안테나는 기존에 에칭된 구리 안테나이지만, 기존의 실리콘 칩을 완전한 고주파수 폴리머 회로로 대치하였다. 폴리머 스마트 라벨은 태그의 기능을 제공할지라도 인식속도가 너무 느려서(10~100 bps) 상업적으로 사용할 수 없다. 실리콘을 대체하기 위하여 사용되는 복잡한 유기분자들은 시간이 경과함에 따라 성능이 저하되어 몇 달 안에 기능을 멈춘다. 그럼에도 불구하고 유통기간이 짧은 소비재에 이들을 사용할 수 있다. Plastic Logic은 영국 케임브리지 대학 연구실에서 2000년에 만든 회사이다. Plastic Logic은 산업용 잉크젯 프린터와 유사한 장치를 이용하여 기판 위에 탄소기반 물질의 작은 방울들을 분사시켜 플라스틱으로 이루어진 반도체 소자를 만드는 것이다. Plastic Logic은 필립스의 스핀 코팅보다 빠른 생산 공정을 만들기 위하여 폴리머의 잉크젯 프린팅에 연구를 집중하고 있다. 잉크젯은 현재 약 25 μm 구조만을 만들 수 있다.

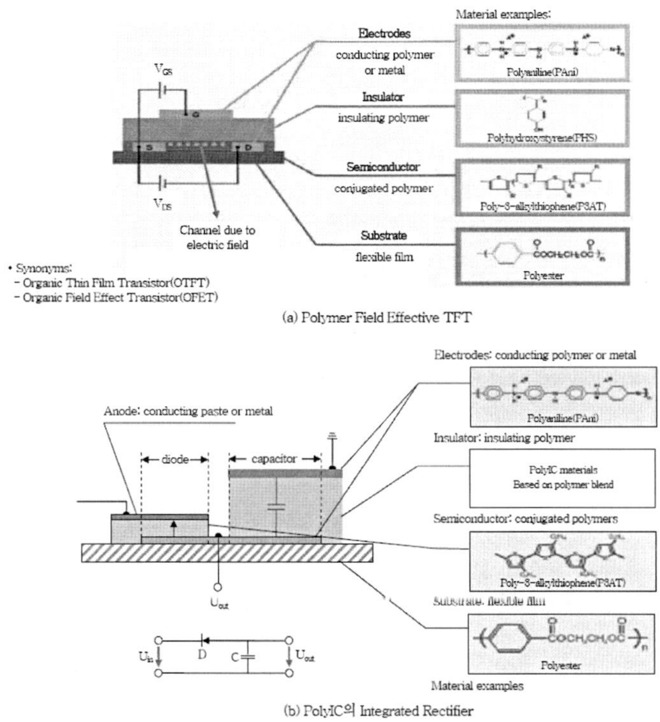

(a) Polymer Field Effective TFT

(b) PolyIC의 Integrated Rectifier

[그림 2-60] PolyIC Polymer 기반 소자

반도체용 잉크젯 프린팅을 하기 위하여 여러 종류의 화학물질을 한 번에 주사하여 연속적인 프린팅 과정을 얻어내려 한다. 실험실 수준에서 이것을 성공한 곳은 Plastic Logic이 처음이다. 따라서 1.5센트의 RFID 스마트 라벨이 가능할 것이라고 보인다.

[그림 2-60 (A)]는 PolyIC사가 개발중인 PFET의 구조와 재료를 나타내고 있고, [그림 2-60 (b)]는 정류회로에 쓰이는 다이오드와 커패시터의 구조와 재료를 나타내고 있다. 기판으로는 주로 polyester를 사용하고 소스/드레인 및 게이트 전극으로는 PAni 재료, 나노재료, 금속 등을 사용하고 있고 반도체 재료로는 polythiophene 계열의 P3AT를 주로 사용한다. 게이트 절연막 역시 PolyIC가 자체 개발한 polymer blend 기반의 재료, PHS이며 구조는 staggered TFT 이다. 정류회로에서 사용되는 다이오드는 Schottky diode 타입이다. 2006년에 PolyIC는 7.5cm 인식거리를 가지는 8bit 13.56㎒ RFID를 시연하였다. 이 시작품은 0.1sec의 read time, 3개월 동안 초기특성이 유지됨을 보여주었다. ([그림-61]참조)

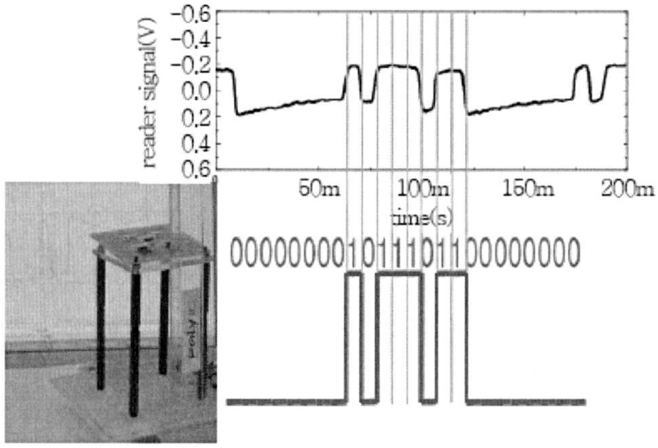

[그림 2-61] PolyIC의 8bit 13.56㎒ RFID 시연

OrganicID는 직접인쇄법을 이용하여 주로 CMOS형 유기전자소자, RFID tag circuit 설계 등의 기술개발을 하고 있다. 2006년에 CMOS형의 5-stage ring oscillator를 제작하여 3.2kHz의 구동 주파수특성을 보여주었다. 정류회로는 bridge 타입의 정류회로를 사용하였고 이를 이용해 ~20㎒까지 정류특성을 보고하였다. 이 이외에도 CMOS 기반 D flip-flop을 제작하고 shift register를 제작하여 1.6kHz flop 특성을 보여주었다. RFID의 quality factor는 input 17.5V에서 VDD 10V의 값을 나타내어 약 57%의 효율을 보였다.

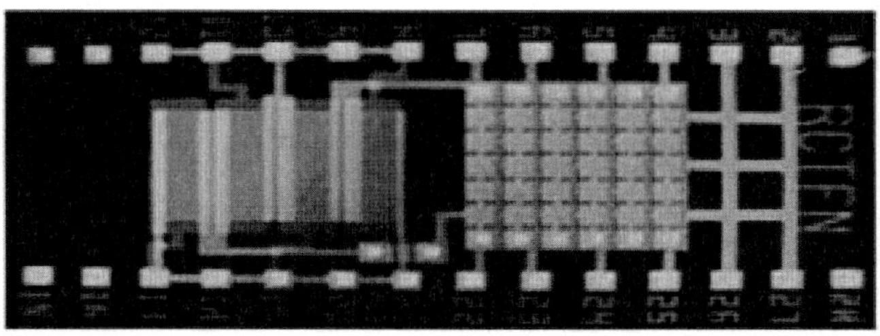

[그림 2-62] OrganicID RFID

현재는 RFID 태그 전체를 전도성 폴리머로 제작한 RFID 태그는 상용화 보고된 바가 없으나 연구 개발 중인 폴리머 칩리스 태그는 수 십만개 정도의 수량이며 개당 0.1~20센트 정도로 저가 실현이 가능하며, 칩리스 태그의 얇음과 매우 낮은 가격으로 인하여 현재 대부분의 바코드를 대체할 수 있을 유일한 대안으로 여겨진다. 또한 재료가 거의 들지 않는 특성상 생산용량은 거의 무한정이라 할 수 있겠다. [2-8][2-60]

다) Printed RFID 기술

수동형 RFID tag는 전원을 리더기에서 발생하는 고주파의 전자기파를 안테나를 통하여 RF 인터페이스의 집적된 렉티파이어(rectifier)를 통해 구동전압(DC)으로 전환하여 트랜스폰더칩을 구동시키는 에너지원이 된다. 또한 RF 인터페이스는 tag가 지닌 정보를 리더기에 전달하고 받는 역할을 주로 수행한다. 이와 같은 RF 인터페이스를 포함한 트랜스폰더칩의 마이크로프로세서와 메모리 부분은 현재까지 실리콘에 기초한 집적화 된 칩으로 제조되어 RF 안테나에 별도로 접합하는 방법을 이용하여 수동형 RFID tag가 제조되었다. 이에 따라 현재 수동형 RFID tag 1개당 생산 가격을 50원 이하로 낮추는 것은 실리콘 칩을 이용하여서는 불가능한 것으로 알려져 있다. 그러나 유비쿼터스 시대에서는 기존의 바코드와 같이 저렴하면서도 적당량의 정보(440 bit 이상)를 주고 받을 수 있는 초저가 즉 5원 이하의 수동형 RFID tag 개발이 필수적이다.

초저가 수동형 플라스틱 RFID tag 생산을 위해서는 기존의 실리콘에 기초한 제조 기술이 아닌 보다 저렴하고 간편한 제조 기술이 필요하며, 이를 위해서는 고비용의 반도체 공정 장비가 아닌 저비용의 인쇄 장비를 이용한 전 플라스틱 RFID tag 제조 기술이 필수적이다. 우선인쇄 장비를 이용하여 플라스틱 필름위에 RFID tag를 제조하기 위해서는 최소한 기존의 바코드가 지닌 정보를 대체 할 수 있는 정보 저장이 가능한 수준의 RFID tag 인쇄 기술이 필요하다. 바코드 대체용 RFID tag제조를 위해서는 최소 약 400개 정도의 트랜지스터가 명함 크기정도의 넓이(15㎠)에 인쇄되어야 한다.

이를 위해서는 트랜지스터 하나의 크기가 약 5㎟ 이하 이어야 한다. 인쇄 방법을 이용하여 5㎟ 이하의 트랜지스터를 제조하기 위해서는 최소 10μm의 분해능을 지닌 인쇄 장비가 필요하며, 동시에 회로배선, 전극, 절연막 및 반도체 인쇄에 필요한 적합한 잉크가 필요하다. 이러한 잉크는 전도성 고분자 및 일반 고분자 용액을 적절하게 포뮬레이션 하여 제조할 수 있다. 따라서 초저가의 수동형 플라스틱 RFID tag 제조를 위해서는 우선 적합한 인쇄 장비가 필요하며, 이들 장비에 적합한 잉크가 필수적임을 알 수 있다.

전자소자가 인쇄 가능한 일반적인 프린팅 방법으로는 Flexography, Letterpress, Soft Lithography, Offset Lithography, Gravure, Pad, Screen, Inkjet Electrophotography, Micropen, Transter Printing, Dippen Nanolithography 등이 있으며, 이들 중 저가의 전자 소자들을 대량 생산할 수 있는 상용화된 인쇄 장비들의 장단점을 다음페이지 [표 2-9]에 요약하였다.

기존의 인쇄 장비들 중, 현재 반도체 공정의 롤을 대체할 만한 인쇄 장비로 잉크젯 프린터를 들 수 있는데, 포토레지스트 등 리소 공정에 사용되는 화학약품을 전혀 사용하지 않아 저비용이며 공정이 단순하다. 현재 알려진 잉크젯 프린터의 최대 분해능은 약 3um정도이다. ([그림 2-61]참조) 특히 고분해능의 잉크젯 인쇄의 장점은 기판과 접촉하지 않고 인쇄를 수행할 수 있다는 것으로서 기판에 미리 인쇄된 소자외의 접촉오염을 줄일 수 있으며 동시에 미리 인쇄된 소자와 정확한 배열로 인쇄할 수 있다는 장점을 지니고 있다.

[표 2-9] 전자소자 제조에 쓰일 수 있는 인쇄 장비 분석 [2-61]

인쇄기별 종류		플렉소	옵셋	그라비아	로타리스크린	로타리레터프레스
인쇄방식		볼록판	평판	오목판	공판	볼록판
인쇄판 재질		고무판	PS판	동판	원통형망사	수지판
인쇄 원리	재판	유연한 수지 또는 고무볼 록판을 사용	필름출력 후 형광램프를 통해 PS판에 전이	드럼식으로 동을 씌운 후 이미지 조각하고 크롬코팅(음각가공)	스크린 재판기법과 동일하며 망사형으로 생산성의 향상, 재판가격 비쌈	필름을 학처리된 수지판에 빛쬠으로 빛에 반응된 부분을
	인쇄 방법	잉크통의 롤러로 안료잉크 또는 아닐린을 올려 이에 접하는 잉크 묻힘 롤러로 잉크를 고무판에 고루 묻혀 압통에 의해 종이가 판에 압착인쇄	PS판을 드럼에 부착하고 물과 잉크를 공급하면 상호 밀어내는 성질로 인쇄될 부위만 잉크가 남고, 하부의 고무롤러가 종이의 인쇄면을 전달하는 간접 인쇄방식	동판가공 후 드럼부착, 가공된 동판 드럼에 잉크를 묻혀 doctor(얇은 강판)로 긁어 불필요한 잉크를 없앤 후 오목cell 속에 남아있는 잉크를 고무롤을 이용하여 적당한 압력을 가해 잉크를 다양한 기재에 전이시키는 인쇄방법	원형 통안에 잉크가 들어있어 망을 통하여 잉크를 인쇄면에 공급하는 방식	수지판을 드럼에 부착하고 볼록면 에 잉크를 공급하여 인쇄
선명도(LPI)		85~130	130~300	130~300	65~120	130~177
색조범위		5~95	2~98	1~98	10~90	3~97
사용잉크 성질		수성	수성, 유성	유성	수성, 유성	수성, 유성
잉크 도포량		얇음	얇음	얇음	상대적 두터움	얇음
잉크 건조방식			상온건조, UV경화	열건조, UV건조	열건조, UV경화	UV건조
인쇄가능 소재		종이/필름 등인쇄가능	종이만 가능	소재별로 다름	종이/필름 등 인쇄가능	종이/필름 등 인쇄가능
인쇄폭 (mm)		480	1050*750	1000	480	250
급지형태		롤	시트	롤	롤	롤
출지형태		롤&시트	시트	롤	로&시트	롤&시트
판매처			하이델베르그	대진, 대양, 국제, 다이요	스톡	산기 등
원산지			독일	한국, 일본	네델란드	일본
대략가격		15억	5~15억	6~8억	15억	6~10억
속도 (m/min)		60~90	90~120	120~180	30~60	60~90
대략크기 (m)		10*3	10*3	15*3	10*3	10*3
비고		고급인쇄는 부적합하고 신문, 서적, 포장지, 박스, 라벨, 전산품류와 사무용품류에 사용국산은 없음	일반적인 옵셋기능 종이면에 가능하며 필름적용시는 UV옵셋기를 별도제작, 부착하거나, UV옵셋 전용이가장 일반적 임 국내산은 없으며 일산은 기계가 약하 고 독일 하이델베르 그가 대부분임	기계사양별로 자동, 반자동, 수동이 있으며 제질 별로 종이, 필름, 알미늄 기계가 다름 거의 국산을 사용함	국내의 제작사는 없으며 기계가 고가이고 스크린판의 단가가 비싸 국내시장 형성 안됨, 외국에서는 사용함. 인쇄/라벨에는 거의 사용하지 않고 섬유인쇄용으로 일부 사용함대부분이 일본산	

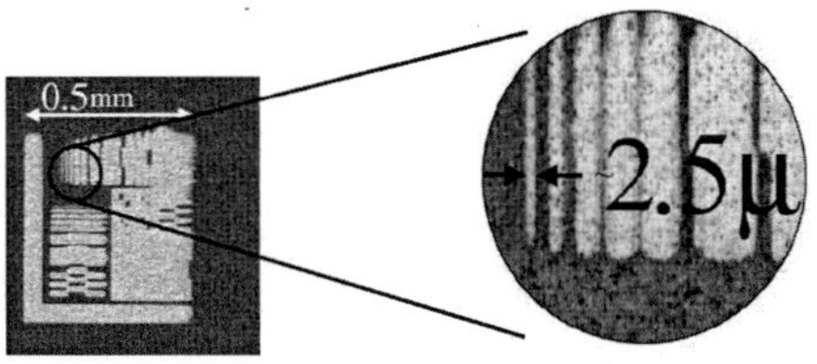

[그림 2-63] 3um 이하의 분해능을 지닌 잉크젯 인쇄

이에 따라 인쇄회로뿐만 아니라 마크로 전자 소자 등 저가의 전자 소자는 이러한 기존의 롤 과정을 줄이고, 저가로 인쇄기술을 이용하여 제작 할 수 있는 다양한 전도성 잉크들이 개발 되었다. 전도성 잉크는 배선 및 전극재료로 이용하기 위해서 금속 나노 입자를 분산시켜 제조할 수 있으며, 은(Ag), 동(Cu), 니켈(Ni), 백금(Pt), 금(Au), 또는 팔라듐(Pd) 등을 사용할 수 있다.

나노입자를 만드는 방법으로는 전기분해법, 졸-겔법, 마이크로 에멀젼법 및 화학환원법을 들 수 있다. 전기 분해법과 졸-젤법은 제조 비용이 높고 많은 양의 금속 콜로이드를 제조하기 어렵고, 마이크로 에멀젼법은 제조 방법이 복잡하여 입자의 크기 및 현상을 제어하기 어려워 실용성에 문제가 있다는 단점을 가지고 있다.

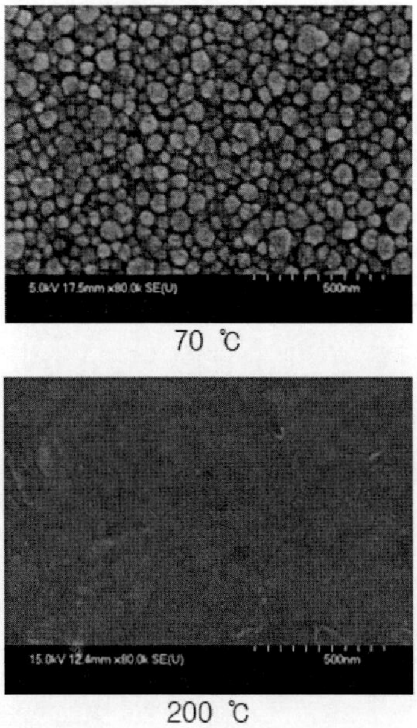

[그림 2-64] 인쇄된 나노잉크의 열처리 전후 SEM이미지

그러나 화학환원법은 고분자 분산 안정제 존재 하에 환원력을 갖는 용매를 이용하여 금속 연의 환원에 의하여 나노 입자를 제조하는 것으로 제조 방법이 간단하고 대량생산이 가능하다는 장점을 가지고 있다.

나노입자를 이용한 전도성 잉크는 전도도가 가장 중요하게 고려되어야 한다. 전자잉크로 사용되기 위해서는 인쇄 후에 열처리(curing)를 하여 나노입자를 [그림 2-64]에 도시한 바와 같이 연결하여야 하며, 단시간에 열처리를 해서 높은 전도도를 갖게 하는 것이 중요하다.

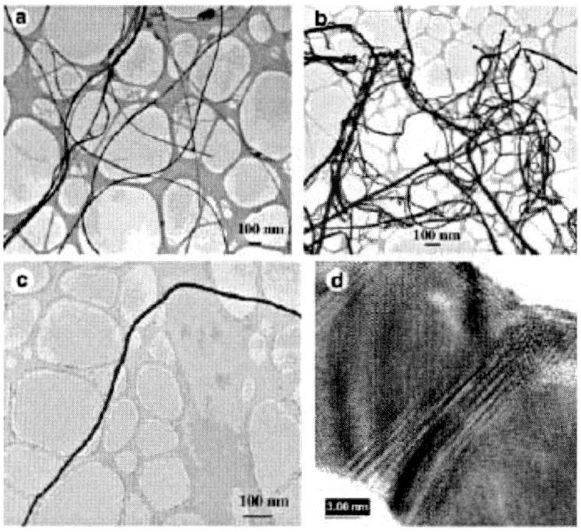

[그림 2-65] 금속나노 와이어 TEM미지

입자크기는 1~80nm 이하가 좋고, 침전 없이 안정하게 분산 되어야 한다. 잉크젯 프린터에 적용 했을 때, 입자 크기가 커지거나, 입자들끼리 뭉침이 일어나 노즐을 막아 버릴 수 있으므로 입자들의 안전성을 확보하여야 한다. 향후 전자 잉크의 전기전도성 향상과 비용절감을 위하여 금속 나노 와이어를 이용하여 전자잉크를 제조 하고 있으며, 금속 나노 와이어는 저렴한 에멀션 방법으로 쉽게 제조가 가능하다.

아직까지 100% 인쇄 기술을 이용한 초저가의 플라스틱 RFID tag 제조기술은 저주파 영역에서 고주파 영역에 이르기 까지 아직 보고된 바 없다. 그러나 최근 스웨덴의 acreo란 회사에서 인쇄 방법으로만 제조된 260kHz 영역의 단순한 RFID tag를 시연하였으나, 저장 정보가 아직까지는 바코드를 대체할 만한 수준은 아니다. 전 세계적으로 전망하기는 2008년 초저가의 플라스틱 RFID tag 상용화가 가능할 것으로 전망하고 있다. 현재 100% 인쇄기술을 이용한 플라스틱 RFID tag 기술 수준을 분석한 결과를 [표 2-10]에 도시하였다. [2-61]

[표 2-10] 인쇄기술을 이용한 RFID Tag 제조 기술 수준 [2-61]

플라스틱 RFID Tag 주요부품 요소	세계수준	국내 수준
발진칩 및 RF Interface 인쇄 기술	· 120 kHz 수준 · 초보적 RF 인터페이스 인쇄기술 확보	· 60 kHz 수준 · 인쇄를 이용한 RF 인터페이스 기본 단위소자 제조기술 확보
안테나 인쇄 및 설계 기술	· 그라비아 인쇄를 이용한 ㎒~㎓ 영역 설계 및 제조	· 잉크젯 및 그라비아 인쇄를 이 용한 ㎒~㎓ 영역 설계 및 제조
메모리 인쇄 및 설계 기술	· 유기 TFT를 이용하여 현재 6bit 시연함	· 메모리용 플로팅 게이트 트랜지스터를 100% 인쇄방식으로 제조가능

[2 - 1] "유비쿼터스 사회의 RFID", 유승화, 전자신문사, 2005

[2 - 2] "RFID Handbook", Klaus Finkenzeller, 2003

[2 - 3] "UHF RFID 태그 안테나 설계", 손해원, 한국전자통신연구원

[2 - 4] http://www.philipsarena.com/content/view.aspx?CID=5dac7357-b828-40d6-b467-fde53f14d553

[2 - 5] http://www.savi.com/index.shtml

[2 - 6] "Worldwide RFID UHF Map", Intelleflex

[2 - 7] "RFID 기술 및 표준화 동향", 표철식, 채종석, TTA 저널

[2 - 8] "Technology of RFID Tag", 손명식, 조병록, Polymer Science and Technology Vol. 17, No.1, Feb 2006

[2 - 9] www.ready4rfid.com

[2-10] "차세대 RFID 표준화 연구 최종보고서", 대구대학교, ETRI

[2-11] http://www.epcglobalinc.org/

[2-12] "The RF in RFID", Daniel M. Dobkin

[2-13] "실시간 스펙트럼 분석기를 이용한 RFID 및 NFC 측정", 테크트로닉스

[2-14] "UHF 대역RFID 태그안테나의 RCS(Radar Cross Sections) 분석 및 측정", 문효상, 김남훈, 이종욱, 이범선, 한국전자파학회 제 18권, 2007년

[2-15] "UHF 대역 RFID 태그 안테나 설계 기술", 이범선, 전자파측정센터, 2006년

[2-16] "RFID Tag 기술", 변상기, 전자부품연구원

[2-17] "EPCglobal Netwrok 기반의 RFID 기술 및 활용", 안재명, 이종태, 오해석, (주)리테일테크 기술연구소

[2-18] "무선인식 시스템에서의 알로하 기법과 슬롯-알로하 기법의 데이터 처리량에 관한 연구", 윤상문, 이기서, 한국철도학회 학술대회논문집 2003년

[2-19] "Gen2기반 RFID시스템에서의 충돌방지 알고리즘에 관한 연구", 권성호, 모희숙, 최길영, 표철식, 채종석, 한국통신학회, 2006년

[2-20] http://www.hntech.co.kr

[2-21] "UHF RFID Technology", 손해원, 모희숙, 성낙선, 전자통신동향분석 제 20권 제 3호 2005년 6월

[2-22] http://www.alientechnology.com

[2-23] http://www.samsys.com/

[2-24] www.synometrix.com

[2-25] www.psionteklogix.com

[2-26] http://www.symbol.com/assets/files/Datasheet_MC9090-G_RFID.pdf

[2-27] www.acg.de/rfid

[2-28] www.ForrestResearch.com or SNU MAI Lab

[2-29] Auto-ID Labs, http://www.autoidlabs.org

[2-30] Sean Clark and Ken Traub, etc., "Auto-ID Savant Specification Version 1.0", September 2003.

[2-31] EPCglobal, "The Application Level Evevents (ALE) Specification Version 1.0", Ratified Specification Version of September 15, 2005.

[2-32] "RFID Middleware 연구 상황", 손병국, 연세대학교

[2-33] Sun Microsystems, "The Sun EPC Network Architecture", Technical White Paper, February 2004.

[2-34] www.DBguide.net

[2-35] "실무자를 위한 RFID 이해와 활용", 빌 글로버, 히만슈 바트 저, 한빛미디어

[2-36] "RFID 미들웨어 기술 동향 및 응용", 황재각, 정태수, 김영일, 이용준, 전자통신동향분석 제20권 제 3호 2005년 6월

[2-37] http://www.yunsobi.com/blog/217

[2-38] http://www.zdnet.co.kr/news/network/rfid/0,39031109,39152026,00.htm

[2-39] http://www.etnews.co.kr/news/detail.html?id=200708010146

[2-40] "RFID 기술 및 표준화 동향", 최길영, 성낙선, 모희숙, 박찬원, 권성호, 전자통신동향분석 제 22권 제 3호 2007년 6월

[2-41] "Mobile UHF RFID 기술 동향", 유종원, KAIST, 2006년 10월

[2-42] http://www.heraldbiz.com/ 8월 13일 뉴스, 박영훈 기자

[2-43] "Mobile+RFID", 김형준, TTA 저널 No.108

[2-44] "국내 모바일 RFID 산업의 최근 동향", (주) 유오씨, 전자부품연구원, 2007년 4월

[2-45] http://blog.naver.com/matiz2mx?Redirect=Log&logNo=40042996991

[2-46] "모바일 RFID 시범사업 추진방안", KTF, 2006년 6월

[2-47] "RFID 기술 및 표준화 동향", 성낙선, 전자통신연구원, 2007년 3월

[2-48] 디앤에스테크놀로지, http://www.dnst.co.kr

[2-49] "RFID 표준화 및 기술 동향", 오세원, 표철식, 채종석, 전자통신동향분석 제20권 제3호 2005년 6월

[2-50] 유컴테크놀로지, http://www.ucommtech.com

[2-51] "모바일 RFID 기술 및 표준화 동향", 유상근, 한국전자통신연구원, 2005년 9월

[2-52] "RFID 기술 및 표준화 동향", 성낙선, 전자통신연구원, 2007년 5월

[2-53] "센서 태그 기술 동향", 정재영, 여준호, 이형섭, 표철식, 전자통신동향분석 제 22권 제 3호 2007년 6월

[2-54] http://www.identecsolutions.com/ilrlongrange.html

[2-55] http://www.intelleflex.com/pages/products.htm

[2-56] IDEC Newsletter 2006년 1월

[2-57] http://www.suncheon-news.com/scnews/article/view.aspx?section=%BB%E7%C8%B8+%C1%BE%C7%D5&seq=6870

[2-58] "RFID 최신 기술 및 표준화 동향", 여준호, 전자통신연구원, 2006년 9월

[2-59] RF SAW Inc, http://www.rfsaw.com

[2-60] "Printed RFID 기술", 유인규, 구재본, 이유경, 조경익, 전자통신동향분석 제 22권 제5호 2007년 10월

[2-61] "초저가 플라스틱 RFID Tag제조를 위한 플라스틱 IC 인쇄 기술", 조규진, 송재희, 정민훈, 양회택, 이복임, 김선희, 고분자과학과 기술 제 17권 1호 2006년 2월

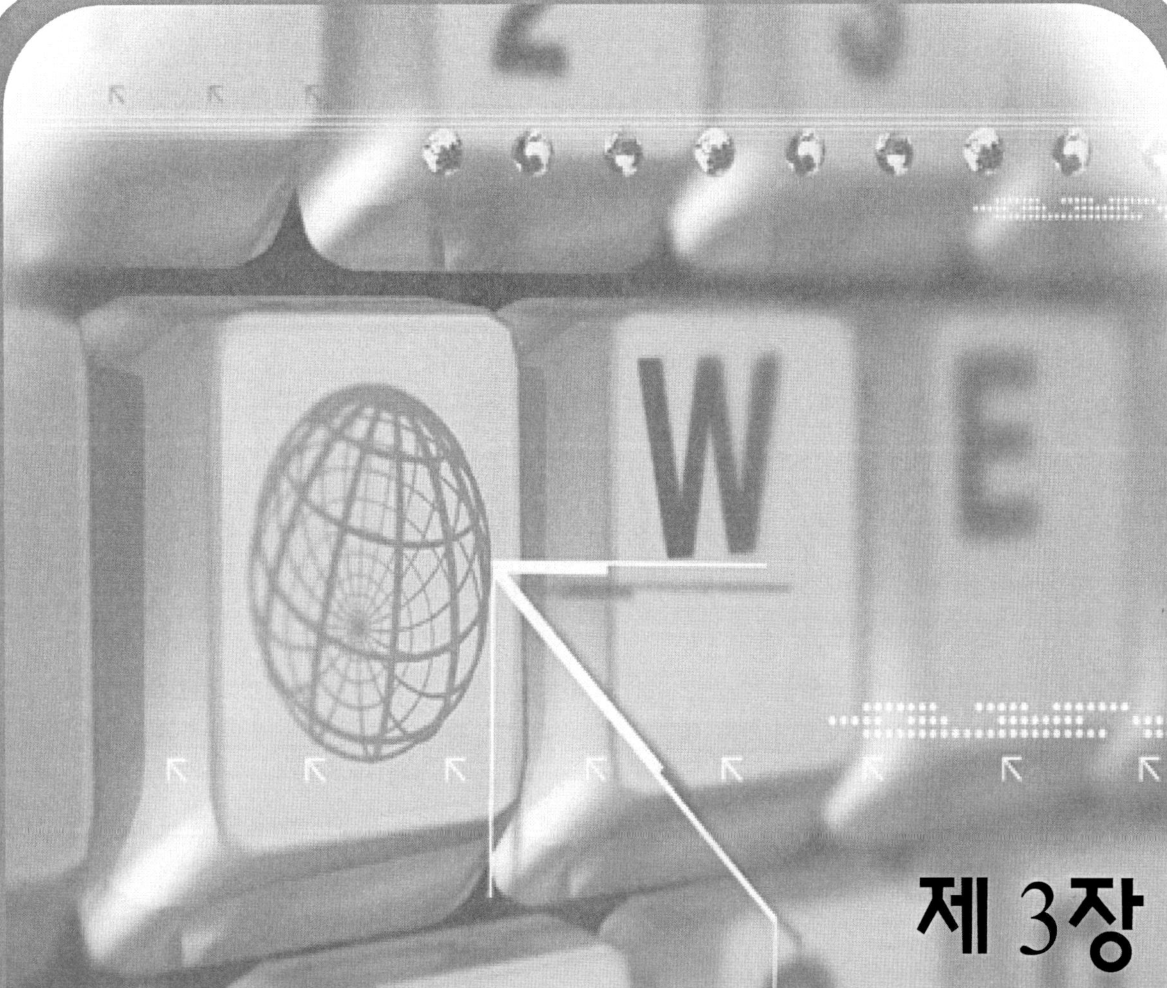

제 3장

RFID 정보보호

유선과 무선을 통합한 유비쿼터스 컴퓨팅의 시대에서는 많은 정보기술이 서로 융합되고 컨버전스(Convergence)하게 된다. 이러한 사용 환경에서 각 개인은 각 단계마다 ID와 비밀번호, 인증을 필요로 하게 될 것이다. 현재도 주민등록증을 도용하여 은행 통장 개설과 타인명의 핸드폰 구입, 타인명의 전자상거래 사용 등을 하고 있어 문제가 되고 있는데 유비쿼터스 컴퓨팅 환경에서는 유선과 무선에서 개인 활동이 증가함에 따라 개인정보 노출이 심해지고 개인정보 불법 취득도 많아지게 될 것이다.

개인정보의 부적절한 사용으로 인한 개인정보 침해 문제는 유비쿼터스 컴퓨팅이 가져다 줄 긍정적인 효과를 반감시키는데 결정적인 요인이 될 수 있기에 개인정보의 보호는 중요하다. [3-1]

특히나, 유비쿼터스 환경의 핵기술로 손꼽히는 RFID는 재고관리, 반품관리, 절도예방, 위·변조 방지 등 여러 분야에서 활용될 것으로 기대되나, 정보 주체의 인식 여부에 관계없이 수많은 다양한 정보들이 무제한 수집될 수 있어 프라이버시 침해 가능성이 크며, RFID 태그에 개인정보가 포함된 경우는 물론이고 RFID 태그가 단순히 사물에 관한 정보만을 담고 있다고 하더라도 신용카드 결제 등을 통해 개인정보와 결합하는 경우에는 프라이버시 침해 가능성이 더욱 높다. RFID 태그에 개인정보가 포함되어 있고, 여기에 위치정보까지 결합하는 경우에는 실시간으로 개인정보 및 프라이버시 침해가 가능할 뿐만 아니라, 전 세계 공항, 항구, 유통센터, 도소매점 등에 위치한 수많은 RFID가 연결되어 개인의 행위, 위치 등을 지속적으로 감시, 처리, 평가 할 수 있는 네트워크가 상용화되는 경우에는 장소나 시간에 구애되지 않고 언제나 어디서나 프라이버시가 침해될 가능성이 존재하게 된다. [3-2]

개인정보의 부적절한 사용으로 인한 개인정보 침해 문제는 유비쿼터스 컴퓨팅이 가져다 줄 긍정적인 효과를 반감시키는데 결정적인 요인이 될 수 있기에 개인정보의 보호는 중요하다.

3.1 개인정보와 RFID 정보

우리나라는 1995년 1월 8일 법률 4734호에 제정된 개인정보보호법 등에 의해 개인 사생활의 비밀을 보호하고 사적 권익의 침해를 방지하고 있다. 또한 국가 인권위원회법을 통하여 모든 개인이 가지는 불가침의 기본적 인권을 보호하고 인권의 보호와 향상을 위한 업무를 수행하기 위하여 국가인권위원회를 두었다. 하지만 현실을 보면 주민등록번호의 노출 및 기타 개인정보의 노출로 인권 침해 및 범죄의 활용 가능성이 더욱 증가하고 있다. 이는 각종 정보매체나 인터넷을 통한 정보 노출이 쉽기 때문인데 유비쿼터스 환경에서는 이러한 현상이 더욱 심해질 것이라고 예측할 수 있다.

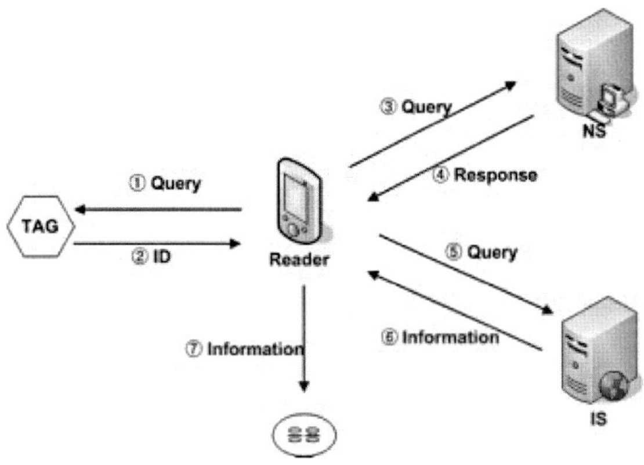

[그림 3-1] RFID 정보 인식 과정 [3-3]

개인정보보호 법제를 가진 대부분의 국가에서도 이러한 개인정보 침해에 대하여 적극 보호하려 하고 있다. 현행 개인정보는 주로 개인의 신상 및 관계성에 기반 한 정보가 대부분이다. 유비쿼터스 환경에서의 개인정보의 유형이나 그 대상이 정보주체 자체뿐만 아니라 물품정보 및 위치정보 등을 통한 개인의 라이프 스타일까지 개인별 정보 파일로 정리되고, 구체화 될 것으로 예상된다. [3-1]

RFID 시스템 및 네트워크상에서 활용되는 정보는 기존 인터넷 환경의 정보와는 많은 차이를 보인다. RFID 시스템에서 정보는 개인 혹은 기업과 직접적 연관을 갖기보다는 RFID 태그를 활용하면서 생성되는 자료가 정보의 효력을 발휘하여 개인화되거나 기업 자료화되는 시점에서의 데이터가 개인정보 혹은 정보보호의 대상이 된다. [3-4] [표 3-1]은 기존 시스템(인터넷, 바코드 등과 같은)과 RFID 시스템에서의 정보의 차이점을 나타내고 있다.

[표 3-1] 기존의 시스템과 RFID 정보의 차이 [3-4]

구 분	기존 시스템	RFID 시스템
정보접근 매개요소	·사용자이름, ID, 암호, 공인 인증서 등	·RFID 코드 ID
정보생성 주체	개인 ·서비스(업무)관련 업체	·제조업체(개인과 무관) ·ID 이력, 실시간 정보관리 시스템

정보	·개인신상 정보(개인) ·부가정보:개인의 성향 등 ·관리정보(관리자)	·물품정보, 제조업체 정보 ·이력정보 ·실시간 정보
정보의 특징	·정보 매개요소와 정보 자체는 개인과 직접 관련됨	·개인과 직접 연관성 없는 정보 매개 요소의 개인화된 정보의 생성 및 변화

[표 3-1]에서 보여 진 것과 같이 이러한 RFID 시스템에서의 정보는 기존의 정보 시스템과는 정보를 매개하는 요소의 다른점을 가지며, 이러한 차이점에서 기존의 정보시스템과는 다른 형태의 개인정보 침해 가능성을 가져다 줄 것으로 보고 있다.

RFID 시스템에서 발생가능한 개인정보 침해 유형으로는 첫째, RFID 태그는 현재도 크기가 작지만 향후 기술 발전 여부에 따라 크기가 훨씬 작아질 뿐만 아니라, 바코드와는 달리 리더와의 거리가 어느 정도 떨어지더라도 인식이 가능하기 때문에 표면에 드러나지 않는 방식으로 태그의 부착이 가능하다. 태그의 구현 형식에 따라서 포장재 속에 내장하거나 섬유속에 함께 직조되는 등 다양한 방식으로 부착이 가능하기 때문에, 최종 소비자가 RFID가 부착되었는지의 여부를 식별하기가 극히 어렵다.

둘째, RFID 태그는 생산된 개별 상품에 대하여 유일한 코드를 부여 할 수 있다. 예를 들면, EPCglobal은 세계적 차원에서 산업별, 업체별, 공급체인별로 개별 아이템에 고유 식별코드 부여를 추구하고 있다. 뿐만 아니라 업체들도 개별 제조물 각각에 대하여 고유 식별코드를 부여하는 문제에 대하여 적극적인 관심을 표명하고 있다.

셋째, 최종 소비자가 RFID 태그를 부착한 상품을 식별하는 것만 어려운 것이 아니라, 리더의 존재 여부를 식별하는 것 또한 극히 어렵다. RFID 태그와 리더는 무선으로 통신하기 때문에 리더는 노출되지 않은 형태로 숨겨져 있을 수 있으며, 이러한 리더가 설치된 곳을 태그가 부착된 상품을 소유한 소비자가 통과할 때 그 소비자의 위치정보가 확인, 저장, 축적될 수 있다. 리더는 외벽, 내벽, 복도 타일, 매트, 자동차, 차도, 인도 계산대, 진열대, 가구, 소비재 어디에나 설치될 수 있으며, 이동식 리더에 사용될 수 있다.

넷째, 개별 코드의 유일성이 신용카드와 같은 전자적 방식의 거래와 병합되어 처리될 때 개별 상품과 그 구매자와 연결된 데이터의 추적이 가능해진다. 지금도 특정한 POS(Point of Sale) 시스템들의 경우 상품 바코드와 구매자의 신분을 함께 연동하여 데이터를 수집, 처리하는 경우가 있다. 멕시코에서는 이미 정부 관리들의 몸에 칩을 내장한 사례가 있다. [3-4]

3.2 RFID 시스템에서 발생할 수 있는 공격 기법 및 위협

RFID 시스템은 생활의 편리성을 촉진시킬 수 있으나, 현재의 RFID 기술은 정보보호 기술을 포함하고 있지 않으며, RFID의 대표적 특성인 사용자 정보에의 "추적·접근 용이성"으로 프라이버시 침해의 위협이 상존한다. 미국의 시민단체인 전자프라이버시정보센터(EPIC : Electronic Privacy Information Center)는 RFID 시스템 특성으로 인한 위험요인을 [표 3-2]와 같이 분석하고 있다.

RFID 태그 시스템에서 보호되지 않은 태그는 도청(Eavesdropping), 트래픽 분석(Traffic analysis), 스푸핑(Spoofing) 혹은 서비스거부공격(Denial of Service)등의 공격에 취약하다.

[표 3-2] EPCglobal RFID 프라이버시 위험 요인

구분	설명
눈으로 쉽게 확인할 수 없도록 RFID 태그 부착	RFID 태그들이 소유주인 개인들이 알지 못한 상황에서 사물들과 문서에 내장되어질 수 있다. ■ 무선전파는 섬유, 플라스틱, 다른 물질들을 쉽게 조용하게 통과할 수 있기 때문에 지갑, 쇼핑 백, 옷가방 등에 들어있는 사물 또는 옷에 부착된 RFID 태그들을 읽을 수 있음)
모든 사물을 구별할 수 있는 고유번호 부여	전자제품코드(EPC)는 지구상에 있는 모든 사물에 유일한 ID를 가지게 할 수 있다. ■ 유일한 ID 번호의 사용으로 개별 물리적인 사물이 판매 또는 이전 시점에서 신원이 확인되고 구매자 또는 소유자와 연결될 수 있는 전 세계적인 사물 등록 시스템의 창조가 가능하다.
개인정보 및 상품정보 등 대량의 데이터 수집	RFID 배치는 유일한 태그 데이터를 포함하고 있는 대량 데이터베이스의 개발을 요구한다. ■ 이들 기록들은 특히 컴퓨터 메모리와 프로세스 능력이 확장되면서,개인의 신원확인 데이터와 연결될 수 있다.
RFID 리더의 소형화	인간 또는 사물이 모여져 있는 어떤 환경에서도 보이지 않게 섞여 질 수 있는 리더들에 의해 태그들은 시야의 제한 없이 멀리서 읽혀질 수 있다. ■ RFID 리더들은 이미 실제로 바닥 타일들에 내재되어 소비자들이 언제 또는 스캔되고 있는지 없는지에 대한 인식을 불가능하게 하고 있음
개인추적과 개인정보 프로파일	개인적인 신원이 유일한 RFID 태그 넘버와 연결되어 있다면 개인들이 인식하지 못하는 사이에 프로파일 되고 추적당할 수 있다.

■ 도청공격(Eavesdropping) : 태그와 리더사이의 통신은 무선 방식이기 때문에 누구든지 태그에 접근하여 태그의 출력 값을 얻을 수 있어, 인가되지 않은 리더가 적절한 접근 제어기능이 없는 태그에 접근하여 프라이버시를 침해할 수 있다.

■ 트래픽 분석(Traffic analysis) : 태그의 내용이 보호되고 있다 하더라도, 예측되는 태그의 응답 값은 태그와 태그 소유자의 신원(Identity)를 연결시킬 수 있는 정보를 제공해 준다. 태그가 유일한 식별정보를 노출하지 않는다 하더라도 태그의 응답 값에 대한 분석을 통해 태그를 소지한 사용자를 추적할 수 있다. 이 공격은 RFID 태그가 의류, 제품 등에 부착하여 사용자를 추적할 수 있는 위치 프라이버시(Location Privacy)에 대한 위협 요인이 될 수 있다.

■ 스푸핑(Spoofing) 공격 : 스푸핑 공격이란 외부의 악의적 침입자가 자신이 사전에 지정한 코드가 작동되도록 함으로써 사용자의 권한을 획득하는 해킹 기법으로, 일반 사용자의 태그를 스푸핑한 공격자는 자동화된 체크 아웃 혹은 보안 시스템을 속일 수 있으며, 스푸핑된 데이터로 값싼 물품과 비싼 물품을 교체할 수 있다. 예를 들어, 물건에 부착된 태그가 스푸핑되어 비싼 가격의 물건을 싼 가격의 물건으로 바꾸는 일들이 발생하면 기업입장에서는 엄청난 손해를 입을 수 있으며, 신용카드나 현금카드에 사용되는 RFID 태그가 스푸핑되어 복제되는 경우 개인이 막대한 피해를 입을 수도 있다.

■ 서비스 거부(Denial of Service) 공격 : RFID 시스템자원에 대한 정상서비스를 방해하기 위한 공격으로, RF 신호 채널을 방해하거나, 임의의 다른 수단으로 태그를 무력화시키는 것 등이 해당된다.

■ 세션 가로채기(Hijacking), 재생(Replay) 공격, 중간자 공격(Man In the Middle Attack) : RFID 리더와 태그사이의 상호인증을 위한 인증 프로토콜 수행 시 발생할 수 있는 공격들로, 인증된 세션을 가로채는 세션 가로채기 공격, 공격자가 검증자에게 이전에 수행되었던 프로토콜 부분 중 일부분을 다시 실행시키는 재생 공격, 공격자가 인증 프로토콜 수행 중간에 자신의 정보를 삽입하는 중간자 공격 등이 존재한다.

■ 물리적(Physical) 공격 : 태그의 메모리는 물리적 공격에 취약하다. 즉, 스마트카드에 적용될 수 있는 프로브공격, TEMPEST(Transient Electro Magnetic Pulse Surveillance Technology) 공격 등의 물리적 공격이 RFID 태그 메모리에도 적용될 수 있다. 그러나 이러한 공격에 강인한 메모리가 RFID 태그에 사용되기에는 비용이 너무 비싸진다는 문제점이 있다. 또한, 향후 스마트카드처럼 암호알고리즘을 지원하는 태그가 설계되는 경우, 스마트카드에 적용될 수 있는 전력해석(Power Analysis), 타이밍 해석(Timing Analysis) 등의 사이드채널공격(혹은 외부채널 공격)에 대한 위험요인도 존재할 수 있다. [3-5]

3.3 정보보호 필요 요소

RFID 기술은 무선 주파수를 이용한 시스템이기에 위에서 언급한 문제점들과 같이 보안상에 많은 문제점을 제시하고 있다. RFID 시스템 안전성 요구사항을 만족시키기 위해 RFID 시스템에 적용한 보안 기술적인 요소는 다음과 같이 네 가지로 구분할 수 있으며, 이와 같은 기술적 요구사항은 RFID 시스템 설계 시에 반영되어야 한다. [3-5][3-6]

3.3.1. 인증

RFID 태그와 리더 사이의 상호 인증은 태그를 잠그는 Lock 동작이나 해제시키는 Unlock 동작이 요구되는 상황에서 반드시 선행되어야 하는 요구사항이다. RFID 태그는 기본적으로 저성능의 독립된 개체로서 태그가 리더를 인증하기 위해서 신뢰할 수 있는 외부 서버에 접근하기가 어렵다. 그러므로 RFID 태그는 리더를 완벽히 안전하게 인증할 수는 없으며, 일정 수준에서 태그와 리더가 서로를 신뢰할 수 있는 방법이 연구되어야만 한다. 이러한 방법 중에 하나는 태그에 내장된 비밀키를 이용하는 방법인데, 비밀키를 알고 있는 리더가 있다면 이를 신뢰할 수 있는 리더로 인증하는 것이다. 이는 기존의 기술에 비하면 보안성과 안정성이 상당히 결여된 방식이며 이를 뒷받침하기 위해선 이를 충분히 지원해줄 수 있는 백엔드 시스템이 필요하다. 또한 EPCglobal 네트워크를 구성하는 컴포넌트(객체검색시스템, 정보서버, 리더 등) 사이의 상호 인증도 보장되어야 한다. [3-7]

3.3.2. 암호 알고리즘

암호 알고리즘은 암호화와 복호화에 사용되는 수학 함수로서 비밀성, 무결성, 인증과 같은 보안 서비스를 제공하기 위해서 사용된다. 눈으로 쉽게 확인할 수 없도록 RFID 태그를 부착하거나 RFID 리더가 소형화되고 통신기기에 내장되어, 이들을 통한 개인정보 및 상품정보 등 대량의 데이터 수집이 사용자가 인지하지 못한 체 이루어질 수도 있다. 따라서 태그로부터의 정보가 유출되지 않도록 현재까지 소개된 RSA사의 Bloker Tag기법, Auto-ID의 Kill Command 기법, MIT의 해쉬-락 기법 등의 보호기술이 반드시 필요하며, 정당한 리더만이 태그 정보를 읽을 수 있도록 하는 태그와 리더간의 상호인증기술이 요구된다. 이런 문제점들을 해결할 수 있는 방법이 암호 알고리즘이다. 하지만, RFID란 시스템에 기존의 암호화 알고리즘을 적용하기에는 몇 가지 문제점들이 따른다. 일반적인 대칭키 암호알고리즘 구현을 위해서는 5,300~18,000 게이트가 소용되며, 효율적인 비밀키 암호

알고리즘으로 알려진 TEA(Tiny Encryption Algorithm)도 200 ~ 2000개의 게이트를 사용하여 하드웨어적으로 구현되기 어렵다. 이러한 점에서 기존의 암호화 알고리즘은 RFID 제조 기술의 단가 절감과 구현 면적, 전력소비량 등 하드웨어 환경에 비추어 보면 적합하지 않다. 그러므로 RFID 태그와 리더는 기존의 거의 모든 암호화 알고리즘이나 기존의 암호학적인 방법을 그대로 사용하기에는 어려움이 있으며 이를 위해서는 굉장히 제한적인 환경 아래에서도 충분한 보안성을 가져야 하며 충분히 효율적인 알고리즘이 필요하다.

3.3.3. 보안프로토콜

기존의 보안 프로토콜은 데이터를 주고받는 측에서 안전하게 공유된 키를 사용하여 데이터를 서로 암호화하여 주고받는 방법을 사용한다. 또한 디지털 서명 기법을 이용하여 중간자 공격(Man in the Middle)에 대비하였다. 그러나 데이터를 암호화한다거나 디지털 서명 기법을 적용하는것은 RFID 태그와 리더 사이에서는 쉬운 문제가 아니며 안전하게 공유된 키를 리더와 태그사이에 갖는 것도 쉬운 일이 아니다. 그런 까닭에 이와는 다른 보안 프로토콜, 고요한 트리워킹(Silent Tree Walking)과 랜덤 트리워킹(Randomized Tree Walking)등이 제안되었다. 이는 리더가 보내는 신호의 전달거리와 태그가 보내는 신호의 전달거리가 서로 차이가 난다는 것에 기초한 방법으로 태그가 보내는 신호의 전달범위는 충분히 좁아서 도청하려고 하는 제 삼자에게 들리지 않는다는 것을 가정한다. 또한 RFID 네트워크를 구성하는 시스템 사이에도 정보 보호를 위한 보안프로토콜을 사용하여 악의적인 사용자에 의한 정보 유출을 방지하여야 한다. [3-7]

3.3.4. 네트워크 인프라공격 대응 (DoS)

DoS 공격을 막기 위해 인터넷 웹서버에서 사용하는 방식은 서버가 공격에 대해 충분히 견딜 수 있도록 공격 트래픽을 분산시키거나 공격을 하는 특정 IP 대역을 차단하여 서버를 지키는 방식을 사용한다. RFID 기반 EPCglobal 네트워크의 DoS 공격은 두 가지 부분에서 생각해 볼 수 있다. 하나는 태그의 데이터를 읽어 들이는 리더에 대한 공격이고 다른 하나는 RFID의 시스템을 뒷받침하는 백엔드(Backend) EPC 시스템에 대한공격이다.

리더에 대한 DoS 공격은 불법적인 태그가 합법적인 태그를 가정하여 리더에게 리더가 처리할 수 없을 정도의 데이터를 보냄으로써 이루어진다. 그렇게 되면 리더가 데이터를 모두 처리한다고 하더라도 그 대부분은 잘못된 정보이며 속도 또한 정당한 태그들에 대한 데이터의 처리와는 비교할 수 없을 정도로 지연될 것이다. 그러나 리더는 이러한 DoS 공격에 대해서 쉽게 알아차릴 수 있으며 보안관리 정책을 통하여 리더를 안전하게 지킬 수 있을 것이다.

백엔드 시스템에 대한 공격은 인터넷상의 웹서버와 비슷하게 발생할 것이지만 다른 점은 웹서버처럼 자신을 지키기 위해서 IP 대역을 차단하듯 리더를 차단할 수 없다는 점이다. RFID의 백엔드(Backend) 시스템은 항상 합법적인 리더가 요구하는 모든 데이터를 처리해 줄 수 있어야 한다. 따라서 EPCglobal 네트워크 설계시 정상적인 데이터 처리와 비정상적인데이터 처리를 구분할 수 있는 DoS-Tolerant 정보보호 기술을 추가하여 자체적인 USN 보호뿐만 아니라 BcN(Broadband Convergence Network) 네트워크와 연동 시 BcN에 DoS 공격의 영향을 줄 수 있는 취약성을 원천적으로 차단하여야 한다. [3-7]

3.4 RFID 정보보호 기술

RFID 기술이 전세계적으로 관심을 가지게 된 것은 그리 오래 되지 않았다. 바코드를 대체할 만한 기술이라는 관심 하에 대학교, 연구소, 관련 업체들에 의해서 활발한 연구 활동과 함께, 현재는 실생활에서도 많이 사용되어지고 있다. 교통카드, 식품이력 조회, 물류센터, 각종 출입시스템과 관련한 보안 분야 등 다양한 분야에서 이미 시범사업을 통하여 그 편리함과 이로움을 검증받은 상태이며, 더 다양한 기술들과의 접목을 시도 하고 있는 상태이다.

하지만, 이렇게 급속도로 기술발전이 진행되다 보니 그에 따른 걱정거리도 늘어나게 되었다. 특히나 무선주파수를 사용하는 기술이라는 점과, 개인신상 정보를 가지고 있다는 점에서 개인의 프라이버시 문제가 가장 큰 문제점으로 얘기되어 지고 있다. 아무리 좋은 보안 소프트웨어나, 암호 시스템도 시간이 지나면 그 취약성이 나타나기 마련이다. RFID 기술은 세상에 알려진지 그리 오래 되지 않았을 뿐더러, 앞으로 바코드 시스템을 대체해야 하기에 지금 보다 미래에 더 많이 확산, 사용되어질 것이 분명하다.

관련 업계 및 표준화 기관, 단체 등에서는 이러한 RFID와 관련한 개인의 프라이버시 문제에 대해서 관심을 가지며, 그와 관련한 기술 개발 및 관련 법률을 제정하고 있는 상태이다. 현재 논의되고 있는 RFID 정보보호 기술은 이러한 태그 정보 유출에 따른 위협에 대해 중점적으로 연구되고 있다. 이번 장에서는 현재 논의되거나 제안된 기술을 인증 및 접근제어, 도청 방지, 그리고 정보차단의 세 가지 항목으로 분류하여 설명하고자 한다. [3-5][3-8]

3.4.1. 인증 및 접근 제어

태그와 리더는 서로를 인증하여 서로를 신뢰하는 경우에만 올바른 동작을 보장해야 한다. 정당한 사용자만이 태그에 접근 할 수 있으며 태그를 잠그거나(Lock) 해제(Unlock) 할 수 있어야 한다. 잠긴 태그는 어떠한 리더의 신호에도 응답하지 않으며 해제된 태그는 정당한 사용자에 한하여 자신의 정보를 전송해야 한다. 인증 및 접근 제어 서비스를 제공하기 위해 '해쉬 기반(Hash-Based) 접근제어'나 '난수(Randomized) 접근 제어'와 같은 방법 등이 제안되고 있다.

3.4.1.1. 해쉬 기반 Lock/Unlock 제어

2003년 MIT 대학의 S. Weis 등에 의하여 제안된 이 기법은 태그가 적합한 값이 들어올 때 까지 ID를 표시하는 것을 거절하는 방법이다. 이 방법은 낮은 비용의 태그의 자원제한을 해결하기 위해 태그에 하드웨어적으로 최적화되어 구현된 해쉬 함수만을 가정하며, 임시적으로 메타 ID를 저장할 수 있는 메모리 공간이 제공되어야 한다. 태그는 잠김 상태와 풀림 상태로 동작 가능하고, 이 상태는 태그의 디자인에 따라 임의로 정의될 수 있다.

단, 태그가 풀림 상태가 되면 인접한 리더에게 자신의 완전한 기능을 수행 할 수 있다고 가정한다. 태그를 잠그는 절차는 [그림 3-2]와 같다.

- 리더는 해쉬 함수와 임의로 선택한 키를 이용하여 메타 ID를 만들어내고 만들어진 메타 ID를 태그에 기록한다.
- 태그에 메타 ID를 기록한 후 리더 R은 태그를 잠김 상태로 변경 시키고, 잠김 상태로 들어간다.
- 잠김 상태의 태그는 오직 외부에 대한 응답으로 메타 ID 정보만을 제공하며 다른 정보는 제공하지 않는다.
- 리더는 메타 ID와 키를 백엔드(Backend) 데이터베이스에 저장한다.

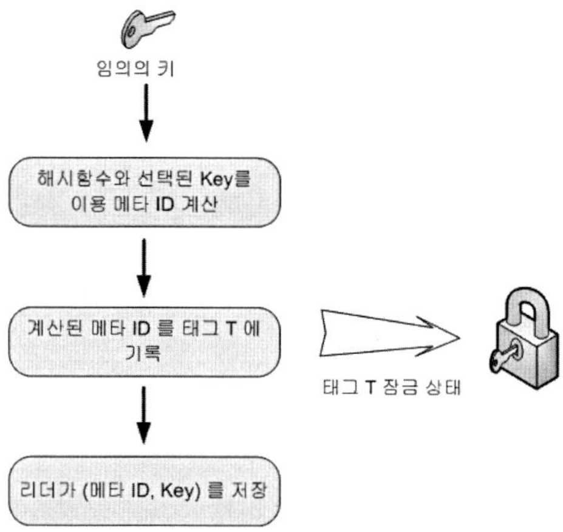

[그림 3-2] Hash Lock의 태그 잠금 과정

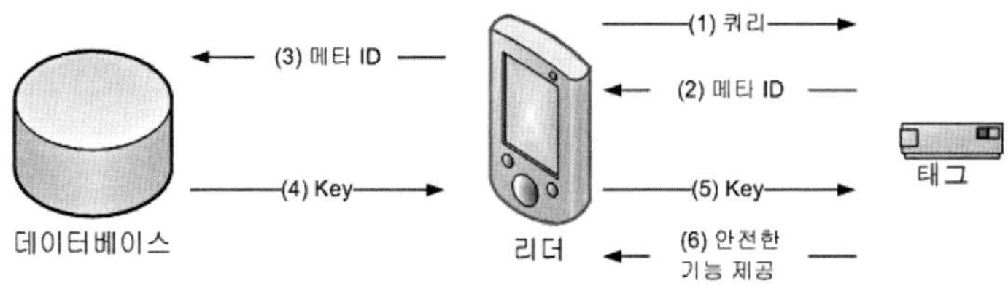

[그림 3-3] Hash Lock Unlock 절차

[그림 3-3]은 태그 리더가 태그를 Unlock하는 절차를 통해 실제적인 동작이 이루어지는 단계를 나타낸다.

- 리더는 태그에게 질의를 보낸다.
- 태그는 잠김 상태에 있기 때문에, 리더가 보내는 질의에 대해 저장된 메타 ID 정보를 리더에게 응답한다.
- 리더는 로컬 데이터베이스를 검색해서 수신한 메타 ID 정보를 인덱스 값으로 하여 실제 ID를 찾아내고 ID에 대응되는 값을 도출한다. 이때 인증된 태그 리더만이 데이터베이스에 접근할 수 있다.
- 리더는 키를 태그에게 전송한다. 태그는 리더에게 받은 키를 이용하여 해쉬 함수를 수행하고, Hash(Key) == 메타 ID 정보일치 여부를 확인한 후 두 값이 같은 경우에 잠김 상태를 풀게 된다.

풀림상태가 된 태그는 리더에게 완전한 기능을 제공하게 된다. 따라서, 자신의 실제 ID와 같은 정보를 제공할 수 있게 된다.

이 방법에서 이용되는 단방향(One-way) 해쉬 함수는 역변환이 어렵기 때문에 인증되지 않은 리더가 메타 ID만으로 키 값을 유추해 내는 것은 거의 불가능하다. 그러나 스푸핑(Spoofing) 문제가 존재하는데, 이러한 스푸핑 시도를 완전히 막을 수는 없지만 스푸핑 시도를 발견해 내는 것은 가능하다.

만약 스푸핑 공격자가 태그에 쿼리를 해서 태그의 메타 ID를 받은 다음 적법한 리더에게 반복 공격(Replay Attack)을 통해 스푸핑한 태그의 메타 ID를 전달하게 되면, 리더가 스푸핑된 태그에게 올바른 키를 노출할 수 있는 위험이 있다. 이것을 탐지하기 위해서는 태그의 ID를 백엔드 데이터베이스에 저장하고, 태그의 잠김이 풀릴 때에 벡엔드 데이터베이스에서는 태그에게서 받은 ID에 대한 검증 과정의 수행이 필요하다.

이 방법의 또 다른 문제점으로는 메타 ID가 여전히 식별자의 역할을 수행하기 때문에 사용자가 추적될 수 있는 점을 들 수 있다. 그러나 이 방법은 태그에 해쉬 함수를 구현하고 벡엔드 데이터베이스에서 키 관리만 하면 되기 때문에, 비교적 간단하게 구현할 수 있다는 장점이 있다.

3.4.1.2. 난수 해쉬-락(Randomized Hash Lock)

난수 해쉬-락은 메타 ID정보에 따른 추적공격이 가능한 해쉬-락 취약점을 극복하기 위해 제안된 방법이다.

난수 해쉬-락 방법을 사용하기 위해서, 태그는 단방향(One-way) 해쉬 함수뿐만 아니라 난수생성기(Random Number Generator)를 가지고 있어야 한다. 그리고 적법한 리더는 태그를 조사하기 이전에 자신이 가지고 있는 태그들을 알고 있다고 가정한다. 또한 태그를 잠그기 위한 다른 절차가 필요 없고, 리더로부터의 간단한 명령을 통해 잠김 상태로 들어갈 수 있다.

[그림 3-4]에서는 난수 해쉬-락의 풀림 과정을 설명하고 있다.

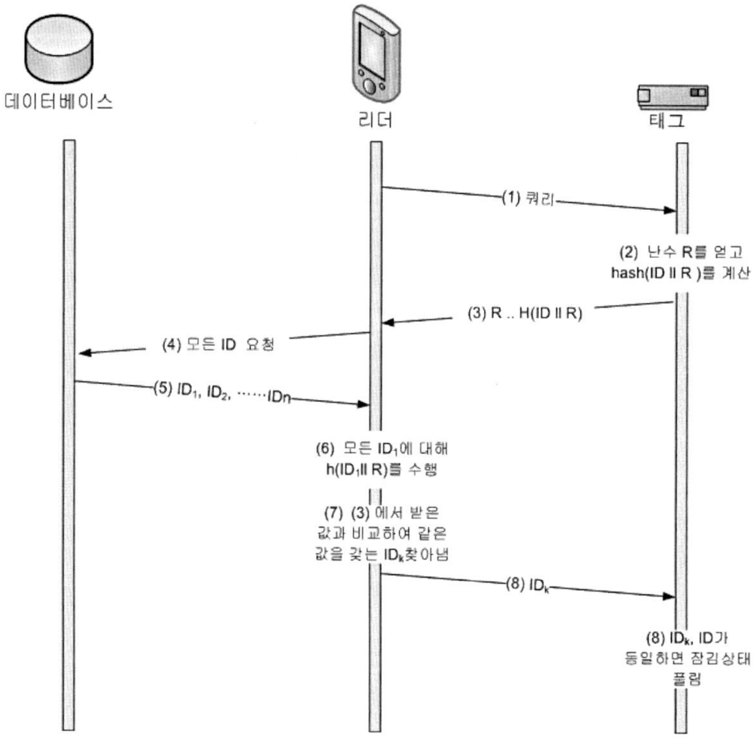

[그림 3-4] 난수 Hach Lock 풀림과정

- 리더는 태그에게 질의를 수행한다.
- 태그는 의사난수생성기(Pseudo Random Number Generator)를 이용해 랜덤 넘버 R을 생성하고 R과 IDk를 연접한 값을 해쉬한 h(IDk||R)값과 함께 리더의 쿼리에 대한 응답값으로 리더에게 전송한다.
- 정당한 리더는 데이터베이스에 저장되어 있는 모든 ID 값에 난수 R을 연접시키고 해쉬하여 태그가 보낸 값과 일치하는 IDk를 찾는다.

이 방법은 유통업자에게는 비실용적이만 적은 태그만을 소지한 소유자에게는 가능한 방법이다. 더 안전한 방법으로 태그와 리더가 공유 비밀키 k를 갖고 있다고 가정하고 질의될 때, 응답값으로 R,h(IDk||R)대신 (R, ID⊕'fk(R))로 응답하는 방법이 사용될 수 있다. 단, 여기서 사용되는 fk는 의사난수 함수 앙상블 F = {fn}n∈N 에서 선택되는 의사난수함수이다.

이 방법은 앞에서 제시한 메타 ID=hash(key) 대신 난수값 R을 이용함으로써 임의의 객체에게 태그의 출력을 랜덤하고 의미 없는 정보인 R, h(IDk||R))을 사용하여 사용자의 추적문제를 해결한다.

이 방법은 리더가 잠근 태그가 많을수록, 태그의 잠김 상태를 해제하는 데 많은 시간이 걸리기 때문에, 많은 수의 태그를 가진 경우에 사용하기에는 부적합하다. 이 방법에서 부적절한 리더가 태그에 질의를 하는 경우에 태그는 난수를 이용해서 항상 다른 결과를 전달하므로, 해쉬 락 방법이 갖고 있던 사용자 추적 문제가 해결된다. 예를 들어, 상점에서 진열되어 있는 물건의 경우 위치 추적에 대한 문제의 중요성이 높지 않으므로, 해쉬 - 락 방법을 사용하다가 소비자가 물건을 구매하는 순간부터 난수 해쉬 - 락 방법을 사용하여 소비자의 위치 추적 문제를 해결 할 수 있다.

그러나, 현재 의사난수(PRF : Pseudo Random Function) 함수 앙상블 대칭키 암호알고리즘보다 더 적은 리소스로 구현될 수 있다는 것은 현재 알려져 있지 않다. 의사난수 함수 앙상블의 최소한의 하드웨어 복잡도는 미해결문제(open problem)로 남아있다.

3.4.1.3. Varying Identifier를 이용한 해쉬-락 매커니즘

Varying Identifier를 이용한 해쉬-락 매커니즘은 앞서 설명한 두 기술에서 나오는 문제점인 리더에 의해 무작위로 읽히는 식별 정보의 추적을 방지하기 위해 새롭게 제안된 기술로 단일 메시지 교환을 통해 태그에 의해 송신되는 식별 정보를 매번 바꾸는 변경 메커니즘을 도입함으로 태그에 대한 식별 정보 기반의 추적을 방지하기 위한 기술이다.

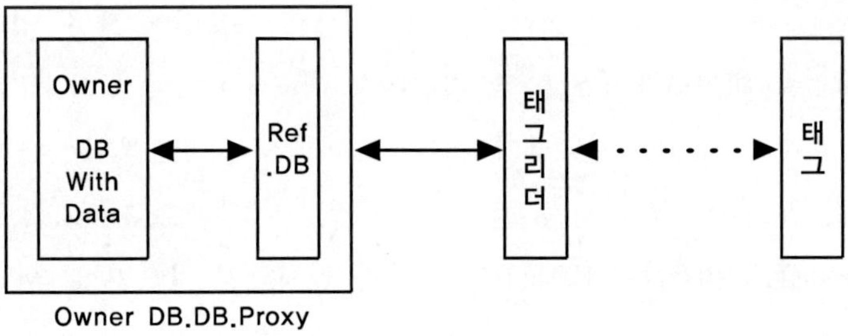

[그림 3-5] Varying Identifier를 이용한 해쉬 - 락 매커니

실제 태그 소유자 정보에 대한 추적을 방지하고 익명성을 제공하기 위해서 참조 데이터베이스를 사용한다. 데이터베이스에 대한 구조는 [그림 3-5]와 같다.

(1) 초기화

태그의 초기화는 데이터베이스 ID 정보는 관련 정보를 담고 있는 데이터베이스 식별자 정보를 갖는다. TID(Tag Identifier)와 LST(Last Successful Transaction number) 정보는 초기에는 동일한 값으로 임의의 수가 입력된다. ID 값은 태그 식별자 값이고 HID(Hash Identifier) 값은 ID의 해쉬 정보를 입력한다. HID는 데이터베이스에서 목차 값으로 사용된다.

AE(Associated DB entry) 값은 초기에는 통신에 대한 어떠한 값도 입력되지 않는다.

(2) 일반적인 운영

일반적으로 운영되는 프로토콜 흐름도는 [그림 3-6]과 같다.

먼저 많은 태그로부터 원하는 태그를 찾아내는 방법은 이진 트리 워킹메커니즘 등을 이용한다. 이렇게 찾아진 태그로부터는 태그의 위치나 식별 정보(ID 혹은 HID) 이외의 정보를 얻을 수 없다. 이렇게 선택된 태그에게 리더가 질의를 했을 경우 질의 값을 가질 수 있는 해당 태그는 TID 값이 증가하게 되고 HID 값과 데이터베이스 ID 값을 기반으로 Hash(TID·ID) 계산하고 현재의 값과 가장 최근의 성공한 트랜잭션 값(LST) 값의 차이값인 △TID 값을 리더에게 전송한다. (exclusive or,△TID = TID-LST) H(ID), 데이터베이스 ID 값도 함께 전송된다. 이러한 값을 수신한 리더는 데이터베이스 식별 정보를 기반으로 해당 데이터베이스로부터 관련 정보를 조회한다. 각 수신한 정보의 목적은 먼저 H(ID) 값은 해당 데이터베이스 ID에서 태그를 식별하기 위해 사용한다. Hash(TID·&ID) 값은 재사용 공격을 방지하기 위한 난수 값을 대신하여 사용한다.

Hash(TID·ID) 값은 매번 사용할 때마다 변경되어지고 합법적인 수신자에 의해서 검증되어진다. 또한 Hash(TID·&ID) 정보는 태그에 대한 인증 목적으로 사용된다. △TID 값은 합법적인 수신자가 태그에 의해 사용되는 현재 TID 값을 재계산하여 적법한 값, 즉 차이가 1이 나오는 값을 비교함으로 태그 인증을 수행한다.

태그에 의해 획득한 정보는 리더 독립적으로 사용되어 질 수 없다. 단지 태그로부터 수신한 정보를 데이터베이스 ID로 명명된 데이터베이스로 부터 HID=H(ID)의 일치된 레코드를 도출하고 그 레코드로부터 LST를 뽑아내고 태그로부터 수신한 △TID 합산한다. 그리고 새로운 TID 값(TID*)을 얻는다. 이 정보를 기반으로 Hash(TID*·'ID) 값을 계산한다. 만약 Hash(TID*·'ID)값이 Hash(TID·ID)값과 일치하지 않으면 그 메시지는 삭제된다.

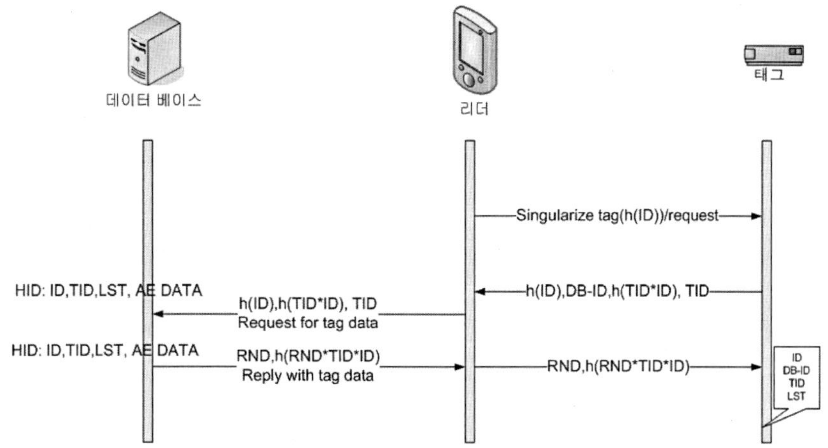

[그림 3-6] 메시지 교환

앞의 과정이 성공적이면 TID*값을 예전 값으로 갱신하고 임의의 난수 RND 값을 생성한다. 난수 RND 값과 기존 ID 값을 기반으로 새로운 ID로 ID* = RND·ID 값을 생성하고 기존 값을 대체한다. 이렇게 생성된 값을 저장하는 새로운 레코드를 생성한 후 기존 보유 레코드에 추가하도록 하며 AE 값에 서로의 참조 위치를 연결한다.

그리고 LST 값을 신규로 갱신되어지는 TID* 값을 갖도록 갱신한다. 이렇게 생성된 두 개의 값인 RND, H(RND·'TID*·ID)은 태그로 응답 메시지를 보낸다. 수신한 태그는 해쉬 값을 생성하여 일치 여부를 확인하고 일치되어지면 RND·'ID 값을 새로운 값으로 갱신한다. 그리고 LST 값을 TID 값으로 갱신한다. 태그는 갱신된 ID 값을 기반으로 새로운 H(ID) 값을 생성하여 다음 시도에서 식별자로 사용한다.

태그는 (h(ID), DB-ID, H(TID·ID), △TID) 값을 식별자 및 세션키로 사용한다. 즉, 적법한 리더만이 필요한 각 태그로부터 정보를 획득할 수 있는 인증 절차를 거친 후 필요한 정보의 획득이 가능하다.

3.4.2. 도청 방지

정당한 사용자에 의하여 전송된 태그의 정보는 제 3자가 엿들을 수 없어야 하며 설령 엿듣는다 하더라도 정확히 무슨 정보인지 알 수 없어야 한다. 도청 방지를 위하여 암호화한 방법으로는 바이너리 트리워킹 충돌방지 기법상에서 작동하는 고요한 트리워킹(Silent Tree-walking) 이나 랜덤 트리워킹 같은 방법이 있다. 그 외 암호학적인 방법 중에서 비밀키 암호화 방식을 사용하여 암호화된 데이터를 전송하는 방법이나 공개키 암호화 방식을 사용하여 암호화된 정보를 태그에 기록하는 재암호화(Re-encryption) 방법 등이 있다.

3.4.2.1. 트리 워킹 알고리즘

RFID 시스템에서 하나의 리더가 자신에게 속한 영역에 존재하는 태그들과 통신을 하여, 하나의 태그를 인식하는 것을 싱귤레이션(Singulation)이라고 한다. 트리 워킹 싱귤레이션 알고리즘은 여러 가지 태그 인식 알고리즘의 하나로, 각 순서의 비트에 대한 리더의 질의에 대해 동시에 응답하는 태그간의 충돌을 감지하여 분류하여 나간다.

정보를 담고 있는 전파를 만들어내는 인코딩의 하나인 맨체스터 인코딩은 0과 1이 동시에 통신매체에 발생하는 것을 검출할 수 있는데, 이를 이용한 방법이 트리 워킹 싱귤레이션 알고리즘이다.

주어진 시스템에서 태그는 고정된 비트 길이 k(k = 64, 96, 128)의 식별자를 갖고 있다고 가정한다. 해당 k 비트 식별자는 길이가 k인 이진트리의 나뭇잎으로 생각할 수 있다. 트리의 루트는 0이고 empty string으로 라벨을 붙인다. 깊이가 d인 노드는 길이 d인 이진 스트링 x로 라벨이 붙여진다. d<k이면 노트는 깊이가 d+1인 두 개의 자식노드를 갖게 되고, 이때 왼쪽에 위치한 자식노드에는 x||0, 오른쪽 자식노드에는 x||1로 라벨이 붙여진다. 트리에 있는 주어진 노드의 가지를 왼쪽 가지는 0 오른쪽 가지를 1로 간주한다. 따라서 깊이가 d인 한 노드는 루트에서 노드로 가는 가지들의 일련의 라벨들을 이진 표현한 B=b1...bd로 식별될 수 있다. 트리에 있는 2k개의 나뭇잎은 유일한 k-비트 스트링을 갖게 되고 이러한 각각 다른 나뭇잎은 태그의 일련번호에 해당한다고 볼 수 있다.

트리 워킹 알고리즘이란 리더가 [그림 3-7]과 같은 방식으로 수행하는 recursive dept-first search방법이다. 한 노드의 부분트리(subtree)란 노드 아래에 있는 모든 자식들을 포함한 것을 말한다. 리더가 트리의 루트에서 트리 워킹 알고리즘을 초기화시킨다.

- 하나의 노드 B=b1b2.........bd가 있을 때, 리더는 그 노드가 속한 부분 트리의 나뭇잎에 있는 일련번호에 해당되는 모든 태그들에게 질의를 준다.

- 질의를 받은 태그들은 자신의 일련번호 중에서 d+1번째 비트를 리더에게 응답값으로 전송한다. 즉 노드 B의 부분 왼쪽 트리에 있는 태그들은 0을 응답하고 오른쪽 트리에 있다면1을 응답 하게 된다. B의 왼쪽과 오른쪽 부분 트리 둘 다에 속한 태그가 있다면, 둘 다에 속한 태그는 0과 1을 동시에 응답하게 되어 충돌을 일으키게 된다.

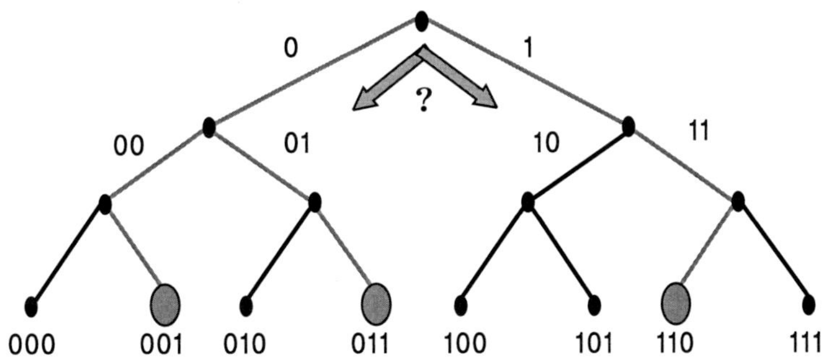

[그림 3-7] 트리 워킹 알고리즘

- 충돌이 탐지될 경우, 리더는 B의 자식노드 B||0와 B||1에서 시작하여 위의 과정을 반복한다. 또한, 모든 태그가 단 하나의 비트 b로 응답하는 경우, 즉, 모두 같은 부분 트리에 있는 경우, 리더는 다른 노드들은 무시하고 노드 B||b에서 위의 과정을 수행한다.

- 알고리즘이 나뭇잎에 이르면 읽혀진 태그의 일련번호인 k-비트를 출력한다.

트리 워킹 방법은 공통된 부분 트리에 있는 모든 태그들은 공통된 ID 프리픽스를 갖는 좋은 성질을 갖고 있다. 예를 들어, 특정 제조사의 상품의 태그의 모든 ID는 공통된 부분 트리에 있어서 트리 워킹 알고리즘이 일률적으로 스캔할 수 있다. 또한, 다양한 ID 프리픽스는 다른 영역(zones)에 대응하는 것으로 생각할 수 있다. 예를 들어, 1로 시작하는 모든 ID 프리픽스는 프라이버시 보호 영역(zone), 010으로 시작하는 ID prefix는 재생(recycling) 영역으로 분류할 수 있는 등 ID의 영역(zone)을 분류해 놓을 수 있는 이점을 갖고 있다.

수동형 RFID 태그의 경우, 연산 능력이 미비하고, 그 존재를 미리 파악하는 것이 어렵기 때문에 기존의 일반적인 환경에서 사용하는 방법을 적용하기가 쉽지 않으며, 리더와 태그는 무선으로 통신을 하므로 도청의 위험 또한 갖고 있다. 특히, 리더의 통신 능력은 태그보다 훨씬 강하므로, 태그의 응답에 따르는 0과 1에 대한 결정을 태그들에게 알리는 과정에 대한 도청만으로, 어떤 종류의 태그가 존재하는지 등에 대한 정보를 수집할 수 있다.

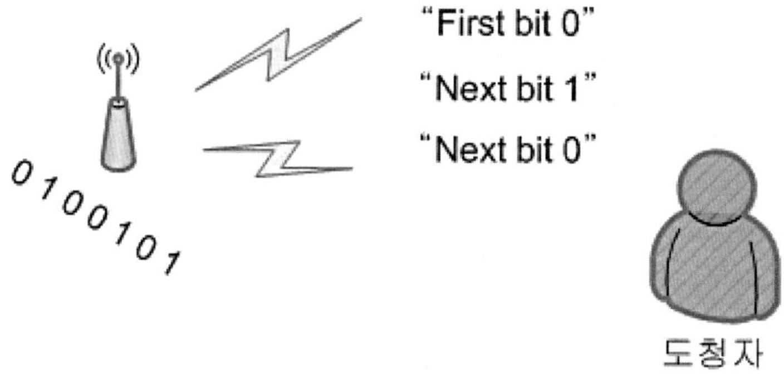

[그림 3-8] 도청의 취약성

[그림 3-8]과 같은 예의 경우, 처음 비트를 태그들로부터 수집하여 첫 번째 비트에 0으로 시작하는 태그와 1로 시작하는 태그 모두 있음을 알 수 있다. 다음으로 리더는 0으로 시작하는 태그들에 대하여 두 번째 자리에 대한 응답을 지시하고, 0으로 시작하는 태그들 중 두 번째 자리가 0인 태그와 1인 태그 모두 있을 경우, 이와 같은 작업을 반복 수행한다. 리더의 전파를 들을 수 있는 곳에 위치한 도청자는, 비록 태그로부터의 응답을 직접 듣지 못하더라도 이 정보를 수집하여 어떤 태그가 존재하는지, 혹은 그 이상의 정보를 알아낼 수 있다.

3.4.2.2. 고요한 트리워킹(Silent Tree Walking)

일반적인 트리 워킹 알고리즘에서는 리더가 태그 ID의 각 비트를 브로드캐스트하기 때문에 전방향 채널에 존재하는 도청공격에 취약한 문제점이 있다. MIT가 제시한 고요한 트리워킹 알고리즘은 이러한 안전하지 않은 태그의 ID를 리더가 브로드캐스트 하지 않아, 도청공격에 안전하면서 트리워킹 알고리즘과 유사한 수행속도를 갖도록 변형한 변형기법이라 할 수 있다. 고요한 트리워킹 알고리즘은 리더에서 태그로 가는 전방향(Forward) 채널의 강인한 신호에 대해 도청자로부터 안전하게 하는 방법이다.

전체 과정은 다음과 같다.

태그들은 제품코드 혹은 제조사 ID 등과 같은 공통된 ID 영역을 갖고 있다고 가정한다. 도청자는 수백미터 지점에서 리더에서 태그로 가는 전방향 채널을 모니터 하여 태그의 내용을 얻어낼 수 있지만, 태그가 리더에게 전송하는 응답 값은 도청할 수 없다.

태그를 호출하기 위해 리더는 모든 태그에 공통된 영역 다음 비트를 브로드캐스트 하라고 요청한다. 충돌이 없으면 모든 태그는 그 비트에서 같은 값을 공유하게 된다.

ID 값이 $b_1b_2, b_1\overline{b_2}$인 두 개의 태그가 있다고 가정한다.

리더는 두 개의 태그로부터 충돌이 없는 b_1을 받고 나서 그 다음비트에서 충돌이 있는지를 탐지한다. b_1이 도청자에게 비밀로 유지되어야 하고 리더가 어떤 태그를 호출하는지 알 수 없도록 하기 위해 리더는 $b_1 \oplus b_2$혹은 $b_1 \oplus \overline{b_2}$로 원하는 태그를 호출한다. 예를 들면 다음과 같다

- ID 값이 01, 00인 두 개의 태그가 있다고 가정한다.
- 리더는 두 개의 태그로부터 충돌이 없는 0을 받고 나서 그 다음 비트에서 충돌이 있는지를 탐지한다. 0정보가 도청자에게 비밀로 유지되어야 하고 리더가 어떤 태그를 호출하는지를 알 수 없도록 하기 위해 리더는 $b_1 \oplus b_2 = 1$혹은 $b_1 \oplus \overline{b_2} = 0$를 이용해 원하는 태그를 호출한다.

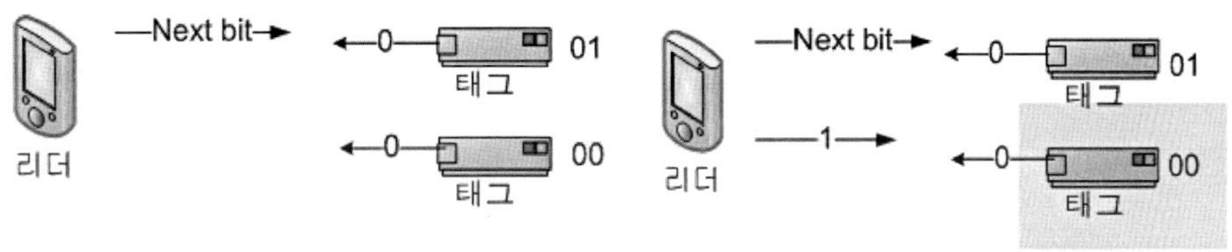

[그림 3-9] 고요한 트리 워킹 방법

이 방법은 전 방향(리더에서 태그방향)에 있을 수 있는 도청 공격에 안전한 방법이지만, 후방향(태그에서 리더)에 있을 수 있는 도청자가 태그가 전송하는 ID를 도청할 수 있는 문제점을 가지고 있다.

3.4.2.3. 난수 트리 워킹(Randomized Tree-Walking)

일반적으로 멀리 존재하는 도청자가 정보를 수집할 수 있는 것은 리더의 정보 전달 거리가 멀고, 리더가 태그로부터 알아 낸 정보를 이용하여 다음 명령을 내리기 때문이다. 그렇기 때문에, 매 회 태그가 자신의 실제 ID가 아닌 대리의 값을 이용하여 리더로부터의 질의에 응답을 하고, 리더는 이를 이용하여 태그를 선별해 나간다면 도청자는 실제 ID를 알아낼 수 있는 방법이 없다. 이 아이디어를 이용한 것이 난수 트리 워킹이다.

리더가 자신의 영역에 속해있는 태그를 읽어내기 시작할 때부터 모든 태그를 읽어내는 마지막 사이에, 각각의 태그는 트리 워킹 알고리즘을 수행하는 동안 자신을 나타내는 가짜 ID를 생성하여 관리하게 된다. 이를 이용하여 싱귤레이션 과정을 거친 후 하나의 태그가 가짜 ID에 대하여 선별이 되면, 해당 태그에게 진짜 ID를 알려줄 것을 물어본다. 이렇게 되면, 도청자는 가짜 ID에 대한 정보만 수집할 뿐, 진짜 ID에 대해서는 알 수 없다.

3.4.2.4. 메시지 인증 코드(Message Authentication Code)

메시지 인증 코드 방법은 의미 없는 가짜정보를 포함시켜, 도청자에게 혼란을 주는 방법이다. 메시지는 작은 부분으로 나뉘며, 각각의 부분은 [그림 3-10]과 같이 구성된다.

메시지는 전달하고자 하는 내용을 담고 있으며, 시리얼 번호는 메시지가 재구성될 때의 순서, 메시지 인증 코드는 이번 프레임이 진짜 메시지인지의 여부를 담고 있는 코드이다. 만약의 메시지 전달이 다음 [표 3-3]과 같이 일어난다고 가정한다. 그럴 경우 도청자는 각각의 시리얼 번호에 대하여 어느 것이 진짜인지 판단할 수 없지만, 메시지 인증 코드를 알고 있는 수신자는 진짜 정보만 추려낼 수 있다.

메시지	시리얼 번호	메시지 인증 코드

[그림 3-10] 메시지 구성

3.4.2.5. 재암호화(Re-Encryption)

재암호화방법은 태그가 부착된 지폐를 이용시 발생할 수 있는 프라이버시 위험을 해결하는 하나의 방법으로, 제안한 기법이다.

[표 3-3] Chafing and Winnowing의 메시지 전달 과정

시리얼 번호	전송 패킷	MAC	수신 체크	
1	안녕 철수야	33ugdr	1	valid
1	안녕 순이야	z4463	1	invalid
2	내일 저녁에	w33ws	2	valid
2	다음 주 화요일 낮에	33ww1g	2	invalid
3	우리 집에서	jyyg2	3	invalid
3	강남역에서	1s4y7	3	valid
4	영화를	e45ddx	4	valid
4	책을	57x2dx	4	invalid
5	보자	4z4z21	5	valid
5	사자	u6895d	5	invalid

재 암호화(Re-Encryption) 기법은 태그가 노출할 수 있는 정보를 보호하면서 법행기관이 지폐를 추적할 수 있는 기술이다. RFID 칩을 지폐에 내장하게 되면, 인식기 근처를 통과시키는 것만으로 많은 양의 지폐의 진위를 정확히 판별할 수 있다. 또한 지폐의 유통과정이 그대로 기록돼, 돈세탁이나 불법자금 유통까지도 추적이 가능하다.

이전 프라이버시 보호를 위해 제안된 해쉬-락 기법은 고정된 키 값을 해쉬한 메타 ID 값을 사용함으로써 ID에 대해 일정 고정된 값을 유지하기 때문에 지폐 추적문제를 방지하지 못한다.

재암호화 기술은 태그가 전송하는 ID의 암호문 C의 형태를 계속적으로 변경하는 것으

로 ElGamal 암호기술을 이용하여 구현 가능하나, 재암호화 방법은 ElGamal 공개키 암호라는 빈도가 높은 암호알고리즘 연산을 수행할 수 있는 태그를 구현하는데 드는 비용이 비싸다는 측면에서 하나의 단점이 될 수 있다.

3.4.3. 정보 차단

어느 누구도 태그의 정보를 알 수 없도록 태그의 정보를 막는 방법이다. 물리적인 방법으로 킬 태그(Kill tag) 방법이나 패러데이 우리(Faraday Cage), 방해 전파(Active Jamming)를 사용하는 방법과 차단자 태그(Blocker Tag)를 이용하는 방법이 있다.

3.4.3.1. 킬 태그(Kill Tag)

사용자의 프라이버시를 보호하는 가장 일반적인 방법으로 AutoID센터가 제안한 Kill command 기법이 있다. 이 방법은 8비트의 패스워드를 포함한 kill command를 전송해 태그가 이 패스워드와 'Kill' 명령을 받을 경우 태그가 비활성화 되는 방식이다. 태그는 내부에 단락회로가 있기 때문에 이를 끊음으로서 Kill 명령을 실행하게 된다. 그러나, 한번 죽은 태그는 다시 살릴 필요가 있는 분야에서 사용할 수 없다 .

하나의 예로 반품이 가능한 물건에 붙어 있는 태그의 경우 킬 태그 명령 방식을 사용할 수 없다.

읽기/쓰기가 가능하도록 설계된 태그의 경우 플래그 비트를 이용하여 태그를 죽이거나 다시 살릴 수도 있다. 하지만 이런 경우 또한 여전히 태그에 사용하는 8-bit 암호에 대한 문제가 남는다. 수 많은 제품에 사용될 태그이며 보안을 생각한다면 128 bit이상을 암호로 사용해야 하나 이는 태그에 상당한 부담이 된다. 태그마다 다른 암호를 사용한다면 이를 저장하는 것도 문제이다.

3.4.3.2. 패러데이 우리(Faraday Cage) 기술

무선 주파수가 침투하지 못하도록 하는 방법으로 금속성의 그물이나 박막을 입힌 컨테이너를 이용한다. 현재 미국의 'mobileClock社'는 태그의 내용을 허가되지 않은 리더가 읽는 것을 방지하기 위해 무선 신호가 투과되지 않도록 하는 "mClock" 제품을 판매하고 있다.

만약 고액권 지폐에 RFID 태그를 사용하게 된다면 foil-lined 지갑과 같은 제품이 큰 인기를 누릴 것이다. 또한 일부 회사는 개인 프라이버시 보호를 목적으로 faraday cage 기술을 기반으로 하는 제품을 제공하게 될 것이다. RFID 태그는 광범위한 영역에서 각 사물들에 이용될 것이다. 따라서 faraday cage는 적어도 고객의 프라이버시 보호를 위한 부분적인 해법을 제시할 것이다. 하지만 일반적인 소비자들에게 적용할 경우 이런 방법은 용품의 스캐닝을 방지하기 위해 foil-lined 가방을 사용 할 수 있나.이럴 경우 너무도 간단하게 RFID 시스템의 무용화를 가져오게 된다.

또한 이러한 방법은 소비자가 직접 착용하는 제품들(의류, 핸드백, 손목시계 등)에는 효과를 기대할 수 없다. 사람 자체를 faraday cage 안에 포장할 수는 없기 때문이다.

3.4.3.3. 방해 전파(Active jamming)

방해 전파 방법은 근처에 있는 RFID 리더의 기능을 막거나 혹은 방해 할 수 있는 무선 신호를 브로드캐스트 하는 디바이스를 이용하는 것이다. 이 디바이스가 무선 신호에 대한 전파방해를 수행함으로써 태그가 노출하는 정보를 보호할 수 있다. 그러나 고출력으로 브로드캐스트 한다면 이는 불법이 되며 결코 근본적 해결책이 될 수 없다. 또한 주위의 모든 RFID 시스템을 교란시킬 수 있으며 프라이버시 보호와 관련이 없는 합법적인 시스템도 방해하게 될 것이다. 따라서 이 방법은 앞에서 살펴본 Kill Tag 기술보다 더 조심스런 기술이다.

3.4.3.4. 차단자 태그(Blocker Tags)

차단자 태그는 RFID 태그 위에 붙이는 것으로 RFID 리더장치를 혼란시켜 태그의 데이터 송신을 무효로 함으로써 개인이나 상품에 관한 데이터를 추적할 수 없게 설계한 통신 방해 기술이다. 차단자가 태그에 근접해 있을 때 데이터 추적으로부터 보호될 수 있으며, Blocker 태그가 제거될 때, 태그는 평상시처럼 사용될 수 있다.

이 방법은 기본적으로 RFID 리더가 사용하는 싱귤레이션 프로토콜을 선택적으로 블록킹 하는 방법에 기반하고 있다.

차단자 태그는 적극적인 방식의 전파방해(jamming) 형태가 아니며 일종의 소극적인 전파방해 형태로 태그의 리딩을 방해하는 방법이다. 차단자 태그는 프라이버시 보호 기능, 악의적인 기능의 두 가지 기능을 목표로 설계될 수 있다.

차단자 태그는 어떤 제한된 영역에 있는 태그의 싱귤레이션을 방해하도록 하여 프라이버시 보호를 제공한다. 즉 ID prefix가 '1'로 지정된 프라이버시 보호영역에 있는 태그는 읽지 못하도록 하는 반면 '0'으로 지정된 영역은 읽을 수 있도록 선택적으로 설계할 수 있다.

프라이버시 보호를 위한 차단자 태그의 작동방법은 다음과 같다.

모든 차단자(full blocker) 혹은 공통 차단자 (universal blocker)는 모든 2k의 가능한 RFID 태그 일련번호를 시뮬레이트하는 태그를 의미한다. 트리 워킹 알고리즘 구조로 인해 이러한 블록킹은 쉽게 만들 수 있다. 리더가 하나의 주어진 노드 B의 부분트리에 있는 태그들에게 다음 비트 값에 대한 질의를 줄 때마다 차단자 태그는 0과 1 비트를 동시에 브로드캐스트하게 된다(차단자 태그는 이것을 하기 위해 두 개의 안테나가 필요함). 이러한 고의적인 충돌은 리더가 모든 노드에 대해 반복 작업을 수행하도록 하여 리더가 전체 트리를 다시 탐지하도록 하게 한다. 리더가 트리 워킹 알고리즘을 완성하기 위한 충분한 시간과 메모리 그리고 처리 능력이 있다면 2k의 모든 가능한 일련번호를 출력하게 된다. 그러나 대부분의 기본시스템에 사용되는 가능한 수는 적어도 264의 크기이다. 따라서 리더가 트리에 있는 몇 백 비트의 나뭇잎을 읽을 때 많은 시간이 소요됨으로 인해 멈추는 것으로 생각할 수 있다. 차단자 태그는 태그의 일정 부분집합을 시뮬레이트 그리고 블록하도록 재정의 할 수 있다. 이러한 차단자를 부분 차단자 태그 혹은 선택적 차단자 태그라고 부른다.

예를 들어, 선택적 차단자 태그는 루트의 왼쪽 부분트리에 있는 트리워킹 수행동안만 리더에게 응답하게 함으로써 왼쪽 부분 트리에 있는 태그들의 프라이버시를 보호할 수 있게 할 수 있다.

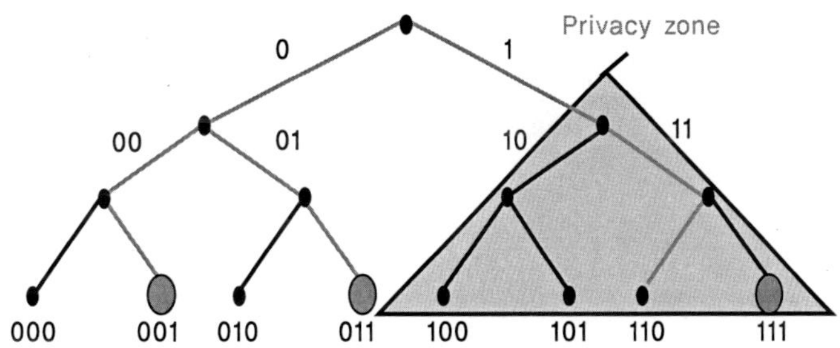

[그림 3-11] 프라이버시가 보호되는 트리 워킹 싱귤레이션 알고리즘

프라이버시 보호 영역을 변경할 수 있는 권한을 주기 위해 패스워드 관리가 필요하며 이러한 비용은 kill command에 제안된 것과 같은 비용이어서 kill command 접근법처럼 저렴한 비용으로 해결할 수 있다.

그러나 DoS 공격을 위해 차단자 태그를 악의적으로 사용할 수 있다. 악의자는 특정 제조사에 할당된 태그의 일련번호를 시뮬레이트 하여 다른 리더가 태그의 일련번호를 읽는 것을 막을 수 있다.

3.4.3.5. NTT Forward Secure 기술

순방향 안전성 보장(NTT Forward Secure) 기술은 태그의 비밀정보가 향후 템퍼링(Tempering) 등에 의해 노출되어도 이전 전송된 데이터가 여전히 안전함을 의미한다.

NTT사는 태그의 안전성 요구사항을 다음과 같이 구별불가능성(Indistinguishability)과 순방향 안전성(Forward Security)으로 정의하였으며, 이를 만족하는 방법으로 저렴한 비용의 해쉬 체인 메커니즘을 이용하였다.

▪ 구별불가능성(Indistinguishability) : 태그의 출력은 순수 난수 값(Truly random values)과 구별 불가능해야 한다. 또한, 출력 값과 태그의 ID를 연결시킬 수 없어야 한다. 공격자가 특정 출력 값이 공격 목표로 하는 태그로부터 온다는 사실을 구분할 수 있다면 태그를 추적할 수 있게 된다. 이는 태그 ID의 익명성의 개념에 포함된다.

▪ 순방향 안전성(Forward Security): 공격자가 태그에 저장된 비밀태그 데이터를 얻을 수 있더라도 그 정보를 이용하여 태그가 만든 이전 데이터를 추적할 수 없어야 한다. 즉 태그의 출력을 도청하는 공격자는 현재의 출력 값을 이전 출력 값과 연계시킬 수 없어야 한다.

NTT사가 제안한 순방향 안전성이 보장되는 해쉬 체인기법은 다음과 같다.

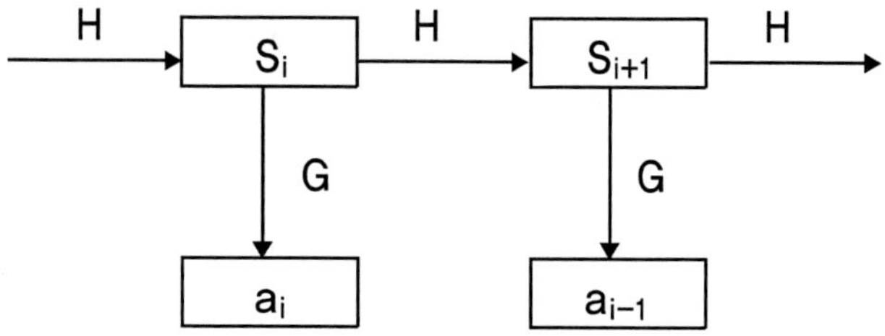

[그림 3-12] NTT의 순방향 안전성이 보장되는 해쉬체인 기법

초기에 태그는 초기 정보 si를 갖고 있다. 리더와의 i번째 거래에 RFID 태그는 리더에게 ai = G(si)를 전송하고 이전 비밀 값 si로부터 새로운 비밀 값 si+1=H(si)를 갱신한다(H,G:해쉬함수를 나타낸다).

리더는 ai를 백엔드 데이터베이스에 보낸다. 백엔드 데이터베이스는(ID,s1)목록을 관리한다. 여기서 s1은 태그 마다 다른 초기 비밀 정보를 말한다.

태그로부터 ai를 받은 백엔드 데이터베이스는 목록에 있는 각 s1에 대한 ai'= G(Hi(s1))을 계산하여 ai =ai가 성립하는지 검증한다. ai =ai인 ai'를 찾았다면 그에 대한 ID를 출력한다.

G가 일방향 해쉬함수이기 때문에 공격자가 ai 정보를 얻더라도 si 값을 알 수 없으며 또한 G는 랜덤 값을 출력하기 때문에 공격자는 ai와 ai +1정보를 연결시킬 수 없다. H도 일방향 해쉬함수이기 때문에 공격자가 태그를 템퍼링하여 태그에 내장된 비밀정보 값 si +1을 알아내더라도 si 값을 알 수 없다. 이기법은 작은 게이트 사이즈를 요구하는 해쉬함수만을 사용하기 때문에 저렴한 RFID 태그에 적합하며, 심지어 템퍼링이 발생하는 경우에도 프라이버시를 보호할 수 있는 방법이다. 또한, 태그 ID의 익명성을 보장하기 위해 ID 자체를 출력하는 문제를 해쉬함수를 이용하여 해결하고자 하였다. 그러나, 이 방법은 백엔드 서버가 데이터베이스에 저장된 모든 정보에 대한 전수조사(exhaustive search)와 해쉬함수의 계산이 요구되기 때문에 DoS 공격으로 인한 위험이 MIT의 해쉬-락 기법보다 더 클 수 있는 문제점이 있다. [3-4,5,9,10]

3.5 RFID 네트워크 정보보호 기술 [3-5]

EPCglobal 네트워크는 RFID/USN 구축의 1단계에 해당하는 네트워크로써 EPC 클래스 1과 클래스 2형식의 태그를 부착한 RFID 사물이 단말로 인식되는 네트워크이다. EPCglobal에서는 태그의 기능적 특성에 따라 RFID 시스템을 다섯 가지 클래스로 구분하고 있다. 다섯 가지 클래스는 그 요구사항과 제공 가능한 서비스에 따라 3단계의 GoS(Grade of Security)로 구분한다. 클래스 1,2는 GoS 1에, 클래스3은 GoS 2, 클래스 4와 5는 GoS 3에 속한다. 그 세부사항은 다음과 같다.

GoS 1은 보안 크립토(Crypto) 모듈을 적용하지 않는 RFID 보안 서비스를 제공한다, 개인정보 보호를 위해 공유키 기반의 단순 보안 방식을 통한 태그 정보의 도청과 복제를 방지하며 위장 리더로 인한 개인정보의 유출을 차단할 수 있어야 한다. 시스템과 인프라 보호를 위한 요구사항은 DoS 내성(Tolerance), 접근제어, 시스템 간 상호 인증 및 시스템 보안서비스가 있고 통신 메시지의 기밀성, 무결성, 부인방지 서비스를 제공해야 하며 불법태그, 위장 리더, 이상 트래픽감지를 위한 보안관리 서비스가 필요하다. GoS 1의 적용 가능한 환경은 인트라넷, IPv4 인터넷과의 연동 Private VPN을 이용할 경우이며 따라서 물류, 터미널 시스템, RFID 도청 차폐 지갑 서비스 등이 가능하다.

GoS 2는 보안 크립토 모듈을 적용한 초경량 센서 보안 서비스를 제공하는 특징이 있다. 이것은 개인정보 보호를 위해 태그 정보의 도청, 위변조 및 복제 차단이 가능해야 한다. 따라서 태그와 리더간의 상호인증을 통한 태그 정품 인증 및 접근 제어를 할 수 있어야 하며 태그 유통 경로 추적의 기밀성 및 동적 키 관리가 가능해야 한다. 또한 소유권 위임과 지불 서비스도 보장 되어야한다. 시스템 보호를 위해 능동형 센서 인증 및 키 관리 인프라가 제공되어야하며 개인 프로파일 기반의 태그정보 접근 권한제어 및 인프라가 제공되어야 한다. 또한 RFID, USN-IPv6 연동 환경에서 정책기반 네트워크 보안관리 서비스가 요구된다. 이러한 GoS의 적용 가능한 환경은 IPv6 Global 인터넷과 연동한 Global VPN 환경이며, 따라서 지불, 소유권 위임, B2B(Business to Business), RFID 상품권 등의 위조 및 복제를 방지하는 서비스뿐만 아니라 유통추적, 감시센터 서비스에 이용될 수 있다.

마지막으로 GoS3의 특징은 자율형 센서 PKI(Public Key Infrastructure) 기반 크립토 모듈을 적용한 센서 보안 서비스를 제공한다는 것이다. 이것은 현재 개인정보 보호나 시스템 및 인프라 보호를 위해 요구되는 사항은 없으나 추후 USN 연동계획 수립 시 보완될 예정이다.

USN/BcN 인프라와 연동되는 환경에서 적용 가능하며, Ad-hoc 센서 기빈 출입통제 및 보안 모니터링 서비스가 가능하다.

[그림 3-13]은 RFID 기반 EPCglobal 네트워크를 (1) 태그와 리더 구간, (2) 리더와 로컬 서버 구간, (3) 유선 네트워크 구간, (4) ONS (Directory Service), (5) 정보서버와 같이 각 구간별로 정의한 그림이다.

안전한 RFID/USN 구축을 위해 각 구간별로 요구되는 기술적 사항 및 정보보호 기술은 다음과 같다.

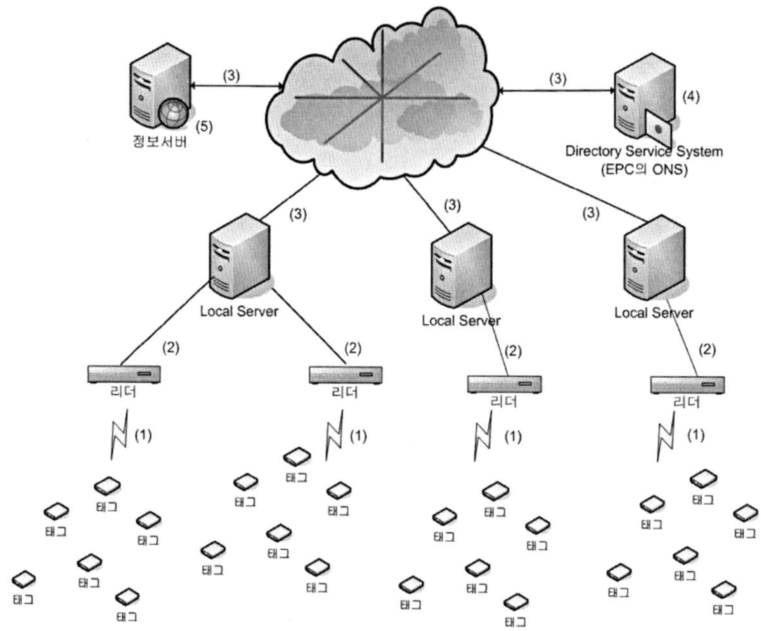

[그림 3-13] EPCglobal 정보보호 서비스 구간 분류

3.5.1. 리더와 태그 구간

3.5.1.1. 기술적 요구사항

- 안전한 Anti-collision 프로토콜이 필요하다.
- 선택적인 차단기능이 요구된다..
- 태그용 Lightweight stream cipher가 필요하다.
- 태그 인증 프로토콜을 위한 클라이언트 모듈이 필요하다.
- 태그 Lock/Unlock 기능이 요구된다.

3.5.1.2. 정보보호기술

도청 방지를 위해 앞 절에서 기술한 경량 트리 워킹 알고리즘, 랜덤트리 워킹, 메시지 인증 코드를 적용한다.

불법적인 리더에 의한 접근 방지를 위해서 해쉬락, 랜덤 해쉬, 차단자 기술을 이용하며, 태그에는 공유키 기반 인증, 동적 키관리를 통한 인증기능을 수행할 수 있는 프로토콜을 적용한다.

3.5.2. 리더와 로컬 서버 구간

3.5.2.1. 기술적 요구사항

- 리더와 보안채널 유지가 필요하다.
- 안전한 Anti-collision 프로토콜이 요구된다.
- 프라이버시 보장을 위한 태그 컨트롤 모듈이 요구된다.
- DoS 공격을 막아야 한다.

3.5.2.2. 정보보호기술

리더의 이동성을 보장하기 위해서 리더와 로컬 서버 사이에는 유선보다는 무선 채널이 이용될 가능성이 크다. RFID 네트워크의 특성을 감안해 볼 때 리더와 로컬 서버사이에는 IEEE 802.11 무선랜 기술이 이용될 가능성이 높다. 그러나 무선랜은 무선 채널을 이용한다는 특징으로 인하여 보안상 취약점을 가지고 있다.

향후 리더와 로컬 서버 사이의 정보보호기술은 아래와 같은 무선랜 보안 기술이 적용될 가능성이 높다.

(1) WEP(Wired Equivalent Privacy)

AP(Access point)와 단말간에 RC4(대칭스트림 암호) 키를 사용하여 데이터를 암호화함으로써 무선 구간의 보안을 유지한다. RC4 키가 일치할 경우 암호화 방식을 통해 통신할 수 있다. 그러나, RC4 키를 사용하지 않거나 해독될 경우에는 통신이 도청될 가능성이 있다. [그림 3-14]는 RC4 키를 이용한 무선랜 보안을 나타낸다.

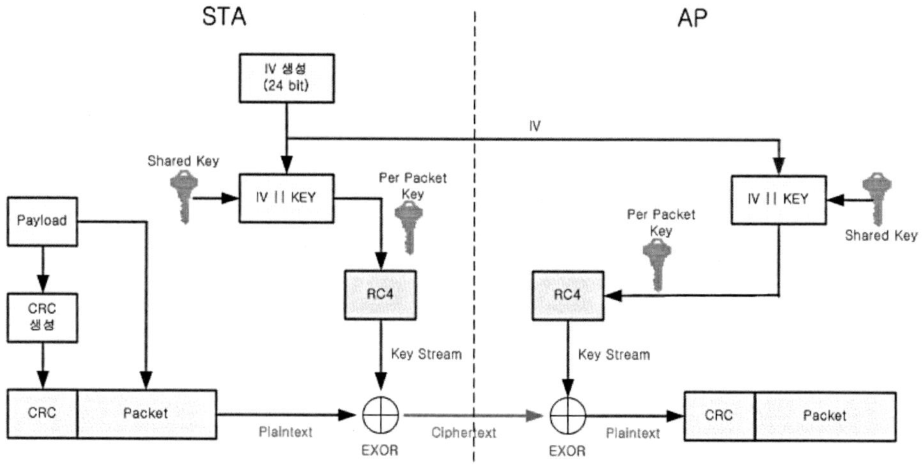

[그림 3-14] WEP 구성

(2) SSID(Service Set Identifier)

SSID는 무선랜의 네트워크 식별자로써 이용되고 있고, AP와 동일한 SSID를 설정한 무선랜 단말만 접속할 수 있다. 그러나 윈도우 XP와 일부 무선랜 카드의 유틸리티를 사용하면 SSID는 쉽게 알 수 있으므로 보안기법으로 이용되기에는 한계가 있다.

(3) MAC(Media Access Control) 어드레스 필터링

접속하는 단말의 MAC 어드레스를 AP에 등록하며 등록된 MAC 주소외에는 접속할 수 없다. 그러나 MAC 어드레스는 쉽게 알아낼 수 있고 도용할 수 있다.

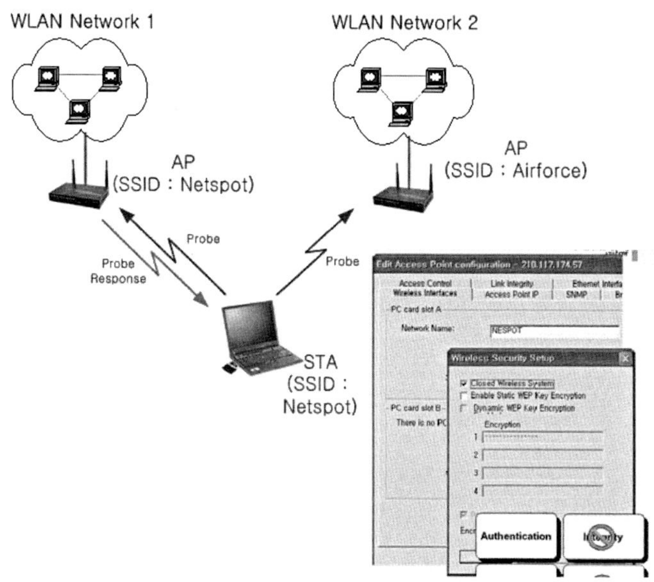

[그림 3-15] SSID 설정 구조

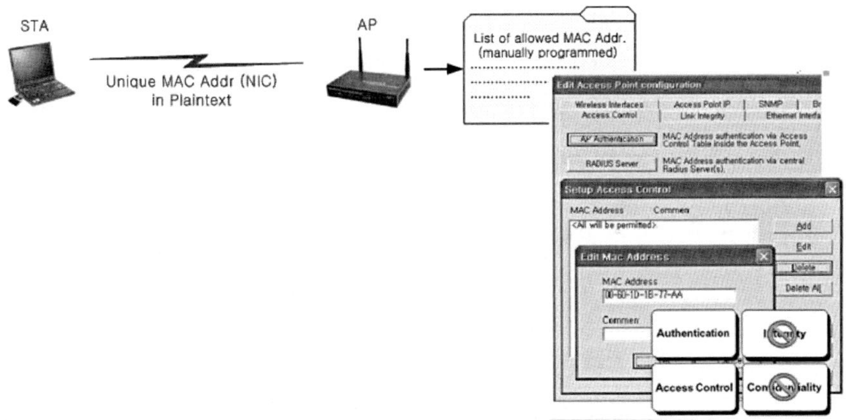

[그림 3-16] MAC Address 필터링

(4) IEEE 802.1x

IEEE 802.1x에 대응한 무선랜 단말과 AP, 인증 서버를 이용하여 사용자 인증과 개별암호의 키배포를 행하는 방식이다.

원래 IEEE 802.1x가 개발된 목적은 무선랜이 아니지만 현재 무선랜에 적용이 가능한 형태로 변화하고 있다. 무선랜은 기존 802.3 미디어와 달리 쉐어드 미디엄 (Shared Medium)이면서도 포인트 투 포인트(Point-to- Point) 형식의 연결을 취하고 있다. 즉, 물리적으로는 같은 전송 매체를 사용하지만 AP와 단말의 연합(Association)을 통해 가상의 포트 개념을 사용하고 있다. 마치 유선상에서 스위치의 포트와도 같은 개념이 될 수 있다. 따라서 각 단말의 연합(Association)에 대해 포트 상태를 IEEE 802.1x에서 정의하고 있는 인증(Controlled) 상태와 비인증(Uncontrolled) 상태로 정의하게 되면 AP에 대한 접근 제어가 가능하다.

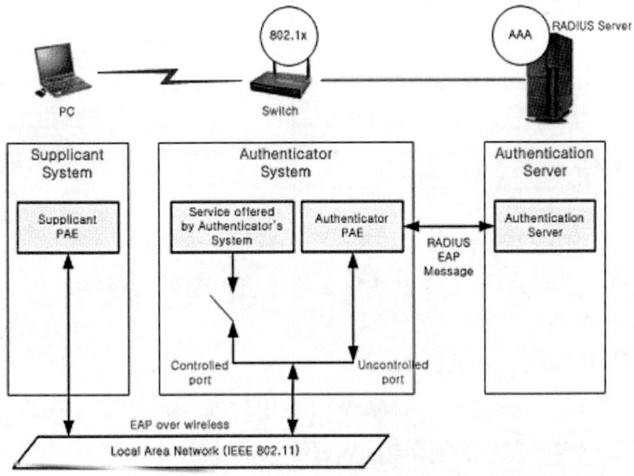

[그림 3-17] IEEE 802.1x 구조

[그림 3-17]과 같이 IEEE 802.1x 규격에서는 크게 세 종류의 개체를 정의한다. 첫 번째는 요구자(Supplicant)이며, 두 번째는 인증자(Authenticator), 그리고 세 번째는 인증 서버(Authentication Server)다. 요구자(Supplicant)는 인증자로부터 인증 요청을 받았을 때 사용자의 식별 정보(User Credential)를 전달하는 개체다.

인증자는 요구자에게 인증을 요구하고 전달 받은 사용자 식별 정보를 이용해 인증 서버에게 인증 서비스를 요청하는 개체다. 인증자는 또한 해당 사용자의 접속 포트 상태를 관리하며 인증 서버의 인증 결과에 따라 포트를 인증 상태 혹은 비 인증 상태로 설정하게 된다.

인증 서버는 인증자로부터 사용자에 대한 인증 요청을 받아서 인증 서비스를 제공하는 개체로서 사용자의 식별 정보를 미리 가지고 있어야 한다. 인증 서버는 논리적으로는 인증자와 역할이 분리되어 있지만 물리적으로도 반드시 인증자와 분리될 필요는 없다. IEEE 802.1x 규격에서는 요구자, 인증자, 그리고 인증 서버간의 전체적인 인증 메커니즘을 규정하고 있으며 요구자와 인증자 사이에서는 확장 가능한 인증 프로토콜(EAP:Extensible Authentication Protocol)을 MAC 계층에서 사용하도록 규정하고 있다.

[그림 3-18]은 IEEE 802.1x에서 EAP를 이용한 인증 절차를 나타낸다.

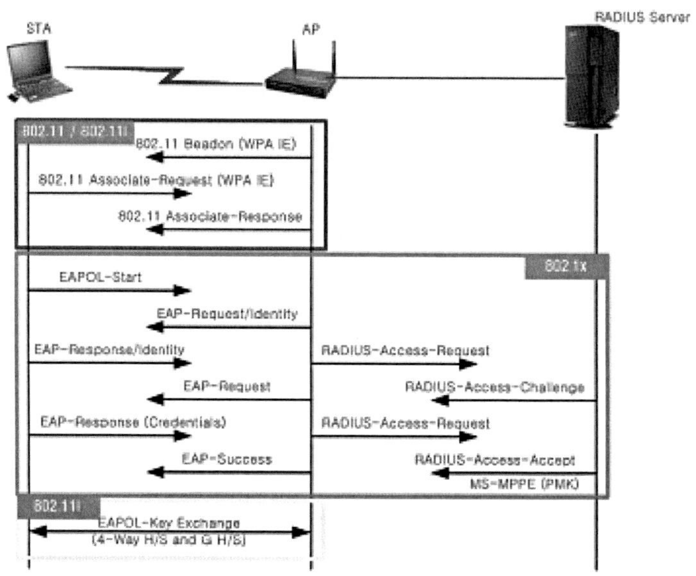

[그림 3-18] EAP 를 이용한 인증 절차

(4) WPA (Wi-Fi Protected Access)

WEP의 취약성을 보강하기 위해 Wi-Fi 협회에 의해 책정된 보안 규격이다. WPA 설계 목표는 강하고 호환성이 뛰어나며, WEP를 대체할 수 있고, 소프트웨어 업그레이드로 구현 가능하고자 하는 것이다. 또한 가정과 기업에 모두에 적용될 수 있으며 즉각 상용화가 가능한 구조를 설계 하는 것이다.

3.5.3. 유선구간(서버 ↔ 서버 구간)

3.5.3.1. 기술적 요구사항

- 네트워크 정보보호 인프라 구축을 위해 RFID 네트워크 구성간의 보안 채널이 유지되어야 한다.
- PKI, WPKI 기술도입이 필요하다.
- 유저의 등장 없이 자동화된 인증시스템 도입이 필요하다.

3.5.4. ODS(Object Directory Service)

ODS(Object Directory Service, EPCglobal 에서는 ONS(Object Naming Service)라고도 함)는 질의된 RFID 코드에 해당되는 정보 서버의 IP 주소를 저장하고 있는 NAPTR(Naming Authority Pointer) 레코드를 얻어오도록 하는 디렉토리 시스템이므로 공격자는 ODS에게 여러 가지 공격을 행할 것이다. 안전한 ODS 서비스를 위해서는 DNS(Domain name system)의 보안대책이 무엇보다 필요하다.

3.5.4.1. 기술적 요구사항

- ONS 쿼리는 반드시 보호되어야 한다.
- Intra-ONS 데이터도 보호되어야 한다.
- DSN에서 사용되는 보안기술이 적용될 수 있다. 그러나 보다 DNS 보다는 데이터 트래픽이 더 많을 것을 예상해야 하며, DoS-Tolerent 구현이 되어야 한다.
- 인증,데이터 보호가 보장되어야 한다.

3.5.4.2. 정보보호기술

RFID 기술이 네트워크화 되기 위한 가장 중요한 필요요소로써 TSG(Secret Key Transaction Authentication for DNS), DNSSEC(Domain Name System Security Extension), SSL(Secure Socket Layer) 서버 인증과 같은 보안 기술이 적용될 수 있다.

(1) TSIG

TSIG는 ODS 보안을 위해 트랜잭션 서명을 이용하여 ODS 메시지를 안전하게 하는 새로운 매커니즘이며 서명된 ODS 요청과 응답을 통해 ODS간 트랜잭션의 보안 서비스를 제공하는 기술이다. 그러나 리더와 서버중 하나가 해킹을 당해 TSIG 키가 누출된다면 안전하지 못하여 공유비밀키 방식을 이용하므로 TSIG를 여러 ODS 간에 이용하도록 설정하는 것은 현실성이 떨어진다는 단점이 있다.

(2) DNSSEC(The Domain Name System Security Extensions)

DNSSEC는 TSIG의 단점을 해결하기 위해 DNS메시지에 공개키 기반의 전자서명 기능을 제공하는 매커니즘을 의미한다. DNSSEC는 디지털 서명을 이용한 데이터 기반 인증과 Zone 내의 데이터 무결성, 그리고 트랙잭션 보안을 제공한다.

(3) SSL 서버 인증

SSL은 넷스케이프가 인터넷상의 보안과 기밀을 보장하기 위해 개발한 쌍방향 규약으로 암호화 키와 관련된 협상을 할 수 있을 분만 아니라. 상위의 응용 프로그램이 정보를 서버와 교환하기 전에 서버의 진위를 확인해 줄 수 있다.

SSL 서버 인증은 ODS 하부구조에 관한 위협을 방지하기위한 방법이다. SSL 서버는 웹상의 EPCIS같은 정식 SSL 서버의 DNS 이름을 가져야하며, 코드 상위 ID로 확인받아야 한다. 따라서 SSL 서버를 이용하여 클라이언트와 서버간의 인증을 하면 코드 정보의 무결성이 보장된다.

3.5.5. 정보서버

3.5.5.1. 기술적 요구사항

- 제품 정보 검색을 위해서는 인증이 필요하다.
- 데이터 기밀성, 무결성이 필요하다.
- PML은 일종의 XML이므로 XML-KMS,XML 서명등의 기술이 고려될 수 있다.

3.5.5.2. 정보보호기술

정보 서버는 코드 관련 데이터를 기업 내부 혹은 기업 간에 공유함으로써 RFID 네트워크에 융통성을 더해 주기 위한 다른 차원의 어플리케이션이다.

RFID 네트워크에서 정보 서버는 RFID 태그와 직접 관련 있는 정보를 PML로 저장하거나 PML에서 아직 정의하지 못한 내용을 다양하게 게 표현하기 위한 확장 형태로 저장된다.

정보서버의 콘텐츠 보안을 위해 아래와 같은 기존의 XML 보안 기술을 적용할 수 있다.

(1) ESES(ETRI Secure E-Commerce Service)

XML 문서 및 전자상거래를 수행할 때 교환되는 디지털 데이터들을 보호하기 위해 전자서명, 암호화 등의 보안 서비스들과 암호 알고리즘 라이브러리를 통합한 시스템. ESES 시스템의 모듈들은 W3C의 XML Signature 표준과 XML Encryption 표준을 기반으로 개발되었다.

(2) XML Trust Service

Verisign에서 W3C의 XKMS 규격을 이용하여 XML Trust Center를 통해 경량의 PKI 기능을 제공한다. XKMS는 XML 응용 프로그램이 전자서명과 암호화된 XML 문서를 지원하는 PKI기술을 쉽게 사용할 수 있게 만든다.

(3) SAML(Security Assertion Markup Language)

XML 기반의 공개보안 서비스 표준, 인터넷상에서의 인증, 권한 부여 및 승인정보 교환 서비스를 가능하게 해준다.

(4) XACML(eXtensible Access Control Markup Language)

XML 기반으로 되어 있는 다양한 시스템 사이에서 접근제어 정책을 기술하는 표준, 개발자들이 웹을 통해 어떤 사용자들이 접근할 수 있는지를 결정하는 정책을 기술한다.

3.6 RFID 프라이버시 보호 가이드라인

3.6.1 RFID 프라이버시보호 가이드라인의 필요성

RFID 기술이 최근 급격한 속도로 성장하고 있으며, 산업, 문화, 경제 등 모든 분야에서 RFID 기술을 적용하려는 노력을 하고 있다. 산업체 및 유통업체 뿐만 아니라 정부의 혁신 그룹에서 적극적으로 연구 개발 및 적용에 앞장서고 있다. 산업체에서는 RFID 기술을 적용한 제품을 생산하여 이윤을 얻으려고 할 뿐만 아니라 RFID 기술을 산업의 기반 기술로 적용하려고 하고 있다. 동시에 RFID를 제품과 소비사에 관련된 다양한 정보를 수집하기 위한기술로 적용하려고 하고 있다. 즉 RFID 태그는 산업체 및 국가에서 필요로 하는 정보를 포함하고 있으며, 그 정보에는 개인 정보 및 유출되지 않아야 되는 정보도 포함하고 있다.

기존 바코드에 비해 다양한 정보를 저장할 수 있는 RFID는 사물에 대한 정보를 효율적으로 처리할 수 있도록 한다. 이로 인해 물류, 운송, 유통, 내부 재고 관리 등에 획기적인 개선을 가져올 것으로 예상된다. 하지만 RFID는 개인이 휴대하는 사물 정보에 대한 판독 또는 위치파악에 악용되는 등 개인 프라이버시의 침해 우려가 있다. 특히 RFID를 이용하여 개인에 대한 정보를 저장할 경우 RFID 판독기만을 통해서 간단히 개인정보를 습득할 수 있어 개인 프라이버시 침해의 위험도가 높다. 따라서 RFID를 확산하기 위해서는 사업자와 일반 개인측면에서 안정성을 제공할 수 있어야 한다. 즉, 사업자는 사업을 안정적으로 추진할 수 있도록 하며 개인에게는 프라이버시 침해에 대한 우려에서 벗어날 수 있도록 RFID를 취급할 때에 준수하여야 하는 기준을 제시하는 것이 필요하다.

RFID 프라이버시 보호를 위해 RFID를 규제하는 방법에는 법률에 의한 방법과 가이드라인에 의한 방법이 있다. RFID 프라이버시 보호 가이드라인은 새로운 기수발전에 따른 법적 규율 이전에 자율적 가이드라인을 제시함으로써 제도적으로 미비한 부분을 보완하고 개인의 프라이버시를 보호하기 위해 제시한다. 가이드라인은 법률적 강제성을 지니지 않고 있으나 향후 법제화에 대한 사전 예고적 성격을 지닌다. 이는 가이드라인을 제시하기 이전에 법제화를 추진하는 경우 RFID 산업 확산을 방해 할 수 있으며 법제화를 위해서 장시간을 요구함으로써 빠른 RFID 산업 정착을 방해하게 된다. 또한 가이드라인은 새로운 상황에 보다 유연한 대응이 가능하고 향후 법제화하는 경우 발생할 수 있는 문제점을 방지할 수 있다.

3.6.2 RFID 프라이버시 보호에 대한 법제 동향

국제표준기구 ISO에서는 ISO-18000 표준안에서 RFID를 위한 참조 아키텍처 및 135KHz, 13.56㎒, 433㎒, 860-960㎒, 2.45㎓ 등 다양한 주파수 대역에서의 air interface를 정의하고 있으며, 패스워드를 이용한 태그 접근 제어 방식인 lock/unlock 기능 등의 초보적인 보안기능을 포함하고 있다. 한편 기존의 수동형 RFID 태그(Class 1 Gen 1)에는 security 기능이 없기 때문에, 최근 수동형 RFID 태그인 Class 1 Gen2 RFID 태그 규격이 만들어졌으며, 여기에는 password 기반으로 lock과 unlock을 수행하게 되어있다. 하지만, 암호학적 입장에서 보면 여전히 취약성을 가지고 있다는게 전문가들의 입장이다.

RFID/USN 미들웨어, 네트워크 인프라 기술과 관련해서는 EPC Global 등에서 정보보호를 위한 보안 그룹이 생성되고, 정보보호 표준화 연구를 진행중이다. USN 보안기술로 TinyOS, Zigbee 등 소형 센서의 보안 OS 및 프로토콜 관련 보안기술 연구는 활발히 진행 중이나, 보안관리 및 보안미들웨어 등 서비스 기술 표준화 측면에서 아직 초기 단계의 수준이다.

버클리 대학에서는 저가의 극소형 지능형 디지털 스마트센서/통신 시스템을 개발하는 Smart Dust 프로젝트를 추진 중이며, 모트(mote) 소형 센서에 기본적인 프로토콜 보안 기능을 구현한 TinySec을 포함하는 TinyOS를 탑재하였다. 또한 센서 노드들 간의 안전한 통신을 위해 제안된 SPINS(Security Protocols for Sensor Networks)를 시작으로 센서 통신 보안 프로토콜에 대한연구는 비교적 활발한 편이다.

이렇게 RFID 정보보호 및 프라이버시 보호에 대한 기술적인 부분은 아직 초기단계로서 각 나라 및 국제단체에서는 이와 관련된 법률 및 제도, 가이드라인 등이 발표되고 있다.[3-11]

3.6.2.1 국제단체

(1) ICDPC(International conference of Data Protection and Privacy Commissioners)

ICDPC는 제 25회 회의에서 "Resolution on Radio-Frequency Identification" 결의문을 체결하였다. RFID가 긍정적이고 효율적인 기술이라고 하더라고 RFID에서 개인정보의 활용에는 프라이버시 문제를 갖고 있다. 즉 생상 제품의 정보와 소비자의 개인 정보를 연결하는 것과 태그가 부착된 제품을 처리함에 있어서 개인 위치 및 정보를 수집하는 것은 프라이버시 침해의 문제가 있다고 지적하였다.

결의문에서는 다음과 같은 원칙을 제시하였다.

- 개인 정보가 연결된 RFID 태그를 제시하거나 소비자의 정보를 수집하기 이전에 모든 제어자들은 개인 정보 수집 없이 동일한 목적을 달성할 수 있는 대체 방법을 고려해야 한다.
- 개인 정보가 필수적일 경우 제어자는 공개된 방법으로 투명하게 개인 정보를 수집해야 한다.
- 개인 정보는 특정의 목적을 위해서 수집되어야 하면, 그 목적이 달성되면 수집된 개인 정보는 해제되어야 한다. 만약 RFID 태그가 사사로운 목적을 우해서 사용된다면 언제든지 RFID 태그의 정보나 RFID 태그를 제거할 수 있어야 한다.

(2) ASTAP 포럼

2005년 4월 개최된 ASTAP(APT STAndardization Program) 포럼 회의에서는 RFID에서의 개인정보보호를 위한 가이드라인 권고안을 작성하자는 한국측 기고서가 참가자들의 전체 동의를 얻어 다음 ASTAP 포럼 회의나 ITU-T SG17 회의에서 기고하기로 결정되었다. 제안된 가이드라인에서는RFID 태그를 직접 또는 간접적으로 개인정보의 수집, 이용 및 제3자 제공에 사용하는 사업자에 대하여 적용하며, RFID 태그가 부착된 물품 및 그와 관련된 것을 취급하는 자가 준수하여야 할 기본적인 사항을 정의하고 있다. 기고서에서는 개인정보를 생존하는 개인에 관한 정보로서 성명 및 각 개인 식별 ID 등에 의하여 개인을 알아

볼 수 있는 부호·문자·음성·음향 및 영상 등의 정보로 정의하였다.

제안된 가이드라인의 주된 내용은 다음과 같다.

- RFID 태그 부착 사실을 고지하는 의무를 규정하였다.
- 수집사실 및 이용 목적을 사용자에게 통지하거나 공표하도록 노력하여야 한다.
- 사업자가 RFID 태그를 통하여 알 수 있는 개인 정보를 수집 이용목적 외에 사용하거나 제3자에게 제공하는 경우에는 해당 소비자의 동의를 얻도록 하여야 한다.
- 수집목적을 달성한 후에는 수집된 개인정보를 사업자가 파기하여야 한다.
- 해당 RFID 태그의 기능 살아 있는 경우에는 이를 정지시킬 수 있는 방법을 사용자에게 제공하야야 한다.
- RFID 태그와 연계된 사용자 정보 데이터베이스를 취급함에 있어서 개인정보가 분실·도난·누출·변조·훼손되지 않도록 안전성 확보를 충분히 하여야 한다.
- RFID 태그 시스템 이용에 따른 개인정보 침해 요소 등을 사전에 평가할 수 있도록 노력하여야 한다.
- 사용자는 사업자에 대하여 언제든지 RFID 태그와 연계된 자신의 개인정보 열람을 요구할 수 있고, 해당 개인정보에 오류가 있는 경우에는 그 정정을 요구할 수 있는 권리를 갖는다.
- 사업자는 사용자의 개인정보를 보호하기 위해 개인정보 관리책임자를 지정하여야 한다.
- RFID 태그의 활용성 제고를 위하여 사용자들에게 충분한 교육의 기회를 제공하고자 노력하여야 한다.

3.6.1.2. 미국

미국은 RFID 선진국으로서 RFID 산업발전을 장려하는 측면 때문에 RFID 보안과 관련한 입법화가 실현된 경우는 적으나, 시민단체 및 관련 단체들에 의한 프라이버시 보호를 위한 입법 활동은 계속 진행되고 있다. 미국의 유명한 수퍼마켓 프라이버시 침해에 대한 소비자 단체인 CASPIAN(Consumer Against Supermarket Invasion And Numbering)에서는 RFID를 사회전반에 도입하는 것과 개인 프라이버시 침해에 대한 우려를 하면서 2003년 6월 2003RFID 알권리법안(RFID Right to Know Act of 2003) 제안하였다. RFID가 내장된 제품과 사용자의 프라이버시 보호에 대한 표시를 하도록 규정한 법안으로 제안되었다. 제 1장은 법안의 제목을 규정하였다. 제 2장은 공정 포장 및 라벨링 프로그램에 대한 내용으로 RFID 태그를 포함하는 사용자 제품이나 패키지는 RFID 태그의 포함내용을 구분되게 표시하여야 함을 나타낸다. 제 3,4,5장은 연방 식품, 약품, 화장품, 연방 주류, 담배와 관련된 법에 대한 내용으로 RFID 태그를 포함하게 될 경우 RFID 태그 정보를 표시하여한다는 것을 규정하고 있다. 제6장은 소비자의 프라이버시를 보호하기 위한 조항들과 소비자와 사업자 교육에 대한 내용을 포함하고 있다.

법안은 RFID 태그가 부착되어 있는 제품의 경우 이를 소비자가 알 수 있도록 공지하는 내용 이외에도 제6장에서는 소비자의 프라이버시를 보호하기 위한 조항들과 소비자와 사업자 교육에 대한 내용을 구체적으로 포함하고 있다. [3-4]

2007년 4월 기준 미국은 RFID 이용 확산에 따른 이용자의 프라이버시 보호를 위한 미국 연방, 주별 제출·계류 중인 법안이 11건에 달하고 있다. 2005년~2006년 사이에는 테네시, 메사츄세츠, 매릴랜드, 미주리, 네바다, 캘리포니아 등 주별로 RFID 관련 대부분 법안이 의회를 통과하지 못하였고 위스콘신 주에서 '06년 마이크로칩 이식금지법률(2005 Wisconsin Act482)이 제정된 것이 유일하다. 이는 마이크로칩을 신체에 이식하는 것을 법으로 금지 한 것이다. 이후 미국에서는 개별 법류이 아닌 주법 내에 관련 조항을 신설하는 형식으로 각 주마다 현재 RFID 법안이 계류 중이다. 아래 [표 3-4]는 각 주별 계류 중인 RFID 관련 법안을 정리한 것이다.

[표 3-4] 미국 주별 RFID 관련 입법 현황(07년 기준) [3-12]

법안 입법현황	주요내용
워싱턴 주(2개)	RFID 태그 부착사실 표시 라벨부착, RFID 사용 고지용 표시판 설치, RFID 리더기 등으로 태그정보 무단수집 금지
뉴욕 주	RFID 태그 부착사실 표시 라벨부착, RFID 태그의 물품정보등과 개인정보의 연계 금지, RFID 태그를 통해 수집된 개인정보의 권한없는 제 3자 제공 금지
오레곤 주	RFID 태그 부착사실 표시 라벨부착, RFID 사용 고지용 표시판 설치, 소비자 요청 시 RFID 태그를 통해 수집된 정보·목적 등 제공, RFID 태그의 물품정보 등과 개인정보의 연계 금지
미주리 주	RFID 태그 부착사실 표시 라벨부착
메사츄세츠 주(2개)	RFID 태그 부착사실 표시 라벨부착, RFID 사용 고지용 표시판 설치
알칸사스 주	RFID 태그 상의 개인정보 수집·배포 제한
로드아일랜드	개인의 이동경로 추적 금지
캘리포니아	RFID 태그에 관한 고지
위스콘신 주	화폐·문서 상 RFID 부착금지

위 표에서 보는 바와 같이 07년 계류 중인 법안들의 주요 골자는 RFID 태그 부착 물품 등을 이용하는 정보주체가 RFID 태그 부착 사실, 개인정보 수집사실 등을 명확히 인지

할 수 있도록 하는 점과 물품 등에 RFID 태그를 부착했다는 것에 관하여 소비자에게 고지, 라벨 부착, 표지판 설치 등의 의무 부과 등을 다루는 내용들이라는 것을 확인 할 수 있다.[3-12]

3.6.1.3. 유럽

EU는 현재 RFID로 인해 수집되어 지는 개인정보들에 관한 보호를 위해서 존재하는 가이드라인과 방침들을 바탕으로 미국과 일본, CASPIAN의 입법사례에 주의를 기울이고 있는 중이다. 실제로 EU는 2005년 1월 중순부터 'Working Document 105'라는 연구그룹을 운영하고 있다.

'Working Document 105'는 같은 해 3월31일까지 이메일을 통해서 개별 소비자들로부터 개인정보보호를 포함한 RFID 전반에 걸친 의견을 수렴 받았다. 이 연구를 통해서 RFID의 잠재적인 시장인 비즈니스, 헬스케어, 의약분야, 물류수송분야에 걸쳐서 RFID의 태그와 리더기와 어플리케이션의 제작자들에게 방향을 제시해 주었다.

실제로 유럽에서는 전 대륙에 걸쳐 소비자를 보호하기 위한 프라이버시 관련법이 널리 적용되고 있다.

2005년 7월 EU는 RFID 관련 사생활 침해 및 정보유출 가능성을 제기하고 이와 관련된 가이드라인을 발표하였다. 가이드라인에서는 RFID를 이용하여 정보를 수집, 가공할 경우, 해당정보에 대한 개인의 동의를 구해야 한다는 것과 개인의 정보수집 및 가공과정에 대한 열람권을 부여해야 한다는 것을 제시하고 있으며 상기 동의 취소 시 RFID를 이용한 정보 수집을 즉시 중지할 수 있는 방안모색을 촉구하고 있다.

EU는 RFID기술이 정부 및 민간부문에 사용될 경우 정보보호 침해 가능성이 존재함을 지적하면서 EU의 실행기관인 EC(European Commission)는 'Article 29 Working Paper'(2005.1.19)를 통해 RFID와 관련된 사생활 침해 및 정보보호에 관한 안건 검토결과를 밝혔다. 또한 특정인과 관련된 수많은 정보들을 취합, 정리할 수 있는 RFID의 특성 때문에 특별히 RFID와 관련된 사생활 침해 이슈가 제기되고 있다는 것을 밝혔다.

EU에서 발표한 RFID관련 사생활 및 정보 보호 가이드라인은 다음과 같다.

- RFID태그가 사용되는 경우 해당 개인의 암묵적 동의를 구하여야 하며 RFID의 부착위치 및 상태 및 RFID를 통해 어떤 정보가 수집, 처리되는지 등의 소위 정보객체에 관한 명확한 정보를 해당 개인에게 제공하여야 함.
- RFID를 사용하는 기업 또는 정부는 객체로서의 개인들에게 RFID를 통해 얻게 된 정보의 정확성을 확인할 권리 및 수집, 가공되는 개인정보들에 대한 포괄적인 열람권을 권고.

- RFID 생산자 또는 기술개발자들은 개인들의 정보공개 승인 취소의 경우에 신속하게 RFID에 의한 정보 수집을 중지할 수 있는 방안을 모색하여야 함

이처럼 EU가 RFID 관련 사생활 보호 및 정보보호에 관한 가이드라인을 발표한 것은 RFID의 시장 전개추이를 고려할 때, 대기업뿐만 아니라 중소기업 또는 개인들까지도 RFID를 사용할 것이라는 전망에 따라 이용자 보호가 시급하다는 판단에 기초하여 발표한 것이다. [3-13]

3.6.1.4. 일본

일본은 경제산업성이 주도하여 「상품 유통관리의 향상에 관한 연구회」(경제 산업성 주최, 국토 교통성, 농림 수산성, 후생 노동성이 참가)를 만들어, 2003년 12월 22일에 "RFID 기술에 관한 프라이버시 보호 가이드라인(Guideline structure for the protection of privacy in the use of RFID tags)"을 정리하였고, 2004년 1월 21일에 이를 발표하였다.

가이드라인의 대상사업자는 소비자에게 물품이 교부된 후에도 해당 물품에 전자태그를 장착해 두는 경우 해당 전자태그 및 해당 전자태그가 장착된 물품을 취급하는 사업자이다. 일단 소비자가 물품을 구매한 후에도 전자태그가 장착되어 있는 경우를 규제대상으로 삼고 있어, 소비자가 물품을 구매하기 전인 매장 안에서는 이 가이드라인이 적용되지 않음을 알 수 있다. [3-14]

한편, 총무성에서도 2004년 2월 23일 「RFID 개인정보보호 가이드라인」의 제정 필요성과 기본내용을 발표한바 있다. 이에 총무성과 경제 산업성이 협력하여 2004년 6월 8일 "전자태그(IC태그)에 관한 프라이버시 보호 가이드라인"을 발표하였다.

초기의 일본 경제산업성 가이드라인의 주요내용을 보면 다음과 같다.

- 대상사업자 정의 : 소비자에게 물품이 교부된 후에도 해당 물품에 RFID 태그를 장착해 두는 경우에는 해당 RFID 태그 및 해당 RFID 태그가 장착된 물품을 취급하는 사업자를 말한다. [제2조]
- 소비자에게 상품인계 후 태그가 남아있는 경우 : RFID 태그가 장착되어 있는 사실, 기억되고 있는 정보의 내용 등을 소비자에게 설명 혹은 게시하거나 또는 상품포장상에 표시할 필요가 있다. [제3조]
- 소비자의 정보주체로서의 권한 : 소비자는 RFID태그가 장착된 제품을 구매한 후 RFID 태그의 기능을 활성화시킬지 여부에 대한 선택권을 가지고 있다. [제4조]
- RFID 태그를 비활성화시키는 경우 : 사회적 이익이나 소비자 이익이 손상되는 경우가 있을 수 있다는 정보를 소비자에게 제공할 의무가 있다. [제5조]
- 다른 개인정보와 연결이 되었을 경우 : 개인정보 데이터베이스와 RFID 태그의 정보

를 연계하여 개인정보화가 되면 개인정보 보호법을 적용할 수 있다. [제6조]

- RFID 태그에 대한 정확한 전달 : RFID 태그의 이용목적, 성질, 그 이점 및 불리점 등에 대해 정보를 제공 한다. [제7조]
- 사업자가 RFID 태그 내의 정보의 정확성을 유지하기 위한 노력이 필요하다. [제8조]
- 개인정보보호법과 같이 정보의 적정한 관리 및 불평의 적절하고 신속한 처리를 위해 책임을 지는 정보 관리 책임자를 설치하고 연락처를 공표한다. [제9조]

일본 경제산업성의 가이드라인은 RFID 태그의 판독을 막을 수 있는 구체적인 방안을 예시하고 있다. 예시에서 소개한 방안으로는 패러데이 케이지(Faraday Cage) 방식(알루미늄 막으로 판독기와 RFID 태그와의 통신을 차단하는 방법), Kill태그 방식(일정구역을 넘어가면 비활성화 시키는 방법), 태그자체를 제거하는 방식 등이 있다.

본 가이드라인에는 2005년 4월에 시행되는 개인정보보호법을 준수하는 의무가 정해져 있고 개인정보보호법에 적용되지 않는 경우에 대한 룰도 제시하였다.

일본은 본 가이드라인을 ISO 표준으로 이끌어 국제적인 표준의 역할을 하도록 노력하고 있다. 이는 일본의 가이드라인을 국제적 표준으로 이끌어, 주도권을 계속 행사하려는 움직임으로 판단된다. [3-13]

3.6.3. 국내 RFID 프라이버시 보호 가이드라인

국외 각국의 다양한 법제 및 가이드라인에 대한 시도와 더불어 우리나라에서도 RFID 기술을 적용함에 있어서 가이드라인의 필요성을 인식하고 RFID 프라이버시 보호 가이드라인을 제시하였다.

더군다나, 한국은 RFID의 후발주자로서 RFID 태그, 리더 기술 개발 및 다양한 시범서비스를 추진하고 있으나, RFID 태그 및 리더에 대한 보안 대책은 취약한 실정이다. 조달청의 물품관리시스템, 국방부의 국방탄약관리시스템, 산업자원부의 수출입 물류 인프라 지원 사업, 국립수의과학검역원의 수입쇠고기 추적 서비스, 한국공항공사의 항공수하물 추적통제시스템, 해양수산부의 항만물류 효율화 사업 등 다양한 RFID 관련 시범사업들이 2004년에 시작되었으나 정보보호 기능은 모두 배제 된 상태이다.

이러한 시점에서 정부에서는 개인이 소유한 모든 물품에 RFID 시스템이 도입될 경우 개인의 프라이버시 침해 및 정보유출에 따른 침해가 주요한 사회적 이슈가 될 것으로 예상하여 RFID 시스템의 적용에 대한 제한이 필요하다고 인식하였다. 이에 정통부에서는 RFID의 기술적인 연구 및 보급 확산정책의 추진과 동시에 개인정보보호 및 프라이버시 침해 등 역기능에 대한 분석과 대응책 마련이 병행되어야 하며, 이를 위해 2004년 11월

RFID 프라이버시 보호 가이드라인을 제안하였다. 하지만, 가이드라인 초안에 대해 시민단체들의 항의와 정부, 업계, 학계 관계자들은 이러한 강제성이 없는 가이드라인이 근본적으로 얼마나 효과를 발휘할지, 또, 개인정보 수집시 사전동의라는 대원칙을 준수하는 것도 현실적으로 어려움이 있다는 정부측의 주장이 초안 공청회에서 문제점으로 제시 되었다. 이후 이 초안은 2005년 5월 26일 또 다른 공청회를 가진 뒤 7월 7일에야 첫 번째 가이드라인이 완성 되었다. 이러한 시민단체 및 관련 관계자들과 함께한 공청회를 통한 RFID 프라이버시 보호 가이드라인은 2007년 9월 일부항목이 개정되어 새롭게 발간되었다. 여전히 강제성이 있는 법령은 아니지만, 기술 발전과 더불어 기존의 모호했던 부분을 일부 수정하였다. 기본적으로 '정보통신망 이용촉진 및 정보보호 등에 관한 법률'등 관계 법령의 개인정보보호 원칙을 토대로 작성되었으며, 자세한 내용은 아래에 정통부의 RFID 프라이버시 보호 가이드라인의 주요부분을 그대로 발췌하였으니 참고 바란다. [3-15]

RFID 프라이버시 보호 가이드라인 [3-16]

(정통부, 한국정보보호진흥원 발표)

제1장 총 칙

제1조(목적) 이 가이드라인은 RFID 시스템의 이용에 따른 이용자의 프라이버시를 보호하고 안전한 RFID 이용환경을 조성하는 것을 목적으로 한다.

제2조(정의) 이 가이드라인에서 사용되는 용어의 정의는 다음과 같다.

1. "개인정보"라 함은 생존하는 개인에 관한 정보로서 당해 개인을 알아볼 수 있는 정보(당해 정보만으로는 특정 개인을 알아볼 수 없는 경우에도 다른 정보와 용이하게 결합하여 알아볼 수 있는 것을 포함한다)를 말한다.
2. "RFID 시스템"이라 함은 대상이 되는 사물 등에 RFID 태그를 부착하고 전파를 사용하여 해당 사물 등의 식별 정보 및 주변 환경 정보를 인식하여 각 사물 등의 정보를 수집·저장·가공 및 활용하는 시스템을 말한다.
3. "RFID 태그(Radio Frequency Identification Tag)"라 함은 사물 등에 내장 또는 부착되어 당해 사물 등에 관한 정보 또는 기타 정보를 기록하고 저장이 가능한 것을 말한다.
4. "RFID 리더기"라 함은 전파를 이용하여 태그에 기록된 정보를 판독하고 태그에서 수집된 정보를 서버 시스템으로 전달하는 송·수신 장치를 말한다.
5. "RFID 취급사업자"라 함은 RFID 태그가 부착 또는 내장된 물품을 판매하는 자, RFID 태그에 기록된 물품정보 등을 개인정보와 연계하는 자, RFID 태그에 개인정보를 기록하거나 RFID에 기록된 개인정보를 수집하는 자를 말한다.
6. "이용자"라 함은 RFID 태그가 내장 또는 부착된 물품을 구매하거나 RFID 태그가 내장 또는 부착된 물품을 이용하여 제공되는 용역을 이용하는 자를 말한다.

제3조(적용범위) 이 가이드라인은 RFID 태그에 개인정보를 기록하여 당해 개인정보를 수집하거나 RFID를 통하여 수집한 물품정보와 개인정보를 연계하는 등 RFID 시스템을 이용하여 개인프라이버시를 침해할 수 있는 경우에 적용한다. 다만, 개인정보와 프라이버시 침해 위험 없이 물품정보를 수집하여 이용하는 경우에는 적용하지 아니한다.

제2장 개인정보의 기록•수집 및 연계

제4조(개인정보 기록의 금지 등) ① RFID 취급사업자는 RFID 태그에 개인정보를 기록하여서는 아니된다. 다만, 법률에 정한 경우 또는 서면 등을 통한 이용자의 명시적인 동의가 있는 경우는 그러하지 아니하다. ② RFID 취급사업자는 제1항 규정에 의한 동의를 얻고자 하는 경우에는 당해 이용자에게 미리 개인정보의 기록목적 및 이용목적 등을 고지하여야 한다.

제5조(RFID 태그를 통한 개인정보의 수집) RFID 취급사업자는 제4조제1항 규정의 RFID 태그에 기록된 개인정보를 수집하는 경우에는 당해 이용자에게 이를 통지하거나 또는 쉽게 알아볼 수 있는 방법으로 표시하여야 한다.

제6조(RFID태그의 물품정보 등과 개인정보의 연계) ① RFID 취급사업자는 RFID 태그의 물품정보 등과 개인정보를 연계하는 경우에는 미리 그 사실을 당해 이용자에게 통지하거나 쉽게 알아볼 수 있는 방법으로 표시하여야 한다. ② RFID 태그의 물품정보 등과 개인정보를 연계하여 생성된 정보를 당초의 수집 목적 외로 이용하거나 제3자에게 제공하는 경우에는 이용자의 동의를 얻어야한다.

제3장 RFID 태그 부착 사실의 표시

제7조(RFID 태그 부착 사실 등의 표시) ① RFID 취급사업자는 이용자가 물품을 구입하거나 제공받은 이후에도 당해 물품에 RFID 태그가 내장 또는 부착되어 있는 경우에는 다음 각호의 사항을 미리 이용자에게 설명하거나 당해 물품 또는 그 포장에 표시하여야 한다.

1. RFID 태그가 부착되어 있다는 사실 및 그 부착 위치
2. RFID 태그의 성질 및 기능
3. RFID 태그에 기록되어 있는 정보
4. 제13조의 규정에 의한 개인정보관리책임자의 연락처 등

② RFID 취급사업자는 제1항의 규정에 의한 설명 또는 표시가 곤란한 경우에는 당해 물품을 판매하거나 용역을 제공하는 장소에서 이용자가 쉽게 알아볼 수 있는 방법으로 제1항 각호의 사항을 게시하여야 한다.

제8조(RFID 태그의 기능제거 방법 등에 대한 표시) ① RFID 취급사업자는 이용자가 물품을 구입하거나 제공받은 이후에도 당해 물품에 RFID 태그가 내장 또는 부착되어 있는 경우에는 이용

자가 스스로 RFID 태그의 기능을 제거할 수 있는 방법 등을 설명하거나 해당 물품 또는 그 포장에 표시하여야 한다. ② RFID 취급사업자는 제1항의 규정에 의한 설명 또는 표시가 곤란한 경우에는 당해 물품을 판매하거나 용역을 제공하는 장소에서 이용자가 쉽게 알아볼 수 있는 방법으로 제1항 규정의 RFID 태그의 기능정지 방법 등을 게시하여야 한다. ③ RFID 취급사업자는 RFID 태그가 내장 또는 부착된 물품 등을 구입한 이용자가 용이하게 RFID 태그의 기능을 제거할 수 있는 수단을 제공하여야 한다. ④ RFID 취급사업자는 이용자가 RFID 태그를 제거하였다는 이유로 부당하게 이용자에게 불이익을 주거나 이용자를 차별하여서는 아니된다. ⑤ RFID 취급사업자는 제1항 규정의 RFID 태그의 기능을 제거하는 것이 이용자의 이익이나 공공의 이익을 해칠 우려가 있는 경우에는 그 이유를 이용자에게 설명하거나 해당 물품 또는 그 포장에 표시하여야 한다.

제4장 보 칙

제9조(RFID 태그의 인체이식 등 금지) ① 누구든지 RFID 태그를 인체에 이식하거나 제거할 수 있는 권한을 부여하지 아니하고 이용자의 신체에 RFID 태그를 지속적으로 착용하도록 하여서는 아니된다. 다만, 법률에 특별한 규정이 있는 경우는 그러하지 아니하다. ② 누구든지 법률에 특별한 규정이 있는 경우를 제외하고는 RFID 태그를 이용자가 인식할 수 없는 방법으로 물품 등에 부착하여서는 아니된다.

제10조(RFID 리더기 설치의 표시) 누구든지 RFID 태그가 부착 또는 내장되어 이용자에게 교부된 물품에 대한 정보 또는 RFID 태그에 기록된 개인정보를 판독할 수 있는 리더기를 설치한 경우에는 리더기가 설치되어 있다는 사실을 이용자가 용이하게 인식할 수 있도록 표시하여야 한다. 다만, 물류유통·내부 보안유지·재고 관리를 목적으로 리더기를 설치하거나 고정된 장소에 설치되지 않아 설치장소를 용이하게 표시하기 힘든 경우에는 그러하지 아니하다.

제11조(RFID 시스템의 개인정보보호를 위한 관리적·기술적 조치) RFID 취급 사업자는 RFID 시스템을 이용하여 개인정보를 기록·수집하거나 RFID 태그의 물품정보 등과 개인정보를 연계하는 경우, 당해 개인정보가 분실·도난·누출·변조 또는 훼손되지 아니하도록 <별표>와 같은 조치를 취하여야 한다.

제12조(RFID 시스템에 대한 프라이버시 영향평가) RFID 취급사업자는 RFID시스템을 이용하여 개인정보를 기록·수집하거나 RFID 태그의 물품정보 등과 개인정보를 연계하는 경우, RFID 시스템 이용에 따른 프라이버시 침해 요인 등을 당해 RFID 시스템 도입 시에 분석·평가하여 이용자의 프라이버시가 침해되지 않도록 노력하여야 한다.

제13조(개인정보관리책임자의 지정) RFID 취급사업자는 RFID 시스템을 이용하여 개인정보를

기록·수집하거나 RFID 태그의 물품정보 등과 개인정보를 연계하는 경우, RFID 태그와 관련한 이용자의 프라이버시를 보호하고 이용자의 불만 등을 신속하게 처리하기 위하여 개인정보관리책임자를 지정하여야 한다.

제14조(RFID 태그에 대한 이용자의 인식 제고) RFID 취급사업자 또는 RFID와 관련이 있는 사업자단체·기관은 이용자에게 RFID 태그의 유용성 및 장·단점 등에 관한 정보를 제공하는 등 이용자의 인식을 제고하기 위하여 노력하여야 한다.

제15조(개인정보 이용·제공·파기 등) 이 가이드라인에 정한 사항 외의 개인정보의 이용·제공·파기 및 이용자의 권리보호 등 개인정보 보호와 관련한 사항은 정보통신망 이용촉진 및 정보보호 등에 관한 법령 및 지침의 개인정보보호 원칙에 따른다.

제16조(RFID 시스템을 통한 개인위치정보 수집 등) 이 가이드라인에서 정한 사항 외에 RFID 취급사업자가 RFID 시스템을 통해 개인의 위치정보를 수집·이용·제공하는 경우에는 개인위치정보 보호와 관련한 사항에 대해서 「위치정보의 보호 및 이용 등에 관한 법률」에 따른다.

제17조(가이드라인의 개정에 관한 사항) 이 가이드라인은 RFID 관련 기술의 발전 및 이와 관련한 개인정보 침해의 변화에 따라 이용자, RFID 취급사업자 및 관련 기관 등의 의견수렴을 통해 개정할 수 있다.

3.7 RFID 정보보호 서비스

RFID를 적용한 응용 서비스는 매우 다양하다. 물류서비스, 신분확인, 도서관리 시스템, 가축관리, 금융 서비스 등 적용 분야의 다양성에 대해서는 이미 많이 알려져 있다. RFID의 주된 기능 중에 하나라면 바로 사물의 정보를 얻는 것이다. 사물의 정보를 읽어 들여 여러 가지 서비스를 해주는 것이 바로 정보보호 관련 서비스라고 할 수 있는데, 이는 제품의 이력 정보를 추적하거나 언제 어디서 누가 생산, 제조 하였는지, 어떠한 경로를 통하여 이동 되었는지, 현재는 어디에 존재하는지에 관한 전반적인 서비스를 말한다. RFID를 이용한 정보보호 혹은 정보 추적서비스는 RFID의 이점을 극대화하고, 차후에는 모든 RFID 서비스의 기본으로 통합될 서비스라고 할 수 있다.

현재 알려져 있거나 실용화 단계에 있는 정보보호 관련 서비스는 화물 컨테이너 보호, 자산관리, 사물 위치추적 등 여러분야에서 적용사례를 선보이고 있다.

3.7.1 RFID를 이용한 화물 컨테이너 보호[3-20]

화물의 수출입 물량의 99%이상을 차지하는 항만은 국가 경쟁력의 척도가 되고 있으며, 이와 관련하여 세계시장에서는 항만의 효율적인 화물 관리 시스템과 그에 따른 보안 기술에 관심을 가지고 있다.

미국정부는 9.11 테러 이후 자국으로 반입되는 컨테이너에 대해 반강제적으로 전파식별(RFID)태그를 부착하도록 하는 화물의 상세정보 제공을 요하는 항만보안법(Safe Port Act)을 통과시켰다. 이는 테러리스트들로부터 항만이나 철로를 통해 폭발물이나 화학무기를 밀반입 하는 것을 사전에 방지하려는 정책이며, EU와 세계관세협회(WCO) 등 전세계적으로 물류보안에 대한 대책 마련에 고심하고 있다. [3-17][3-18]

또 2007년 7월에는 기존 컨테이너 보안협정(CSI)를 대폭 강화해, 2012년 7월 이후 미국으로 수출되는 모든 화물에 대해 방사능 검사를 위한 정밀검사를 실시한다는 법안과 화물에 대해 운송 도중 컨테이너가 개폐되지 않았음을 확인할 수 있도록 미국 세관이 인정한 보안장치를 장착해야만 미국내 반입을 허락하는 법률을 통과시킨 바 있다. [3-19]

화물컨테이너의 안전하고 효율적인 운송 및 화물 정보의 안전한 전달을 지원하는 대표적인 보안장치로는 전자봉인(e-Seal : Electronic Seal)과 컨테이너 보안장치(CSD : Container Security Device)가 있다.

3.7.1.1. 전자봉인(e-Seal : Electronic Seal)

전자봉인(e-Seal)은 화물 컨테이너의 문에 설치되며, 컨테이너의 문이 비정상적인 형태로 개폐되거나 또는 비정상적인 개폐가 시도될 경우 이를 감지하여 주변의 리더에게 알리고 그 이력을 유지하는 역할을 한다.

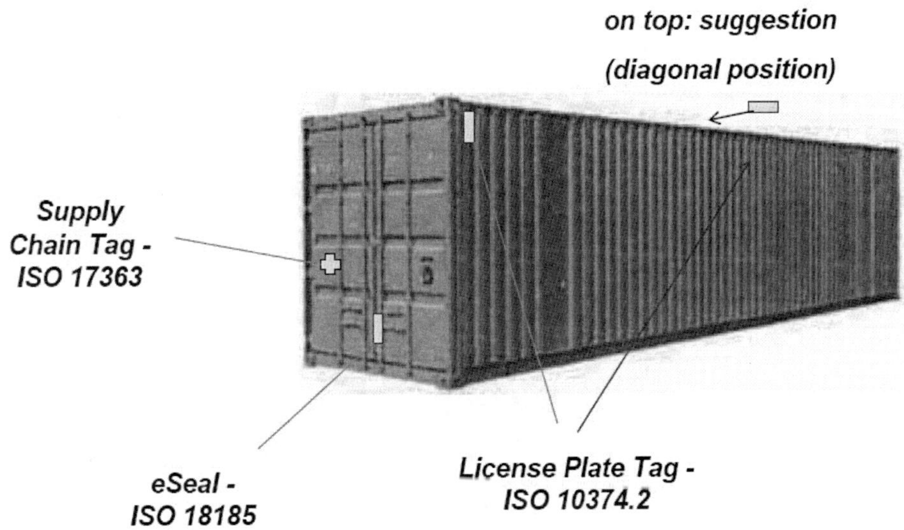

[그림 3-19] 전자봉인(e-Seal)

(1) 기능적 특징

전자봉인은 멀티밴드 물리계층 규격을 지원해야 한다. 즉, 타입 A 물리계층은 433㎒ 원거리 링크와 OOK(ON-OFF keying)근거리 링크로 구성되며, 타입 B 물리계층은 2.4㎓ 원거리 링크와 FSK(Frequency Shift Keying)근거리 링크로 구성된다. 봉인과 직접적으로 관련된 주요 표준문서 및 특성은 [표 3-5]와 같이 요약 될 수 있다.

[표 3-5] 전자봉인 특성

구 분	표준문서	특 성
기계적 특성	ISO 17712	금속 케이블 봉인장치, 재사용불가
원거리 통신 특성	타입 A : ISO/IEC 18000-7 타입 B : ISO/IEC 24730-2	433㎒ 능동형 RFID 2.4㎓ 위치인식 서비스
근거리 통신 특성	타입 A : OOK 변조 타입 B : FSK 변조	123KHz ~125KHz 116KHz ~ 126KHz
데이터 보호	ISo 18185-4	기술 규격 없이 요구사항만 정의됨

기술적으로 살펴보면 타입 A와 타입 B는 전혀 다른 기술이다. 전자봉인이 두 개의 타입을 동시에 구현하고 있기 때문에 433㎒ 통신이 허용되는 국가에서는 타입 A리더와 통신할 수 있고, 433㎒ 주파수 대역이 허용되지 않는 구각에서는 타입 B 리더와 2.4㎓ 대역에서 통신할 수 있으며, 저주파 근거리 통신의 도움으로 컨테이너 위치를 파악할 수 있는 장점이 있다.

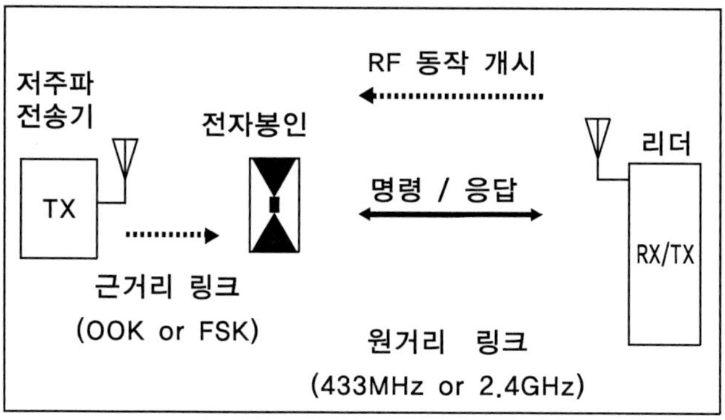

[그림 3-20] 전자봉인 시스템 구성도

[그림 3-20]은 전자봉인 시스템을 구성하는 세 가지 요소인 저주파 전송기, 전자봉인, 리더 구성을 보이고 있다. 저주파 전송기(Low Frequency Transmitter)는 컨테이너의 위치 파악을 돕는 역할을 하며, 일반적으로 특정 위치에 고정되어 있다. 저주파 전송기는 일정한 시간 동안 자신의 식별자(LF Transmitter ID)를 브로드 캐스팅하므로 어떤 저주파 전송기의 영역 내에 들어온 전자봉인들은 모두 저주파 전송기의 식별자를 수신하게 된다. 이러한 저주파 전송기 식별자 수신은 저속의 근거리 통신으로 이루어진다.

그리고 전자봉인과 리더의 통신에 있어서는 원거리의 리더가 전자봉인을 깨우는 동작을 선행해야 하고, 그 이후에 명령을 보내고 이에 대한 응답을 수신한다. 대표적인 명령으로는 전자봉인 식별자(Seal ID)를 요청하는 'Collection'명령이 있으며, 전자봉인에서는 'Collection' 명령을 수신하면 자신의 식별자와 전자봉인 상태정보(ex, Sealed 또는 Opened)를 리더에게 전달할 수도 있다. 따라서 리더는 저주파 전송기 식별자를 수신하여 컨테이너가 어느 저주파 전송기 근처에 있음을 파악할 수 있고, 컨테이너의 잠금 상태가 어떤 상태인지 확인할 수 있다.

전자봉인은 전자봉인 상태 정보 이외에 컨테이너 화물 정보와 같은 중요 데이터를 가지지 않는다는 이유 때문에 데이터 보호 기술을 적용하지 않고 있다. 그러나 전자봉인의 근본적인 역할인 컨테이너 개폐 진위에 대한 원격 확인을 위해서는 잠금(Sealed) 또는 열림(Opened) 이벤트를 보호해야 할 정보로 정의할 수 있다. 즉, 언제 열리고 닫혔는지를 아무나 알 수 있다면 악의적인 공격자가 그 정보를 읽은 후에 컨테이너 문을 열고 물건을 바꿔치기 한 후에 다시 동일한 정보를 가진 새로운 전자봉인으로 컨테이너 문을 잠그면 도착지에서는 여전히 이전의 잠금 정보만을 읽게 되므로 이는 보안상 취약점이 된다.

(2) 전자봉인 관련 표준화

ISO TC104 화물 컨테이너(Freight Container) 기술 위원회는 화물 컨테이너의 외형적 규격, 용어의 정의, 컨테이너 분류, 봉인 방법, 활용 절차 등에 관한 전반적인 표준화 업무를 담당하고 있으며, 현재 세 개의 부위원회(Sub Committee : SC1, SC2, SC4)가 활동 중이다. 그 중 SC4 인식 및 통신(Identification and Communication)부위원회는 화물 컨테이너를 자동적으로 인식하기 위한 통신 프로토콜과 데이터 구조, 코딩 방식 등의 표준화를 담당하고 있으며, 현재 세 개의 작업그룹(Working Group : WG1, WG2, WG3)이 활동하고 있다. 이러한 작업 그룹 중 WG2 컨테이너 및 컨테이너 관련 장비의 자동인식(Automatic Equipment Identification for containers and container related equipment)작업그룹이 전자봉인의 표준화 업무를 담당하고 있다.

즉, 전기적인 특성을 지닌 RFID 장치를 사용하여 화물 컨테이너를 봉인하기 위한 노력의 일환으로 구성된 작업그룹이 ISO TC104 SC4 WG2 이다. 이 작업그룹은 2007년 5월 회의에서 화물 컨테이너에 부착할 전기적인 장치로써 전자봉인(e-Seal, 문서번호 ISO 18185)에 대한 표준화를 마무리 지었으며, 컨테이너 태그(Container Tag, 문서번호 ISO 10891)에 대한 표준화를 진행하고 있다. 그리고 WG2의 표준화 영역은 아니지만, 전자봉인, 컨테이너 태그와 함께 화물 컨테이너에 부착될 RFID 장치 중 하나가 화물 정보를 담는 화물 태그(Shipment Tag)이다. 이는 ISO TC122/TC104 JWG(Joint Working Group)에서 표준화를 담당하고 있으며, 문서번호는 ISO 17363이다.

ISO 18185 규격번호로 표준화가 진행된 전자봉인은 다섯 개 파트로 구분되어 있으며, 2007년 상반기에 최종 국제표준초안(FDIS : Final Draft International Standard)에 대해 각 국가별로 전자 투표가 실시되었고, 모든 파트가 찬성으로 마무리되어 최종적으로 국제표준(IS : International Standard)으로 발간되었다.

[표 3-6] **전자봉인 관련 ISO 18185 표준**

ISO 표준 번호	표준명	주요 내용
18185-1	통신프로토콜 (Communication Protocol)	통신프로토콜에 관한 규격으로써, 전자봉인과 리더사이의 명령 및 응답 패킷 구조 및 각 필드의 기능과 포맷을 정의
18185-2	응용 요구사항 (Application requirements)	전자봉인이 영구적인 식별자를 반드시 가지도록 정의하고 있으며, 건전지 상태, 잠금/열림 시간 통보가 포함되어야 함을 정의
18185-3	환경 특성 (Environment Characteristics)	전자봉인 사용 환경에 관한 규격으로써, 온도, 충격, 진동, 습도, 기상조건, 바다의 안개, 모래와 먼지, 그리고 전자기적 환경에서 동작 가능해야 하는 범위를 정의

18185-4	데이터 보호 (Data Protection)	전자봉인 데이터 보호 기술을 목표로 했던 규격이었지만, 현재는 데이터 및 장치 인증이 필요하다는 선언적 표현만 기록되어있을 뿐이며, 구체적인 데이터 보호에 관한 기술적 특성은 전혀 없는 상태
18185-5	물리 계층 (Physical layer)	전자봉인과 리더 사이의 물리계층 특성에 관한 규격으로써, 최초에는 ISO/IEC 18000-7 규격을 준용하는 433㎒ 통신과 2.4㎓ 통신을 동시에 지원해야 하며 또한 120KHz 대역의 저주파 근거리 통신도 지원해야 하는 멀티밴드 물리계층 규격이 필수 구현사항으로 정의

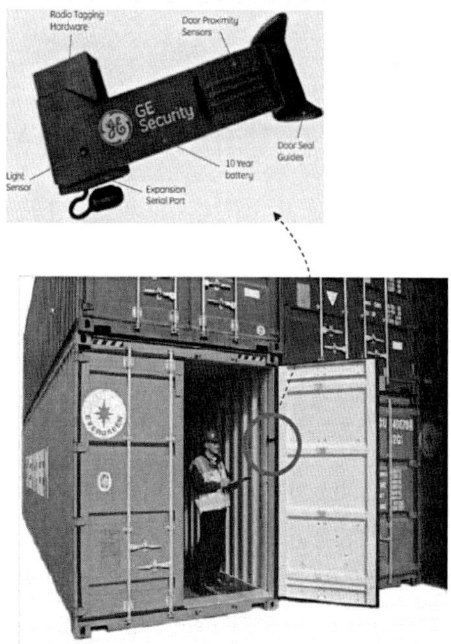

[그림 3-21] 컨테이너 보안장치(CSD)

3.7.1.2 CSD(Container Security Deivce)

컨테이너 보안장치(CSD)는 화물 컨테이너의 내부에 장착되며, 컨테이너 화물의 분실, 도난, 컨테이너 위치 추적 및 컨테이너 침입 탐지의 기능을 수행한다. 컨테이너 보안 장치는 전자봉인과 달리 국제표준 논의를 거쳐 등장한 기술이 아니라, 미국의 GE를 중심으로 산업체 생산품으로 등장한 RFID 장치이다. GE와 더불어 유럽의 지멘스, 한국의 삼성물산, 일본의 미쓰비시 등의 산업체를 중심으로 사용화가 추진되고 있다.

기능적인 측면에서 보면, 컨테이너 보안장치는 컨테이너 침입 여부를 확인하고 컨테이너 문의 개폐 상태 감지 및 컨테이너 이동상황에 대한 정보 제공이 가능하다. 그리고 컨테이너 보안장치는 장착 위치를 컨테이너 내부로 규정하고 있으며, 악조건 해상 환경에 대한 견고성을 보장한다. 컨테이너 보안장치의 주요 특성은 [표 3-7]과 같이 요약될 수 있다.

[표 3-7] 컨테이너 보안장치 특성

구 분	특성
기계적 특성	· 컨테이너 내부 장착 · 악조건 해상환경의 내성 및 견고성 · 재사용 가능 · 화물 정보, 공급만 데이터 보유
통신 특성	· 2.4㎓ ISM 대역, ISO/IEC 18000-4 · 500개 이벤트 정보 저장
데이터보호	· AES-128 암호 지원 · Kerberos IETF RFC 1510

현재까지 공개된 컨테이너 보안장치의 특징과 제원만을 놓고 보면, 컨테이너 보안장치는 기능적인 측면에서는 컨테이너 위치 인식 기능을 제외하면 ISO 국제표준인 전자봉인, 컨테이너 태그, 화물 태그의 기능을 모두 포함한다고 볼 수 있다. 통신 주파수 대역은 2.4㎓ 대역으로서 전 세계 모든 지역에서 별도의 허가 없이 사용할 수 있도록 목표하고 있으며, 화물 정보와 공급망 관리 정보 및 컨테이너 이동상황과 관련된 이벤트를 보유할 수 있다. 또한 보유하고 있는 데이터의 안전한 전달을 위하여 Kerberos 네트워크 인증 서비스와 AES-128 데이터 암호화 기법을 사용함으로써 한층 보안성을 강화시킨 장점이 있다. 위와 같은 전기장치로서의 기능 외에 전자봉인과 차이를 이루는 또 다른 특징 중 하나는 장착 위치가 컨테이너 내부라는 것이다. 전자봉인은 최종 목적지에서 봉인 케이블을 절단하거나 봉인장치 자체를 파손하므로 재사용이 불가능 하지만, 컨테이너 내부에 장착된 컨테이너 보안장치는 최종목적지에서 컨테이너 개봉 후에도 보유 데이터만 초기화 시킨 후 다시 사용할 수 있다.

3.7.2 RFID 기반 유가증권 보호 기술 [3-21]

기존의 유가증권 활용 환경에서는 컬러복사기, 스캐너, 디지털 인쇄기 등으로 유가증권을 위조하는 사례가 빈번하게 발생하였다. 예로써, 지난 2004년 K 도시가스의 한 직원이 자사의 기업어음을 컬러복사기로 위조한 후 시중은행에 제시하여 400억 원 가량을 횡령한 사건이 있었고, 2005년 문화관광부 국정감사에서는 도안과 특수문자, 홀로그램, 바코드까지 동일하게 사용된 시가 50억원에 이르는 불법 게임 상품권의 유통 움직임이 있었다는 경고도 있었다. 이렇듯, 기존의 유가증권은 악의적인 공격자가 정교하게 위변조할 경우, 일반인뿐만 아니라 은행 담당자들도 속아 넘어갈 정도로 위변조 공격에 취약하다. 이러한 배경 속에서 유가증권의 위변조 취약점을 극복하고 또한 금융 업무의 효율화를 위하여 유가증권에 RFID 기술을 적용시키려는 노력이 시작된 것이다.

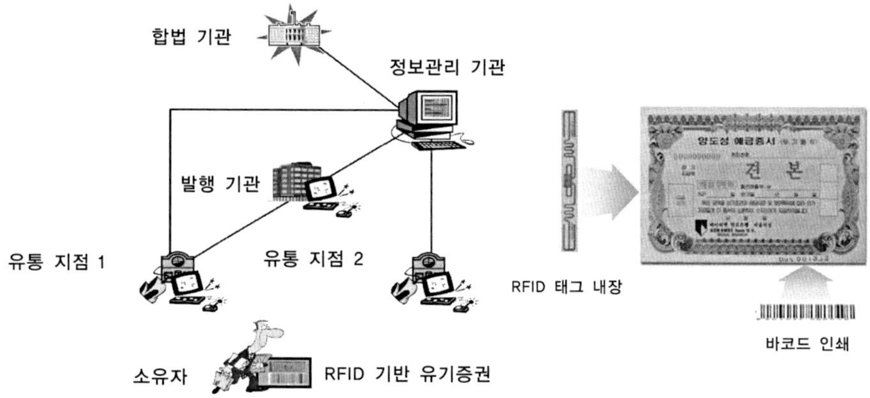

[그림 3-22] RFID 기반 유가증권 시스템 및 RFID 태그 내장 유가증권

유가증권에 RFID 태그를 내장시키는 주요 목적은 돈세탁을 방지하고 유가증권의 불법 유통을 추적하거나 위조지폐를 탐지해 내기 위함이다. 유가증권에 대한 추적 및 위조 탐지는 유가증권 발행, 유통을 책임지는 기관이 추구하는 목적인 반면 유가증권 사용자들은 프라이버시 보호 측면에서 볼 때, RFID 태그의 사용을 오히려 자신들의 프라이버시에 대한 보안 위협으로 생각할 수도 있다. 즉, 만일 아무나 유가증권에 포함된 RFID 정보를 읽을 수 있다면 많은 유가증권을 소유한 사람은 자신이 가진 전체 유가증권 정보가 노출되어 범죄의 대상이 될 수 있다. 또한 누구라도 RFID 정보를 덮어쓸 수 있다면 공격자의 악의적인 금액 변경이 가능하므로 유가증권 유통 질서가 혼란해질 가능성도 존재한다. 그러므로 RFID 기반 유가증권 보호 시스템은 불법적인 읽기와 쓰기 공격에 대한 방어가 튼튼하도록 설계되어야 한다.

RFID 기반 유가증권 보호 시스템이 불법적인 돈세탁 방지, 불법적인 유통의 추적, 위변조 유가증권 탐지와 같은 기본적인 요구사항을 만족시키기 위해서는 다음과 같은 다섯 개의 구성 요소로 이루어져야 한다.

- 발행 기관 : 발행 기관은 RFID 기반 유가증권을 발행하는 기관으로서, 유가증권에 일련번호를 부여하고 유가증권 관련 정보를 정보관리 기관에 전달하는 역할을 한

다. 발행 기관은 실질적으로 RFID 기반 유가증권의 신뢰성 있는 유통을 책임져야 하는 기관이기 때문에 관심을 가지는 주된 보안 관련 사항은 위변조 유가증권 방지 및 탐지이다.

• 합법 기관 : 합법 기관은 RFID 기반 유가증권에 대해 합법적으로 유통 흐름을 파악할 수 있는 권한을 부여받은 기관으로서 오직 자신만이 RFID 기반 유가증권의 유통 흐름을 추적할 수 있는 특권을 가지기를 희망하는 기관이다. 따라서 합법 기관이 아닌 다른 기관들은 RFID 기반 유가증권의 유통 정보를 얻을 수 없어야 한다.
• 정보관리 기관 : 정보관리 기관은 데이터베이스 서버의 구축, 관리, 유지, 보수를 책임지는 기관이다. 합법 기관 또는 유통 지점으로부터 유가증권의 유통 흐름 확인이나 위변조 탐지를 요청 받아 자신의 데이터베이스에 기초하여 그 결과를 알려주는 역할을 한다.
• 유통 지점 : 유통 지점은 RFID 기반 유가증권이 사용되는 곳으로서, 유가증권을 받고 그 정당성을 확인하는 것이 가장 큰 역할이다. 또한 RFID 기반 유가증권에 포함된 정보가 비정상적인 경우에 이를 보고하는 역할도 수행해야 한다.
• 소유자 : 소유자는 RFID 기반 유가증권을 지니고 있는 사용자이다. 보안과 관련된 소유자의 주요 관심은 자신의 프라이버시 보호, 그리고 불법적인 추적의 방지이다.

[그림 3-22]는 위의 다섯 개 구성 요소가 연계된 RFID 기반 유가증권 보호 시스템의 구성도와 RFID 태그가 내장된 유가증권을 보인 그림이다. 현재 가장 현실적인 대안으로 주목 받는 RFID 기반 유가증권 보호 시스템에서는 RFID 기반 유가 증권이 바코드와 RFID 태그를 동시에 포함하고 있는 것을 전제로 하고 있다. RFID 태그와 바코드를 동시에 내장한 유가증권 보호 시스템의 궁극적인 목적인 합법 기관의 유통 흐름 확인과 유통 지점의 위변조 유가증권 식별, 그리고 유가증권의 발행 절차를 설명하면 다음과 같다. 유가증권 보호 시스템의 활용 시나리오상 가장 먼저 고려할 것은 유가증권의 발행 절차이다. 먼저 발행 기관은 RFID 태그의 사용자 메모리 영역에 유가증권의 일련번호, 금액과 같은 정보를 기록하고, 동일한 정보를 정보관리 기관의 데이터베이스에 저장한다. 그리고 발행 기관은 RFID 태그의 사용자 메모리 영역에 기록한 정보를 적절히 조작하여(예를 들면 위의 정보에 대한 전자서명 계산) 생성된 값을 바코드화 하여 유가증권에 인쇄한다. RFID 태그의 연산 능력과 저장 능력에 따라 정보 기록 시 암호화 기법을 사용할 수도 있으며 보다 많은 양의 부가정보를 기록할 수도 있다. 그리고 바코드에 기록된 값은 접촉식 바코드 스캐너로만 읽을 수 있으므로 유가증권 소유자 몰래 바코드 정보가 노출될 수 없다고 가정하여 바코드 정보를 RFID 태그의 사용자 메모리 영역에 접근할 수 있는 패스워드로 사용할 수 있다. 즉, 유가증권에 바코드 인쇄

를 포함시키는 가장 큰 이유는 RFID 태그의 사용자 메모리 영역에 기록되는 정보를 보호하는 패스워드를 손쉽게 관리하기 위함이다.

합법적인 유통 흐름을 확인하고자 하는 합법 기관은 유가증권 소유자도 모르게 유가증권의 일련번호, 금액 등의 정보, 위변조 여부 또는 유통 과정 등을 파악할 수 있는 법적인 근거를 가진 기관이다. 따라서 합법 기관은 유가증권의 바코드에 대한 스캐닝 없이 단지 RF 신호로 노출되는 정보만 가지고 해당 유가증권에 관한 주요 정보를 알아낼 수 있어야 하며, 합법 기관을 제외한 다른 모든 리더들은 RF 신호만을 가지고 유가증권의 정보를 얻을 수 없어야 한다. 유가증권이 RFID 태그의 사용자 메모리 영역에 직접 보유하고 있는 정보 외에 정보관리 서버가 관리하는 정보를 요청할 수도 있으며 정보관리 서버는 오직 합법 기관이 요구하는 경우에만 해당 정보를 알려 주어야 한다. 즉, 합법 기관이 시중에 유통되는 유가증권 중 특정 지역 또는 특정인의 유가증권을 확인하고자 할 때, 소유자 모르게 원격에서 RFID 정보를 읽고, 이 정보와 정보관리 서버의 회신에 근거하여 위변조 여부 및 유통 과정을 확인할 수 있다. 이러한 경우에 시스템 구축 시 고려해야 할 점은 RF 신호로 모두에게 전달되는 정보는 반드시 합법 기관만 해석할 수 있어야 된다는 것이다. 해결 방법으로는 합법 기관의 공개키로 암호화한 데이터를 RFID 태그의 사용자 메모리 영역에 기록해 놓는 방법도 있고, 합법 기관이 해당 RFID 태그에 접근할 수 있는 패스워드를 미리 확보하고 있는 방법도 있을 수 있으며, 보다 높은 보안성이 요구된다면 RFID 태그에서 사용자 메모리 영역에 있는 정보 자체를 암호화하여 통신하는 방법도 있을 수 있다.

유통 지점에서는 유가증권의 위변조 탐지와 정보의 무결성을 확인해야 한다. 일반적인 RFID 기반 유가증권 보호 시스템에서는 유통 지점이 바코드 스캐너와 RFID 리더를 동시에 구비하고 있음을 전제로 한다. 따라서 RFID 기반 유가증권을 받은 유통 지점은 바코드 스캐너로 바코드 정보를 읽고, 그 바코드 정보를 패스워드로 사용하여 RFID 태그의 사용자 메모리 영역에 있는 정보를 획득할 수 있다. 이러한 경우에 바코드 정보와 RFID 태그의 사용자 메모리 영역 정보의 상관관계(예를 들면 바코드 정보가 RFID 정보의 전자서명이라면 이에 대한 검증을 수행하여 그 결과를 파악)를 이용하여 유가증권의 위변조 여부를 확인할 수도 있고, 또한 유통 지점이 RFID 정보를 정보관리 서버에게 전달하여 해당 유가증권의 위변조 여부를 문의할 수도 있다. 비록 다양한 방법과 동작 절차의 정의를 통해 유가증권의 위변조 식별과 합법적 유통 흐름 추적이 가능하긴 하지만 현재의 RFID 태그 기술과 비용, 그리고 유가증권에 내장되는 형태라는 점을 고려하여 구현 가능성을 염두에 두고 현실적으로 시스템을 구상하는 것이 필요하다. 예를 들면, 유가증권의 일련번호, 금액 등의 정보를 RFID 태그에 안전하게 기록하고 읽기 위해서는 RFID 태그가 충분한 크기의 저장 공간이 있어야 하고 패스워드를 사용한 읽기/쓰기 접근 제어 기능을 제공해야 한다. 만일 RFID 태그에서 데이터 암복호 연산을 수행할 수 있다면 별도의 암호 프로토콜을 적용하여 보안성이 향상된 시스템을 구축할 수도 있다. 그러나 ISO/IEC 18000-6의 C 타입 수동형 RFID 태그를 사용하는 RFID 기반 유가증권 보호 시스템에서는 데이터 암복호화 연산 능력이 없어서 직접적인 암호 알고리듬의 사용이 불가능하다.

따라서 이 책에서는 현실적인 접근 방안을 제공하고자 [그림 3-22]의 구성 요소 각각이 요구하는 보안 요구사항을 분석한 후, RFID 기반 유가증권이 구현될 수 있는 다양한 형태(예를 들면, 읽기만 가능한 RFID 태그를 장착한 형태, 읽기/쓰기가 가능한 RFID 태그를 장착한 형태, 읽기/쓰기 접근제어와 암호 연산이 가능한 RFID 태그를 장착한 형태 등)를 고려하여 단계적으로 보안 강도를 높여 나갈 수 있는 보안 대책을 제시하며, 각 단계에서 보안 요구사항을 어느 정도 충족시키는지 분석한다.

[표 3-8]은 RFID 기반 유가증권 보호 시스템의 구성 요소, 즉 발행 기관, 합법 기관, 정보관리 기관, 유통 지점 및 소유자의 보안 요구사항을 정리한 표이다.

[그림 3-8] 구성 요소별 보안 요구사항

구성 요소	보안 요구사항
1. 발행 기관	ⓐ 유가증권 위변조를 방지하고 싶다. ⓑ 위변조 유가증권을 식별하고 싶다. ⓒ 유가증권의 최종 종착지로서, 유가증권 폐기 직전에 유가증권의 유통 흐름을 확인하고 싶다.
2. 합법 기관	ⓓ 소유자 모르게 유가증권 정보를 알고 싶다. ⓔ 유가증권의 유통 흐름을 확인하고 싶다. ⓕ 소유자 모르게 유가증권 정보 및 유통 흐름을 확인하는 기능은 오직 합법 기관만 특권적으로 가지고 싶다.
3. 정보관리 기관	ⓖ 데이터베이스의 정보를 요청하는 기관이 믿을만한 기관인지 알고 싶다. ⓗ 정보 요청 기관과 안전한 통신을 하고 싶다. ⓘ 데이터베이스는 항상 정확한 최신 정보를 유지하고 싶다.
4. 유통 지점	ⓙ 위변조 유가증권을 식별하고 싶다. ⓚ 위변조 유가증권 발견시 정보관리 기관에게 알리고 싶다.
5. 소유자	ⓛ 합법 기관 이외에는 자신이 모르는 상황에서 유가증권 정보가 노출되는 것을 막고 싶다. ⓜ 유가증권을 소유하고 있다는 것이 노출되는 것을 막고 싶다. ⓝ 위변조 유가증권을 식별하고 싶다. ⓞ 위변조 유가증권 발견시 정보관리 기관에게 알리고 싶다.

(1) RFID 기반 유가증권 보호 시스템 단계별 보안 대책

안전한 유가증권 보호 시스템은 [표 3-8]의 보안 요구사항을 모두 만족하는 시스템으로 구현되는 것이 최종 목표지만 유가증권에 내장되는 RFID 태그비용 및 기술 규격 발전을 고려하면 활용 환경에 따라 단계적인 해결 방안을 적용하는 것이 비용 대비 효과를 높이는 방법이 될 것이다. 이때에 비용부담 및 개발 어려움이 가장 큰 RFID 태그의 기능에 따라 단계적인 접근 방안을 제시한다.

① 제 1단계 -읽기 전용 태그

제 1단계 해결 방안은 유가증권에 읽기 전용 RFID 태그를 장착하는 방안이며, [그림 3-23])은 제 1단계 환경을 나타낸 그림이다. RFID 태그에는 유가증권을 식별할 수 있는 일련번호가 저장되어 있으며, 이는 변경되지 않는 고정값이다. 그리고 제 1단계 환경은 일련번호에 대한 접근 제어 기능이 없기 때문에 모든 리더의 요청에 일련번호를 응답한다.

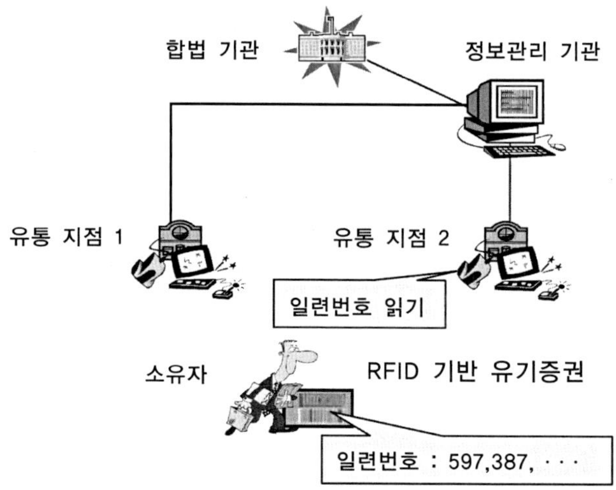

[그림 3-23] 제 1단계 : 읽기 전용 태그 환경

제 1단계 환경의 가장 큰 장점은 현재 상용화되어 있는 RFID 태그를 사용하여 비교적 저렴한 비용으로 유가증권의 제작이 가능하다는 점이다. 히타치의 뮤칩 또는 EPCglobal의 Gen2 통신 규격을 준수한 임핀지, 필립스, TI의 칩들이 대표적인 사용 가능 칩들이다. 실제 EPCglobal Gen2 규격은 사용자 메모리 영역을 별도로 정의하고 있어서 읽기/쓰기가 가능하도록 규정하고 있지만, 상용화된 많은 Gen2 태그들은 저가 구현을 위하여 단지 식별자 정보만을 응답하는 단순한 구조를 가지고 있으며, 제 1단계 환경에서는 이러한 Gen2 태그의 활용을 전제로 하고 있다. 따라서 제 1단계 해결 방안은 컬러복사기, 스캐너, 디지털 인쇄기 등에 의한 위변조를 방지할 수 있으며, 신속한 계수 및 식별자 획득의 장점이 있다.

그러나 [그림3-22]에서 보듯이 소유자가 지닌 RFID 기반 유가증권은 모든 리더들에게 자신의 식별자를 응답하기 때문에 오히려 공격자들에게 소유자가 유가증권을 가지고 있다는 사실을 노출시키는 프라이버시 침해의 빌미가 되는 단점이 있다.

제 1단계 환경의 경우, 기존의 컬러 복사기, 스캐너, 디지털 인쇄기 등의 위변조는 방지할 수 있지만 일련번호가 공격자에게 손쉽게 노출되기 때문에 일련번호에 대한 위조는 막을 수 없으며, 위조된 유가증권이 유통되는 경우 쉽게 식별할 수 있는 방법이 없다. 그리고 위조된 유가증권의 유통은 정보관리 기관의 데이터베이스를 혼란시킬 가능성이 있다.

② 제 2단계 -읽기/쓰기 태그

제 2단계 해결 방안은 유가증권에 읽기/쓰기가 가능한 RFID 태그의 내장과 바코드 인쇄가 병행되는 방안이며, [그림 3-24]와 같은 환경으로 이루어진다. RFID 태그의 사용자 메모리 영역에는 유가증권 일련번호, 금액과 같은 정보와 어느 유통 지점에서 읽혔는지, 몇 번째 유통인지와 같은 유통 흐름 정보가 기록되며, 위의 정보들은 정보관리 기관에서도 동일하게 유지한다. 그리고 제 2단계 환경에서는 RFID 태그의 쓰기 동작은 패스워드에 의한 접근 제어를 하지만 읽기 동작은 별도의 접근 제어가 없다. 즉, 제 2단계 보안 대책은 ISO/IEC 18000-6 C 타입 규격의 읽기/쓰기 규칙을 준수하면서 비교적 저용량 메모리를 사용하는 환경을 전제로 한다.

제 2단계 환경의 가장 큰 장점은 국제 표준을 준용하는 RFID 태그를 사용하여 사용자 프라이버시가 강화된 유가증권 보호 시스템을 구축할 수 있다는 것이다. 제 2단계 해결 방안은 제 1단계 해결 방안에 비해 비용 증가가 예상되지만 점차 RFID 태그 기술의 발전과 더불어 현실적인 대안이 될 수 있을 것으로 판단된다.

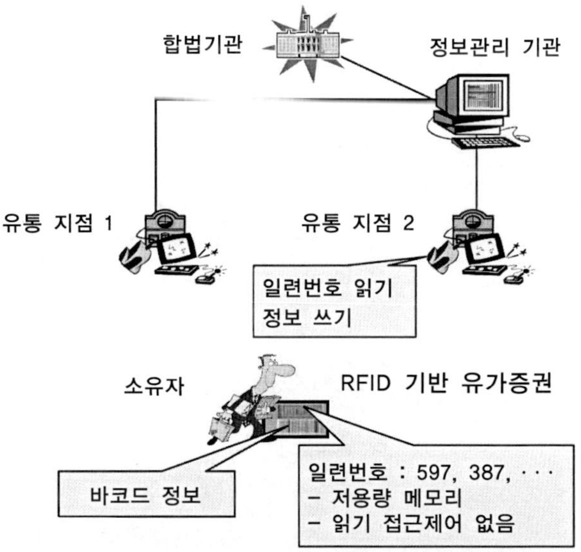

[그림 3-24] 제 2단계 : 읽기/쓰기 태그 환경

제 2단계 해결 방안에서는 RFID 태그 읽기 동작에 대한 별도의 접근 제어가 없기 때문에 소유자 프라이버시 보호를 위해서는 RFID 태그의 사용자 메모리 영역에 기록하는 정보를 평문으로 저장해서는 안된다. 즉, 저장 시 패스워드를 이용하여 암호화시킨 후에 암호문을 저장시켜 놓아야 하며, 패스워드를 가진 리더에서만 그 암호문을 해독할 수 있어야 한다. 이러한 경우에 현실적으로 가장 큰 문제는 모든 리더들이 유가증권마나 해당 패스워드를 알아내야 하는 패스워드 관리 문제이다. 이러한 패스워드 관리 문제를 간단하게 해결한 것

이 바코드 인쇄이다. 즉, 바코드에 패스워드를 기록해 놓는 것으로서 소유자가 유가증권을 제출했거나 또는 소유자가 지켜보는 가운데 바코드 스캐너를 통해 쉽게 패스워드를 얻을 수 있는 장점이 있다. 이렇게 확보한 패스워드를 이용하여 RFID 태그 정보를 암복호화 하고, 쓰기 동작의 접근 권한을 얻을 수 있다.

제 2단계 보안 대책은 제 1단계에 비해 소유자 프라이버시 보호가 향상되었다. 이는 패스워드를 가진 리더만이 RFID 태그 정보를 해독할 수 있기 때문이다. 합법 기관이 소유자 모르게 RFID 태그 정보를 알기 위해서는 바코드 스캐닝 없이 패스워드를 얻어야 하는데, 별도의 패스워드 관리 방법에 의해서 합법 기관이 모든 유가증권의 패스워드를 확보할 수 있다면 보안 요구사항을 만족할 수 있지만 현실적으로는 거의 불가능하다.

③ 제 3단계 -암호 연산 태그

제 3단계 해결 방안은 유가증권에 암호 연산이 가능한 고성능의 RFID 태그와 바코드 인쇄를 병행하는 방안으로써 [그림 3-25]와 같은 환경으로 구성된다. 제 3단계 환경은 RFID 태그가 충분한 메모리 공간과 자체적인 암호 연산 능력을 가지고 있어서 유가증권 일련번호와 같은 중요 정보뿐만 아니라 태그 식별자도 허가받은 리더에게만 공개되어 유가증권의 소유 자체도 노출시키지 않는 환경이다.

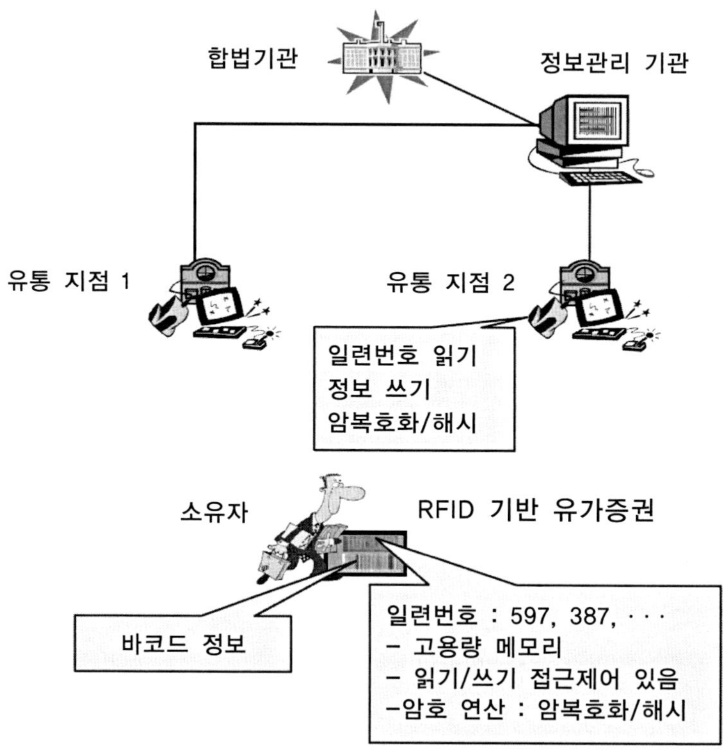

[그림 3-25] 제 3단계 : 암호 연산 태그 환경

제 3단계 환경의 가장 큰 장점은 RFID 태그의 암호 연산을 통해 보안 통신이 강화됨으로써 [표 3-8]에서 분석한 보안 요구사항을 모두 만족시키는 안전한 시스템을 구축할 수 있다는 점이다. 그러나 수동형 RFID 태그에서 충분한 메모리를 보유하고, 메모리 읽기/쓰기에 대하여 패스워드를 이용한 접근 제어를 수행하며 또한 데이터 보호를 위한 대칭키 암복호화, 해시 연산 등을 수행하는 것은 비용 측면이나 기술 수준 측면에서 현재로서는 매우 구현하기 어려운 전제 조건이다.

제 3단계 보안 대책은 제 2단계에서 해결하지 못한 합법 기관의 보안 요구사항을 모두 만족하게끔 하였다. 이는 충분한 메모리 공간에 합법 기관의 공개키로 암호화한 공개키 암호문을 저장시켜서 합법 기관만이 자신의 비밀키로 암호문을 해독할 수 있도록 했기 때문이다. 또한 경우에 따라서는 RFID 태그에서 직접 공개키 암호화 연산을 수행하여 전달해도 된다.

④ 단계별 보안 대책의 비교

제 1단계 보안대책은 비교적 저가 구현이 가능하지만 소유자 프라이버시 침해에 취약하고, 제 2단계 보안 대책은 제 1단계에 비해 비용 증가는 있지만 국제 표준을 따르는 현실적인 구현이 가능하면서 소유자의 프라이버시 보호 기능이 강화된 해결 방안이다. 그리고 제 3단계 보안 대책은 최종 목표 시스템을 지향하고 있지만 현재의 기술 수준과 비용 측면에서 단기간 내에 적용하기에는 어려운 시스템이다

[3 - 1] 유비쿼터스 컴퓨팅 환경에서 개인정보보호 방법, 이성몽, 주간기술동향, 2005.05.04
[3 - 2] RFID 도입과 프라이버시 보호 관련 법제 현안 분석, NCA(한국전산원) CIO Report, 2004,10,15
[3 - 3] "전파식별(RFID)보급 활성화를 위한 역기능 및 정보보호대책연구", 한국전산원, 2004
[3 - 4] "유비쿼터스 사회의 RFID", 유승화, 전자신문사, 2005
[3 - 5] "RFID/USN 확산 저해요인 및 개선 대책 연구", 한국전산원, 2005년
[3 - 6] RADIO-FREQUENCY IDENTIFICATION (RFID): DRIVERS, CHALLENGES AND PUBLIC POLICY CONSIDERATIONS, http://www.oecd.org/
[3 - 7] "RFID/USN 환경에서의 정보보호 소고", 정병호, 강유성, 김신효, 정교일, 양대헌, 한국통신 학회, Jun.2004
[3 - 8] "Accommodating RFID Technology and Expectations of Privacy: An Examination and Proposed Guidelines", http://epic.org/privacy/rfid/rfidplichta.html
[3 - 9] "RFID 응용 기술과 보안, 그리고 프라이버시 보호 기술", Simson Garfinkel/Beth Rosenberg, 지&선 출판사
[3-10] "EPCglobal Netwrok 기반의 RFID 기술 및 활용", 안재명,이종태,오해석,(주)리테일테크 기술연구소
[3-11] 정보보호 기술로드맵, 정보통신부. 2007.1
[3-12] "미국 RFID 관련 최신 입법 동향분석", 강원영, KISA, 2007.4
[3-13] "무선인식(RFID) 개인정보보호에 관한 국내외 동향 조사연구", 산업자원부, 2006
[3-14] "RFID 기술개발과 프라이버시문제", 장종인, 정보통신정책연구원, 2006
[3-15] http://www.kisa.or.kr, 한국정보보호진흥원
[3-16] "RFID 프라이버시 보호 가이드라인", 정보통신부, 2007년 9월
[3-17] 디지털 타임스, 2004년 7월 26일
[3-18] 전자신문, 2005년 3월 24일
[3-19] 아이티데일리, 2007년 12월 12일
[3-20] "화물 컨테이너 보호를 위한 RFID 보안장치 기술 동향", 강유성, 김호원, 정교일, 한국전자통신연구원
[3-21] "RFID 기반 유가증권 보호 기술 동향", 강유성, 이석준, 김호원, 한국전자통신연구원, 전자통신동향분석 제 22권, 제 6호, 207년 12월

제 4장

RFID 표준화 및 특허

4.1 RFID 표준화

4.1.1 표준화

흔히 얘기하는 표준화(Standardization)란, 대량생산이나 대량구매를 가능하게 하고 과학적 관리를 가능하게 하며 또는 소비자에 대한 품질보증을 목적으로 하는 것으로서, 제품·부품·품질·작업방법·공구·설비에서 경영의 방침·방법·절차에 이르기까지 최선의 기준이나 규격을 발견하고 통일화하는 것을 의미한다. 한 예로, 인류 역사상 최초의 표준은 BC 7000년경, 이집트에서 무게의 단위로 사용하였다는 원통 모양의 돌로 알려져 있다. 이 돌의 재질이나 크기, 모양 등을 정한 내용이 표준이고, 이를 정하고 사용하도록 하는 일련의 과정이 표준화인 것이다.

표준화 활동은 상향식 표준화와 하향식 표준화 활동으로 구분할 수 있다. 어느 나라의 기술이 표준으로 설정되느냐 또는 어떤 다국적 기업의 기술이 표준으로 설정되느냐가 그 국가 또는 기업에 지대한 영향을 미치기 때문에 표준화는 종종 국가간 또는 기업간에 치열한 경쟁의 장이 되곤 한다. 따라서 각 국가 또는 기업은 자신의 기술을 표준으로 설정하기 위한 활동을 활발히 추진하는데, 이렇게 기술 개발의 결과를 국제 표준에 반영하는 활동을 상향식 표준화 활동이라고 하며, 반대로 국제 표준화 결과를 국내 표준화 활동 및 산업체에 전파 보급하는 활동을 하향식 표준화 활동이라고 한다. 최근 정보통신사회에서는 신기술의 급격한 발달로 선진기업이 국제표준을 원천기술로 독점, 확신시키려는 수단으로 표준화가 이용되고 있으며, 국제표준에 자사 기술, 즉 특허(지적재산권)를 최대한 반영하려는 시장전략을 유지하고 있어 표준화가 더욱 요구되고 있다.

정보통신 표준은 표준화 기구 ITU, ISO, IEC 등 공식 표준화 기구를 통한 공식표준(De jure standards)과 포럼이나 컨소시엄 등 비공식 표준화 기구를 통한 사실표준(De facto standards)으로 구분할 수 있다.

WTO/TBT 이후 표준화가 시장선점의 전략적 도구로 인식됨에 따라 IT 시장의 요구를 반영한 신속한 표준 제정을 목적으로 사실표준화 기구의 중요성이 부각되고 있으며, 현재 전 세계적으로 100여 개의 사실 표준화 기구가 활발히 활동하고 있다.

RFID 관련 공식 표준화 기구로써는 ITU, IEC, ISO, ISO/IEC JTC1 등이 있으며, 1990년대 후반부터 비접촉형 IC 카드의 표준화가 논의되어 2000~2001년 관련 규격이 모두 제정되었고, 이 후 RFID 시스템에 관한 주파수별 무선 인터페이스, 데이터 포맷, 데이터 내용, 시험 방법 등의 표준화를 추진하게 되었다. 국제공식 표준은 구속성이 사실상 표준에 비해 상대적으로 강한편이지만, 시장의 요구 및 기술발전에 민첩하게 대응하지 못함에 따라 표준화 작업이 더딘 편이다.

RFID 분야에서 제정되는 또 하나의 표준으로는 사실상 표준인 EPCglobal이 있다. 1999년부터 RFID 산업화에 선두적인 역할을 한 미국 MIT Auto-ID 센터가 두 개의 조직 Auto-ID 연구소와 EPC global 확장 개편 되었으며 그 중 Auto-ID 연구소는 기업화 측면의 기술과 개발을 담당하기 위해 2003년에 설립됐으며 미국과 영국, 오스트레일리아, 일본, 스위스 및 중국과 한국에 있는 대학들의 연구소로 구성되어 RFID기술의 방향성 등을 연구하고 있다. 또한 EAN 인터내셔널과 UCC의 합작으로 설립된 EPCglobal은 RFID의 핵심인 EPC와 이를 기반으로 한 네트워크를 국제적이고 범 산업적으로 보급하는 역할을 맡고 있다.

이 장에서는 표준화의 중요성 및 이 두 표준기구 및 표준화 동향에 대해서 알아본다.

4.1.2 표준화의 필요성

네트워크의 발달에 의해 예전과는 다르게 모든 정보가 on-line을 통하여 교환하고 공유하는 시대가 되었다. 이러한 네트워크 환경을 위해서 모든 정보가 컴퓨터 데이터화가 되어야 할 필요성이 생기게 되었고 이런 사물의 정보를 데이터화 하는 작업에 자동화 기술이 필수적이다. 이러한 역할을 하는 기술을 일반적으로 자동인식 및 데이터 획득(AIDC:Automatioc Identification and Data Caputer)기술이라 하며, 구체적인 기술로 1차원/2차원 바코드(Bar code)와 RFID(Radio Frequency IDentification)가 있다.

RFID는 각종 서비스 산업은 물론 물류, 산업 현장, 제조 공장과 물품의 흐름이 있는 곳이면 어디에서나 적용이 가능하여 사회 여러 분야로부터 큰 관심을 받고 있으며, 이와 같은 상황을 반영하여 ISO/IEC의 JTC1/SC31 전문위원회를 중심으로 RFID 글로벌 표준화가 진행되고 있다. 이에 따라 국내에서도 RFID 기술 및 응용 분야의 조기 구축을 통한 관련 기술 발전 및 세계 시장 진출의 기회 확보를 위하여 RAPA(Korea Radio Promotion Association), 전파연구소, 한국전자통신연구원 등을 주축으로 UHF 대역 신규 주파수 할당을 포함하는 RFID용 주파수 관련제반 규정을 국제 표준에 부합하도록 하는 표준화 활동을 진행하고 있다. 인터넷을 비롯한 정보기술의 비약적인 발전을 나타내는 IT 혁명에 의해, 우리의 산업이 크게 변화해가고 있다. 정보기술의 최대 특징 중 하나는 대부분의 관련기술에서 표준화가 선행되어야 한다는 것이다. 이것은 정보의 집중제어로부터 분산제어 및 네트워크 연동화로 이행하기 위해 "불특정 다수를 대상으로 한 공통의 표준규격 제정"이 필요조건으로 인식되고 있기 때문이다. 바코드 및 RFID 등의 자동인식 및 데이터 획득(AIDC : Automatic Identification and Data Capture)기술은 상품의 공급망 활동에서 사람의 작업이나 판단을 궁극적으로 배제하고 상품이 갖는 정보를 자동적으로 취득해서 on-line으로 관련 정보를 처리하는 자동처리 시스템 구현의 핵심요소기술이다. 이러한 AIDC의 기술 사양은 수십, 수백 종으로 구현될 수 있어 조기에 국제적으로 검증된 공통의 규약 제적이 필수적으로 요구되며, 응용 및 적용 분야에서의 혼란을 방지하는 측면에서 AIDC 기술의 핵심은 "표준화"라 할 수 있고, 더 나아가서 RFID 기술이 적용된 상품을 세계 어디서나 자동으로 인식하기 위해서는 "국제표준화"가 반드시 필요하다. 덧붙여 모든 산업분야에 다양한 응용 및 적용이 가능한 RFID는 매우 큰 시장 잠재력을 갖고 있으며, 이러한 RFID 기술은 국내외의 잘 정립된 공통 표준 하에 핵심 요소기술 개발과 신상품 개발의 측면이 맞물릴 때 그 기술적, 산업적 가치를 극대화 할 수 있을 것이다.[4-1]

이에 국내에서도 RFID 기술관련 표준화의 중요성을 인식하여 국제화, 산업화 및 기술적, 문화적 측면 등 다양한 상황을 고려한 공통의 기술 기준의 마련과 이를 통한 RFID 관련 핵심 요소기술을 발굴하여 국제 표준화를 선도하고, 다양한 국가의 지적재산권을 확보하려고 노력 중이다.

4.1.3 RFID 기술 표준화 영역

RFID 기술표준화 영역은 RFID 시스템 구성과 연관되어 있다. [그림 4-1]에 나타나 있듯이 RFID 태그에 저장되는 식별코드, 주파수 대역별로 정의되어 있는 RFID 태그와 리더 사이의 무선 인터페이스(Air Interface), 리더와 호스트 사이의 인터페이스, 리더 프로토콜, 리더 관리 및 미들웨어 관련(이벤트 처리, 필터링 기능), 적용 조건 및 가이드라인, 사물 정보 검색(태그 식별코드와 실제 사물 정보 연결) 등의 영역에 대한 표준화가 여러 표준 단체에서 분야별로 진행되고 있다.

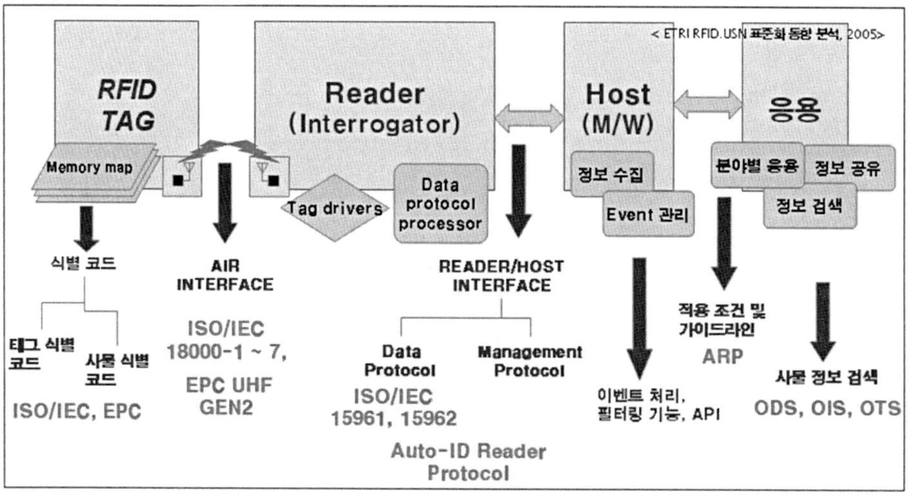

[그림 4-1] RFID 기술 표준화 영역

4.1.4 ISO/IEC 국제공식표준

4.1.4.1 국제 표준화 기구

자동인식기술(AIDC)에 대한 표준화의 중요성이 인식되어 국제표준을 주도하는 양대 표준화기구인 ISO(국제표준화기구, International Organization for Standardization)와 IEC(국제전기 표준 회의, International Electrotechnical Commission)는 JTC1(합동기술위원회, Joint Technical Committee1)내에 1996년 3월 AIDC 기술 표준화를 위한 SC31(Sub-Committee 31)을 설립하고 바코드 및 RFID 에 대한 국제표준화 활동에 착수 하였다.

ISO/IEC JTC1은 ISO와 IEC가 정보기술 분야의 표준 제정을 위하여 1987년에 공동으로 설립한 기술위원회이며, 여기서 제정된 표준은 양기관이 표준으로 함께 채택하도록 하고 있다. 이와 함께 ITU-T에서도 RFID/USN의 네트워크 관련 분야에 대한 표준을 함께 제정하고 있다. ITU-T는 국제전기통신 표준화부문(CCITT의 후신인 ITU-T:International Telecommunication Union-Telecommunication Standardization Sector)으로 1956년에 CCITT(Consultative Committee on International Telegraphy and Telephone)로 창설되어 1993년 오늘날의 이름을 가지게 된 ITU(국제전기통신 연합)의 산하 기관이다. 2001년 12월 현재 189개 회원국들이 참여하고 있으며, 우리나라는 1952년 ITU에 가입하였고 정보통신부가 대표 기관으로 되어 있다.

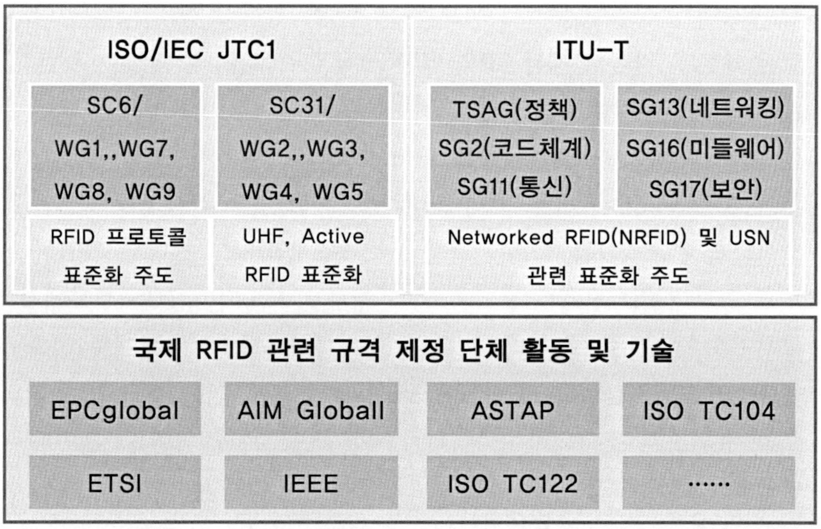

[그림 4-2] 국제 표준화 기구

국제 표준화는 [그림 4-2]와 같이 크게 ISO/IEC와 ITU-T에서 주도하고 있으며, ISO/IEC JTC1의 SC6에서는 모바일 RFID OID(Object Identifier) 및 RFID 프로토콜 표준

화를 수행하고 있으며, SC31에서는 자동인식 및 데이터 수집에 대한기술 표준화를 수행하며, 현재 RFID 기술의 국제 표준화를 선도하고 있다. ISO/IEC에서는 UHF 및 Active RFID 표준에 대한 확장 및 센서태그, 미들웨어에 대한 신규 표준화가 진행 중이며, 센서태그, 미들웨어에 국내 기술을 반영 중에 있다. ITU-T는 RFID를 네트워크와의 연계부분에 있어 네트워크 프로토콜, 보안/인증, NGN(Next Generation Network)과의 연계 등의 세부 분야별로 RFID 관련 표준화를 추진하고 있다. 특히, 2007년에는 ITU-T SG17 국제표준화 회의에서 우리나라가 RFID 보안과 관련한 국제표준 초안 5건이 채택되었고, SG13 에서는 국내 모바일 RFID을 중심으로 모바일 RFID 응용 서비스 및 기능 요구사항에 관한 초안을 작성 중이다.

ISO의 표준화 단계는 [표 4-1]에 나타나 있듯이 크게 5단계로 나눌 수 있다. 첫 번째 단계로 NP (New Proposal) 즉 새로운 work item을 제안하는 제안 단계(proposal stage)가 있고 투표를 위해 3개월이 소요된다. 제안은 JTC1, 각 국가, SC 등에서 할 수 있고, JTC1의 회원국가들이 투표를 하여 받아들일 지 여부를 결정한다. 이때 투표에는 적어도 다섯 개이상의 회원국가 참여하여 과반수 찬성이 되어야 통과된다. 두 번째로, NP가 통과되면 표준안의 초안인 WD(Working draft)를 만드는 준비 단계(Preparatory stage)가 있다. NP가 받아들여지면 이것은 작업을 담당한 SC로 할당되고 SC에서는 WG(Working group)을 만들어서 project editor를 선정하여 WD를 작성하며, 3년 이내에 작성하여야 한다. WG에서 작성한 문서가 어느 정도 완성되었다고 동의가 되면 CD(Committee draft)로 등록한다. 다음 단계는 CD와 FCD(Final Committed)를 만드는 위원회 단계(Committee stage)로서 표준안을 위원회에서 검토하는 과정이다. WG에서 동의에 의해 추천된 CD는 SC에 의해 JTC1으로 등록을 위해 보내진다. 여기서 CD가 충분히 완성되었다고 생각되면 바로 FCD 투표로 가게 되고, 불충분할 경우 다시 CD 대상인지를 투표를 통해 결정하게 된다. CD는 투표를 위해 보통 3~6개월 정도 걸리고, FCD는 보통 4~6개월 정도 소요된다. CD 투표는 동의를 얻을 때까지 계속되며, FCD 투표에서 통과 못할 경우 다시 CD 투표를 하게 된다. FCD 투표를 통과하면 FDIS 투표를 위해 등록된다. 네 번째로 FDIS(Final Draft International Standard) 투표를 위한 승인 단계(approval stage)가 있으며, 표준으로 출판되기 전에 회원국의 최종 승인을 얻는 과정이다. 이 경우 보통 2달의 기간이 투표를 위해 소요되고 회원국의 2/3이상이 찬성하고 1/4이하의 반대표가 있어야 통과합니다. 투표는 통과와 탈락으로 결정되며, 투표를 통과하지 못할 경우 다시 CD 단계에서 시작해야 한다. 통과할 경우 다음 단계로 가기 전에 최소한의 편집만이 필요할 뿐이다. 마지막으로 출판 단계(Publication stage)는 FDIS 문서를 JTC1으로 보내서 IS(International Standard)로 출간하게 된다.

[표 4-1] ISO 표준화 과정

Project Stages	Procedures
1. Proposal Stage	- A new Work Item Proposal(NP) is under consideration - Voting period : 3months
2. Preparatory Stage	- A Working Draft(WD) is under consideration
3. Committee Stage	- A Committee Draft(CD) is under consideration - Voting period : 3months
	- A Final Committee Draft(FCD) is under consideration - Voting period : 4 to 6 months
4. Approval Stage	- A Final Draft International Standard(FDIS) is under consideration - Voting(Yes/No) period : 2 months
5. Publication Stage	- An international Standard(IS) is being prepared for publication

한편, 국제표준인 IS가 아닌 기술보고서(TR, Technical Report)는 NP → PDTR(Preliminary Draft of Technical Report) → DTR(Draft of Technical Report) → TR의 4단계를 거쳐 기술보고서로 출간된다.

가) ISO/IEC JTC1/SC31

국제 표준화 단체인 ISO/IEC에서 진행하고 있는 RFID 기술 표준화 작업은 ISO/IEC JTC1의 SC31 에서 담당하고 있다. ISO/IEC JTC1은 국제 표준화 기구인 ISO와 국제 전기 기술 위원회인 IEC의 합동 기술 위원회로서, 정보 기술 분야에 대한 국제 표준화를 진행하고 있다. SC31은 JTC1의 31번째 위원회(Sub-Committee)로서, 바코드 및 RFID를 포함하여 자동식별 및 데이터 수집 기술(Automatic Identification and Data Capture techniques)에 대한 표준화 작업을 수행하고 있으며, 대한민국을 포함하여 30개 회원국들이 정식 참여 회원(participating member)으로 활동하고 있고, 특히 대한민국은 산업자원부 기술표준원을 중심으로 2001년부터 참여하고 있다.

[그림 4-3]은 ISO 및 IEC 산하의 RFID 관련 표준화를 담당하는 위원회들을 보여주고 있다. 1990년대부터 가축관리(ISO TC23)와 컨테이너(ISO TC104), IC 카드(ISO/IEC JTC1/SC17) 등 특정 분야에서 RFID 기술을 도입한 표준화가 진행되기 시작하였으나, RFID 기술 자체를 중심으로 한 표준화 작업은 ISO/IEC JTC1/SC31에서 이루어지고 있다. 2005년 4월 현재, SC31은 [그림 4-3]에서처럼 여섯 개의 워킹그룹(WG)으로 구성되어 있으며 각각의 WG은 세분화된 자동 식별 기술에 대해 표준화를 진행하고 있다. 즉, WG1, WG2, WG3, WG4는 자동 식별 및 데이터 수집 기술 중에서도 데이터 캐리어(data carrier), 데이터 구조(data structure), 적합성(conformance), 사물 관리를 위한 RFID 기술(RFID for item management)을 위한 표준화 작업을 각각 진행하고 있고, 2004년에는 실시간 위치 시스템(RTLS)에 대한 표준화를 위한 WG5를 설치하였다.

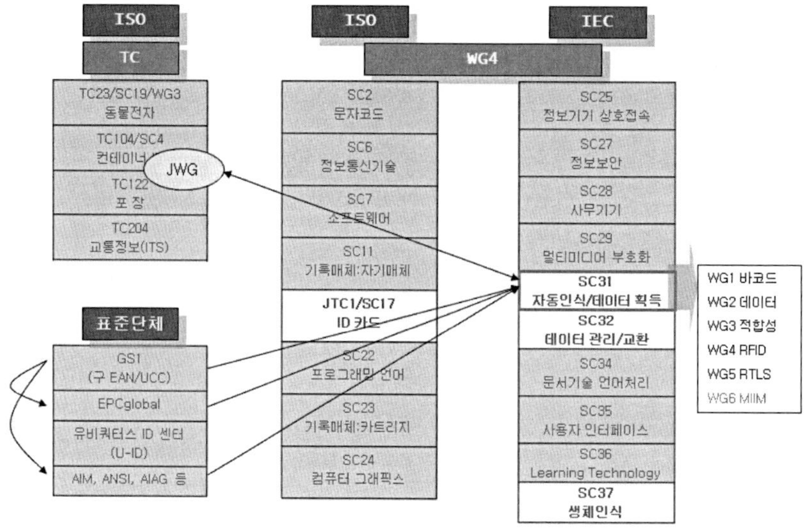

[그림 4-3] ISO/IEC 산하 RFID 관련 표준 위원회

2007년에는 국내에서 세계 최초로 개발하고 있는 UHF 대역 모바일 RFID 기술을 바탕으로 관련 서비스 및 응용, 에어 인터페이스, 보안, 적합성 테스트와 관련한 표준화를 담당하는 WG6 MIIM(Mobile Item Identification and Management)라는 ad-hoc 그룹을 한국전자통신연구원(ETRI)과 모바일 RFID 포럼 유관기관 및 참여 기업들의 주도로 SC31 승인아래 창설하여 표준안을 제정 중이며 2008년 2월에 WG6의 설립이 최종 승인되었다. [4-5,6]

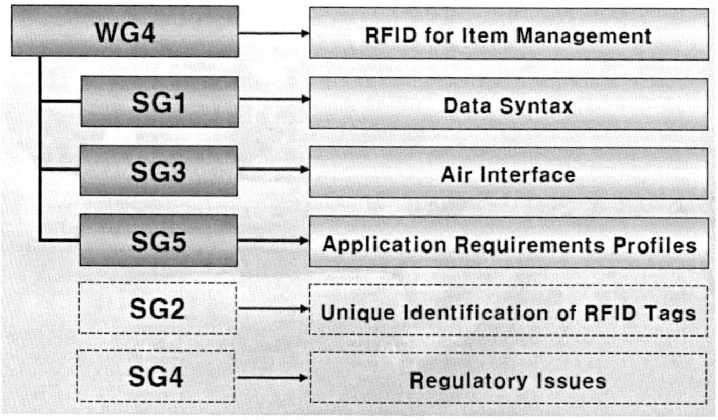

[그림 4-4] ISO/IEC JTC1 WG4 구성도

사물 관리를 위한 표준화를 담당하는 WG4는 [그림 4-4]와 같이 다섯 개의 서브 그

룹(SG)으로 구성되어, 세분화된 부분의 표준화를 진행한다. SG1에서는 RFID 시스템 구성 요소들 상호간에 주고받는 데이터 및 관리 프로토콜의 표준화를, SG2는 RFID 칩 또는 태그의 유일한 식별을 위한 표준화를, 그리고 SG3는 RFID 주파수 대역별 air-interface의 표준화를 담당하고 있다. 또한, RFID가 라디오 주파수에 관련된 사항인 만큼 국가 및 지역에 따른 규제 사항을 논의하기 위한 SG4가 있으며, RFID 활용을 위한 요구사항을 마련하기 위해 별도의 리포트 그룹인 ARP(Application Requirements Profiles)가 WG4의 각 서브 그룹에서 제정된 표준의 응용방안에 대해 논의하고 있다.

그런데 현재 SG2와 SG4는, 표준화 작업 종료 및 당분간 수행할 사항이 없다고 판단되어 각각 2004년과 2001년 해산되었으므로, 현재는 세 개의 하위그룹(SG1, SG3, SG5)만이 활동하고 있는 상황이다. 특히 ARP의 경우, 앞으로 RFID 시스템의 구현에 대한 가이드라인 표준화를 활발히 진행하기 위해 2005년에 정식 서브그룹인 'SG5'로 승격되었다.

한편, SC31/WG4에서의 RFID 표준화가 'Item Management'라는 포괄적인 목표를 지향하고 있으므로, 실제 구체적인 적용 분야에 대한 표준화를 위하여, ISO의 다른 해당 기술위원회(TC)에 속한 표준화 그룹들 및 기타 기관의 표준화 조직과 상호협력관계(liaison)를 맺고 표준화 추진에 협력관계를 조성하고 있다.

SC31/WG4에서의 표준화 방향은 기존의 air interface 및 데이터 프로토콜에 대한 개정 작업과 RFID 태그에 센서와 전지가 추가되었을 때 전지 지원 및 센서 기능을 어떻게 수용할지를 중점적으로 다루고 있다. 이를 위해 우선 전지 지원 및 센서 기능을 지원하기 위해 필요한 명령어의 일반적인 기능을 정하기 위한 작업반을 결성하여 이러한 기능을 각각의 air interface (ISO/IEC 18000-3, -6, -7 중심)마다 적용하기 위한 수정 작업을 추진할 것이다. 또한 모바일 RFID에 대한 표준화를 최근 시작했으며, 현재 우리나라의 ETRI가 주도적으로 참여하고 있다. [4-2]

WG4/SG1에서는 센서 메타데이터 구조, 센서 데이터 처리 및 센서 드라이버 등과 관련된 새로운 표준인 ISO/IEC 24753과 RFID 리더 관리 및 미들웨어 기능과 관련된 SSI(Simple Sensor Interface protocol)에 관한 표준인 ISO/IEC 24791에 대한 표준화 작업을 진행 중에 있다. 또한 전지 및 센서를 지원하기 위한 응용 커맨드(application command)와 응답(response)을 추가하기 위해서 기존의 ISO/IEC 15961의 개정도 작업 중에 있다.

2007년 4월 SC31/WG4에서는 2건의 TR(기술보고서)을 포함하여 모두 11건의 국제 표준(IS)을 발간하였으며, 개정 작업을 포함하여 모두 12건의 관련 표준화 작업을 추진중에 있다. [표 4-2]에서는 SC31/WG4에서 다루고 있는 표준안의 제목 및 표준안 완료된 항목들을 보여주고 있으며, [표 4-3]에서는 현재 작업중인 표준인 항목들이 정리되어 있다. [4-7]

[표 4-2] 4-2 ISO/IEC 기반기술 표준 현황 [4-3]

그룹	그룹명	ISO/IEC	Project 명	현단계	비고
SG1	Application Interface	15961-1	Application Interface	-	ISO/IEC 15961+AFI+ 센서 및 전지 데이터 처리 관련 명령/응답
		15961-2	Registration	FCD	
		15961-3	Data Construct(AFI)	FCD	
		15961-4	Sensor data	WD	
	Application Protocol	24753	Battery Assist &Sensor	2차 CD	센서 및 전지 데이터 암호화 및 처리 규칙
	Software System Infra - Structure	24791-1	Architecture	CD	
		24791-2	Data Management	WD	
		24791-3	Device Management	WD	한ETRI& 일JEITA
		24791-4	Application Interface	WD	
		24791-5	Device Interface	WD	
		24791-6	Security	WD	ETRI co-Editor
SG3	Air Interface	18000-1	Parameters(Rev)	CD	센서 등 고려
		18000-2	Below 135KHz(Rev)	NP	센서 기능
		18000-3	13.56㎒(AMD)	NP	New Mode 3
		18000-4	2.45㎓(Rev1)	CD	센서 기능
		18000-5	860-960㎒(AMD1)	AMD(완)	Type C(Gen2 기반)
		18000-6	860-960㎒(Rev1)	CD	센서 및 전지
			860-960㎒(AMD2)	NP	ToTAL
		18000-7	433㎒(Rev1)	FDIS	New Parameter
		18000-8	860-960㎒ Active	NP	NP 투표 부결

[표 4-3] ISO TC 104 Project Status [4-3]

응용 분야	그룹명	프로젝트명	현단계	비고
Vocabulary	ISO 830,	Freight containers-Vocabulary	DIS	
Mechanical seals	ISO 17712	Freight containers-Mechnical seals	DIS	
Electronic container seals	ISO 18185-1	Communication protocol	IS	
	ISO 18185-2	Environmental characteristics	IS	
	ISO 18185-3	Application requirements	IS	
	ISO 18185-4	Data protection,	IS	
	ISO 18185-5	Physical layer	FDIS	
RF automatic identification	ISO 10374.2	Freight containers-RF automatic identification	CD	

나) ISO/IEC 18000시리즈

ISO/IEC 18000 시리즈는 135㎑ 이하에서 부터 2.45㎓까지 주파수 대역별로 RFID 리더와 태그간 통신 규약과 공통 파라미터를 정의하고 있는 표준이다. ISO/IEC 18000-1은 18000-2부터 18000-7까지 주파수 대역별 에어 인터페이스에서 공통으로 사용되는 파라미터를 정의하고 있다. 각 주파수 대역별 에어 인터페이스의 내용은 다음과 같다. 이중에서 18000-5는 5.2㎓ 대역에서 ITS분야와의 충돌 문제로 표준 작업이 철회되었다.

① ISO/IEC 18000-2

ISO/IEC18000-2는 135kHz 이하 주파수 대역의 RFID 리더와 태그간의 통신 규약을 정의하고 있으며, 동작주파수가 125kHz인 형식 A 와 동작주파수가 134.2kHz인 형식 B가 있다. 이 주파수 대역은 저주파(LF) 대역이며, 저주파 대역은 상대적으로 통신속도가 느리고 인식거리가 짧은 반면, 금속이나 액체 등의 환경의 영향에 강한 주파수 대역이다.

리더는 형식 A와 형식 B의 태그를 모두 읽어야 하며 태그는 둘 중 하나 이상을 지원한다. 형식 A는 전이중 방식(FDX; Full duplex)으로 리더와 태그간 통신이 되나, 형식 B는 반이중 방식(HDX; Half duplex)으로 통신이 된다. 응용 분야는 출입통제, 동물인식, 수목관리, 공장의 공정관리 등의 분야에서 사용되고 있다.

다음 [표 4-4]에 ISO/IEC 18000-2의 주요 파라미터가 정리되어 있다.

[표 4-4] ISO/IEC 18000-2 주요 파라미터

파라미터	형식 A	형식 B
호출기-태그링크		
동작 주파수	125 kHz	134.2 kHz
통신 방식	FDX(Full duplex)	HDX(Half duplex)
주파수정밀도	± 0.1 kHz 이내	
점용 채널대역폭	± 4 kHz	± 8 kHz
최소 수신대역폭	± 10 kHz	± 8 kHz
호출기송신최대 EIRP	65.5 dB ㎂/m (@ d = 10m, ITUR 012-WB9 참조)	
호출기송신불요발사	27 dB ㎂/m (@ 9 kHz 감소, 3dB/octave,10 ㎒ 까지)	
호출기송신기스펙트럼 마스크	135kHz 이하 방출 65.5 dB ㎂/m @ f<135kHz	65.5 dB ㎂/m @ f<135kHz50 dB ㎂/m @ f<135-140kHz30 dB ㎂/m @ 148.5kHz
송신에서수신 변환 시간	1.2ms (다음명령어보내기 전, 호출기대기최소 1.2ms)	

수신에서송신 변환 시간	2ms (시간종료오류신호 전, 호출기태그응답대기최소 2ms)	
일시정지시간 또는 호출기 Power On Ramp 송신	< 2ms	< 2ms
변조	OOK(100% ASK)	
데이터코딩	펄스 간격부호화(PIE)	
비트 비율	평균 5.2 kbit/s	1~2.3 kbit/s(선택)
태그-호출기링크		
점용 채널대역폭	± 10 kHz	± 15 kHz

② ISO/IEC 18000-3

ISO/IEC18000-3은 13.56㎒ 주파수 대역의 RFID 리더와 태그간의 통신 규약을 정의하며, 변조방식에 따라 모드 1과 모드 2로 구분되며 모드 1과 모드 2는 상호 호환되지 않는다.

모드 1의 경우 IC 카드 규격인 ISO/IEC 15693의 파라미터를 기반으로 하며, 모드 2 규격은 428kbps의 고속통식 방식의 특성을 지닌다. 또한, 동일한 13.56㎒ 주파수를 사용하는 스마트카드는 ISO/IEC18000-3과 상이한 ISO/IEC 14443에 기반한다. 인식거리는 약 10Cm정도로 태그의 메모리 용량이 크고 보안 기능이 ISO 18000-3에 비하여 강화된 것이 특징으로주로 금융카드, 교통카드, ID 카드 등으로 사용된다.

이 주파수 대역은 고주파(13.56㎒) 대역으로 저주파(135kHz 이하) 대역에 비하여 통신속도가 상대적으로 빠르고 인식거리는 약 1m 정도이다. 응용 분야는 출입통제, 유통물류, 도서관리 등에 사용되고 있다.

[표 4-5]에는 ISO/IEC 18000-3의 주요 파라미터가 나타나 있다.

[표 4-5] ISO/IEC 18000-3 주요 파라미터

파라미터	모드 1	모드 2
호출기로 부터의 발신		
동작 주파수	13.56㎒ ± 7kHz	
주파수 정밀도	± 100ppm	
변조 방식	반송파진폭변조 (ASK 100%, ASK 10%)	위상지터변조(PJM) (최소레벨 ±1.0°,최대레벨±2.0°)

데이터부호화	PPM(Pulse Position Modulation)	MFM(Modified Frequency Modulation)
호출기송신최대 EIRP 마스크	12A/m (150mA/m min.)	FCC, ETS I(각국 규정)
태그로 부터의 발신		
변조 방식	부하변조	
부반송파주파수 (kHz)	o 하나의부반송파사용:423.75 o 두 개의 부반송파사용: 423.75, 484.28	o 8 개의 부반송파채널:969, 1233, 1507, 1808, 2086, 2465, 2712, 3013
통신 속도	o 하나의부반송파: 6.62kbps, 26.48kbps o 두 개의부반송파 사용: 6.67kbps, 26.69kbps	105.9375kbps
부반송파변조	OOK & FSK	BPSK
데이터부호화	맨체스터	MFM (Modified Frequency Modulation)

③ ISO/IEC 18000-4

ISO/IEC 18000-5는 2.45㎓ 대역의 RFID 리더와 태그간의 통신 규약을 정의하며, 통신방식에 따라 모드 1과 모드 2로 구분된다. 모드 1과 모드 2는 상호 호환되지 않으며 모드 1의 경우 Intermec 사에서 제안된 주파수 호핑 방식의 수동형(Passive)방식을 사용하고, 모드 2 규격은 Siemens/Nedap에서 제안된 준 능동형(Semi-Active)방식을 사용한다. 마이크로웨이브(Microwave) 대역을 사용하는 특성상 잡음에 민감하고 900㎒ 대역에 비하여 인식거리가 짧아 수동형 방식의 경우는 10cm~1m 정도 이고 준 능동형의 경우는 수 10m 정도이다. 응용 분야는 자산관리, 유통물류, 통행료자동징수 등에 사용되고 있다.

다음 [표 4-6]에 ISO/IEC 18000-4의 주요 파라미터를 정리하였다.

[표 4-6] ISO/IEC 18000-4 주요 파라미터

파라미터	모드 1 (수동형)	모드 2 (준 능동형)
동작주파수 범위	2400~2483.5 ㎒(default: 2450 ㎒)	2400-2483.5 ㎒ o 참조 반송파 : (2931+m)xfch (여기서, fch=819.2 ㎑, m=0~99)o 통신 반송파: (2944+n)xfch(여기서, fch=819.2 ㎑, n=-13~86)
주파수 허용오차	± 50ppm	± 200ppm
FH_rate	각국의규정에따름	각국 규정에따름
점유채널폭	최대 0.5 ㎒	1 ㎒
전송 최대 EIRP	각국의규정에따름	각국의규정에따름

불요발사	각국의규정에따름	각국의규정에따름
스펙트럼 마스크	통신반송파 ASK	o 통신반송파: GMSK with BT=0.5 o 참조반송파: CW
변조	ASK(99% 변조도)	o 통신반송파: GMSK with BT=0.5 o 참조반송파: CW
Duty Cycle	50%±5%	적용되지않음
Bit Rate	30~40kbps	384kbps
태그 동작주파수	호출기로부터의 통신반송파에 따름	호출기로부터의 통신반송파에 따름
태그 스펙트럼마스크	각국 규정허용하는범위내	R/W 태그: 384kbps 의 B PSK 변조+맨체스터코딩 R/O 태그: 76.8kbps+부 또는 반송파코딩+BPSK OOK
태그 변조	Backscatter	o 통지 R/W 태그: subcarrier data coding, DBPSK R/O 태그: subcarrier data coding, DBPSK 또는 OOK o 통신 맨체스터코딩, DBPSK
태그 Bit Rate	30~40kbps	o 통지: 76.8kbps o 통신: 384kbps

④ ISO/IEC 18000-6

ISO/IEC 18000-6은 900㎒ 대역의 RFID 리더와 태그간의 통신규약을 정의하며 2004년 제정된 ISO/IEC 18000-6 형식 A, B와 EPC C1 Gen2에 기반하여 작성된 IOSO/IEC 18000-6 형식 C를 추가하여 세 가지 형식을 제공한다.

형식 C의 추가로 개정된 주요 내용은 리더와 태그간의 통신속도는 가변적이며 최대 640kbps 까지의 태그 통신 속도를 지원하고 있다. 또한 일정한 지역내에서 채널수 보다 많은 수의 리더기가 설치되어 운용될 경우 리더간 상호간섭 영향을 최소로 하기 위한 밀집 리더 모드(DRM: Dense Reader Mode)가 정의되어 있다. 그 외 이러한 밀집 리더 모드를 위한 밀러 부반송파 부호화와 RN-16를 이용한 보안접근방법 등이 있다.

[표 4-7]에는 ISO/IEC 18000-6의 주요 파라미터가 정리되어 있다.

[표 4-7] ISO/IEC 18000-6 주요 파라미터

파라미터	형식 A	형식 B	형식 C
동작주파수	각국 기술기준에 따름(860~960㎒)국내 기술기준 (908.5~914 ㎒ LBT, FHSS + LBT 910~914 ㎒ FHSS)		
점유대역폭	국내 기술기준에 따름		
변조방식	ASK	ASK	DSB-ASK, SSB-ASK, PR-ASK
최대송신출력	국내 기술기준에 따름		

순방향링크부호화	PIE	맨체스터	PIE
변조도	27% ~ 100%	30.5% 또는 100%	80% ~ 100%
리더데이터율	33 kbps	10 또는 40 kbps	26.7 kbps ~ 128 kbps
태그데이터율	33 kbps	10 또는 40 kbps	FM0: 40 kbps ~ 640kbps 밀러: 5 kbps ~ 320 kbps
복귀링크부호화	FM0	FM0	FM0, 밀러부반송파
충돌중재	ALOHA / FST	이진 트리	랜덤 슬롯충돌 중재
오류검출, 순방향 링크	5 비트 CRC	16 비트 CRC	16 비트 CRC, Query 명령어 5 비트CRC
오류검출, 복귀링크	16 비트 CRC	16 비트 CRC	16 비트 CRC, (RN 16 에대한 무오류검사는제외)

⑤ ISO/IEC 18000-7

ISO/IEC 18000-7은 433㎒ 대역의 RFID 리더와 태그간의 통신 규약을 정의한다. 이 주파수 대역은 초고주파(UHF) 대역으로 저주파나 고주파 대역에 비해 데이터 전송속도가 빠르고 인식거리를 수십 ~ 100m까지 늘릴 수 있다. 응용 분야는 항만 컨테이너 관리 및 자산 관리 분야 등이다. ISO/IEC 18000-7 표준기술은 2.45㎓ 대역의 ISO/IEC 24750-2 표준과 함께 433㎒ 대역의 컨테이너 관리용 전자봉인(e-Seal)의 기반기술로 권고되고 있다.

다음 [표 4-8]에 ISO/IEC 18000-7의 주요 파라미터가 나타나 있다.

[표 4-8] ISO/IEC 18000-7 주요 파라미터

파라미터	리더 - 태그	태그 - 리더
동작주파수	433.92 ㎒	433.92 ㎒
동작주파수 정확도	+/-20ppm	+/-20ppm
점유채널폭	500 ㎑	200 ㎑
전송최대EIRP	5.6dBm(최대전력) 또는각국규정	5.6dBm(최대전력) 또는각국규정
불요발사	In band : N/A Out of band : 각국 규정	In band : N/A Out of band : 각국 규정
스펙트럼마스크	N/A	N/A
변조	FSK	FSK
LOW/HIGH 부호	fc+50kHz/ fc-50kHz	fc+50kHz/ fc-50kHz
Bit Rate	27.778kbps	27.778kbps
Bit Rate Accuracy	200ppm	200ppm
기동신호	31.25kHz 부반송파 톤후 10kHz 톤신호를보냄	-

다) ISO/IEC TC104

능동형 RFID는 ISO/IEC에서 ISO 18000-7을 통해 433㎒ 대역을 사용하는 것으로 규정하였으며, 컨테이너에 부착되는 전자실(eSeal)의 주파수도 433㎒로 이미 결정되었다.

[그림 4-5] 전자실과 사용예[4-8]

그러나 2006년 6월 전자실의 국제표준을 다루는 ISO/IEC TC104에서는 전자실에 433㎒와 2.45㎓ 대역을 동시에 사용하도록 표준을 수정하였다. 433㎒의 경우 ISO/IEC 18000-7의 무선인터페이스를 기본적으로 따르며, 2.45㎓ 대역은 ISO/IEC SC31/WG5의 RTLS 표준인 ISO/IEC 24730-2의 무선인터페이스 규정을 준수하도록 하고 있다. 전자실의 국제표준은 ISO/IEC 18185로 파트 1~5로 구성되어 있다. [표 4-9]은 TC104에서 다루는 표준 현황에 관한 항목들이다. [4-9]

[표 4-9] ISO/IEC 15961에 사용된 범용 형식 [4-10]

범용(Universal) 형식	등급 태그	Primitive/Constructed	Type Code(Binary)
BOOLEAN	1	Primitive	00000001
INTEGER	2	Primitive	00000010
OBJECT IDENTIFIER	6	Primitive	00000110
OCTET STRING	4	Primitive	00000100
RELATIVE-OID (reserved for future commands)	13	Primitive	00001101

SEQUENCE & SEQUENCE OF	16	Constructed	00110000

라) ISO/IEC 15961

RFID 리더기와 어플리케이션 간의 프로토콜에 관련된 표준안인 ISO/IEC 15961은 ISO/IEC JTC1/SC31 산하의 WG4의 Sub Group 1(SG1)에서 각 분과별로 표준화 작업을 진행하고 있으며, 2004년 10월에 국제표준으로 출판되었다. [4-10]

[그림 4-7]은 어플리케이션과 리더기와에 논리적 기능과 인터페이스 및 각각에 적용되는 표준안에 대한 그림이다.

15961 규격의 주된 기능은 어플리케이션 프로그램과 RF 호출기 간의 공통 인터페이스를 명시하는 것이며, 15962의 주요 기능은 공통의 부호화 규칙과 논리 메모리 기능에 대하여 명시하는 것이다.

무선인식 태그로 데이터를 쓰거나 판독할 때 필요한 다양한 기능적 절차가 존재한다. [그림 4-6]은 호출기 내부에서 데이터 프로토콜의 처리의 구현을 도식화 한 것이다. 이 그림은 비록 전형적인 구현이라 할시라도, 기능한 한 이 데이터 프로토콜을 따르는 많은 다른 구현에 있어서 처리 과정에 대한 이해를 제공하기 위하여 설명한 것이다.

어플리케이션과 데이터 프로토콜 처리기 간의 데이터 흐름은 이 규격에 따라 포맷되어 지고 복호화 된다. 그러나 데이터가 바코드 관련 구문과 같은 규정에 따라 포맷된 기존의 시스템이 많이 있다. 따라서 현존하는 응용 포맷과의 변형을 하기 위하여 인터페이스 모듈을 데이터 플로우에 적절하게 삽입하여야 한다.

RFID 태그는 새로운 세대의 제품들이 소개되면서 증가하고 있는 데이터 용량을 수용할 능력이 있는 전자 메모리를 사용한다. 각 무선인식 태그 형식의 데이터 용량의 차이점은 그것이 같은 종류이건 다른 종류이건 이 두 표준 규격에 정의되어 있는 데이터 프로토콜에 의하여 구분할 수 있으며, ISO/IEC 15961 규격의 세부 내용은 다음과 같다.

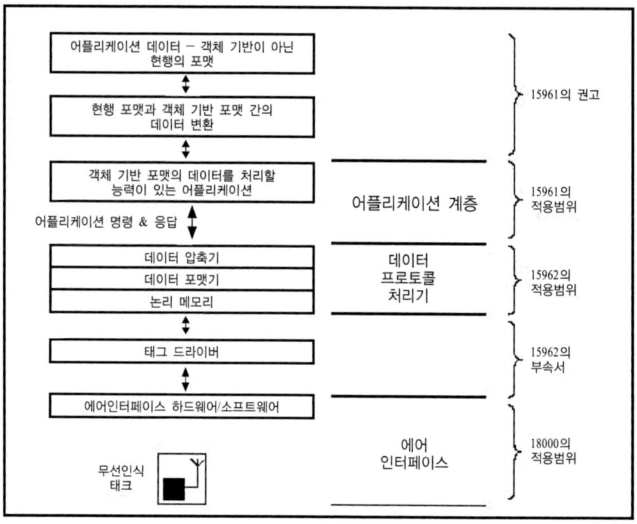

[그림 4-6] 품목 관리용 무선인식 구현의 프로토콜 계층들의 개략도 [4-10]

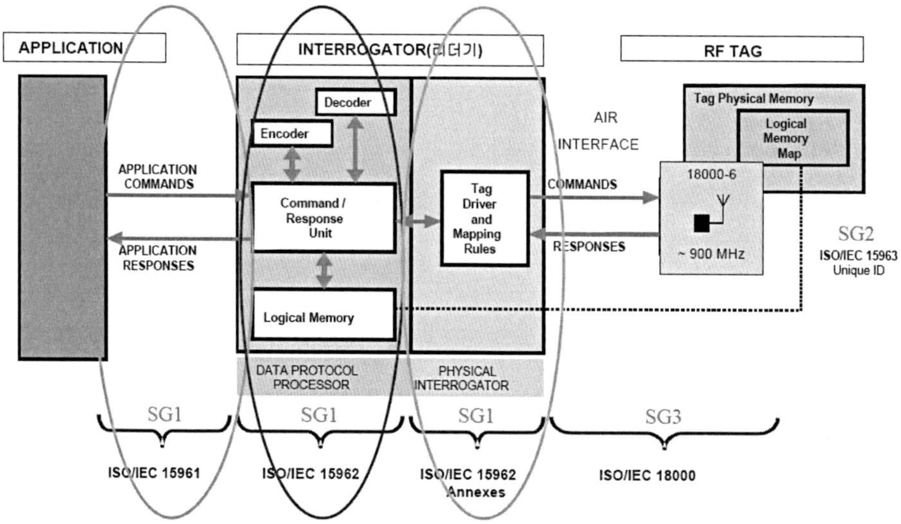

[그림 4-7] 논리 기능 및 인터페이스 [4-11]

□ 무선인식 데이터 프로토콜은 어플리케이션에 중요한 의미를 갖고 있으며 무선인식 태그에서 부호화될 수 있는, 각각 객체 식별자로써 유일하게 식별된 객체로 데이터를 어떻게 표현하는지에 대하여 규정하고 있다.

□ 이 무선인식 데이터 프로토콜은 어플리케이션 프로그램이 어떤 데이터를 무선인식 태그로 전송하거나 전송 받을 것인가, 그리고 무선인식 태그의 어떤 데이터를 추가하거나, 갱신, 혹은 삭제할 것인지 명시할 수 있도록 어플리케이션 명령과 응

답을 정의한다.

- □ 무선인식 데이터 프로토콜은 어플리케이션으로 응답하는 오류 메시지를 정의한다.(무선인식 데이터 프로토콜의 어플리케이션 인터페이스는 ASN.1을 기반)
- □ 호스트 응용, 운영체제, 그리고 프로그래밍 언어 및 호출기와 태그 드라이버 간의 특정 명령에 독립적인 프로토콜을 정의하는 방법을 제공한다.
- □ 같은 무선인식 태그에 서로 다른 형식의 데이터가 혼합된 경우에도 객체 식별자를 사용하여 다른 것들로부터 데이터 객체를 명확하게 식별한다.
- □ 동일한 유선 혹은 무선 네트워크상에 데이터가 혼합되어질 수 있도록 명확한 명령과 응답을 정의한다.
- □ 구조화되고 일관된 형식의, 증명할 수 있는 명령과 응답들을 정의하기 위한 추상 구문을 제공하며, ISO/IEC 15961 처리기와 ISO/IEC 15962의 처리기 간에 전송되는 바이트 열을 정의할 수 있는 전송 구문을 제공한다.
- □ 컴파일러의 사용을 통한 다양한 컴퓨터 언어나 규격대로 써질 수 있는 프로그램의 구현을 선택적으로 제공한다. 두 가지 경우 모두 송신자와 수신자가 서로 알 수 없는 곳에서 개방형 시스템의 기능에 완전히 일치하게 따르는 전송구문에 대한 없어서는 안 되는 필요성이 있다.

① 추상 구문과 전송 구문

ASN.1은 추상 구문과 전송 구문으로 정의가 된다. 여기서 추상구문은 다수의 기본 데이터 형식을 사용하여 반복적이고 임의 구조를 효과적으로 정의하는데 적용되는 데이터 정의 언어이다. 이것은 고수준 프로그래밍 언어와 동일하나 다른 고수준 프로그래밍 언어와는 ("추상" 이므로) 독립적이다. 전송 구문은 부호화 규칙을 도출한다. 부호화 규칙은 추상 구문을 사용하여 만들어진 데이터 구조들을 전송하는 동안 비트 유형 표현을 정한다.

추상 구문의 문제 세트는 아래와 같으며 이는 ISO/IEC 8824-1에 정의된 것과 일치하다.

A to Z
a to z
0 to 9
:=,{}<.@()[]-'"|&^*;!

ASN.1은 구문에 기초한 다수의 범용 형식을 지원한다. 명료하게 각각의 데이터의 형식을 식별하기 위하여, 각 범용 형식은 ISO/IEC 8824-1의 등급 태그에 할당되며, 범용형식은 대문자로 표기한다. ISO/IEC 15961에 사용된 범용 형식을 등급 태그와 함께 [표 4-10]에 나타냈다.

[그림 4-10] ISO/IEC 15961 에 사용된 범용 형식 [4-10]

범용(Universal) 형식	등급 태그	Primitive/Constructed	Type Code(Binary)
BOOLEAN	1	Primitive	00000001
INTEGER	2	Primitive	00000010
OBJECT IDENTIFIER	6	Primitive	00000110
OCTET STRING	4	Primitive	00000100
RELATIVE-OID (reserved for future commands)	13	Primitive	00001101
SEQUENCE & SEQUENCE OF	16	Constructed	00110000

범용 형식에 추가로 ASN.1은 어플리케이션 특정 형식을 정의할 수 있는데 형식이 정의 될 때, 다른 형식 지정에서 참조하기 위해서 형식에 이름을 부여한다. 형식 참조는 대문자로 시작하고 이름은 공백 없이 지정된다. 예로 TypeReference를 들 수 있으며 이름 뒤에 세 개의 문자 열 ": : ="을 사용해서 이 이름의 정의와 구분한다.

이때 TypeReference의 복합 구성 요소 혹은 최소단위 요소, 열거된 목록은 시작 부분에서 소문자를 사용하여 부여한다. 예로는 elementName이 있으며, 어떤 요소의 경우에 대해서는 더 많은 타이핑(typing)이 형식 참조 혹은 범용 형식에 필요하다. ISO/IEC 15961에서 사용된 TypeReference와 elementNames의 보기를 아래 [표 4-11]에 나타내었다.

[그림 4-11] 형식 참조 및 요소이름 예 [4-10]

TypeReference ex.	elementNames ex.
ApplicationFamilyId ObjectId StorageFormat TagId	accessMethod applicationFamilyId applicationSubFamily commandCode compactParameter object objectId tagId

ISO/IEC 15961에서 다소의 elementNames과 TypeReference 이름들은 elementNames의 경우 첫 문자가 소문자라는 것과 TypeReference인 경우 첫 문자가 대문자라 경우를 제외하고는 거의 같다. 또한, ISO/IEC 15961은 ISO/IEC 8824-1에 정의된 바와 같이 Object Identifier 형식을 사용하여야 하고, ISO/IEC 9834-1에 규정된 것처럼 할당된 식별자를 같이 사용한다. 이것은 루트 노드(root node)(ISO/IEC 9834-1)를 의미하는 공통과 각각의 노드로부터 일련의 아크, 특정 객체를 정의할 때 필요에 따라 추가되는 새로운 아크를 가지는 등록 트리(registration tree)를 사용한다. 이때 특정한 노드를 관장하는 바디(body)는 다음과 같다.

□ 그 자체로 확인되는 정의된 아크 집합을 가진다.
□ 다른 바디와는 독립적으로, 바디 노드 밑의 아크의 할당을 관리할 수 있다.
□ 등록 트리의 모든 다른 아크로부터 유일성이 보증된다.

[그림 4-8]은 객체 식별자 예를 이용해 각 항목을 구분 설명한 것이다.

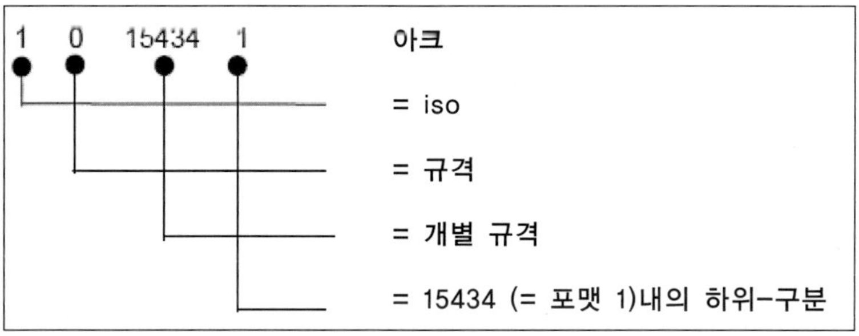

[그림 4-8] 객체 식별자 예

모든 객체 식별자에 대해 허용되는 유일한 최상위 아크는 [표 4-12]과 같다.

[표 4-12] 객체 식별자 최상위 아크 House PAPI' [1-13]

식별자 아크 이름	숫자 값
itu-t	0
iso	1
joint-iso-itu-t	2

두 번째 아크는 최상위 아크로 지명된 적절한 조직에 의해서 관리되며, 세 번째 아크는 두 번째 아크로 정의된 바디 또는 시스템에 의해서 관리되고, 계층적 구조는 객체

가 유일하게 식별될 때까지 계속된다. 객체 식별자의 이름을 붙이는 절차는 각각의 객체가 부모 아크내에서 유일하다는 것과 각각의 부모 아크가 그전 레벨, 바로 뒤의 최상위 세 개의 아크내에서 유일하다는 것을 보증하는 과정이다.

객체 식별자의 최상위 아크는 ISO/IEC 9834-1에 규정되어 있다. 아크들의 현재 목록은 [표 4-13]에 정의되어 있으며, 이것은 등록 허가 또는 "n의 값" 항목에 정의된 다른 수단에 의한 관리를 통하여, 모든 객체 식별자의 유일성을 보증한다.

[표 4-13] 객체 식별자: 최상위 아크 [4-10]

등록 계층 이름 트리	객체 식별자	n의 값	ISO/IEC 9834-1 ITU-T Rec X660 의 참조
itu-t (0) recommendation (0) n	{0 0 n}	문자 a부터 z까지 할당된 1에서 26. 이들 밑에 아크들은 ITU-T와 CCITT 권장 숫자를 가진다.	Amd 2 B.4
itu-t (0) question (1) n	{0 1 n}	연구 기간에 의해 제한된 ITU-IT 연구 모임	Amd 2 B.5
itu-t (0) administration (2) n	{0 2 n}	X-121 DCC	Amd 2 B.6
itu-t (0) network-operator (3) n	{0 3 n}	패킷 교환 장치의 별개 코드에 대한 X-121 DNIC	Amd 2 B.7
itu-t (0) identified organisation (4) n	{0 4 n}	AITU-T X.669에 규정된 ITU 통신 표준화국 절차에 의해 할당됨	Amd 2 B.8
iso (1) standard (0) n	{1 0 n}	ISO 표준 번호	Amd 2 A.4
iso (1) registration-authority (1) n (withdrawn 1998 Amd 2)	{1 1 n}		
iso (1) member-body (2) n	{1 2 n}	ISO 3166의 3자리 국가 코드	Amd 2 A.5
iso (1) identified-organisation (3) n	{1 3 n}	등록 허가(ISO 6523)에 의해 배치된 ICD	Amd 2 A.6
joint-iso-itu-t (2) n	{2 n}	ITU-T Rec X662.1(ISO/IEC 9834.3)과 일치함	Amd 2 C.3
joint-iso-itu-t (2) country (16) country-name (n)	{2 16 n}		(1992) Anx A.5
joint-iso-itu-t (2) registration-procedure (17) specific-procedure (n)	{2 17 n}		(1992) Anx A.4
joint-iso-itu-t (2) international RA (23) n	{2 23 n}	ITU-T X.666에 대응	

아래는 ISO/IEC 9834-1에 객체 식별자의 예이다.

다음 예문을 통해 ANS.1에 대해 더 자세하게 다루어 보겠다.

```
0 0 24 660: itu-t (0) 권장 (0) x (24) rec.x 660 (660)

1 0 8571 2 1: iso (1) 규격 (0) FTAM (8571) 추상-구문 (2) pci (1)

1 2 250 1 6325 316: ISO (1) 회원-기구 (2) 프랑스 (250) 형식-구성 (1) abc (6325) 매매 협약 (316)

2 16 840 46 3125: joint-iso-itu-t (2) 국가 (16) 국가-이름 (840) 주-또는-도 (46) 구성 abc (3125)

2 17 2 3: joint-iso-itu-t (2) 등록-절차 (17) 문서-형식 (2) 이진 (3)
```

```
CustomerOrder : : = SEQUENCE  {
orderNumber                   INTEGER
name                          OCTET STRING
address                       CustomerAddress
productDetails       SEQUENCE OF SEQUENCE  {
                              productCode                OBJECT IDENTIFIER
                              quantity            INTEGER (1..999)
                     } ,
urgency              ENUMERATED  {
                              nextDay (0),
                              -- 토요일과 일요일은 제외한다.
                              firstClass (1),
                              roadTransport (2),
                              -- 전형적인 삼 일
                     }
}
```

- □ 이 보기에서 ": : ="는 명명된 TypeReference CustomerOrder를 정의와 구분하는 용도로 사용 되었으며, SEQUENCE 다음과 끝에 나오는 중괄호 {}는 orderNumber, name, address, productDetails 그리고 urgency가 모두 CustomerOrder 형식 참조의 요소들이라는 것을 설명한다.
- □ 요소 이름 address는 CustomerAddress 형식 참조(간결히 하기 위해 보기에서 제외됨)로 지정된다.
- □ 요소 productDetails는 두 가지 요소 productCode와 quantity로 구성된다. 이 요소 쌍은 SEQUENCE OF SEQUENCE에 기반하여 n번 반복이 된다. {}는 형식의 경계를

정의한다.

□ 요소 urgency는 ENUMERATED 형식을 사용해서 세 가지 코드 0, 1, 혹은 2 중에서 하나의 코드를 제시한다. {}는 형식의 경계를 정의한다.

□ 이 보기에서 "토요일과 일요일은 제외한다."와 " 전형적인 삼 일"과 같은 주석문은 두 개의 대시(dash) "--"를 앞에 붙인다.

□ 요소 quantity인 경우에 INTEGER값은 "(1..999)"로 지정하여 1에서 999 범위 내에서 임의의 값이 될 수 있도록 한정함으로서 productCode 품목이 1000 혹은 그 이상 주문 시 오류가 발생하도록 해 준다.

아래 예문은 명령 모듈의 구조로서 모든 명령 모듈의 구조는 다음과 같은 공통 포맷을 따른다. 명령 모듈은 유일한 이름을 가져야 하고, 각각의 명령/응답 쌍의 마지막 아크는 같은 이름과 값을 가지므로 각 쌍이 서로 연결된다("commandModules (126)"이므로 "responseModules (127)"이다).

또한, 모듈이 컴파일러 장치를 통해서 처리되도록 DEFINTIONS, BEGIN 그리고 END라는 예약어가 사용된다.

```
Module Name
    {ISO(1) standard(0) rfid-data-protocol (15961) commandModules (126) moduleName(n)}
   DEFINITIONS
   EXPLICIT TAGS ::=
   BEGIN

   CommandName
   -- 할당
   END
```

전송 구문은 ISO/IEC 8825-1에 ANS.1의 기본 부호화 규칙(BER)에 기초한다. 그 전송 부호화의 구조는 데이터 값을 한정하는데 사용되는 형식의 ASN.1 태그를 부호화하는 형식 식별자 옥텟, 내용을 구성하는 옥텟 수를 정의하는 길이 옥텟, 내용(또는 값) 옥텟 이렇게 세 가지로 구성된다. 이것은 때로 형식, 길이, 값(TLV(Type, Length, Value))으로 표현하기도 한다.

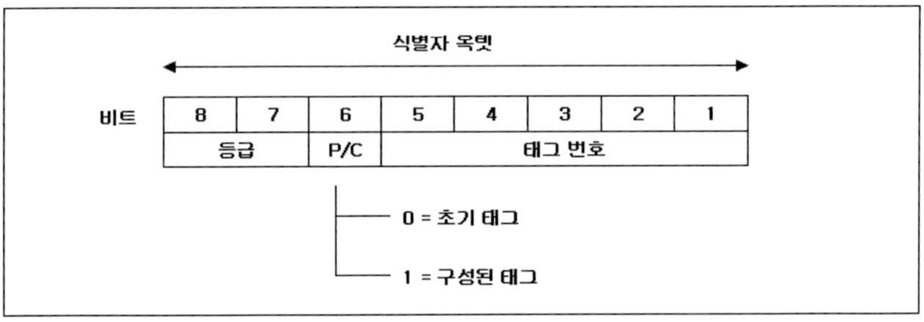

[그림 4-9] 형식 식별자 옥텟 구조

형식 식별자는 위 [그림 4-9]와 같이 ISO/IEC 15961에 규정된 것처럼 단일 옥텟으로 부호화 되어야 한다.

여기서 비트 8과 7은 [표 4-14]에 정의된 것처럼 ASN.1의 등급을 부호화하여야 한다. 비트 6은 이것이 Primitive 태그인지 Constructed 태그인지를 부호화하여야 한다. 비트 5에서 1은 ASN.1 태그의 수를 부호화하여야 한다.

[표 4-14] 태그의 ASN.1 Class 부호화

등급	비트 8	비트 7
Universal	0	0
Application	0	1
Context-specific	1	0
Private	1	1

길이 부호화(Length Encoding)는 해당 Content(필드)의 길이를 표시한다. 부호화의 명확한 형태를 갖추기 위해서 길이 옥텟은 컨텐츠의 옥텟 수에 따라서 하나 또는 그 이상의 옥텟으로 구성되어야 한다. 컨텐츠에서 옥텟 수가 127 보다 작거나 같다면(Short form), 하나의 길이 옥텟이 사용되어야 하며, 컨텐츠에서 옥텟의 수가 127 이상이면(Long form), 둘 또는 그 이상의 길이 옥텟이 사용 되어야 한다. 이때, 첫 번째 옥텟은 다음과 같이 부호화되어야 한다.

보기 :	내용의 길이 = 357
	16진수로 변환 = 01 6516
	= 000000012 011001012
	이것은 두 개의 옥텟이므로, 그중에 첫 번째 옥텟 = 1000000102
	완료된 길이 부호화는:
	10000010 00000001 011001012
	= 82 01 6516

a. 비트 8은 12가 되어야 한다.

b. 비트 7에서 1까지는 길이 옥텟에서 다음의 옥텟 수를 비트 7이 최상위 비트인 부호없는 이진 정수로 부호화하여야 한다.

c. 111111112 값은 장래의 확장을 위해서 사용되지 말아야 한다.

아래 [표 4-15]에 길이 부호화 예를 제시 하였다.

[표 4-15] 길이 부호화 예[4-10]

Short Form	Long Form
L = 38은 다음과 같이 부호화된다. 001001102	내용의 길이 = 357 16진수로 변환 = 01 6516 = 000000012 011001012 이것은 두 개의 옥텟이므로, 그중에 첫 번째 옥텟 = 1000000102 완료된 길이 부호화는: 10000010 00000001 011001012 = 82 01 6516

컨텐츠 옥텟은 0이 될 수 있는 데이터 값을 부호화하거나, 다음의 하위 조항에 규정된 것처럼, 범용 형식에 의존하여 하나 또는 그 이상의 옥텟을 부호화한다.

1) 부울 값의 부호화는 ISO/IEC 8825-1을 준수하는 원형이며 하나의 옥텟으로 부호화 되어야 한다. 부울 값이 FALSE이면 옥텟은 0이, TRUE라면 옥텟은 보내는 사람의 선택에 따라 임의의 0이 아닌 값을 가져야 한다.
2) Interger 값의 부호화 역시 ISO/IEC8825-1 을 따르며 양의 정수일 때 혹은 음의 정수일 때 두 가지 경우로 나뉘어 각각의 해당 절차에 따라 하나 또는 그 이상의 옥텟으로 부호화 되어야 한다. 그 절차를 아래에 나열하였다.

□ 양의 정수와 0일 경우

1. 전체 수는 먼저 최상위 비트를 가지는 비트 필드(bit field)에서 이진 정수로 변환된다.
2. 비트 필드는 0 비트를 앞에 추가해서 옥텟 경계까지 정렬된다.
3. 고순위 비트가 1이면, 접두에 패드(pad) 옥텟 0016을 추가 한다.

□ 음의 정수일 경우 (부호화는 2의 보수법)

1. 전체 수는 첫째, 최상위 비트를 가지는 비트 필드에서 이진 정수 값으로 변환된다.
2. 비트 필드는 0 비트를 앞에 추가함으로 옥텟 경계까지 정렬된다.
3. 단계 2로부터 이진 값은 비트 보수화된다.(예, 0은 1로, 1은 0).
4. 2의 보수법은 순서 2의 비트 열에 12를 더하는 것이다.
5. 고순위 비트가 0이면, 접두에 옥텟 FF16을 추가 한다.

복호화의 경우, 부호화된 정수값의 맨 앞 비트가 그 값이 양인지 음인지를 식별한다. 그 값이 양의 값이면, 변환은 최하위 비트가 위치 0인 나머지 비트에서 일어난다. 10진 정수 값은 2n 값의 합이다. 그 값이 음의 값이면, 변환은 최하위 비트가 위치 0인 나머지 비트에서 일어난다. 첫 번째 단계는 2n 값의 합을 갖는 10진 정수 값을 만든다. 두 번째 단계에서는 p가 음의 정수로 식별하는 선행 비트의 위치 번호라고 할 때, 2p 값을 뺀 것을 양의 10진수 정수로 만든다.

이를 수식으로 표현하면 각각 다음과 같다.

양의 값일 경우	$\sum_{n=0}^{p-l} 2^n$
음의 값일 경우	$\sum_{n=0}^{p-l} 2^n - 2^p$

3) OBJECT IDENTIFIER 값의 부호화는 ISO/IEC 8825-1를 준수하는 원형이어야 하며, 객체 식별자 값은 다음과 같이 정렬된 일련의 옥텟 값으로 부호화 된다.

① 등록 트리의 첫 번째 두 개의 아크는 다음과 같은 공식을 사용하여 하나의 정수로 부호화된다.

40f + s

여기서 f = 첫 번째 아크의 값

s = 두 번째 아크의 값

② 각각 덧붙인 아크의 "n" 값은 비트 필드로 정렬된 옥텟으로 부호화된다. 이것은 "n"값의 경우에 다음과 같이 부호화된다.

a. n < 128 인 경우

10진 값은 2진으로 변환되고, 하나의 옥텟으로 부호화된다. 그래서 비트 8은 0이 된다.

b. 128 ≤ n < 16384 인 경우

10진 값은 이진으로 변환되고, 두 개의 7-비트 스트링으로 세분 된다: 비트 7에서 1까지, 비트 14에서 8까지. 이 새로운 비트 스트링의 각각은 하나의 옥텟으로 부호화된다; 첫 번째 옥텟의 비트 8은 1이 되고, 다른 옥텟의 비트 8은 0이 된다.

c. n ≥ 16384 인 경우

10진 값은 이진으로 변환되고, 7-비트 스트링으로 세분 된다: 비트 7에서 비트 1까지, 비트 14에서 8, 비트 21에서 15까지, 등등. 이 새로운 비트 스트링은 각각 하나의 옥텟으로 부호화된다; 첫 번째 옥텟의 비트 8은 1이 되고, 마지막 옥텟의 비트 8은 0이 되고, 사이에 있는 옥텟들의 비트 8은 1이 된다. 아래 보기는 그 처리를 보여준다.

보기:	1. 값 = 9123410
	= 1 01100100 011000102
	2. 7-비트 열로 나눈다.
	0000101 1001000 1100010

③ 마지막 옥텟의 경우에 0 비트를 선행 옥텟의 경우에는 1을 앞에 붙인다.

10000101 11001000 01100010

4) OCTET STRING 값의 부호화는 ISO/IEC 8825-1의 기본 부호화 규칙이 두 가지의 부호화 형태를 허용한다고 해도, ISO/IEC 15961에서는 OCTET STRING 값의 Primitive 부호화만을 지원한다. Primitive 부호화는 어플리케이션 데이터 값의 옥텟의 값과 같은 0, 1 또는 그 이상의 옥텟을 포함하며, 부호화된 옥텟은 데이터 값과 같은 순서로 나오며 두개의 부호화와 데이터 표현방식으로 정렬된 옥텟의 최상위 비트를 포함한 형태를 갖는다.

5) SEQUENCE 값의 부호화 역시 ISO/IEC 8825-1를 준수하되 컨텐츠 옥텟은 개별 SEQUENCE 형식의 ASN.1 정의에서 열거된 형식으로부터 한 개의 데이터 값의 완벽한 TLV 부호화로 구성되어야 한다. 데이터 값은 정의에 의해 도출된 순서로 되어야 한다. 아래는 SEQUENCE 값의 부호화의 예이다.

ASN.1 definition
sequence of productCode OCTET STRING

with the three values:
{productCode "ABC1234", "X6789Y", "PQR12345"}
다음과 같이 부호화된다.

T = SEQUENCE	L				
30_{16}	$1B_{16}$				
		T = OCTET STRING	L	V	
		04_{16}		07_{16}	"ABC1234"
		T = OCTET STRING	L	V	
		04_{16}		06_{16}	"X6789Y"
		T = OCTET STRING	L	V	
		04_{16}		08_{16}	"PQR12345"

6) SEQUENCE OF 형식은 SEQUENCE 형식과 같은 ASN.1 tag (범용 16)을 가지고 있으므로, 같은 부호화 규칙을 채용한다. 컨텐츠 옥텟은 각 값의 완전한 TLV 부호화로 구성 되어야 하며 부호화된 요소의 반복된 범용 등급 태그의 부호화를 포함한다. 아래에 그 예를 나타내었다.

```
ASN.1 definition
SEQUENCE {orderNumber OCTET STRING, product OCTET STRING,
quantity            INTEGER}
with the values:
        {orderNumber "ABC1234", product "widget", quantity "12"}
다음과 같이 부호화된다.:
        T = SEQUENCE  L
        3016                  1416
                          T = OCTET STRING     L       V
                                  0416         0716    "ABC1234"
                          T = OCTET STRING     L       V
                                  0416         0616    "widget"
                          T = INTEGER          L       V
                                  0216         0116    0C16
```

② 데이터 흐름과 처리

무선인식 태그를 포맷하고, 그것에 데이터를 쓰고, 그것으로부터 데이터를 읽고, 데이터를 변환하는 것 등과 같은 다양한 처리가 필요하다.

데이터 프로토콜 처리기는 무선인식 태그와 직접적으로 통신하지 않는다. 그러나 태그 드라이버를 통하여 통신을 한다. 데이터 프로토콜 처리기는 무선인식 태그의 구성에 기초한 특정 시스템 정보를 요구한다. 이것은 정확하게 무선인식 태그를 표현하고, 태그 드라이버 간에 통신을 가능하게 하기 위해서 논리 메모리의 매개 변수를 설정하는 것이다. 이것을 이루기 위해서, 에어인터페이스 서비스(air interface service)는 통신 확립을 위해 태그 드라이버를 경유해서 데이터 프로토콜 처리기에 제공 되어야 한다.

에어인터페이스 서비스는 데이터 프로토콜 처리기를 변경하지 않은 상태에서 새로운 형식의 무선인식 태그를 추가할 수 있으며 이 에어 인터페이스 서비스에 대한 세부사항은 ISO/IEC 15962에 상세히 설명 되어있다.

시스템 정보는 어플리케이션 인터페이스와 에어인터페이스를 교차 전송할 때 필요하며 다음과 같은 요소들로 구성되어야 한다.

tagId
applicationFamilyId storageFormat, which itself consists of: accessMethod dataFormat

또한, 시스템 정보는 논리 메모리 맵을 구성하기 위해 무선인식 태그와 데이터 프로토콜 처리기간에 전송할 때 꼭 필요한 다음과 같은 요소들로 구성되어야 한다. (ISO/IEC 15962의 일부분)

위 용어들에 대한 정의 및 기능에 대해서는 아래에 설명한다.

물리적 블록 크기 블록들의 수

□ TagId는 최소한의 데이터 처리 기간 동안 무선인식 내그를 명확하게 시별할 목적으로 태그 드라이버에서 제공되어야 한다. TagId는 논리 메모리 경우 파일(file) 참조로 동작하고, 차례로 무선인식 태그 자체의 논리 메모리 맵에 1대 1 연결을 제공한다.

□ ApplicationFamilyId의 값은 무선인식 태그의 주소를 선택하게 하는 특정 식별자를 말한다. 이것은 에어인터페이스의 메카니즘에 의해 지원 받을 수 있다. TypeReference ApplicationFamilyId 값은 두 개의 정수 값으로 구성 되어야 하며, 두개의 정수는 무선인식 태그 상에서 시스템 정보 내에 저장이 될 때, 하나의 옥텟으로 연결된다. 첫 번째 정수는 elementName applicationFamily를 말하고 TypeReference ApplicationFamilyId의 두 번째 정수는 applicationFamilies 9에서 12일 경우, elementName applicationSubFamily를 말한다.

□ StorageFormat(TypeReference와 elementName) TypeReference와 elementName StorageFormat은 연속된 elementName accessMethod와 dataFormat을 포함한다.

□ accessMethod는 무선인식 태그에 데이터가 사상될 수 있는 방법, 무선인식 태그로부터 접근될 수 있는 방법을 정의하여야 한다. accessMethod는 정수 값이며 아래 표와 같은 코드 값을 가진다.

[표 4-16] elementName accessMethod 값 [4-10]

코드	구조
0	noDirectory
1	directory
2	selfMappingTag
3	reserved by SG31

□ dataFormat은 무선인식 태그에 저장되어지는 객체 식별자의 형식을 정의하여야한다. dataFormat은 부호화 공간의 더 효과적인 사용 혹은 하나의 등급에 데이터를 한정하기 위해서 사용된다.

□ dataFormat은 무선인식 태그에 저장되어지는 객체 식별자의 형식을 정의하여야한다. dataFormat은 부호화 공간의 더 효과적인 사용 혹은 하나의 등급에 데이터를 한정하기 위해서 사용된다. 아래 표는 dataFormat과 코드 값들이다.

[표 4-17] 표 4-17 elementName dataFormat 코드 값 [4-10]

코드	dataFormat	코드	dataFormat
0	notFormatted	7	reserved
1	fullFeatured	8	iso15961Combined
2	rootOidEncoded	9	ean-ucc
3	iso15434	10	di
4	iso6523	11	upu
5	iso5459	12	iata
6	reserved	13~31	reserved

[그림 4-10]은 각각의 객체 식별자와 연합된 데이터 객체를 마련하는 데이터 흐름모형을 나타낸다. 어플리케이션 데이터의 각각의 형식, 특별히 ISO/IEC 15961에서 다루는 형식은 데이터 사전 또는 데이터 객체의 목록이나 데이터 요소의 목록을 가진다.

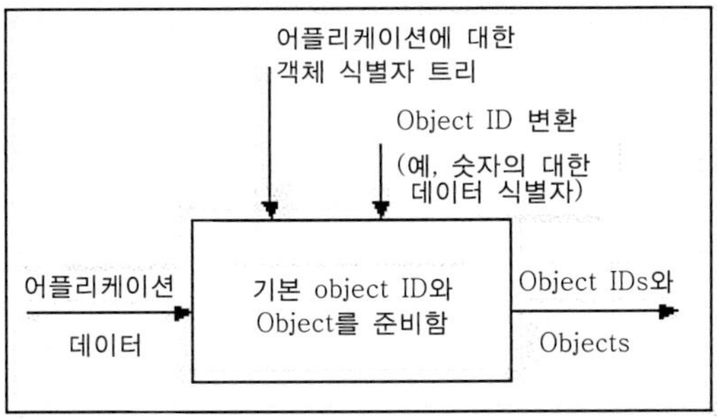

[그림 4-10] 데이터 흐름 모형 [4-10]

데이터 사전은 보통 데이터 옥텟의 코드 목록(숫자 형태, 문자 형태, 영숫자가 혼합된 형태)과 어플리케이션 규격의 도메인 내에서의 사용을 위한 규정으로 구성된다.

EAN.UCC 시스템은 상업 통신에 널리 사용되고, 특별히 소매 연쇄점 관리를 지원한다. 데이터 식별자(DIs)는 병참 통신에서 널리 사용되고, 특히 기본적인 생산 구역에서 사용된다(예, 자동차, 화학, 전자, 제지 등등). IATA(International Air Transport Association)는 다양한 품목 관리를 목적으로, 수하물 취급을 포함하며, 데이터 요소 구조를 사용한다. UPU(Universal Postal Union)는 무선인식 태그의 사용에 있어 어플리케이션 규격이 진전이 있는 다양한 품목 관리를 목적으로 데이터 요소 구조를 사용한다. 15961 dataFormats은 네 개의 하위트리 {1 0 15961}를 가지고 정의되어 왔으며 특정 데이터 사전을 식별하는 하나의 아크(9, 10, 11 또는 12)가 따라 붙는다. [표 4-19]는 이 내용을 정리한 것이다.

[표 4-19] 기본 객체들 [4-10]

항목	객체식별자	사용분야
EAN.UCC System	1 0 15961 9	SCM(바코드 시스템)
Data Identifiers(DI)	1 0 15961 10	nnnA, 자동차, 화학, 전자, 제징 등 생산구역
IATA Data Format	1 0 15961 11	수하물 취급
UPU Data Format	1 0 15961 12	품목관리
15961 Data Format	1 0 15961	개별 아크(9 10 11 12)

③ 어플리케이션 명령과 응답

어플리케이션 명령들은 데이터 프로토콜 처리기와 호출기를 지시해서 특정한 기능을 실행하도록 하기 위하여 사용된다. 이것들은 또한, 효율적인 부호화를 얻기 위해서 어플리케이션 데이터 처리에 적용된다. 데이터 프로토콜 처리기로부터의 응답은 필요한 데이터와 보증된 동작에 대한 정보 그리고 발견된 오류에 대한 정보를 포함한다. 각 명령/응답 쌍은 모듈로 표현되는 추상 구문을 가지고 있다. 각각의 모듈은 명령이 임의의 다른 명령과 독립적으로 호출될 수 있는 방법으로 정의된다. 또한, 각각의 명령과 응답 모듈 쌍은 효과적으로 RELATIVE-OID 와 같은 값을 가져야 하며 아래[표 4-20]에 그 아크 값을 표현 하였다.

[표 4-20] 명령 및 응답 모듈에 관한 아크 값

아크값	모듈	아크값	모듈
1	configureAfi	9	readAllObjects
2	configureStorageFormat	10	readLogicalMemoryMap
3	inventoryTags	11	inventoryAndReadObjects
4	addSingleObject	12	eraseMemory
5	deleteObject	13	getApp-basedSystemInfo
6	modifyObject	14	addMultipleObjects
7	readSingleObject	15	readMultipleObjects
8	readObjectIds	16	readFirstObject

각각의 명령과 응답 모듈은 OBJECT IDENTIFIER에 의해서 식별되어야 하며, 명령에 대한 공통 루트는 ISO (1) standard (0) rfid-data-protocol (15961) commandModules (126) 이다. 응답에 대한 공통 루트는 ISO (1) standard (0) rfid-data-protocol (15961) responseModules (127) 이다.

elementName completionCode는 각각의 명령에 대한 응답 일부이다.

completionCode는 어떻게 특정한 명령이 성공적으로 처리되고, 실행되는지 또는 그렇지 않은지에 대해 명확하게 보고하는 INTEGER 값이며 각 응답마다 반환된다.

[표 4-21] completionCode

값	코드	값	코드
0	noError	13	objectIdNotFound
1	afiNotConfigured	14	objectLockedCouldNotDelete
2	afiNotConfiguredLocked	15	objectNotRead
3	afiConfiguredLockFailed	16	objectsNotRead
4	storageFormatNotConfigured	17	blocksLocked
5	storageFormatNotConfiguredLocked	18	eraseIncomplete

6	storageFormatConfiguredLockFailed	19	readIncomplete
7	objectLockedCouldNotModify	20	systemInfoNotRead
8	tagIdNotFound	21	objectNotModified
9	objectNotAdded	22	objectModifiedButNotLocked
10	duplicateObject	23	failedToReadMinimumNumberOfTags
11	objectAddedButNotLocked	254	undefinedCommandError
12	objectNotDeleted	255	executionError

elementName executionCode는 각각의 명령에 대한 응답의 일부이다. executionCode는 명령이 성공적으로 처리되고 실행에 대해 보고하는 INTEGER 값이며 각각의 응답으로 반환된다. 아래 [표 4-22]에 executionCode를 값과 함께 정리 하였다. [4-10]

[표 4-22] executionCode

값	코드
0	noError
1	noResponseFromTag
2	tagCommunicationError
3	tagCRCError
4	commandNotSupported
5	invalidParameter
6	interrogatorCommunicationError
7	internalError
255	undefinedError

이 밖에 명령어와 관련된 elementName들은 아래 [표 4-23]에 나열하였다.

[표 4-23] 그밖에 명령과 관련된 elementName

addObjectsList(elementName)	numberOfTagsFound(elementName)
afiLock(elementName)	objectIdList(elementName)
avoidDuplicate(elementName)	objectIdsFound(elementName)

checkDuplicate(elementName)	objects(elementName)
identifyMethod(elementName)	readObjectList(elementName)
identities(elementName)	storageFormatLock(elementName)
lockStatus(elementName)	tagAndObjects(elementName)
logicalMemoryMap(elementName)	tagReadResponse(elementName)
maxAppLength(elementName)	tagWriteResponse(elementName)
numberOfTags(elementName)	-

마) ISO/IEC 15961-1, 2, 3, 4

응용 분야별 다양한 데이터 구조에 대한 체계적인 관리에 대한 산업체의 요구와 ISO/IEC 18000-6 type C 표준을 반영하기 위해 WG4내의 SG1에서는 2004년 표준화 작업이 완료되었던 ISO/IEC 15961 및 15962에 대한 개정 작업이 진행 중이다.

개정 중인 ISO/IEC 15961은 다음 [표 4-24]와 같이 각 기술별로 네 개의 파트로 나뉘게 된다.

[표 4-24] ISO/IEC 데이터 프로토콜 15961 표준화 현황 [4-11]

그룹	그룹명	ISO/IEC	Project 명	현단계	비고
SG1	Application Interface	15961-1	Application Interface	-	ISO/IEC 15961+AFI+ Sensor Data 처리
		15961-2	Registration	FCD	
		15961-3	Data Construct(AFI)	FCD	
		15961-4	Sensor data	WD	

파트 1은 어플리케이션 인터페이스, 파트 2는 RFID 데이터 구조의 등록에 관해서, 파트 3은 RFID 데이터 구조와 규칙들에 관해서 설명 되어 있다. 그리고 파트 4는 센서와 전지 데이터에 대한 응용 명령/응답에 대한 내용을 추가 작업 진행 중이다.

① ISO/IEC 15961-1 : 어플리케이션 인터페이스

ISO/IEC 15961 part1은 기존의 ISO/IEC 15961 부분인 어플리케이션 인터페이스로서 데이터를 객체로서 어떻게 표현할 것인가에 대한 지침 및 객체 식별자의 구조에 대해 정의 되어 있다. 또한 데이터 전송을 위한 명령과 응답에 대한 기술과 표준을 정의하는 언어(ASN.1)를 이용한 모든 처리 과정에 대한 기술과 인코딩 규칙

(BER : Basic Encoding Rules)에 기반한 전송구문에 대한 기술 등을 정의하고 있다. 여기서 ASN.1(Abstract Syntax Notation One)은 특정 표준, 인코딩 방법, 프로그래밍 언어, 하드웨어 플랫폼에 무관하게 적용되는 구현에 관계없이 표준을 정의 하는 언어를 말한다. 또한, BER(Basic Encoding Rules)는 ASN.1의 기본 인코딩 규칙 중 하나이며 통신링크를 통해 전송할 수 있는 옥텟 스트림으로 ANS.1 데이터를 인코딩 하는 하나의 규칙 집합이다.

② ISO/IEC 15961-2 : RFID 데이터 구조의 등록

ISO/IEC 15961 part2는 RFID 데이터 구조의 등록 절차에 대해 정의가 되어 있다. 이 RFID 데이터 구조의 등록은 등록 관리기관(Registration Authority)에 의해 가능하며, 구체적으로 데이터 프로토콜에 적합한 RFID 시스템을 사용하는 개방 및 폐쇄(closed) 어플리케이션의 관리에 관련된 특정 RFID 데이터 구조들을 유지하기 위한 절차적 요구사항들을 기술해 놓았다. 또한 등록 관리기관과 어플리케이션 관리기관의 의무에 대해서도 기술되어 있는데 그 내용은 다음과 같다.

□ 어플리케이션 관리기관에 의해 정의된 특정 어플리케이션에 해당 AFI 할당
□ 어플리케이션 관리기관에 의해 정의된 특정 어플리케이션에 데이터 포맷 할당
□ 어플리케이션 관리기관에 의해 정의된 어플리케이션에 쓰이는 유일품목식별자(UII)에 ISO/IEC 9834-1에 호환되는 Root-OID 등록
□ 어플리케이션 관리기관에 의해 정의된 어플리케이션에 쓰이는 기타품목수반데이터에 ISO/IEC 9834-1에 호환되는 Root-OID 등록

어플리케이션 관리기관(Application Administrators)은 개방 어플리케이션 환경에서 국제표준에 맞는 RFID 데이터 구조 사용을 바라는 개개의 조직이나 회사에 그들의 무역조합이나 공공 또는 정부 기관과 같은 산하조직(umbrella organization)을 통해 권한을 준다. 다음은 권한을 부여하는 과정에 대한 설명이다.

□ 신청 : 어플리케이션 관리기관은 부속서 B의 서식을 이용하여 등록 관리기관에 RFID 데이터 구조의 등록과 할당을 위해 신청. 등록 관리기관은 추가적인 설명이 필요한 경우 추가적인 정보를 요구하며 매 RFID 데이터 구조의 요청 때 마다 따로 서식을 보내야 한다.
□ 승인 : 발행되는 RFID 데이터 구조가 개방 어플리케이션 환경에서 사용되어야 하며 둘 혹은 그 이상의 국가에서 표시되어져야 하고, 되도록이면 발행 날짜 12개

월 이내에 RFID 데이터 구조는 즉각적으로 사용되어야 한다.

□ 거절 : 발행된 RFID 데이터 구조가, 예를 들어 발행 날짜 12개월 이내, 즉각 사용되지 않을 경우, 신청자 부적합, 적절한 비용 미지불, 신청 시 불완전한 혹은 이해할 수 없는 정보가 있는 경우는 신청이 거절된다.

□ 탄원 : 만약 신청이 거절되었을 경우 신청자는 ISO/IEC JTC 1/SC 31 탄원위원회의 위원장에게 탄원할 수 있고 만약 그 탄원위원회가 요청을 거절했을 때 ISO/IEC JTC 1/SC 31의 위원회에게 탄원할 수 있다. 신청 거절에 대한 탄원은 거절 통보 편지 수취 90일 이내에 적절한 기관에 맡겨진다.

등록 관리기관(Registration Authority)은 RFID 개방 어플리케이션 환경에 할당된 RFID 데이터 구조를 갖기를 바라는 기관으로부터 신청을 받고 그것을 인정 해주는 역할을 담당하고 있는 기관이다. 그 등록 절차에 관한 설명을 아래에 나열하였다.

□ 책임 : 신청서 수취 30일 이내에 신청을 처리 및 등록, 개방 어플리케이션 환경에서 UII와 기타품목수반데이터을 위한 객체식별자을 등록(혹은 할당) 하는 것, 신청서 수취 30일 이내에 거절 조항에 관련된 언급과 함께 부적격 신청자에게 알리는 것, 특별한 상황이 존재하는 신청을 탄원 위원회에 전달하는 것, RFID 데이터 구조 등록기를 만들고 관리하는 것, RFID 데이터 구조 등록기의 사본을 매년 1월과 7월에 ISO/IEC JTC 1/SC 31 사무관에게 제출하는 것, 문서 영구 보존하는 것.

□ 임명 : ISO/IEC JTC 1/SC 31 회원 중 하나 또는 ISO/IEC JTC 1/SC 31에 의해 승인된 기관이 등록 관리기관으로서 임명된다.

□ 사임 : 등록 관리기관이 사임해야 하는 상황일 경우, ISO/IEC JTC 1/SC 31 사무국에 12개월 전에 통보가 되어야 하며 ISO/IEC JTC 1/SC 31 사무국은 새 등록 관리기관을 찾기 시작해야 한다. 만약 12개월 이내에 새 등록 관리기관이 나타나지 않을 경우 ISO/IEC JTC 1/SC 31 사무국이 등록 관리기관의 책임을 대체자가 나타나기 전까지 일시적으로 맡는다.

□ RFID 데이터 구조 등록기 : 어플리케이션 관리기관의 이름, 신청서상에 지시된 주소, 등록 관리기관에 의해 어플리케이션 관리기관에게 할당된 RFID 데이터 구조의 정보가 있다.

그리고, 각각의 ISO/IEC JTC1/SC31의 P-멤버는 탄원 위원회에 한명의 대표자와 한명의 대체자를 지명 추천하는 권리가 주어지게 되며, 대체자는 모든 회의에 참석할 수 있으나 주 대표자가 없을 경우에만 투표 자격이 주어지게 된다.

□ 구성원 : 등록 관리기관 대표(탄원위원회의 비투표 회원이며 모든 회의에 참석), 탄원위원회 위원장 (탄원위원회의 비투표 회원으로서 ISO/IEC JTC 1/SC 31의 P-멤버에 의해 임명됨), 탄원위원회 사무관 (탄원위원회의 비투표 회원인 탄원위원회으로서 ISO/IEC JTC 1/SC 31의 P-멤버에 의해 임명됨)

□ 책임 : 등록 관리기관에 의해 발행된 건에 대하여 승인과 거절기준을 적용 집행하며 등록 관리기관으로 부터 오는 질의를 수취 60일 이내에 처리한다.

□ 투표절차 : 위원장이 투표가 필요하다고 생각하는 경우, 어떤 탄원이든 탄원위원회에게 우편 투표로써 회람 되어지며 우편 투표가 실패할 경우, 위원장의 판단에 의해 탄원위원회 회의가 소집된다. 회의의 정족수가 참석하여야 하며 등록 관리기관의 결정을 번복하기 위해서는 과반수의 투표가 요구된다. 만약 탄원위원회 회의에서 투표로도 문제가 해결되지 못할 경우, 그 문제는 ISO/IEC JTC 1/SC 31에게 회부된다.

③ ISO/IEC 15961-3 : RFID 데이터 구조

ISO/IEC15961 part3 에서는 RFID 데이터 구조들과 그것들의 사용에 적용되는 규칙들이 정의되어져 있다. 좀 더 세세한 내용으로는 품목 관리용 RFID에 사용가능한 코드값의 범위를 포함한 어플리케이션 영역 식별자(AFI)를 정의하고, 품목관리용 RFID에 사용 가능한 코드 값의 범위를 포함한 데이터 포맷에 대한 정의, 품목관리용 RFID에 사용되는 객체식별자 구조에 대한 설명, 유일품목식별자(UII) 및 기타품목수반데이터를 위한 객체 식별자의 기능에 대해 기술되어져 있다.

[표 4-25] 품목 관리용 RFID를 위해 할당된 AFI [4-11]

ISO/IEC 15961 (10진수)	ISO/IEC 15962 (16진수)	함 수	비고
0	00	AFI가 구성되지 않음	
1 to 3	01 to 03	폐쇄 어플리케이션 환경에 할당됨. 이는 세 개까지의 무선 인터페이스를 통한 선택 수단을 허용한다	자기할당
4	04	분할된 메모리로 RFID태그에 부호화 될 때, RFID 태그 관련 품목 생산자 통제하의 폐쇄 시스템 데이터에 할당됨	
5	05	분할된 메모리로 RFID태그에 부호화 될 때, RFID 태그 관련 품목 수송회사 통제하의 폐쇄 시스템 데이터에 할당됨	
6	06	분할된 메모리로 RFID태그에 부호화 될 때, RFID 태그 관련 품목 최종사용자 통제하의 폐쇄 시스템 데이터에 할당됨	
7 to 15	07 to 0F	폐쇄 시스템 데이터 또는 어플리케이션에 할당하기 위해 예	

		비됨	
144 to 206	90 to CE	오직 등록관리기관에 의해서 개방 어플리케이션 환경에만 할당됨. 또는 ISO/IEC 15961:2004의 발행을 통해서 미리 할당된 경우임	RA에 의한 할당
207	CF	AFI 바이트 배수를 위해 확장 코드로서 예비됨	확장 메카니즘
주: AFI의 7부터 15(07부터 0FHEX) 가 한 함수로 할당될때 이것은 RFID 데이터 구조 등록기에 공표 될 것이다			

여기서 AFI(어플리케이션 영역 식별자)는 무선 통신의 효율적 사용을 위해 RFID 태그의 선택적 어드레싱을 가능하게 해주는 데이터 프로토콜 메카니즘이며 위 [표 4-25]는 품목 관리용 RFID를 위해 할당된 AFI를 보여준다.

[표 4-26] 품목 관리용 RFID를 위해 할당된 AFI [4-11]

ISO/IEC 15961 (10진수)	함 수	비고
0	부호화된 데이터가 ISO/IEC 15961-1 과 ISO/IEC 15962의 규칙에 따라 포맷되지 않은 폐쇄 어플리케이션 환경에 할당됨. 또한 이 값은 아직 포맷되지 않은 RFID 태그의 기본값이다	
1	Full featured - 이 데이터 포맷은 전체 OBJECT IDENTIFIER가 부호화된 데이터 포맷의 어떠한 타입도 지원한다. 그것의 주 목적은 이종 데이터(즉 다른 데이터 사전으로부터)가 하나의 RFID 태그에 부호화될 수 있도록 하는 것이다. 예를 들면, 이것은 다른 개방시스템 어플리케이션들로 부터의 데이터를 부호화하기 위해 사용될 수 있고 또한 각 어플리케이션을 위한 ISO/IEC 9834-1에 등록된 객체 식별자를 사용한 폐쇄 시스템 데이터에 명확하게 부호화하는데 사용 할 수 있다	자기할당
2	Root-OID encoded - 이 데이터 포맷은 RFID태그 위의 모든 데이터가 공통 Root-OID를 가질 경우에 사용되지만 등록관리기관에 의해 할당된 데이터 포맷을 위한 특정 Root-OID는 따르지않는다	
3 to 62	오직 등록관리기관에 의해서 개방 어플리케이션 환경에만 할당됨. 또는 ISO/IEC 15961:2004의 발행을 통해서 미리 할당된 경우임	RA에 의한 할당
63	데이터 포맷 바이트 배수를 위해 확장 코드로서 예약됨	확장 메카니즘
주) 데이터 포맷 0은 단순히 그것의 비트 값에 의해서 어떤 부호화가 행해지기 전에 RFID태그에 존재할 수 있다. 데이터 포맷 1과 2는 ISO/IEC 15962에 정의된 처리과정에 의해 자동적으로 부호화된다		

데이터 포맷을 객체 식별자 구조와 어플리케이션 데이터간의 연결을 제공하는 것으로 예를 들면 데이터 포맷 10은 Root-OID 1 0 15961 10이 ISO/IEC 15418에서 데이터 식별자(DI)라고 알려진 데이터 요소에 할당되어 있다는 것을 나타낸다. [표 4-26]은 품목 관리용 RFID를 위해 할당된 데이터 포맷을 보여주고 있다. [4-11]

④ ISO/IEC15961-4 : 센서 데이터

센서와 관련된 명령과 응답을 정의하며 현재 표준화 작업에 대한 필요성을 인식하고 초안을 만들기 위해 논의 중에 있다.

바) ISO/IEC 24753

전지와 센서 지원을 위한 데이터 암호화 및 처리에 관한 표준인 ISO/IEC 24753과 관련해서는 RFID 센서와 관련된 새로운 표준안을 만들기 보다는 IEEE 1451 전문가들과 협력하여 기존의 IEEE 1451 표준을 변경하여 RFID 센서에 맞게 적용할 수 있도록 하는 방향으로 진행되고 있으며 이 방안을 어떻게 수용할지에 대해서 작업반에서 논의가 계속되고 있다. 이와 관련하여 IEEE 1451에서도 RFID와 관련하여 IEEE 1451.7 sensors for RFID 라는 새로운 표준을 준비하고 있다. [그림 4-11]은 ISO/IEC 24753을 기반으로 전지 및 센서 지원 기능이 추가 될 때 리더에서 구현되는 응용 인터페이스 모델(application interface model)이다.

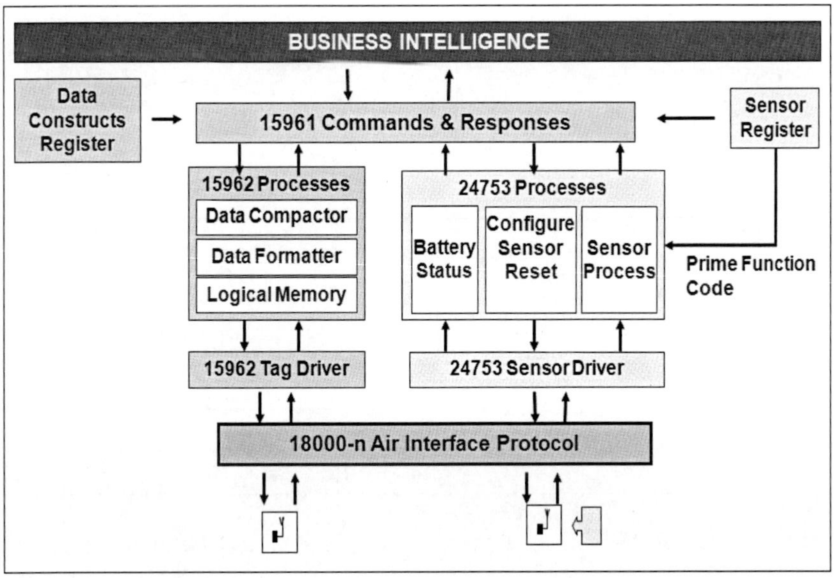

[그림 4-11] 전지 및 센서 지원 기능이 추가된 리더의 응용 인터페이스 모델 [4-2]

[그림 4-11]에서 ISO/IEC 15961은 호스트와 RFID 리더간의 응용 명령/응답 및 데이터 포맷 형식에 대한 규격이며, ISO/IEC 15962는 리더의 커맨드 포맷, 태그 드라이버, 논리 메모리 등에 대한 규격이고, 2004년에 모두 IS로 제정되었다. 전지 및 센서 지원 기능을 위해서는 기존의 ISO/IEC 15961에 태그의 센서 유무, 센서 종류/기능, 센서 데이터 획득, 전지 상태 등을 확인할 수 있는 커맨드가 추가되어야 한다. ISO/IEC 24753은

air interface와 태그 구조에 상관없이 사용할 수 있는 센서 종류, 특성 등에 관한 코드 구조를 정의하고, 태그에 부착된 센서를 인식한 후 센서 종류 및 특성 정보를 태그 메모리로부터 받아서 특성에 맞게 센서 데이터를 처리하는 프로세스가 정의되며, 다양한 종류의 센서를 지원하기 위해 동일한 구성 법칙(configuration rule)과 리셋(reset) 기능을 제공하며, 태그의 전지 상태를 받아서 처리하는 프로세스가 정의되고, 센서 드라이버를 정의한다.

센서는 직렬(serial) 혹은 병렬(parallel) 포트(port), 혹은 ADC를 통해 태그와 연결되며, 센서 드라이버는 각 air interface 별로 어떻게 센서를 지원하고 연결할지에 대한 규격을 정의하고 있다. 또한 센서드라이버는 ISO/IEC 15961 응용 커맨드를 받아서 각 air interface에서 실제로 사용할 수 있는 커맨드 코드(command code)로 포맷을 바꾸어 주는 역할도 수행한다.

[그림 4-12]는 센서 정보 모델(sensor information model)을 표현한 것으로, 리더와 태그/센서의 구성 요소 사이에 상호 관계와 태그 혹은 센서에 저장되는 센서 종류/기능 및 특성에 관한 정보를 나타내고 있다.

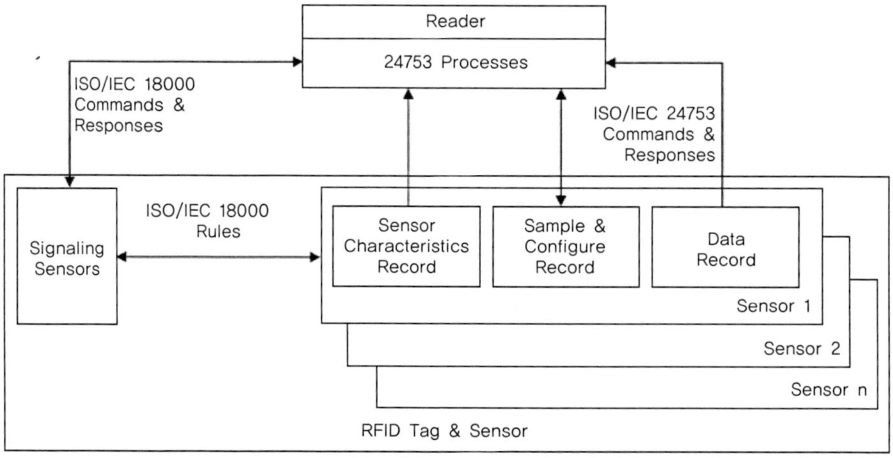

[그림 4-12] 센서 정보 모델 [4-12]

RFID 태그와 센서는 크게 세 가지 형태로 결합될 수 있다. 첫째, IEEE 1451에 정의된 smart transducer와 같이 센서는 메모리와 프로세서를 가진 독립적인 장치로서 플러그 앤 플레이(plug & play) 방식으로 포트 등을 통해 태그와 단순히 통신하며, RFID 태그와 air interface는 단지 센서 장치를 위한 통신 채널(communication channel) 역할을 수행한다. 둘째, 모든 센서 기능이 RFID 태그 내에 집적 회로 형태로 결합된 센서 구조가 있다. 이 경우 모든 센서 정보는 태그 메모리에 저장되고 센서의 제어를 위해서 특정한 명령어를 사용한다. 세 번째 구조는 위의 두 경우를 혼합한 방식으로서 센서는 독립적인 장치로 동작하지만 그 기능이 간단해서 센싱한 데이터를 단순히 태그에 전달하는 역할을 한다. 센싱된 데이터와 시간 정보 등은 태그 메모리에 저장할 수 있다. RFID 태그 혹은 센서 자체에 저장되는 센서 레코드(sensor record)는 크게 세 가지로 나눌 수 있다. 센서 특성 레코드(sensor characteristics record)는 센서 종류, 특성 등과 같은 센서의 기본적인 기능을 정의하며 읽기만(read-only) 가능하다. 샘플링 및 구성 레코드(sampling & con-figure record)는 센서의 샘플링 주기, 경계값 등 실제 센서가 센싱하기 위해 필요한 정보를 정의하며 센서가 air interface 통신과 독립적으로 센싱 기능을 수행하여 데이터를 생성할 수 있도록 한다. 샘플링 및 구성 레코드의 값들이 권한을 가진 사용자에 의해서만 설정할 수 있도록 하기 위해서는 air interface에 보안 기능이 추가되어야 한다. 데이터 레코드(data record)는 센서로부터 센싱한 데이터로 이진 형태(binary format)를 갖는다.

그리고 센서는 TID 메모리나 DSFID(Data Storage Format Identifier) 등을 이용하여 고정된 주소를 통하여 관리하며 SAM을 통해 메모리 위치에 매핑하도록 정했다.

[그림 4-13]에는 ISO/IEC 18000-6C 태그에서 TID 및 user 메모리와 SAM을 이용한 센서 정보 및 데이터 관리 예가 나타나 있다.

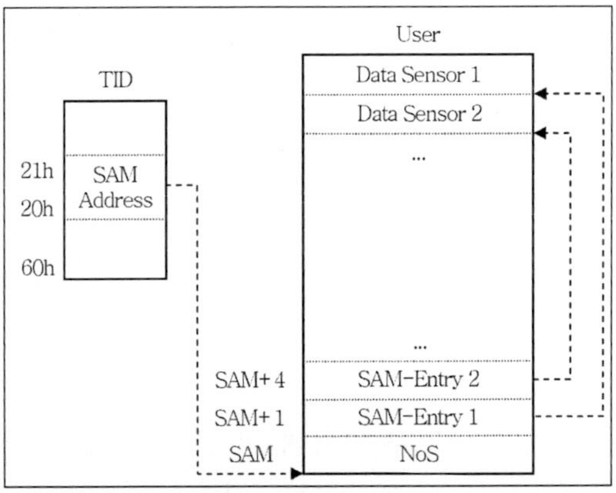

[그림 4-13] SAM을 이용한 센서 정보 및 데이터 관리 예 [4-12]

사) ISO/IEC 24791

ISO/IEC 24791은 리더 관리와 미들웨어 관련 표준으로서 기존의 ISO/IEC 15961과 15962 표준과 중복되는 부분이 많으나 EPCglobal에서 만든 관련 표준들을 국제표준에 반영하기 위하여 작업되고 있다. 표준 작업 초기에는 ISO/IEC 24752 SMP(Software Management Protocol)로 시작되었으나 2006년 8월에 ISO/IEC 24791 SSI(Software System Infrastructure)로 프로젝트 번호와 이름을 변경하였으며 여섯 개 파트로 나누어서 표준

작업을 진행하고 있다. 한국전자통신연구원에서 표준 제안부터 참여하여 Senior Editor를 맡아 한국에서 주도적으로 표준화에 참여하고 있다.

파트 1은 전체구성(Architecture)에 관한 내용을 다루고 있으며 [그림 4-14]에는 ISO/IEC 15961, 15962, 24753 및 IEEE 1451.7과의 연관성을 나타내는 구성도가 나타나 있다.

파트 2는 데이터 관리(Data Management)에 관한 내용을 다루며, 읽기, 쓰기, 수집, 필터링, 그룹핑 그리고 RFID 태그 데이터를 상위레벨 응용 프로그램과 인터페이스에 가입과 통지의 기능과 그 인터페이스에 대한 규격표준으로 데이터 흐름과 처리에 관한 것으로 데이터 접근(Data Access), 데이터 처리(Data Processing) 그리고 데이터 및 정보의 보고(Report on Data and Information)를 포함한다. 데이터 접근(Data Access)은 Identifiers, data objects, system information, user memory data등의 데이터 접근과 관련된 내용들을 기술한다. 데이터 처리(Data Processing)는 volume reduction, format, structure modification, data analysis, data access를 위한 부분에 대해 기술되어 있고 데이터 및 정보의 보고(Report on Data and Information)는 보고형식(Report format), 보고조건(Report condition), 보고발생(Report Generation)에 대하여 기술한다.

파트 3은 기기 관리(Device Management)에 대한 것으로 하나 또는 하나 이상의 RFID 리더의 Discovery, Configuration, Performance, Diagnosis를 제어하고 모니터링을 이루기 위한 프로토콜과 메커니즘 등을 다루고 있다.

파트 4는 응용 인터페이스(Application Interface)에 관한 내용으로 최종 시스템의 응용 프로그램이 RFID 데이터 서비스에 접근하기 위한 인터페이스를 제공하는 규격표준이다.

파트 5는 기기 인터페이스(Device Interface)에 대한 것으로 태그에 접근하는 동작 제어와 태그 데이터 전달을 제공하는 상위단 client와 리더간의 인터페이스를 기술한다.

파트 6은 보안(Security)에 대한 것으로 특정 기능과/또는 layer를 위한 적절한 표준기반의 인증, 위임, 데이터 보호 등의 내용을 다루고 있다.

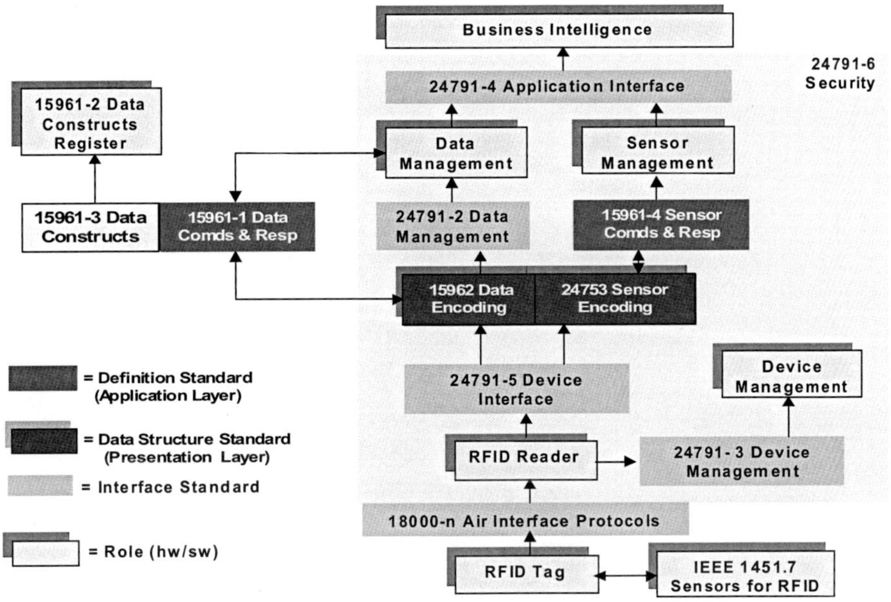

[그림 4-14] ISO/IEC 24791과 15961, 15962, 24753, IEEE 1451.7과의 전체구성도

4.1.5 EPCglobal 국제사실표준

4.1.5.1 EPCglobal 개요

RFID 관련 국제표준은 태그, 리더 등 기기에 대한 표준과 RF 태그에 저장되는 코드 표준으로 크게 구분할 수 있다. 기기 표준은 자사 제품과 타사 제품 간 호환성을 확보케 하여 중복 투자로 인한 비용을 절감하고 기술 개발 촉진 및 시장 확대가 가능하다. 코드의 경우 다른 코드는 응용 분야가 제한적인 경우가 많으나 EPCglobal이 보급하고 있는 EPC 코드는 유통, 물류를 중심으로 한 전 산업에 적용 가능하며, 이미 바코드와 함께 산업계에서 널리 활용되고 있는 EAN.UCC 식별 코드도 EPC 코드에서 수용 가능하다. 산업계의 자발적인 RFID 규격 단체로서 EPCglobal이 사실상의 산업계 표준화를 주도하고 있다. EPCglobal의 기원은 미국 MIT를 중심으로 북미지역코드관리기관(UCC), 미 국방성(DoD), Gillette, P&G 등 100여 개 기관들이 협력하여 1999년 MIT에 설립된 Auto-ID Center로서, “Internet of Things”라는 개념을 바탕으로 이를 실현하기 위한 RFID 기술연구를 추진하기 시작하였다.

이후 Auto-ID Center는 2003년 9월 EAN. UCC의 통합단체인 GS1의 자회사로 흡수되면서 EPCglobal이 설립되었고 RFID 기술 보급 및 활성화 중심의 현 체제로 전환되었다.

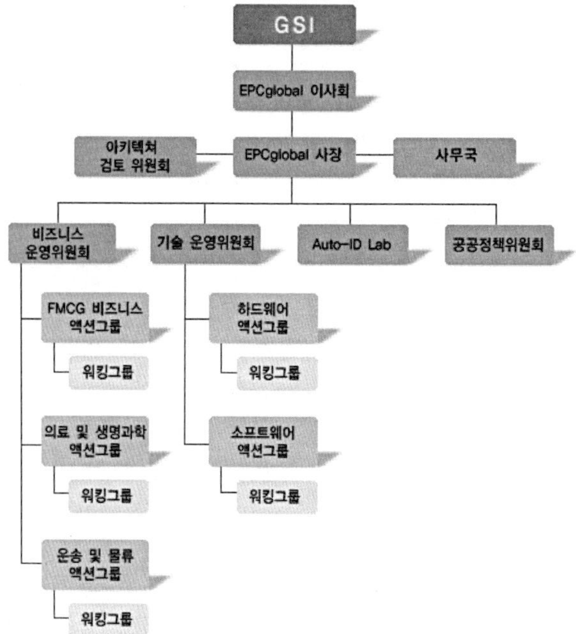

[그림 4-15] EPCglobal 조직도

현재 월마트를 비롯한 유통업체들과 미 국방성, 그리고 다수의 리더와 태그 제조업체들이 EPCglobal의 회원으로 가입하고 있다. EPCglobal 본부는 EPC 관리자 코드의 발급, 관리 및 ONS 등록 총괄, EPCglobal Network 표준 개발 및 보급, 브랜드 관리 및 마케팅, 개인정보보호, 지적재산권 관련 정책 결정 등의 기능을 하고 있다. 또 각국 EPCglobal의 보급 기관들은 보급대상 신산업 발굴, 도입지원(교육, 컨설팅 및 가이드라인 발급), 자국 내 회원관리(회원모집 및 EPC 관리자코드발급)을 수행하고 있다.

EPCglobal은 [그림 4-15]와 같이 비즈니스, 기술, 공공정책, 등 세 개 운영위원회와 Auto-ID Lab으로 구성되어 있으며, 비즈니스와 기술 운영위원회 산하의 액션그룹(Action Group)이라는 실무위원회에 글로벌 기업 등이 참여하여 표준화를 추진하고 있다.

HAG(Hardwear Action Group)는 네트워크 내에 하드웨어 구성요소 사이 공동영역을 정의하며, 사용자의 요구를 만족하는 기술규격을 작성한다. SAG(Software Action Group)는 EPC Network 안에 다수의 기업에 배부되는 모든 소프트웨어 인터페이스를 정의하는 그룹으로서 미들웨어, ONS, EPCIS 등 시스템 구조 및 기술규격을 개발한다.

BAG(Bussiness Action Group)는 FMCG(Fast Moving Customer Goods)비즈니스 액션그룹(FMCG), 보건&생명과학 비즈니스 액션그룹(HLS), 운송&물류 비즈니스 액션그룹(TLS)으로 나누어지며 기업의 비즈니스 및 기술적 요구사항 파악을 통하여 EPC 코드와 EPC 네트워크를 실행하는데 있어서 필요한 기술규격을 개발 및 보급한다. [4-13]

아래 [표 4-27]은 EPCglobal Action Group의 산하 Working Group 현황과 주요 활동 내역을 정리 한 것이다.

[표 4-27] EPCglobal Working Group 현황 [4-14]

구 분	워킹 그룹	주요 활동
하드웨어 액션그룹	UHF Gen 2 Protocol	Gen 2 표준 개발
	Testing &Certification WG	Gen 2 프로토콜 인증 시험 계획 수립
	UHF Class 2	Gen2와 Class 2 태그 호환 방안 연구
	Item Level Tagging Joint Requirements Group	단품 수준 태깅 요건 수집 및 분석
소프트웨어액션그룹	Reader Protocol	리더와 호스트간 데이터 교환 프로토콜 개발
	Reader Management	Configuration, Monitoring, Alarm Notification 등 리더 제어 관련 표준 개발
	Security	프라이버시에 관련된 Security Framework 수립
	ONS	"Object Name Service 1.0" 제정
	Filtering &Collection	소프트웨어 API에 대한 Spec. 수립
	EPC IS	기존 시스템과 EPC N/W 연동을 위한 EPC IS 기술규격 개발
	Tag Data Translation	Tag Data의 인코딩 및 디코딩 표준 개발
FMCG 비즈니스 액션그룹	European Adoption Programme	유럽 내 EPC 표준 채택 및 확산 프로세스 수립
	Pilot &Implementation	Vendor 프로파일, 주요 성과 지표, 각종 파일럿 수행현황 요약
	Tag Data Standards	Numbering System 수정 관련 새로운 헤더 제정 (AFI 위원회 제안사항)
	Data Exchange	EPC IS WG(Software AG)과의 연계를 통해 "Business Requirement Resolution" 수립
	Reusable Transport Items	태그 부착을 통한 회수가능자산(팔렛트 등)의 추적 및 회수 방안 연구
	Strategic Planning	EPCglobal Workplan 핵심요소 수립
	Asian Adoption Program	아시아지역의 EPCglobal Network 보급 확산을 위한 각종 방안 연구
	Tag and Label Inlay Standards	칩, 인레이, 태그, 프린터 생산 기준 마련
Joint워킹그룹	Applied Tag Performance	상자, 팔렛트 등에 부착된 태그의 성능 측정 기준 마련
보건&생명과학비즈니스 액션그룹	Strategic Planning	WG별 우선순위 및 전략적 Work Plan 수립
	Policy	의료부분의 EPC 채택 위한 정책적 지원 역할
	Process	EPC 관련 의료부분 비즈니스 프로세스 개발
	Information	"Information Business Requirement" 수립
	Technology	타 액션 그룹에 기술 정보 제공
	Research &Development	향후 개발이 더 요구되는 분야의 연구
	Track &Trace	의약품 Pedigree 시스템 보완
운송&물류액션그룹	Import/Export Customs Clearance	세관통관 및 수출입절차 간소화방안 연구
	Integration	데이터 교환 프로세스 연구
	Transportation	육상 운송 합리화 프로세스 연구
	4 Walls	항만 내 물류창고 업무프로세스 연구

또한 Auto-ID Lab에는 현재 미국, 영국, 호주, 일본, 중국, 한국 등 전 세계 7개 대학이 참여해 EPCglobal Netwrok를 기반으로 한 응용모델 개발 및 보안, 통신기술, 제어기술 등 RFID 관련 연구개발을 지원하고 있으며, 한국정보통신대학(ICU)도 2005년에 Auto-ID Lab으로 지정되어 Mobile RFID와 USN 분야에 대한 연구를 수행하고 있다.

4.1.5.2 EPC 구조

EPC 코드는 EAN.UCC 코드와 마찬가지로 상품을 식별하는 코드이다. 차이점은 바코드가 품목단위의 식별에 한정된 반면, EPC 코드는 동일 품목의 개별상품까지 원거리에서 식별할 수 있다는 것이다. 이를 통해 위조품 방지, 유효기간 관리, 재고 관리 및 상품 추적 등 공급체인에서 다양한 효과를 누릴 수 있다. 구체적인 코드 구조는 아래와 같다.

- 헤더(Header)

헤더는 EPC 코드의 전체 길이, 식별코드 형식 및 필터 값을 정의한다. 헤더는 가변 길이 값을 가지는데, 현재 2비트와 8비트 값의 헤더가 정의되어 있다. 2비트 헤더는 3개의 값을 가지며 (01,10,11), 8비트 헤더는 63개의 값을 가짐, 헤더는 판독기로 하여금 태그의 길이를 쉽게 판단할 수 있도록 돕는 기능을 한다.

- 업체코드(EPC Manager)

[표 4-28] EPCglobal Code 구조

헤더 (Header)	업체코드 (EPC Manager)	상품코드 (Object Class)	일련번호 (Serial Number)
H1 H2	M1 M2 M3 M4 M5 M6 M7	O1 O2 O3 O4 O5 O6	S1 S2 S3 S4 S5 S6 S7 S8 S9

EAN 바코드의 업체코드에 해당하며 각국 EAN 회원기관이 할당한다. 28비트의 용량으로 일곱 개의 숫자(0~9) 및 문자(A~F)를 조합하여 약 2억 6천만 개 업체 코드를 할당할 수 있다.

- 상품코드(Object Class)

바코드의 상품 품목 코드에 해당하며 사용 업체가 할당한다. 24비트의 용량으로 여섯 개의 숫자와 문자를 조합하여 약 1천 6백만 개 상품에 코드를 부여할 수 있다.

- 일련번호(Serial Number)

동일상품에 부여되는 고유한 식별번호로서 사용 업체가 할당한다. 36비트로 8개의 숫자와 문자를 조합하여 680억 개의 상품에 코드를 부여할 수 있다.

산업체들 중심의 EPCglobal은 산업체의 다양한 의견을 반영한 만큼 현재 RFID 보다는 바코드 시스템이 시장에서 더 많이 사용되고 있다는 점에서 기존의 바코드(GTIN)코드를 새로운 EPC 코드로 사용될 수 있도록 고안되어 졌다.([그림 4-16]참조)

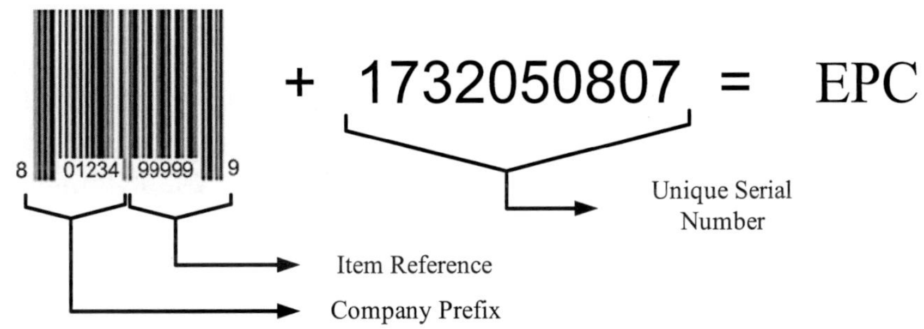

[그림 4-16] EPC(Electronic Product Code) [4-13]

4.1.5.3 EPCglobal Network

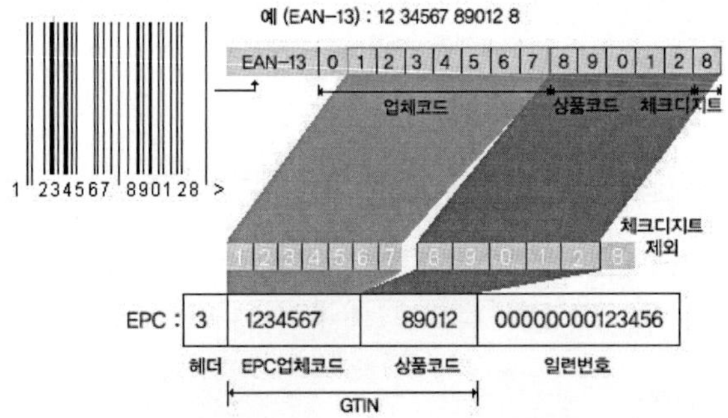

[그림 4-17] 바코드(GTIN)와 EPC 코드의 호환 [4-15]

EPCglobal Network은 RFID 태그 데이터(EPC)의 구조, 전달방법에 대한 표준을 제공하고, 개별기업은 EPCglobal Network 상에서 발생하는 데이터를 각 기업과 기관의 방화벽 안에서 개별적으로 관리하고, 이 데이터는 ONS(Object Naming Service)와 Discovery Service를 통해 공유하는 방식으로 운영된다. 이렇게 EPCglobal Network 의 글로벌한 분산처리 시스템을 구현함으로써 거대한 EPC 정보의 분산 관리 및 전달 효율성을 높일 수 있다.

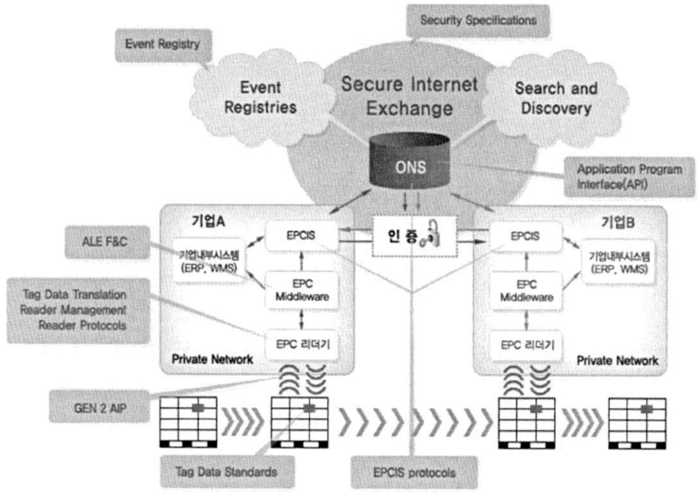

[그림 4-18] EPCglobal Network 개념도

[그림4-18]은 EPCglobal Network에서 발생된 데이터의 흐름과 적용되는 표준을 명시하고 있는 개념도이다. 개념도상의 각 구성에 대한 설명은 다음과 같다.

- 각각의 기업은 프록시 안에서 독립적인 네트워크 구성을 가진다.
- 상품에 부착되는 EPC는 Tag Data Standard에 의해 정의된다.
- EPC와 리더는 Gen2 Air Interface Protocol을 통해 통신한다.
- 미들웨어는 ALE를 통해 Filtering과 Collection이 이루어진다.
- EPCIS간의 통신은 인증을 통해 EPCIS 프로토콜로 이루어진다.
- Event Registry에 이벤트 정보를 등록하고 ONS를 포함하는 Discovery Service를 통해 각각의 EPCIS로의 검색이 이루어진다.

또한, EPCglobal Network를 구성하는 핵심 구성요소 및 기능은 아래와 같다.

■ Reader Protocol
- 리더와 호스트간의 명령 수행/응답 및 태그정보의 교환과 관련된 표준을 정의함.

■ Reader Management
- 개별 RFID 리더기에 대한 환경설정, 모니터링 및 시스템 이상 발생 시 알람(Alarm)과 같은 RFID 리더기 관리에 관한 표준적인 기능목록을 정의함.

■ Tag Data Translation

- Tag data standards에 정의된 EPC 인코딩/디코딩 규칙을 표현하고, 그 규칙에 근거하여 EPC 코드 변환작업을 수행하는 데 필요한 규격을 도출, 정의함.

■ ALE(Application Level Events)

- 어플리케이션을 위한 인터페이스 제공하고, 데이터 정제, 데이터 취합, 중복된 데이터 제거, 데이터 그룹화를 통해 태그 데이터 처리를 처리하며 다양한 종류의 리더기를 지원

■ Security(보안)

- 사용자정보 보호, 데이터 암호화 등 EPC Network 전반에 걸친 보안 프레임워크를 제공하기 위한 일종의 가이드라인을 정의하고 권고안을 마련함.

■ ONS

- 현재 운용중인 Domain Name System과 기능뿐 아니라 기술까지도 매우 유사함.
- ONS검색 프로세스는 EPC코드를 가지며, EPC의 객체정보를 가진 하나 이상의 네트워크의 위치(Uniform Resource Locator:URL)를 반환함.

■ Discovery Service

- 특정 EPC에 대한 정보를 찾아 그 정보에 엑세스 할 수 있도록 해주는 종합적인 서비스

■ EPCIS(EPC Information Service)

- EPCglobal 가입자 간의 데이터 교환의 주요 수단
- EPCIS 데이터는 거래 파트너가 직접 통제할 수 없는 위치에 있는 물리 객체에 발생하는 일에 대한 자료를 얻기 위해 공유하는 정보

4.1.5.4 EPCglobal 표준화 동향

EPCglobal에서 규격을 제정하고 있는 분야를 살펴보면, UHF 대역의 air interface, EPC 태그 데이터 규격, RFID 리더에서 수집된 이벤트의 처리, ONS 및 EPCIS라 불리는 디렉토리 서비스와 정보 저장소, 그리고 보안과 API 등에 대한 규격 작업을 수행하고 있다. 한편, EPCglobal에서도 SBAC를 결성하여 전지 지원 및 센서 기능이 추가된 RFID 태그에 대한 비즈니스 전망과 표준화 항목 등에 대해서 작업 중이다. [그림 4-19]에는 EPCglobal의 RFID 기술 관련 표준화 영역이 나타나 있다.

또한 EPCglobal에서는 능동형 RFID와 관련된 표준화 그룹으로는 AT-JRG와 TLS가 있다.

AT-JRG는 EPCglobal의 여러 HAG들 중의 하나로, 능동형 RFID 태그에 대한 요구사항을 논의하고 정의한다.

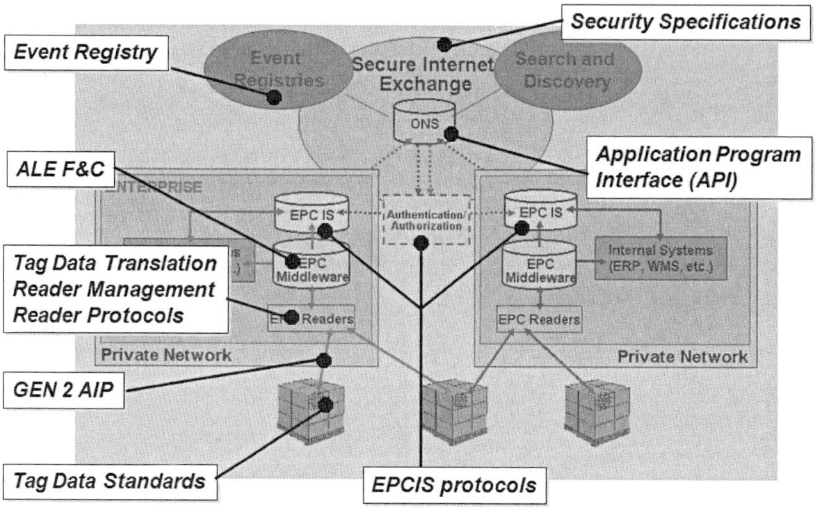

[그림 4-19] EPCglobal 표준화 영역

이 회의에서는 일반적인 능동형 RFID에 대한 내용을 다루지만, 주 관심은 항만물류용의 컨테이너에 부착하는 능동형 RFID 태그를 목표로 삼고 있어 실제 항만의 운용환경에 따른 요구사항을 다룬다. TLS는 EPCglobal의 여러 BAG들 중의 하나로, 여기에는 transportation, 4 walls, integration, import/export (customs) 등의 네 개 분야가 있다. 이 중 AT-JRG와 직접 관련이 있는 분야는 transportation으로, 이 모임은 EPC RFID를 이용하여 visibility, performance, security, quality, communications 등을 개선하기 위한 규격을 논의한다. [4-2]

[표 4-29] EPCglobal 표준화 작업 현황 [4-16]

표준화 항목	표준화 현황	비고
태그 데이터 표준	ver. 1.27 승인	ver. 1.3 개발중
UHF C1G2 에어인터페이스	ver. 1.10 승인	ISO/IEC 18000-6c 채택(2006.5.31)
리더기 프로토콜	ver. 1.1 개발중	ver. 1.2 개발중
태그 데이터 번역	ver. 1.0 승인	
리더기 관리	ver. 1.0 개발중	
필터링 & 수집(ALE)	ver. 1.0 승인	ver. 1.1 개발중
EPC 정보 서비스	ver. 1.0 개발중	
객체 식별 서비스	ver. 1.0 승인	
보안 (EPCIS Security Profile)	ver. 1.0 개발중	

최근에는 EPCglobal Network의 표준이 제정되었으며, 2006년 5월 29일에는 최신 RFID 태그방식인 'EPCglobal Class1 Gen2'가 국제표준화기구(ISO) 표준으로 제정되었으며, 미국의 월마트는 태그와 리더 간 통신 프로토콜을 규정한 GEN2 등 유통 분야의 사실상 표준인 EPC 국제표준 확산을 주도하고 있으며, 향후 RFID 분야의 사실상 국제표준인 EPCglobal Network 표준화 및 산업별 보급 확산, 전자 카탈로그 글로벌 연계 프로젝트인 GDSN(Global Data Synchronization Network) 추진전략 등에 대한 논의가 진행될 예정이다.

한편, 2007년 4월 18일, 미국의 실리콘 스트래티지스(Silicon Strategies)는 IBM, P&G, 월마트와 같은 RFID 기술을 보유한 IT 업체와 유통, 소비재 분야 글로벌 기업의 주도로 EPCIS 표준안을 최종 승인했다고 보도했다. 이로써 식품, 공산품과 같이 시중에 유통되는 각 제품의 전자상품코드(EPC)를 RFID에 입력하거나 불러오는 RFID 데이터 교환 규격인 ECP정보서비스(EPCIS)의 표준이 마침내 완성되었다.

EPC는 RFID에 저장되는 기본 정보로 모든 제품을 고유 ID를 이용해 식별하도록 설계되었고, 지금가지는 RFID에 EPC 정보를 저장하거나 저장된 정보를 불러오는 규격이 업체마다 달라 데이터를 교환할 수 없는 점이 RFID 확산에 걸림돌로 작용했지만, EPCIS 표준 채택에 따라 이러한 문제가 해소될 전망이다.

세계 최대 유통체인인 월마트는 4년 전부터 전 세계 납품업체들에게 의무적으로 RFID를 도입하라고 종용했으나, 아직까지 전체의 약 3%인 600곳만 RFID를 사용하고 있는 것으로 집계되었다. 그러나, EPCIS를 이용해 P&G와 같은 업체들이 공급한 자사 제품의 매출 추이나 판매 유형 등을 RFID 데이터로 공유하게 되면 향후 RFID 보급이 늘어날 것으로 월마트는 기대하고 있다. 또, IBM과 오라클, NEC, 삼성SDS, Auto-ID 등 EPCIS 호환 테스트에 참여해 표준화를 적극 추진해 온 IT 기업들은 EPCIS를 지원하는 솔루션을 시장에 본격적으로 내놓을 전망이어서 EPCIS를 업계 표준으로 인정한 것은 지난 2004년 UHF 수동형 RFID 2세대 규격을 발표 했을 때 보다 RFID 산업에 잠재적으로 더 큰 영향을 미칠 전망이다. 한편, 프로스트 앤드 설리반 등 시장조사업체는 2008년에 전 세계적으로 100~300억 개의 상품에 RFID EPC 라벨이 부착될 것으로 예상했다. 또, EPC 라벨 단가가 0.1달러 이하로 떨어지는 2010년엔 관련 시장 규모가 50억 달러에 달할 것으로 전망했다. [4-17]

EPCglobal 표준화 단계는 [그림 4-20]에 나타나 있듯이 제안 트랙(Submission track)과 표준 트랙(Standard track)으로 구성되어 있으며 총 11단계로 구성된다. 각 단계별로 15일에서 180일이 소요되어 하나의 표준이 출간되기 위해 최대 480일정도의 시간이 필요하다. 제안 트랙에서는 BAG, HAG, SAG에서 공동으로 JRG(Joint Requirement Group)를 결성하여 표준안에 대한 공통 요구사항 도출한다. 표준 트랙에서는 제안 트랙에서 도출된 공통 요구사항을 바탕으로 표준안의 성격에 따라 세 개 Action Group 중에서 Working Group을 결성하여 표준안을 만들어 인준을 받아 제정한다.

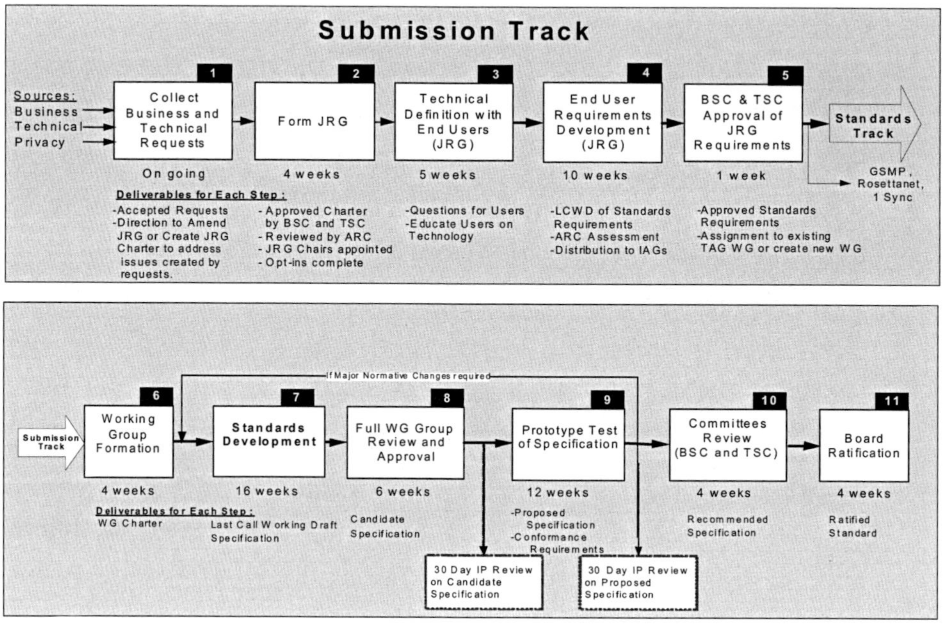

[그림 4-20] EPCglobal 표준화 단계 : 제안 트랙과 표준 트랙

4.1.6 국내 RFID 표준

우리 정부는 RFID에 대한 국제표준화 및 세계시장 동향에 따라 국내산업 조기 활성화, 세계시장 선점 기반구축을 목표로 RFID 관련기술 및 인프라 구축 등을 정부차원에서 육성하기로 방침을 정하고 있다. 산업자원부는 RFID 산업 활성화를 위해 표준화, RFID 유통물류 시범사업, 시스템 및 핵심부품 기술개발, 산업 활성화 센터운영 등의 산업화 지원정책을 추진하였다. 또한, 정보통신부도 RFID 산업 활성화의 기반을 구축하기 위해 유비쿼터스 센서 네트워크(USN) 구축을 목표로 기술개발, 공공부문 시범사업, Test-bed 구축 등의 RFID/USN 관련 정책을 추진하였다. 2008년 새로운 정부 출범으로 산업자원부와 정보통신부가 통합되어 지식경제부에서 RFID/USN 관련 정책과 사업을 추진하고 있다.

4.1.6.1 국내 표준제정 현황

현재 국내에서는 한국정보통신기술협회(TTA), 한국 RFID/USN 협회, 모바일 RFID 포럼, RFID 산업화 협의회를 중심으로 RFID 관련 표준화 그룹이 구성되어 RFID 기술의 다양한 방면에서 작업을 진행 중에 있다. 2005년 2월 창립된 모바일 RFID 포럼에서도 2006년 현재까지 약 30건 이상의 포럼 규격이 제정되었다. 제정된 포럼 규격은 TTA에 상정되어 관련 프로젝트 그룹의 심의를 거쳐 TTA 단체 규격으로 추진된다. RFID

산업화 협의회의 RFID 표준화 분과위원회에서도 ISO/IEC 국제 표준을 바탕으로 하여 국가표준안을 마련하고 있다. [4-2]

우리나라는 국제무역에 있어 중심이 되는 국가 중에 하나이므로 국가표준은 반드시 국제표준을 준용해야 한다. 기술표준원은 ISO의 우리나라 국가대표기구로서 RFID 국제표준 제정과정부터 국가표준 도입을 염두에 두고 국제표준화에 대응해 오고 있다. [표 4-30, 31]과 같이, '05년말 RFID 국가표준(KS) 14종이 최초로 제정되었으며, 특히, 135kHz, 13.56㎒, 2.45㎓ 대역 통신 프로토콜의 국가표준을 근거로 세 개 대역에 대한 국내 전파 기술기준의 재검토도 이루어질 것으로 기대된다. '06년에는 RFID 식별체계, 성능시험, 적합성 시험 등의 분야에서 총 14종의 국가표준을 제정하였고, 향후 이와 관련하여 산업계 적용지침도 마련할 계획이다.

[표 4-30] 05년 국가표준(KS)제정 현황

No	규 격 명(가칭)	관련 국제표준
1	용어 - AIDC	ISO/IEC 19762-1
2	용어 – RFID *무선인식	ISO/IEC 19762-3
3	데이터 프로토콜 응용 인터페이스	ISO/IEC 15961
4	데이터 프로토콜 부호화 규칙	ISO/IEC 15962
5	무선인식 태그의 고유식별	ISO/IEC 15963
6	에어 인터페이스 -일반 파라미터	ISO/IEC 18000-1
7	에어 인터페이스 –below 135kHz	ISO/IEC 18000-2
8	에어 인터페이스 - 13.56㎒	ISO/IEC 18000-3
9	에어 인터페이스 - 2.45㎓	ISO/IEC 18000-4
10	에어 인터페이스 - UHF 860-960㎒	ISO/IEC 18000-6
11	에어 인터페이스 - UHF 433㎒	ISO/IEC 18000-7
12	응용 요구조건(ARP)	ISO/IEC 18001

[표 4-31] 06년 국가표준(KS)제정 현황

No	규 격 명(가칭)	관련 국제표준
1	고유식별자 - 수송단위	ISO/IEC 15459-1
2	고유식별자 - 공통규칙	ISO/IEC 15459-3
3	고유식별자 - 공급망 관리	ISO/IEC 15459-4

4	성능 시험	ISO/IEC 18046
5	적합성 시험 - 135kHz 이하	ISO/IEC 18047-2
6	적합성 시험 - 13.56M	ISO/IEC 18047-3
7	적합성 시험 - 2.45㎓	ISO/IEC 18047-4
8	적합성 시험 - UHF 860-960㎒	ISO/IEC 18047-6
9	적합성 시험 - UHF 433㎒	ISO/IEC 18047-7
10	18000 표준의 라이센스플레이트 기능	ISO/IEC 24710
11	RTLS - API	ISO/IEC 24730-1
12	RTLS - 2.4㎓	ISO/IEC 24730-2
13	에어 인터페이스 - 860-960㎒ T3(AMD)	ISO/IEC 18000-6t3

[표 4-32]는 2007년에 제정된 국가표준들이다. 주요 표준화 항목으로는 ISO/IEC 국제표준화 작업 항목과 비슷하며, 주로 15961 파트 개정 항목과 항만물류에 사용되어질 전자봉인(e-Seal)과 관련된 18185 항목이 작업 중이다. 2008년에도 13종의 국가표준을 더 제정하여 총 60여종의 국가표준을 보급할 계획이다.

[표 4-32] 07년 국가표준(KS)제정 현황

No	규 격 명(가칭)	관련 국제표준
1	고유식별자 - 제 2부 : 등록 절차	ISO/IEC 15459-2
2	고유식별자 - 제 5부 : 회수용 용기(RTI)	ISO/IEC 15459-5
3	고유식별자 - 제 6부 : 상품 그룹	ISO/IEC 15459-6
4	RFID 데이터 프로토콜 -제 2부 : RFID 데이터 구조의 등록	ISO/IEC 15961-2
5	RFID 데이터 프로토콜 -제 3부 : RFID 데이터 구조	ISO/IEC 15961-3
6	품목관리용 무선인식(RFID) - 433㎒ 능동 에어 인터페이스 통신용 파라미터(개정)	ISO/IEC 18000-7
7	컨테이너 전자봉인 - 제 1부: 통신프로토콜	ISO/IEC 18185-1
8	컨테이너 전자봉인 - 제 2부: 응용 요구사항	ISO/IEC 18185-2
9	컨테이너 전자봉인 - 제 3부: 환경 특성	ISO/IEC 18185-3
10	컨테이너 전자봉인 - 제 4부: 데이터 보호	ISO/IEC 18185-4
11	컨테이너 전자봉인 - 제 5부: 응용층	ISO/IEC 18185-5
12	차량 전자등록 인식(ERI) - 제 1부: 아키텍처	ISO/IEC 24534-1

13	차량 전자등록 인식(ERI) - 제 2부: 운영요구사항	ISO/IEC 24534-2
14	차량 전자등록 인식(ERI) - 제 3부: 차량 데이터	ISO/IEC 24534-3
15	차량 전자등록 인식(ERI) - 제 4부: 안전통신	ISO/IEC 24534-4
16	지능형교통시스템 - 기본 전자등록인식(ERI)	ISO/IEC 24535

4.1.7 모바일 RFID 표준

휴대폰과 RFID를 결합한 모바일 RFID 시스템은 현재 아래의 [그림 4-18]에서와 같이 한국전자통신연구원 , 모바일 RFID포럼 등 관련 기관을 중심으로 표준화 및 서비스 발굴 등의 작업이 구체적으로 추진되고 있다.

모바일 RFID 관련 기술은 2005년부터 표준화가 진행되고 있으며 칩 개발과 하드웨어 및 주파수 규정, WIPI(Wireless Internet Platform for Interoperability : 한국형 표준 무선인터넷 플랫폼) 관련 및 어플리케이션 관련 규정 등에 대한 다양한 기술들이 개발되고 있다.

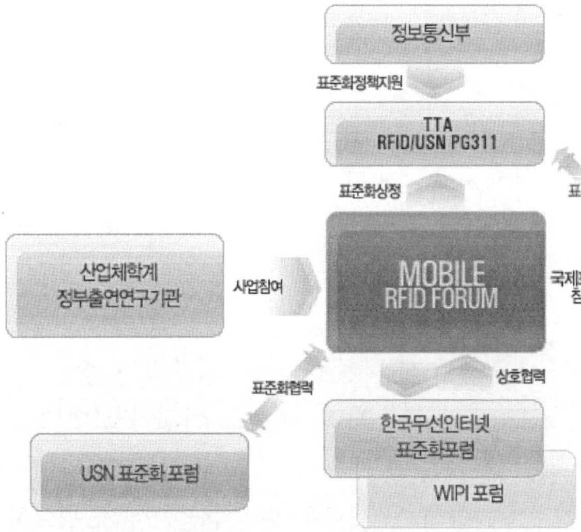

[그림 4-21] 모바일 RFID 표준화 추진 조직도 [4-18]

모바일 RFID 기술은 13.56㎒의 HF대역의 NFC(Near Field Communication)방식과 900㎒ 대역의 UHF RFID 기술이 양분하고 있다. 우리나라 모바일 RFID 서비스와 NFC 포럼이 추진하는 모바일 RFID 서비스는 RFID 기술을 이용하여 소비자 응용 서비스를 휴대폰 상에서 이용할 수 있도록 해준다는 개념은 같지만, 사용하는 주파수가 우리나라는 900㎒, NFC는 13.56㎒이다. 주파수 차이에 따른 기능적인 차이점이 있지만, 가장 큰 차이는 서비스 인프라를 구축하는 데에 나타나는데 NFC는 13.56㎒ RFID 태그를 모바일 RFID 서비스 사업자가 직접 확산시켜야 한다. 그러나 900㎒의 경우에는 기업들이 자체적인 목적으로 물품 재고 관리, 물류 및 유통 관리, 생산 관리 등의 용도에 900㎒ 태그를 부착하기 때문에 모바일 RFID 서비스 사업자가 이들 RFID 태그를 사업 협력을 통해 공유할 수 있다. 즉, RFID 태그에 대한 B2B 응용이 사업 협력으로 B2C 응용으로도 쓰일 수 있고, 서로 연계시켜 B2B2C 응용 모델이 가능해진다.

모든 제품에 RFID 태그가 생산단계에서부터 부착되어 나온다면 유통과 물류의 흐름에서 RFID를 활용한 대변혁이 일어날 수 있을 것이다. 창고와 도매, 소매점에 도달할 때까지의 모든 경로가 추적된다면 고객은 모바일 RFID를 이용하여 제품의 Traceability를 확보할 수 있을 것이기 때문이다.

현재 모바일 RFID 기술 및 서비스에 대한 표준화 및 상용화 준비는 우리나라가 가장 앞서 있다. 일본은 아직 기능 및 서비스 검증 수준의 시험 단계에 있고, NFC 포럼은 무선접속 프로토콜에 대한 표준화는 완료했으나, 네트워크 및 응용서비스에 대한 표준 개발은 아직 진행 중에 있으며 13.56㎒ 기반이어서 서비스가 성공할 지 불투명하다. 그에 비해 우리나라는 정부의 정책적 의지와 산・학・연의 적극적 대응으로 서비스에 필요한 주요 표준 개발을 완료하였고, 기술개발도 동시에 추진하여 시범서비스도 성공적으로 진행되고 있다. 우리나라의 모바일 RFID 서비스는 900㎒ RFID 주파수를 선택했는데, RFID 태그의 확산과 관련하여 B2B에서 사용하는 태그를 공유할 수 있다는 점에서 13.56㎒에 비해 성공적인 시장 진입이 가능할 전망이다.

모바일 RFID 서비스는 휴대폰에서 제공되는 것이며 기존의 모바일 서비스 플랫폼을 바탕으로 하고 있다. 따라서 OMA의 표준화 된 서비스 환경이 그대로 이용된다. 하지만, 일부 표준 확장이 필요한 것도 있다. 예를 들어, 모바일 RFID 서비스는 콘텐츠에 대한 프라이버시 관리 등급, 인증 방식 등 새로운 특성 파라미터가 필요하며 단말과 서버 사이에 협상이 필요하게 되고, 기존의 콘텐츠 협상 프로토콜에 대한 확장이 필요할 수 있다.

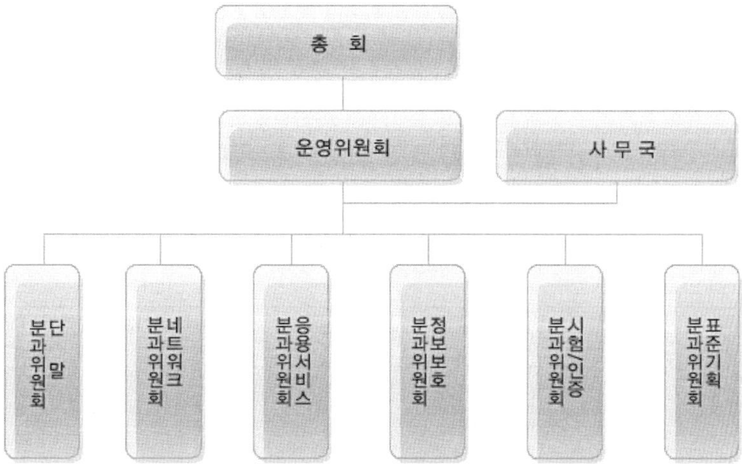

[그림 4-22] 모바일 RFID 포럼 조직도 [4-19]

모바일 RFID 서비스 표준화는 ITU-T를 통해 이루어지고 있다. ISO/IEC JTC1/SC31 및 EPCglobal은 물류 및 유통 등의 기업 응용 목적에 대한 RFID 표준화를 추진하고 있지만, ITU-T는 소비자 응용을 위한 모바일 RFID 서비스의 표준화를 추진하고 있다. ITU-T SG13에서는 모바일 RFID 서비스에 대한 네트워크 구조 및 기능 요구사항을 표준화하고 있고, SG17에서는 프라이버시 보호 등의 보안 분야와 코드에 대한 URL 획득용 레졸루션 관련 표준화를 진행하고 있다. ITU-TTSAG에서는 모바일 RFID 관련한 전반적인 표준화 추진 방안 및 표준화 추진 대상에 대한 분석을 추진하고 있다. 이.러한 전반적인 ITU-T 표준화에서 우리나라는 전체 표준 기고의 2/3 정도를 차지하는 주도적 표준화를 진행하고 있다.

또한 국내에서는 한국정보통신기술협회(TTA)와 모바일 RFID 포럼 등을 중심으로 관련 표준 규격을 제정하고 있는데, 국내 표준화 성과를 국제 표준으로 적극 반영하고 있다.

모바일 RFID 포럼은 2005년 2월에 RFID/USN 협회 산하에 결성되었고, 산하 다섯 개 세부분과 내에서 표준안을 TTA를 거쳐 국가 표준으로 상정하고 있다. 현재 77개 이상의 회원사 및 개인 회원들이 활동하고 있다. 위 [그림 4-22]는 모바일 RFID 포럼의 조직도를 나타낸 것이다.

[표 4-33] 모바일 RFID 표준화 대상 [4-19]

구분	역할 및 표준화 내용
단말 표준	-무선규격 : 리더 태그간 에어 인터페이스 -리더규격 : 인터페이스 동작환경 정의 -리더 HAL : 리더 제어 및 태그 인식 -WIPI API 규격

네 트 워 크 표준	-모바일 RFID 서비스 구조 설계 -모바일 RFID 컨텐츠 협상 프로토콜 -모바일 RFID 네트워크 서비스를 위한 WIPI 확장 -모바일 RFID 검색 서비스(ODS) 프로토콜 -모바일 RFID 환경에서의 다중 RFID 코드 인식 및 레졸루션 규격 -모바일 RFID OIS -모바일 RFID OTS
정보보호	-모바일 RFID 프라이버시 보호 가이드라인 -모바일 RFID 네트워크 보안 요구사항 표준 -모바일 RFID 서비스 단말(리더) 보안 표준
시험인증	-모바일 RFID 단말기 표준 적합성 시험 표준 -모바일 RFID 네트워크 프로토콜 표준 적합성 시험 표준 -모바일 RFID 응용별 상호 운용성 시험 표준
응용	-모바일 RFID 관련 응용 서비스 모델별 표준 -모바일 RFID -사업 비즈니스 모델 제안

위의 [표 4-33]은 모바일 RFID 포럼에서 추진 완료되었거나 진행되고 있는 표준화 내용들이다. 실제 표준화 내용에서 모바일 단말기에 적용하는 어플리케이션 관점에서 살펴보면 WIPI 2.0에 추가적으로 제공될 RFID HAL부분에 주목해야 한다. 또, 하드웨어 인터페이스뿐만 아니라 임베디드 될 어플리케이션 및 서비스 전송 프로토콜 등에 대한 표준안을 검토하여 구현하여야 한다. [4-19][4-20]

한편, 산업자원부 기술표준원에 따르면 ISO의 정보통신기술위원회(JTC1/SC6) 국제표준화 회의에서 우리나라가 제안한 객체식별자(OID) 기술이 미국, 영국, 프랑스, 중국, 일본 등의 적극적인 지지를 받아 2007년 4월 20일 NP 투표를 통과하고 현재 FCD 투표 진행중에 있으며 투표 는 2008년 2월에 끝이 날 예정이다.

이번에 채택된 “RFID기반 응용서비스용 객체식별자(OID)”는 무선인식(RFID) 태그를 이동통신용 단말기에서 활용 가능하게 하는 새로운 기술로, 기존에 전자문서서명, 정보보안 및 의료정보분야 등에 사용하는 인터넷기반의 객체식별자를 무선인식태그의 식별코드체계에 맞도록 설계한 3바이트 코드 체계이다. 이는 이동통신 단말기에 RFID 리더칩(Reader Chip)을 내장하여, 물품 또는 위치에 부탁된 태그를 읽고, 무선 인터넷 상의 관련 정보를 검색하여 활용하는 모바일 RFID(mRFID) 서비스에서는 기존 통신 네트워크에서 사용하는 4바이트 OID를 사용할 수 없기 때문에 이를 극복하기 위하여 새로운 OID 코드 체계를 개발한 것으로 이 기술이 국제표준으로 채택됨으로써 이동통신환경에서 RFID를 이용한 객체 식별이 가능하게 되었다.

또한, 최근 한국전자통신연구원과 같은 관련기관에 따르면 현재 ITU-T의 NID 표준화 작업을 놓고, 우리나라가 2005년부터 추진해 온 모바일 RFID 표준화 결과를 국제표준으로 적극적으로 개진하고 있는 가운데 일본도 자국의 u-code를 기반으로 한 상용서비스기술 표준화를 적극 시도하고 있다.

NID는 유비쿼터스 네트워크 환경에서 각종 사물을 인식하는 식별체계와 서비스에 대한 표준으로, 향후 모바일 RFID와 2차원 바코드, 적외선통신 등 차세대 통신 어플리케이션 서비스의 향배를 결정할 수 있다는 점에서 관심이 집중되고 있다.

통신망 사업자들의 연합인 ITU에서 NID 표준화 작업을 시작한 것은 국제표준화 기구(ISO)가 만들어낸 일반 RFID 기술 관련 표준안을 실제 통신망에 적용하기 위한 목적에서이다. [4-21]

한편, 2007년에는 국내에서 개발하고 있는 UHF 대역 모바일 RFID 기술을 바탕으로 13.56㎒대역의 NFC 기술을 포함하여 모바일에 탑재되는 RFID 관련 서비스 및 응용, 에어 인터페이스, 보안, 적합성 테스트와 관련한 표준화를 담당하는 WG6 MIIM(Mobile Item Identification and Management)라는 ad-hoc 그룹을 한국전자통신연구원(ETRI)과 모바일 RFID 포럼 유관기관 및 참여 기업들의 주도로 SC31 승인아래 창설하여 표준안을 제정 중이며 2008년 2월에 WG6의 설립이 최종 승인되었다.

4.1.8 국내외 RFID 주파수 배분 및 기술기준

현재 전세계적으로 사용가능한 RFID 주파수 현황을 살펴보면, 135kHz 이하, 13.56㎒, 433㎒, 860~960㎒, 2.45㎓이 사용가능하다. 135kHz 이하는 국내외적으로 출입통제, 보안, 동물관리용으로 사용하고 있고, 13.56㎒는 국내외적으로 교통카드에 주로 사용되고 있다. 860~960㎒는 ISM대역으로 미국, 유럽, 일본, 한국 등에서 이미 물류·유통 분야에서 사용 중에 있다. 433㎒는 미국, 유럽에서는 이미 아마추어 무선국과 공유하여 컨테이너관리, 차량의 TPMS(Tire Press Monitoring System) 및 RKE(Remote Keyless Entry)용으로 사용 중에 있고, 국내도 국제 동향에 발맞추어 컨테이너관리용과 TPMS/RKE용으로의 사용을 위해 주파수 분배 및 기술기준을 검토 중에 있다. 2.45 ㎓는 전 세계적으로 ISM(Industry Science Medical)대역으로 채권 등의 위변조방지에 사용 가능하며, 미국·유럽 등에서 일부 사용되고 있고, 국내에서는 검토단계에 머물고 있다. [4-22]

[표 4-34] RFID 주파수

주파수		인식거리	동작방식	적용분야
저주파 (LF)	135KHz이하	60Cm 미만	수동형	출입통제/보안, 동물관리
고주파 (HF)	13.56㎒	80Cm 까지	수동형	교통카드, 물류창고/제품유통
극초단파 (UHF)	433.9㎒	50~100m	능동형	컨테이너관리, TPMS/RKE, 아마추어무선
	860~960㎒	3.5m~10m	수/능동형	물류, 유통
마이크로파 (MW)	2.45㎓	1m이내	수/능동형	위조방지 등

RFID용 UHF 대역은 각 나라마다 주파수 분배 상황이 다르다. 미국은 수동형 RFID 주파수 대역으로 902~928㎒(26㎒)를 활용하여 물류·유통 분야에 사용하고, 능동형 RFID에 대한 주파수로 433.67~434.17㎒(500kHz)는 컨테이너용, 433.87~344.97㎒는 TPMS/RKE 용으로 조정 사용중이다. 일본은 UHF 대역에 950~956㎒(6㎒) 주파수를 사용하며, 433㎒ 주파수 대역에 대해서도 지금까지 사용하지 않았지만 2007년부터 사용하게끔 하고 있다. 국내에서도 RFID 용으로의 주파수 추가 분배에 대한 필요성 제기와 관련 법 개정에 대한 논의가 시작되었고, 정보통신부에서는 2004년 6월에 RFID/USN 주파수 추가 분배방안에 대한 공청회를 열고, 산·학·연 등 각계의 의견을 수렴하여 908.5~914㎒의 5.5㎒ 대역을 RFID 리더용 주파수로 분배키로 2004년 7월에 확정 고시하였다. UHF 대역 중 또 주파수대인 컨테이너용 433㎒에 대한 주파수 제정도 2005년에 이루어 진 상태이다. [표 4-35]와 [표 4-36]는 각각 주요국가 UHF 주파수 배분과 국내 주파수 분배내용을 정리하여 나타낸 것이다.

[표 4-35] 주용 국가 RFID UHF 주파수 배분

국가	수동형(860~960㎒)	능동형(433.92㎒)
미국	902~928㎒(26㎒)	433.92㎒ (500KHz)
유럽	865~868㎒(3㎒)	433.92㎒ (500KHz)
일본	950~956㎒(6㎒)	433.92㎒
한국	908.5~914㎒(5.5㎒)	433.67~434.17㎒ (500KHz)

[표 4-36] 대한민국 주파수 분배표(정보통신부장관고시 제 2006-40호,2006.10.18) [4-23]

주파수		사용목적
13410~13570kHz		RFID/USN 용 K90B
430~440㎒		RFID/USN 용 K90C
894~942㎒		RFID/USN 용 K90B
2400~2483.5㎒		특정소출력 이동체식별장치 K117
K90B	13.552~13.568㎒, 908.5~914㎒의 주파수대역은 RFID/USN(Radio Frequency IDentification/Ubiquitous Sensor Network)용으로 사용할 수 있다. 다만 인접대역으로부터의 전파간섭을 수용 및 동일 대역 내에서의 전파간섭을 상호 수용하는 조건으로 사용하여야 한다. (정보통신부 고시 제2004-34호) (정보통신부 고시 제2005-60호)	
K90C	433.67~434.17㎒의 주파수대역은 항만, 내륙 컨테이너집하장, 부두창고 등 컨테이너 집하·관리 장소에 한하여 RFID/USN(Radio Frequency IDentification/Ubiquitous Sensor Network)용으로 사용한다. (정보통신부 고시 제2004-69호) (정보통신부 고시 제2005-60호)	
K117	2427~2453㎒(지정주파수 2440㎒), 2434~2465㎒(지정주파수 2450㎒) 및 2439~2470㎒(지정주파수 2455㎒)의 주파수대역은 특정소출력무선기기(이동체식별장치용)로 사용할 수 있다. (정보통신부 공고 제1996-104호) (정보통신부 고시 제2005-60호)	

한편, RFID에 적용되는 현재의 소출력제도가 외국에 비해 매우 엄격하고(현재 국내 10mW이하, 미국 최대 1W, 유럽 최대 1.2W), RFID가 세계적으로 통용되고, 다양한 용도로 활용되는 특징이 있으므로 외국 기준을 고려하여 소출력 제도를 완화하는 한편, RFID, UWB 등 기술발전에 신속히 대응하기 위해 대통령령으로 정하고 있던 기술기준 등을 정보통신부령으로 정할 수 있도록 2004년 7월 전파법시행령을 개정하였다. [표 4-37]은 에어 인터페이스(Air Interface) 주파수 대역에 따라 국가별 출력기준을 정리한 것이다.

[표 4-37] Air Interface 국가별 출력기준

ISO	대역	국가별 출력기준(최대치)			
18000	-	유럽(ERC)	미국(FCC)	일본(MIC)	한국(MIC)
2	125k,135k 65.5dBμV/m@10m	107dBμV/m@3m	105dBμV/m@3m	106.4dBμV/m@3m	95.4dBμV/m@3m
3	13.56M Local Regulation	93.5dBμV/m@10m	89.6dBμV/m@10m	93.5dBμV/m@10m	93.5dBμV/m@10m

4	2.45G Local Regulation	500mW EIRP(in) 4W EIRP(out)	4W EIRP (2400-2483.5 FHSS)	300mW(30W EIRP) (협대역 or FHSS)	300mW(30W EIRP) (협대역)
6	860-960M Local Regulation	3.2W EIRP *865.6-867.6 LBT	4W EIRP *902-928 FHSS	4W EIRP *952-954 LBT	4W EIRP *910-914 FHSS *908.5`914 LBT
7	433M 5.6dBm EIRP	10mW ERP (433.05-434.79)	4400㎶/m(3m) (주기적 동작)	35㎶/m(3m)? #아마추어 무선	3.6mW #아마추어 무선

미국의 기술기준과 관련하여 전송방식은 ISO/IEC 18000-6 표준에서 현재 미국 FCC Rart 15.247의 내용 중 902~928㎒ 대역에서 주파수 호핑방식(FHSS)만을 사용할 수 있으나, DSSS(Direct Sequence Spread Spectrum) 방식사용도 고려중에 있다. 허용전력은 호핑 채널 대역폭에 따라 0.25W, 1W를 허용하고 있고, 주파수 공유 문제는 이 대역이 ISM 대역으로 관련 WLAN과 같은 무선기기들과 함께 공유가 가능하다. 유럽의 경우 UHF(865~868㎒) 주파수 대역에 대해 전송방식으로 AFA(Adaptive Frequency Agile)와 LBT(Listen Before Talk)를 검토하고 있고, 허용전력은 주파수 대역에 따라 0.1W(865~868㎒), 0.5W(865.6~868㎒), 2W(865.6~876.5㎒) ERP 사용을 검토하고 있으며, 타주파수와 공유하여 사용 가능하다. 일본의 경우 2.45㎓에 대해 EIRP 30W(면허) or 1W(비면허)이며, 협대역, FHSS 방식이 공존하고 있다. [4-22][4-23]

국내의 무선인식(RFID) 기술기준은 점차 국가표준을 따르거나 또는 해외 RFID 기술기준 체계와 유사한 정도로 그 기준을 변경 중에 있다.

국내에서는 13.56㎒의 경우 해외 기술기준보다 출력이 상대적으로 낮아 국내 RFID 업계의 출력 상향요구가 지속적으로 대두되었고 이에 전파연구소는 2006 년 8 월 전파법시행령 개정에 따라 "신고하지 않고 개설할 수 있는 무선국"의 출력을 증가시켜 13.56㎒대 RFID 장치 출력을 기존의 10㎷/m 에서 47.544㎷/m 로 상향 조정했다. 이에 따라 비접촉식 RFID 카드를 통해 데이터를 전송 반경이 1.5 미터 정도로 높아졌다. 또한 135㎑ 이하 주파수를 사용하는 RFID 기기의 기술기준을 국제표준화기구(ISO)의 권고기준에 적합하도록 출력을 상향조정해줄 것을 관계당국에 요청키로 했다. 한국 RFID/USN 협회 산하 RFID 발전협의회 하드웨어분과에 따르면, 정보통신부에 이 대역을 RFID 용도로 지정하고 기술규격을 마련해줄 것을 정식 요청한 바 있다. 135㎑ 이하 주파수는 "신고하지 아니하고 개설할 수 있는 무선국용 무선기기"의 "미약전계강도 무선기기"로 규정되어 전계강도(전파출력)가 국제표준화기구의 권고사항이나 미국, 일본 등에 비해 약 10dB 낮아 인식거리가 제한적이고 각종 응용서비스 개발에 어려움이 있는 것이 업계의 현실이다. 국내 900㎒의 주파수 대역의 경우, 리더간 간섭 문제로 고밀도리더모드(DRM)의 구현을 위해 업계에서 기술기준 변경을 활발히 논의 중에 있다. 국내 900㎒ 대역 RFID 주파수는 "방송·해상·항공·전기통신 사업용 외의 기타 업무용 무선 설비의 기술기준"에 의해 908.5～914㎒로 적용되고 있으나 실질적으로 대역폭이 4㎒인 910～914㎒이며 미국 등 RFID 관련 산업이 먼저 확산된 국가에 비해 주파수 채널 수가 적을 뿐만 아니라 채널당 점유 대역폭도 좁아 주파수 간섭과 채널 용량 제한 등의 문제가 발생할 가능성이 큰 것으로 지적됐다. 업계는 현 규정상 동일 공간에 RFID 리더가 15개 이상이면 간섭이 일어나는 것으로 파악하고 있다. 이를 해결하기 위해 2006년 8월 한국 RFID/USN 협회 모바일 RFID 분과와 하드웨어 분과 소속 회원사들을 중심으로 (1) 현 주파수 대역을 2 배 이상(8㎒ 이상)으로 확장하거나, (2) 밀러부반송파 코드 사용을 위해 채널폭을 250㎑ 이상으로 확장 등을 골자로 한 '900㎒ 대역 RFID 기술 기준의 개정 건의안'을 마련하였고 이를 바탕으로 공청회와 의견 수렴을 통해 리더 송신 채널과 태그 수신 채널을 분리하여 운여하는 방안이 채택되었다.

미국 FCC의 경우 이미 국제표준(ISO)에 준하도록 RFID 기술기준이 규정되어 있어 RFID 확산에 큰 걸림돌은 없는 것으로 보인다. 난, RFID 관련 제품의 FCC 규정 준수 여부를 철저히 지키도록 강제화하고 있다. 한 예로, 2006년 UHF 대역의 리더를 생산하는 업체가 FCC 승인을 받지 않은 제품을 판매하다 FCC로부터 제품 판매 금지를 당한 적이 있다.

유럽에서 RFID의 가장 큰 논쟁의 대상은 UHF 대역이다. 유럽의 EN302 208에 하면 미국과 달리 송신전감시(LBT: Listen Before Talk) 방식을 적용하며 최대 출력은 2W ERP (=3.2W EIRP)사용하며 865~868㎒ 대역에서 UHF 리더를 사용하도록 규정하고 있다. 출력은 3.2W EIRP 로 미국의 4W EIRP 출력과 비슷하나 각 채널당 점유대역폭이 500㎑인 것에 비하여 유럽의 경우 각 채널의 점유대역폭이 200㎑ 좁아 상당한 기술적 제약이 아닐 수 없다. 이에 유럽위원회(EC)는 ETSI Task Group 34(RFID 관련 기술연구 그룹)를 통하여 18 개월간의 RFID 성능 실험 및 개선을 위한 개발 작업을 진행해 왔으며 그 결과 TG34는 REC70-03(SDR 에 대한 주파수, 출력, 채널, 듀티사이클 등을 권고한 기술 문서) LBT의 철폐를 고려할 뿐만 아니라 EN 302 208 표준에 대한 개정판을 내놓을 것을 검토하고 있다.

일본의 RFID 기술기준은 952~954㎒ 대역을 "허가를 요하는 구내무선국 무선설비"로 최대 4W EIRP 까지 사용가능하고 같은 주파수 대역에서 "허가를 요하지 않는 특정소출력 무선국무선설비"로 최대 20mW EIRP까지 사용가능하다. 2.45㎓ 대역은 "허가를 요하는 구내무선국무선설비"와 "허가를 요하지 않는 특정소출력 무선국 무선기기"에 대하여 각각 주파수 호핑방식과 고정채널 방식으로 구분하여 네 가지 규격이 적용 받도록 되어 있다.

4.2 RFID 특허

4.2.1 특허 개요

앞에서 설명한 표준화의 중요성과 관련하여 표준화의 원천이라 할 수 있는 핵심기술에 관한 특허 또한 중요하다고 할 수 있겠다.

특허는 새로운 기술을 공개한 사람에게 일정한 기간 동안 독점적인 권리를 부여하고, 제 3자에게는 불가침 의무를 부과하는 대신 공개된 발명을 이용할 수 있는 기회를 제공함으로써 기술 발전을 촉진하고 산업 발전에 기여하는 것을 목표로 한다. 일반적으로 특허 정보란 특허청에서 특허, 실용실안, 의장, 상표 등에 대하여 발행하는 공보를 의미한다.

일반적인 특허 등록 과정은 출원 → 공개 → 심사 → 공고의 과정을 거치게 되며, 출원된 특허는 공개 특허 공보를 통해, 그리고 등록 된 특허는 특허 공보를 통해 일반인들에게 제공된다. [4-24]

4.2.2 특허 정보

발명의 명칭	High-performance mobile power antennas		
출 원 인	Intermec IP Corp.	상태	등록
등록번호	US6,400,274	출원일	1999.10.25
기술분류	태그/안테나		
기술요약	o 본 특허는 배터리 장착 태그 대신에 고성능 이동성 파워 안테나를 채택하여 RFID 태그의 이동성을 증가시키는 것에 특징이 있음 o 파워 안테나는 반파장 정류기, 전파장 정류기, 전압 승산기를 포함하며, 안테나가 캐스캐이드되어 전력 또는 전압 이득을 부스팅하는 구조임		
도면	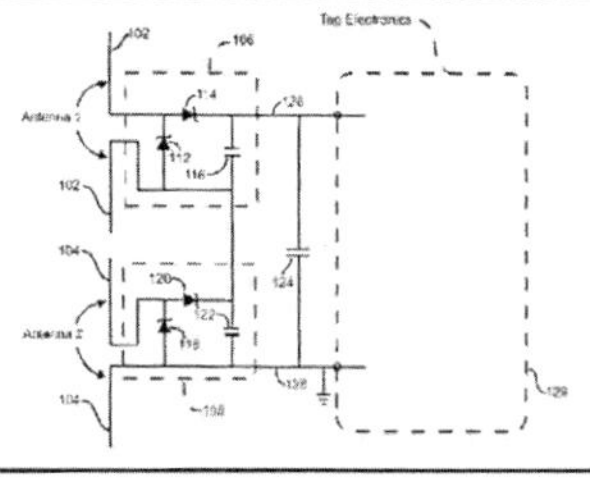		

[그림 4-23] 특허 클레임차트 예[4-26]

특허 정보에는 각 국의 특허청에 특허 출원서를 제출하는 출원 단계부터 특허권이 설정될 때까지 발생하는 모든 문서 및 행정적 정보들이 포함되며, 여기에는 출원번호, 출원일, 공개번호, 공개일, 등록번호, 등록일, 우선권 주장번호, 우선권 주장일, 발명의 명칭, 출원인, 발명자, 청구범위, 요약, IPC 분류, 심사경과과정, 대리인, 권리 존속기간 등이 해당된다. ([그림 4-20] 참조)

특허 정보는 신기술 보호 및 기술 공개를 위한 법적 제도 하에서 발생하는 기술 정보이자 권리 정보이다. 특허 정보는 특허청에서 출원된 특허를 모아 발행하는 '공개 특허 공보' 등이 원천 정보인 1차 자료, 이를 발췌 또는 요약한 '특허 초록'이 2차 자료, 원천 자료를 손쉽게 활용할 수 있도록 번호별, 출원인별, 기술 분류별 등으로 분류한 서지 정보가 3차 자료, 그리고 이용자의 특허 정보 활용 목적에 맞춰 가공한 정보가 4차 및 비공식적인 자료로서, 특허들에 대해 변리사들이 정리하고 평가한 5차 자료로 구분된다. [4-27]

4.2.2.1 특허 정보의 중요성

전 세계적으로 적용하기 위한 목적으로 만들어지고 인정되며 지켜지는 국제표준기술은 여러 사용자간에 단일화(unification)된 규격을 정의하는 반면, 특허와 같은 산업재산권은 그 권리를 획득한 출원인에게만 인정하는 독점(monopoly)의 권리라는 점이 특징이다.

따라서 특허로 보유한 기술이 국제표준기술로 인정되기만 하면 단시일 내에 세계시장 선점, 그 이후의 경쟁 업체에 대한 효과적 배제, 계속되는 개량 기술의 지속적 확보라는 이점이 있으므로, 특허 또한 중요한 사항이라 할 수 있다. [4-27]

이러한 국제특허가 가능한 연구 개발이 이루어지기 위해선 먼저 선행특허에 대한 체계적 조사가 필수적이라고 할 수 있겠다. 독일의 '막스 프랑크' 연구소에서 1997년 조사한 바에 따르면, 새로운 과학기술 지식의 약 75%가 특허문헌에만 나타난다는 조사 결과가 있다. 그만큼 연구개발에 앞서 현재 개발된 특허기술에 대한 분석 및 조사가 중요하다.

특히 우리나라의 국가연구개발 수행자에 대한 설문조사 결과, 특허 정보 활용도가 다른 선진국에 비해 매우 낮은 것으로 2003년 '지재권 연구소'에 의해 나타났다. 연구과제 수행전에 특허조사를 하는 경우가 46%, 연구개발전 사전 특허조사를 통하여 연구동향을 파악하는 경우가 17.8%에 그치지 않는다.

유럽의 경우도 1995~1998년도에 지원한 연구개발과제의 60%가 연구 개발수행 전에 동일 또는 유사한 특허가 있었던 사실을 파악하고, 중소기업지원 프로그램에서 연구제안서 제출 시 선행특허조사 결과를 의무적으로 기재토록 요구하고 있으며, 미국은 SBIR 프로그램에서 사업수행자에게 연구계획단계부터 특허정보를 조사토록 의무화 하고 있다. [4-28]

이에 국내에서는 기존의 특허맵과는 차별화된 2,500여건의 RFID 기술에 대한 특허맵 보고서를 2005년도 발간하였다. 기존의 다른 기술들과 혼합되어 특허의 검색 및 구분이 쉽지 않다는 점, 국내 업체들이 보유한 원천특허를 보호하고 해외 업체와의 특허분쟁을 방지하기 위한 점에 대해 필요성을 느껴 '국내외 무선인식(RFID)관련 특허맵' 보고서를 한국물류진흥원에서 발간했다.

또한, 한국 RFID/USN 협회는 RFID/USN 관련 기술에 대한 한국·미국·일본의 특허에 대해 'RFID/USN 특허정보 시스템'을 웹상에 구축해서 전문 교육을 받은 자 또는 관련 전문가만이 검색할 수 있었던 기존 특허 검색시스템과 달리 별도의 교육 없이 이용자가 원하는 특허 정보를 쉽게 검색할 수 있고, 외국기업과의 특허분쟁이 없도록 하여 국내 기업의 RFID/USN 특허대응을 지원하고 있다. [4-29]

4.2.2.2 특허 정보의 목적

특허는 기술 정보인 동시에 권리 정보이며, 이를 검색하는 이유는 대개 기술 개발 동향을 파악하고, 자신의 권리를 보호하고 타인의 권리를 침해하지 않기 위한 것이다. 일반적으로 특허 정보는 다음과 같은 목적으로 활용된다.

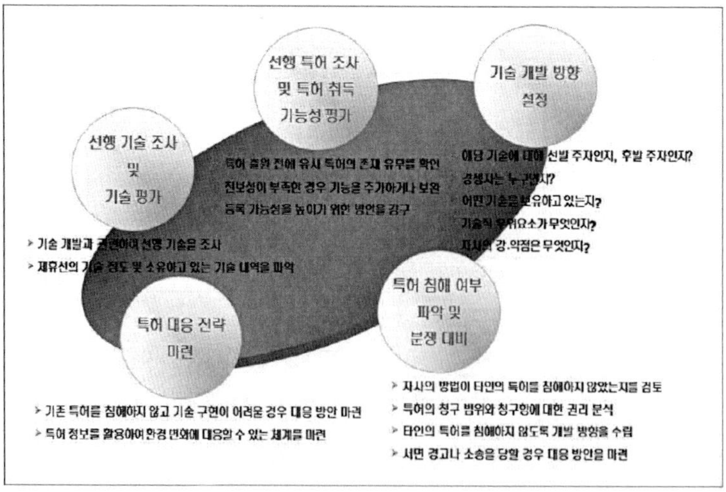

[그림 4-24] 특허 정보의 활용 목적 [4-30]

가) 기술 개발 방향 설정

기술 개발 계획을 수립하기 위해서는 우선 해당 기술과 관련하여 시장에서 자사의 위치가 선발 주자인지, 후발주자인지, 경쟁자는 누구이며, 어떤 기술을 보유하고 있고, 기술적 우위요소가 무엇인지, 그리고 자사의 강·약점 등을 파악해야 한다. 관련 기술 부냥의 특허 정보를 검색해보면 적은 노력으로 이러한 사항들을 명확하게 파악할 수 있어 자사의 기술 수준과 개발 역량을 집중해야 할 분야를 판단하는데 도움이 된다.

나) 선행 특허 조사 및 특허 취득 가능성 평가

기업의 입장에서 기술 개발 투자를 통해 만들어진 결과물에 대해 특허를 획득함으로써 베타적인 권리를 확보하는 것은 매우 중요하다. 이처럼 특허 심사를 통과하기 위해서는 신규성과 진보성을 인정받아야 하므로 특허를 출원하기 전에 관련 정보를 조사하여 기존의 유사 특허가 존재하는지를 확인하고, 진보성이 부족하다고 판단될 경우 기능을 추가 또는 보완함으로써 특허 등록 가능성을 높이기 위한 방안을 강구해야 한다.

다) 특허 침해 여부 파악 및 분쟁에 대비

시장에 제품이나 서비스를 출시한 이후에, 특허 침해와 관련한 분쟁에 휘말리게 되면 경우에 따라 상당한 대가를 치러야 할 수도 있다. 따라서 기술 개발을 시작하기 전 또는 과정에서 관련 분야의 특허가 존재하는지를 조사하여 자사의 방법이 타인의 특허를 침해하지 않았는지를 엄밀하게 검토해 보아야 한다. 이를 위해서는 특허 문서에 기술된 내용을 검토하는 것만으로는 부족하며 특허 청구 범위와 청구항에 대한 권리 분석을 위해 전문가들로부터 도움을 받거나 이를 위한 분석적인 정보가 필요하다. 이러한 과정을 통해 타인의 특허를 침해하지 않도록 개발 방향을 수립하고, 서면 경고나 소송을 당할 경우 대응 방안을 마련할 수 있다.

라) 특허 대응 전략 마련

특허 정보를 조사해 본 결과 기존 특허를 침해하지 않고 자사가 생산중인 제품과 관련된 기술을 구현할 방법이 없다고 판단될 경우 특허권자에게 비용을 지불하고 사용권을 얻거나 이를 무효화시키기 위해 이의신청을 해야 한다. 최근 RFID 원천 기술을 보유한 미국 '인터멕테크놀로지사'의 사례에서 보듯이 처음에는 무료로 기술을 유포하여 사용자층을 넓힌 다음 나중에 특허료를 징수하려는 회사들도 있다. 따라서 이러한 환경 변화에 대처할 수 있는 특허 정보 활용제계를 마련해야 한다.

마) 선행 기술 조사 및 기술 평가

기술 개발과 관련하여 선행 기술을 조사하고자 하는 경우나 기술 도입 및 기술 제휴선을 선정해야 할 경우, 제휴선의 기술 수준 및 기술 내역을 파악하기 위해 특허 정보를 활용해야 하는 경우도 있다. [4-24]

4.2.2 RFID 관련 특허 동향

유비쿼터스 시대의 핵심기술인 무선인식(RFID) 및 유비쿼터스 센서 네트워크(USN) 분야에서 우리나라의 특허출원 건수가 미국, 일본 등 경쟁국에 비해 턱없이 적은 것으로 나타났다. 한국 RFID/USN협회가 85년부터 2006년 6월 말까지 한·미·일 3국에 등록 또는 공개된 RFID 관련 특허 2만118건을 분석한 결과에 따르면, 우리나라의 특허출원 건수는 최대 출원국인 일본(14,298건)의 10%에 불과한 1,409건이다. USN 분야에서도 우리나라의 특허출원 건수는 147건으로, 미국(526건), 일본(1,210건)과 커다란 차이를 보이고 있다. ([표 4-38]참고)

[표 4-38] 한미일 3국의 RFID/USN 특허 출원 현황(1985년~2006년 6월말) [4-27]

구분		한국	미국	일본
RFID	칩	130	501	1,948
	태그 및 패키징	493	811	3,223
	안테나	39	207	377
	리더 및 라이터(Writer)	209	524	1,738
	미드퀘어 및 소프트웨어	60	250	774
	응용시스템	478	2,108	6,238
	소계	1,409	4,411	14,298
USN	센서노드	14	74	180
	센서네트워크	56	183	523
	응용시스템	77	269	507
	소계	147	526	1,210
총합		1,556	4,937	15,508

아래 그래프는 국가별 연도별 RFID 특허 출원 추이를 나타낸 것이다.

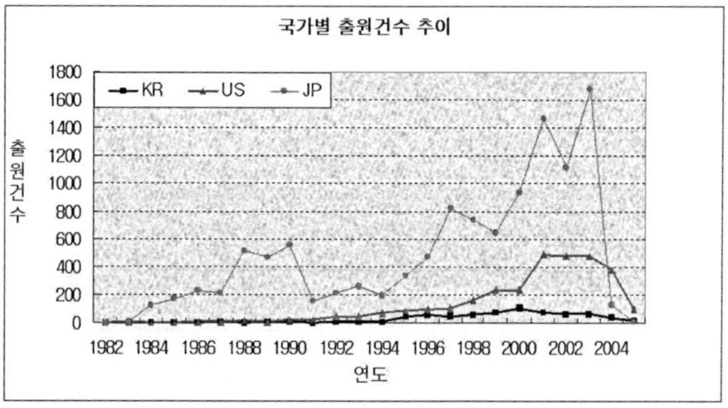

[그림 4-25] 국가별 연도별 RFID 특허 출원 추이 [4-24]

USN 분야도 RFID 와 비슷한 실정이다. 한국 RFID/USN 협회의 조사 결과에 따르면, USN 분야에서 한국은 2000년부터 특허를 출원하기 시작하여 최근에는 매년 50~100건 정도를 기록하고 있다. 미국과 일본은 1993년부터 USN 분야의 특허를 출원하기 시작하여 2002년부터는 연간 100건 이상의 특허를 출원 하고 있다.U특허 건수를 객관적으로 비교하였을 시에 우리나라는 미국의 약 20%, 일본의 약 15% 수준 밖에 되지 않아 특허 대응 능력이 매우 취약하다.

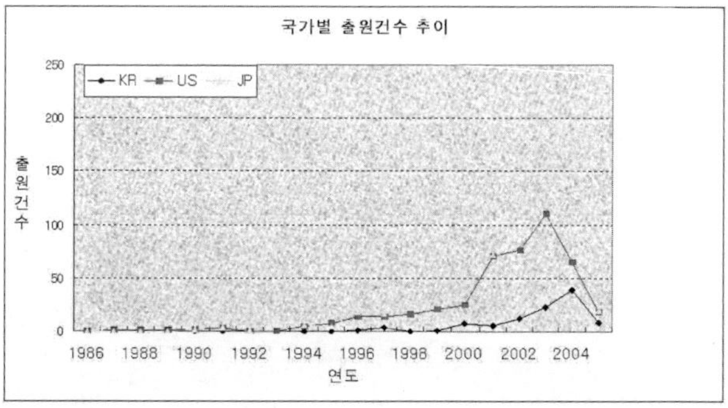

[그림 4-26] 국가별 연도별 USN 특허 출원 추이 [4-24]

이처럼 양적인 측면에서 볼 때, 특허 분쟁이 발생할 경우 관련 기업에 미치는 영향이 막대하는 점을 고려한다면 국내 기업의 RFID 관련 특허 기반은 매우 취약하다고 할 수 있다. 따라서 RFID 분야의 연구개발 및 특허 출원에 대한 관심과 정책적인 지원이 시급한 상황이다.

또한 RFID 기술별 특허 출원 동향을 살펴 보면 국내의 RFID 기술은 반도체 강국답게 태그 및 패키징 분야의 특허 출원이 집중되고 있음을 보여주는 반면에, 응용 시스템의 비중이 낮아 기술이 충분히 성숙하지 못했다는 것을 보여주고 있다.

미국과 일본은 비교적 유사한 기술 분포 및 고른 기술 개발이 진행 되고 있다는 것을 보여주고 있다. ([그림 4-24]참조)

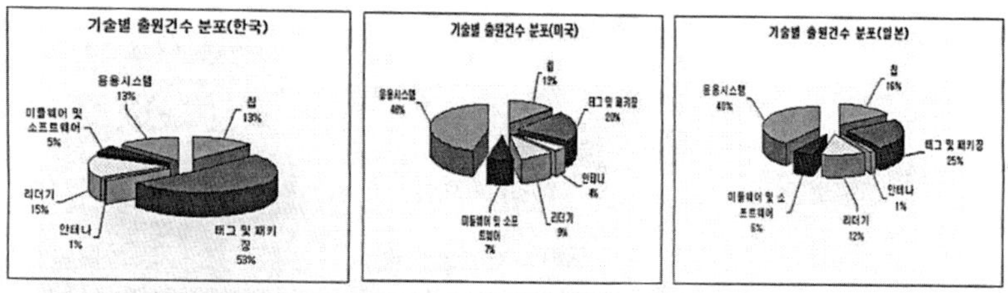

[그림 4-27] 85'~05' RFID 기술별 특허 동향 [4-26]

USN 기술별 특허 출원 동향을 살펴보면, 한국은 응용 시스템 가운데 홈네트워킹 관련 출원이 가장 많으며, 모바일 관련 USN 출원도 9건으로 비교적 많다. 이는 우리나라가 모바일 선진국답게 모바일과 관련한 응용기술 개발에 중점을 두고 있으며, 모바일 RFID와 관련한 기술 및 표준화도 세계 시장을 리드 하고 있다는 것을 보여준다.

미국 역시 응용 시스템에 출원이 집중되는 편이나, 센서의 저전력 기술이나 센서 네트워크에도 비교적 많은 수의 특허가 출원되고 있는 것을 보여주고 있다.

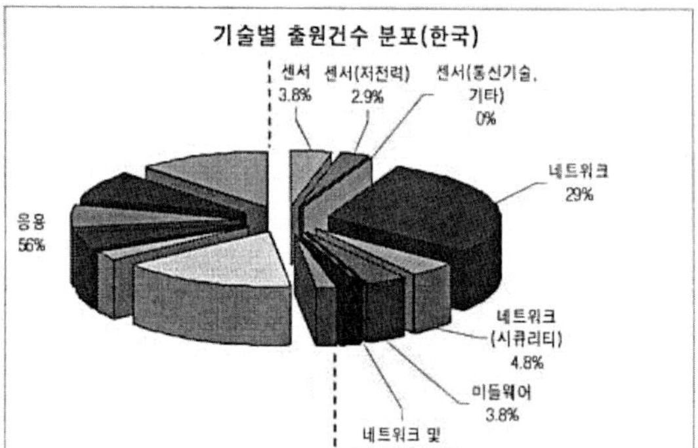

[그림 4-28] 85'~05' USN 기술별 특허동향(한국) [4-26]

일본은 기상, 재해, 환경, 위료, 복지, 교통과 같은 분야에서도 많은 출원이 이루어지고 있다. 이는 일본의 USN 관련 특허가 공공분야, 즉, 정부나 공공기관에 의한 사업 분야 주도로 연구개발이 진행 되고 있기 때문인 것으로 나타난다. [4-26]

위 조사내용은 수만 개의 관련 특허 중 주요 핵심기술에 대한 분석을 위주로 하고 있다. 국내 기업들의 체계적 대응책 마련을 위해서는 관련 기술 대부분에 대한 후속 분석 작업이 뒤따라야 한다. 그리고 이들 정보를 모두 데이터베이스로 구축해 국내 기업들이 향후 특허 분쟁 가능성에 대비하거나 외국 기업의 특허권을 회피할 수 있는 방안을 마련하는 데 손쉽게 활용할 수 있도록 해야 한다. 국내 중소 휴대폰 제조업체들이 GSM 관련 특허공세에 속수무책으로 당한 것과 같은 전철을 되풀이해서는 안 될 것이다.

산업계의 적극적인 특허경영 마인드도 필요하며, RFID/USN 분야의 경쟁국인 미국과 일본의 경우 주요 대기업과 글로벌 기업들이 주요 특허권자였지만, 우리는 삼성전자 등 일부 극소수 대기업만 특허출원에 나서고 있는 것으로 나타났다. 국내 RFID USN 관련기업 중 중소기업이 상대적으로 많다는 점을 고려하면, 이들 기업의 특허출원을 장려할 수 있는 다양한 지원책 마련이 절실한 것으로 보인다. [4-29]

[4 - 1] "IT839 전략 표준화 로드맵 ver.2005", TTA
[4 - 2] "RFID 기술 및 표준화 동향", 최길영, 성낙선, 모희숙, 박찬원, 권성호, 전자통신동향분석 제 22권 제 3호 2007년 6월
[4 - 3] 산업자원부 기술표준원, 정민화, 2006년 4월
[4 - 4] "RFID Tag 기술", 손명식, 조병록, Polymer Science and Technology Vol. 17, No. 1, 2006년 2월
[4 - 5] http://www.dt.co.kr(디지털 타임스)
[4 - 6] "RFID/USN Korea 2007", Craig K. Harmon
[4 - 7] "RFID 국제표준 동향 및 국가표준화 추진계획", 정민화, 산업자원부 기술표준원, 2007년 4월
[4 - 8] http://www.savi.com/index.shtml
[4 - 9] "RFID 기술 및 표준화 동향", 성낙선, 전자통신연구원, 2007년 3월
[4-10] KS X ISO IEC 15961 기술 표준 문서, 기술표준원
[4-11] "RFID 데이터 프로토콜 국가표준 및 응용방향", 이원로, (주)이노바인텍, 2007년 4월
[4-12] "센서 태그 기술 동향", 정재영, 여준호, 이형섭, 표철식, 전자통신동향분석 제 22권 제 3호 2007년 6월
[4-13] "EPCglobal Netwrok 기반의 RFID 기술 및 활용", 안재명,이종태,오해석,(주)리테일테크 기술연구소
[4-14] GS1Korea, 한국유통물류진흥원
[4-15] http://www.rfidepc.or.kr/, RFID 산업 활성화 지원센터
[4-16] http://www.epcglobalinc.org/home
[4-17] "EPC 관련 국내외 제품", 기술 , 표준화 동향, (주)유오씨, 전자부품연구원, 2007년 5월
[4-18] "RFID/USN 관련 국제기술표준화의 최근 동향 및 전망", 2007년 3월, 전자부품연구원
[4-19] "국내 모바일 RFID 산업의 최근 동향", (주) 유오씨, 전자부품연구원, 2007년 4월
[4-20] "RFID/USN 관련 국제기술표준화의 최근 동향 및 전망", (주)폴리소프트, 전자부품연구원, 2007년 3월
[4-21] "u-Home 서비스 제공을 위한 사실 표준화 현황", 이광근, 홈네트워크 산업협회, 2007년 4월
[4-22] "2004년도 RFID 기술 및 관련정책 연구", 한국전산원
[4-23] "RFID 국가표준(KS) 관련 전파기술기준 동향 및 정합화 방안", 김지태, 앤디에스
[4-24] "RFID/USN 확산을 위한 지재권 정보 활용 방안 연구 보고서", 한국정보사회진흥원
[4-25] http://www.patentmap.or.kr, KIPA, 분쟁 대비 특허 정보넷
[4-26] 한국 RFID/USN 협회, www.rfid-usn.co.kr
[4-27] RFID journal Korea
[4-28] 특허청, http://www.kipo.go.kr/
[4-29] http://www.rfidipr.or.kr/, RFID/USN 특허정보시스템
[4-30] "국내·외 RFID/USN 특허맵 및 권리 분석 보고서, 2006", 한국 RFID/USN 협회

제 5장

RFID 응용

정보통신기술의 발전은 전산화, 정보화, 지식화 단계를 거쳐서 현재 유비쿼터스화 단계로 진입하고 있다. 언제, 어디서나, 누구에게나 컴퓨터가 편재되어 있다는 의미로 보이지 않지만 항시 컴퓨터에 접속할 수 있는 환경을 말하는 유비쿼터스. 이러한 유비쿼터스 기술은 사회적, 문화적 변화를 가져오고 있으며, 미래 사회 전반에 상당한 변화를 예고하고 있다.

특히나, 유비쿼터스의 중심기술이라 할 수 있는 RFID 기술은 실제로 우리가 특별한 기술이라 느끼지 못할 만큼 우리의 일상생활에 굉장히 깊숙이 파고 들어와 있다. 자동차 교통카드를 비롯하여, 건물 출입구의 출입카드, 신용카드 등에 오래전부터 사용되어 왔었다.

RFID가 IT 이슈가 된 2003~2004년도에는 우리나라를 비롯하여 전 세계에서 RFID 와 관련된 다양한 분야에서의 응용 서비스 및 시범사업들이 주요 관련 업체들과 정부를 통하여 진행되어 오고 있다.

2005년은 전 세계적으로 RFID 도입의 확산시점으로 특히, 물류 유통부문에서의 응용이 크게 증가 하였다. 세계적인 유통업체 월마트가 2003년부터 RFID 유통 물류 시스템을 계획하여, 2005년 1월 상위 137개 납품업체들에게 자사에 납품하는 모든 상품에 대하여 RFID 태그 부착을 의무화함에 따라, 전 세계적으로 RFID 적용 서비스가 미국, 일본이나 유럽의 대기업에 의해 시작되었다. 더불어 이와 관련한 비즈니스 효과도 많이 나타난 것으로 알려짐에 따라 이러한 RFID 시장은 점차 더 확대될 것으로 점쳐지고 있다.

월마트 외에도 미국방성(DoD; The U.S. Department of Defense)은 2005년부터 납품되는 모든 군수물자의 케이스, 팔렛 등에는 수동형, 컨테이너 및 에어 팔렛에는 능동형 전자태그 부착을 의무화하여, 장기적으로 군수물자 자산관리 및 추적 시스템을 가동할 계획이며, 2006년부터는 모든 단품 단위까지 RFID 태그를 확대 적용하고 있다.

이러한 물류 분야에서의 RFID 도입열기가 확산되고 있는 가장 큰 이유는 EPCglobal이 2004년 12월에 공표한 Gen2 규격이 가장 큰 역할을 했다고 볼 수 있다. EPCglobal의 Gen2 규격은 기술적 한계를 가진 이전 세대의 태그/칩을 대체하는 새로운 칩생산으로, 이 Gen2의 핵심은 소비전력, 적용범위, 메모리 사이즈 및 폼 펙터로서 종래의 저렴한 RFID 칩보다 더욱 확장된 읽기/쓰기 기능과 함께 보다 강력한 신호 발생으로 금속이나 액체 같은 장애물을 통과하여 판독률을 높이는 데에 있다. 이로 인하여 다양한 산업 분야에서 RFID 태그를 적용할 수 있는 범위가 넓혀지고, 많은 RFID 사업자는 칩을 개발 생산하는 태그 제조업체와 안테나, 리더기, 프린터 및 호스트 컴퓨터 등의 하드웨어 제조업체 그리고 미들웨어 및 소프트웨어 개발의 시스템 통합(SI) 업체로 나누어지며, 종래 바코드 시스템 벤더들과 더불어 신규 업체들이 Gen2 스펙에 따른 RFID 솔루션을 개발하고 있다. [5-2]

[그림 5-1]은 2008년 1월 22일 시장조사업체인 IDTechEX의 최근 동향 자료에 따르면 RFID 적용 프로젝트는 현재 3129건에 달했으며, 이 가운데 미국이 1050건(33.6%비중)으로 최다 적용 국가인 것으로 나타났다. 이어서 영국 336건(10.7%), 중국 213건(6.8%), 독일 175건(5.6%)

순으로 각각 집계됐다. 2005년 8위였던 우리나라는 총 68건으로 10위인 캐나다(67건)와 근소한 차이로 10위권에 간신히 턱걸이한 것으로 나타났다.

특히, 중국은 주민 ID 카드 정책을 비롯한 정부 주도의 대대적인 프로젝트에 힘입어 일본과 독일을 제치고 3위로 껑충 뛰어올랐음은 물론 세계 시장 성장을 견인한 것으로 나타났다. 중국 주민 ID 프로젝트로 인한 카드 발급 규모는 20억달러로 지난해 전체 시장 50억달러 규모의 상당 부분을 차지한 것으로 분석됐다. 나아가 중국은 애완견(1억5000만), 돼지(24억), 담배갑(37억5000만) 등에 RFID 태그를 붙이기로 하는 등 적용 사례를 확대해 향후 세계 시장을 주도할 것으로 전망됐다.

2007년 신규 프로젝트는 509건으로 집계된 가운데 프로젝트 당 평균 태그 수량은 30만건, 태그 구매 비용은 10센트 가량인 것으로 추산되며, 산업군별로 보면 프로젝트 수에서는 금융, 보안, 안전 분야가 19%로 가장 많은 비중을 차지했지만 금액 기준으로는 ID 부문이 1위로 집계됐다.

〈출처:IDTechEX,2008년 1월〉

[그림 5-1] 세계 RFID 적용사례 비율 [5-1]

2007년에 여권 등에 RFID를 부착한 국가가 최소한 50개국에 달하는 등 향후 ID 분야의 성장이 기대됐다. 자동차 부문이 2006년과 동일한 13%를 차지했고, 헬스케어 부문이 병의원의 실시간위치추적시스템(RTLS) 도입으로 예상외의 성장을 거둔 것으로 분석된다. [5-1]

이와 같이 해마다 RFID 적용 업체 및 관련 서비스는 늘어가고 있는 추세이며, 향후 네트워크를 이용한 사물의 인터넷을 근간으로 고부가가치 응용 서비스가 전개되어 유비쿼터스 사회로 발선할 것이나. 국내에서도 세계의 RFID 시장의 움직임을 주시하며, 정부 주도하에 RFID에 대한 연구와 이를 이용한 응용서비스의 개발을 위해 많은 노력을 하고 있다.

5.1 국내 시범사업 [5-3]

정부는 지난 2004년부터 RFID 신기술의 우선 도입과 적용을 통해 공공부문 업무 효율성 증진 및 프로세스 혁신을 유도하고 RFID 인프라 구축을 촉진하기 위해 공공기관을 대상으로 공모 방식을 통해 지원 과제를 발굴해 왔다.

특히 공공 분야에 있어서는 한국정보사회진흥원이 2004년, 2005년 RFID 시범사업 과제 공모를 통해 총 12개 과제를 선정·추진하였다. 2004년도 RFID 시범사업은 900㎒ 대역을 중심으로 조달·국방·물류 등 성공 가능성이 높고 타 분야에 대한 파급효과가 크며 향후 RFID 확산에 기여 가능한 여섯 개 과제를 공모를 통해 선정·추진하여 2005년 8월에 구축 완료하였으며, 2005년 12월까지 시범운영을 실시하였다. 2005년도 RFID 시범사업은 다양한 주파수 대역을 대상으로 환경, 통일, 공군 등 성공 가능성과 파급효과가 크며, 향후 본 사업 추진으로 연결하여 수요활성화가 가능한 여섯 개 과제를 공모를 통해 선정·추진하여 2005년 12월에 구축 완료하였다.

[표 5-1] 2004년도 국내 RFID 시범사업

사업명	사업기관	사업기간
물품관리 시스템	조달청	04.09.30~05.05.31
국방탄약관리 시스템	국방부	04.10.05~05.04.30
수출입 국가물류 인프라 지원 사업	산업자원부	04.10.14~05.04.30
항공수하물 추적 통제 시스템	한국공항공사	04.09.30~05.04.30
항만 효율화 사업	해양수산부	04.12.30~05.08.31
수입 쇠고기 추적서비스	국립수의과학 검역원	04.09.30~05.04.30

[표 5-2] 2005년도 국내 RFID 시범사업

사업명	사업기관	사업기간
감염성 폐기물 관리 시스템	환경부	05.06.03~05.12.20
신무기(F-15K)자산관리 시스템	공군군수 사령부	05.06.17~05.12.20
개성공단 통행 및 반출입 관리시스템	통일부	05.06.17~05.12.20

u-Museum 서비스 시스템	국립현대미술관	05.06.17~05.12.31
대관령 한우 RFID 시스템	강원도	05.07.26~05.12.31
차세대 지식기반 항공화물 RFID 사업	인천광역시	05.08.05~05.12.30

2006년 시범사업 과제는 국가기관, 지방자치단체 등 27개 기관, 31개 과제를 신청해 4월 지원 대상과제를 확정한 후 본격적인 사업을 전개하여 사업별로 일정에 다소 차이는 있지만 2006년 12월 구축을 완료했다.

[표 5-3] 2006년도 국내 RFID 시범사업

사업명	사업기관	사업기간
RFID 기반 u-의약품 공유 시스템 구축사업	보건복지부	2006년 6월~12월
RFID 기반 항공화물 공통 RFID 인프라 구축사업	인천국제공항공사	2006년 6월~12월
RFID 기반 식품안전정보관리 공통시스템 구축사업	한국식품공업협회	2006년 6월~12월
RFID/USN 기반 양식지능화 시스템 개발	제주특별자치도	2006년 6월~12월
모바일 RFID 서비스	정보통신부	2006년 6월~12월

5.1.1 RFID 기반 u-의약품 공유시스템 구축사업

- 사업명 : RFID 기반 u-의약품 공유시스템 구축사업
- 주관기관 : 보건복지부
- 주관사업자 : CJ시스템즈 컨소시엄
- 사업추진일정 및 소요예산 : 2006년 6월~12월 / 6억 8,500만원
- 주요사업내용 : 의약품 생산·유통·소비 과정에서 발생하는 정보를 종합 관리하는 RFID 기반 의약품 정보공유 시스템을 구축, 제약사·물류업체·병원·국민에게 의약품 진품 확인, 이력관리, 오용 방지 서비스
- 사업대상 : 세 개 업체 3종 의약품(한미약품 고혈압치료제, CJ(주) 항암제, 한국얀센 마약류)

지속적으로 발생하는 의약품 납품비리 및 불법 위·변조, 오남용 사고 등 의약품 유통체계 및 안전성 문제가 사회의 주요 이슈가 되고 있다. 이에 따라 전근대적인 의약품 유통체계를 개혁하고 불법 위·변조 의약품 차단과 전문 의약품의 오남용 방지를 통한 대국민 안전의료 서비스 요구가 증대되고 있다. 의약품 업계나 정부가 이러한 문제를 해결할 수 있는 적절한 대

응책 마련을 서두른 것은 당연한 일인지도 모른다.

대안 중 하나로 의약품에 RFID 시스템을 도입하자는 얘기는 몇 년 전부터 나왔지만 RFID가 워낙 신기술인데다 시스템 구축에 소요되는 비용도 만만치 않아 선뜻 구축에 나서는 업체가 없었다. 그러나 지난 2004년부터 정보통신부·한국정보사회진흥원이 RFID 공공부문 수요 확산을 위해 공공기관을 대상으로 한 RFID 시범사업을 추진하면서 의약품에 대한 RFID 도입 논의도 보다 본격화되기 시작했다. RFID 사업이 성과를 거두자 2006년에는 공공·민간부문에 확산하기 위해 식품, 항공화물, 모바일 분야와 함께 보건복지부의 'RFID 기반 u-의약품 공유 시스템 구축사업'과제가 선정됐다. RFID로 한발 다가갈 수 있는 물꼬가 트인 것이다.

첫 RFID 태그 탑재 대상으로 선정된 의약품은 한미약품의 고혈압치료제(아모디핀 30T, 아모디핀 500T), CJ(주)의 항암제(캠푸토), 한국얀센의 환자 치료용 마약류 제품(듀로제식 패취) 등 3종이다.또 의약품을 공급받는 병원으로는 분당 서울대병원이 선정되었다.

사업 대상 제품 선정은 RFID 태그 가격 및 서비스 특성을 고려해 고가 의약품이거나 특별관리 대상 의약품 3종을 선택했다. 사업 대상 제품으로 선정된 세 가지 모두 20만원~25만원 정도의 고가품이고, 특히 한국얀센의 마약류 제품인 '듀로제식'은 뼈나 근육 수술 후 통증이 심한 환자에게만 투여하는 약품으로 특별 관리가 필요한 제품이다.

사업에 참여할 제약업체와 의약품 3종, 그리고 의약품을 공급받을 병원이 선정되자 사업 추진에는 큰 어려움이 없어 보였다.

먼저, 사용자의 현황 업무와 현재 운영 중인 시스템을 파악하고 문제점 및 개선요구 사항을 도출한 후 인터뷰를 통해 결과를 확인하는 작업이 진행되었고 현황분석 결과를 토대로 새로운 시스템에 대한 사용자의 요구사항을 체계적으로 정의, 전체 일정에 의거하여 요구사항에 대한 시스템화 범위 및 우선순위를 결정하여 시스템 구축을 시작해 나갔다.

하지만 시스템 구축 계획을 세울 때는 보이지 않았던 거대한 벽들이 하나 둘 앞을 가로막기 시작했다. 제약업체에서 의약품을 공급받아 분당 서울대병원까지 전달하는 중간 과정을 책임지는 도매업체들의 반발을 예상하지 못했던 것이다.

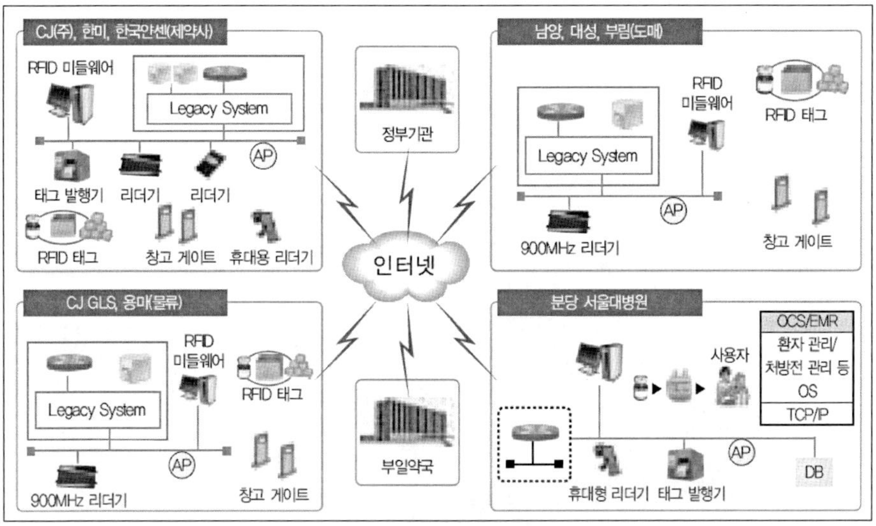

[그림 5-2] RFID 기반 u-의약품 공유시스템 개념도

"RFID 태그를 탑재하면 우리에게 이득이 무엇이냐?"며 사업 참여를 꺼려했고 이 때문에 생산지와 소비자를 연결해주는 유통 단계를 책임지는 업체들의 선정이 쉽지 않았다.

가장 큰 문제는 RFID 시스템을 도입하는데 대한 업체들의 선입견을 해결하는 것이었다. 의약품은 다른 일반 상품과 달리 생산과 유통 과정에서 별도의 보고 단계를 거쳐야 한다. 즉, 제약 회사는 의약품을 생산할 때 생산수량을 사후에 분기별로 관련 부처에 보고한다. 또 제약 회사에서 약품을 공급받는 도매상도 의약품을 공급하는 병원과 수량을 상세히 보고해야 한다. 의약품은 사람의 생명과 직결되는 분야인 만큼 철저한 관리가 필요하기 때문이다.

그러나 도매업체의 경우 최종소비자가 누구냐에 따라 챙길 수 있는 마진이 달라지기 때문에 공급 물량의 노출을 꺼려했다. 따라서 사업을 처음 시작할 때 도매업체를 합류시키느냐 마느냐가 사업의 성패를 좌우할 수밖에 없다는 것이 시범사업 관계자들의 판단이었다.

도매업체들의 반발이 당초 예상보다 심했지만 그렇다고 해서 시작도 못 해보고 사업을 중단할 수는 없었다. 결국 사업담당자들이 RFID 기반 의약품 공유시스템의 유통비용 절감, 불법유통 차단, 오용방지 효과를 홍보하고 도매업체를 설득하는 작업에 발 벗고 나섰다.

그리고 어렵게 도매업체들을 설득한 끝에 겨우 참여를 약속 받을 수 있었다. 이렇게 또 한 고비를 넘기자 또 하나의 고비가 기다리고 있었다. 한미약품의 아모디핀을 공급 받는 약국들 중 사업에 참여하겠다고 하는 약국이 단 한곳도 없었던 것이다. 약국의 거부감은 도매업체들보다 더 거셌다. 관심 있는 약국을 찾기가 어려웠고, 방문하는 약국마다 문전박대를 당하기 일쑤였다. 1주일 동안 20여 개 약국을 돌아다닌 끝에 부일약국을 선정할 수 있었다. 참여업체 선정 과정에서의 이 같은 난관은 결국, RFID 사업의 특성 및 구축 후의 기대 효과에 대한 충분한 설득과 이해 과정을 거친 후에야 비로소 해결할 수 있었다.

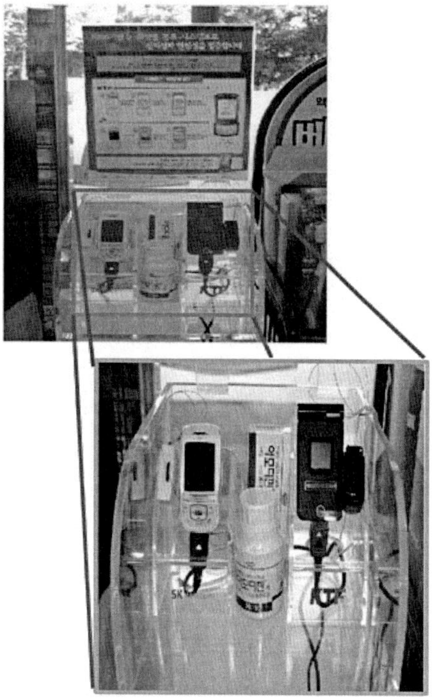

[그림 5-3] 의약품진품확인서비스

하지만 고생 끝에 맛보는 열매가 달다고 했던가. 업체 선정이 끝나자 시스템 구축부터 현장 테스트까지 모든 과정이 일사천리로 진행됐다. CJ(주)의 항암제 '캠푸토'는 물류업체 CJ GLS를 통해 도매업체인 남양약품을 거쳐 분당 서울대병원으로, 한미약품의 혈압제 '아모디핀'은 용마물류를 거쳐 부림약품과 부일약국으로, 부림약품은 다시 분당 서울대병원으로 최종 공급하는 단계에 모두 RFID 시스템이 구축되었다. 또 한국 얀센의'듀로제식'은 용마물류를 통해 도매업체인 대성약품으로, 그리고 최종적으로 분당 서울대병원에 공급되는 단계에도 RFID 시스템이 구축되었다.

의약품은 약품의 종류별, 유통 물류업체의 최종 소비단계 특성별로 제품 단위가 다양하다. 캠푸토의 경우 제조업체에서 물류업체로 넘어갈 때는 번들 박스로, 그리고 도매업체와 최종 소비자에게 공급될 때는 카톤 박스로 제공된다. 이와 달리 아모디핀과 듀로제식은 제약업체에서, 물류업체와 도매업체로 공급될 때는 주문 박스 단위로 최종 소비자인 분당 서울대병원과 부일약국에는 아이템 단위로 공급된다.

이 때문에 CJ(주) 캠푸토의 경우 생산 포장 시 소포장 단위와 박스 단위에 각각 별도로 RFID 태그를 부착했다. 한미약품 아모디핀의 경우 30정 제품은 수작업으로, 500정 제품은 오토 라벨링(Auto Labeling)으로 RFID 태그를 부착하고, 박스 포장 단위에도 각각 RFID 태그를 부착했다. 한국얀센의 듀로제식도 마찬가지로 단위 포장, 박스 포장에 RFID 태그를 각각 부착했다. 이를 통해 제조업체의 박스 포장 → 보관창고 입고 → 주문 출고 → 물류업체 박스 입고 → 출고(주문처리 배송) 처리 → 거점별 출고(도매업체 입·출고, 약국 출고) → 병원의 의약품 출고 → 조제태그 발행(병원) → 조제약환자 체크 → 투약처리까지 전 과정을 웹 포털 혹은 리더기 등으로 추적할 수 있는 시스템을 구축하였다. 그리고 나서 9월과 10월 두 차례에 걸친 현장 테스트를 통해 오류 발생 부분을 수정하고, 불필요한 부분은 제거하는 등 최종 수정 작업을 거쳐 11월 말부터 성공적으로 시험운영에 돌입했다.

오토 라벨링을 통한 RFID 시스템 구축의 가장 큰 장점은 우선 제약 산업의 물류비용을 전체 매출액의 3~4% 정도로 절감할 수 있다는 점이다. 제약 산업의 물류비용은 매출액 대비 약 10%로 이 중 40%가 물류 관리비용에 해당한다. 그런데 이 부분이 3~4% 정도로 낮아져 한해

약 2,800억 원의 물류비용을 절감할 수 있다. 업체별로는 제약업체당 연간 6,000만원, 도매업체당 약 3,000만원의 비용 절감 효과를 볼 수 있는 것이다. 그러나 이러한 정량적인 효과 외에 소비자들이 피부로 느낄 수 있는 효과는 더 크다. 바로 안심하고 의약품을 복용할 수 있다는 점이다. RFID 태그를 통해 전 유통과정이 노출되므로 불법 의약품 유통이나 의약품의 오용 여지가 대폭 줄어들기 때문이다.

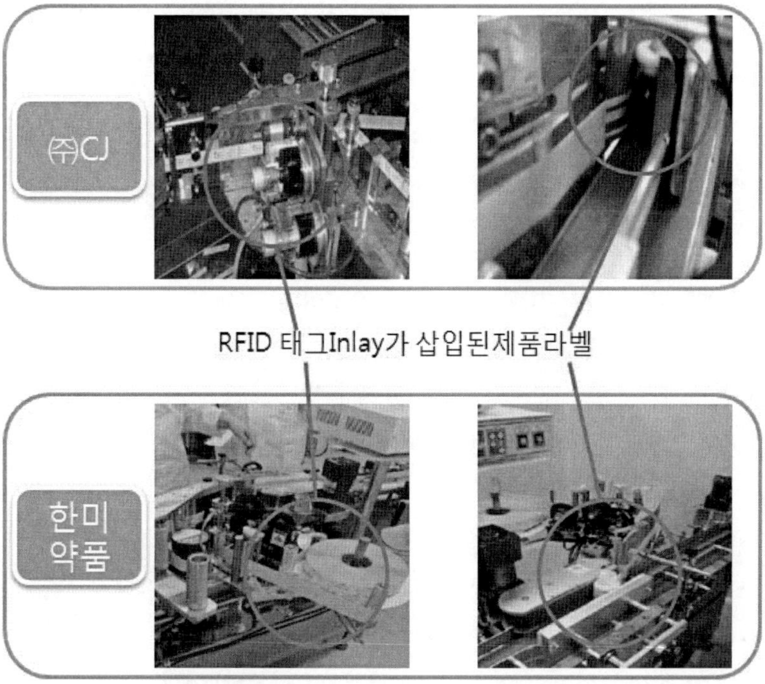

[그림 5-4] 오토 라벨링(Auto Labeling)

물론 아직은 걸음마 단계이다. 그러나 RFID는 세계적으로도 도입 사례가 많지 않아 2006년 시범사업으로 일단 첫 단추를 끼웠다는 데 상당한 의미를 둘 수 있다.

이번에 RFID 태그가 도입된 의약품은 3종뿐이었지만 이를 통해 앞으로 기대할 수 있는 효과는 무궁무진하다. 무엇보다 가장 눈에 띄는 효과는 RFID 시장 수요를 새롭게 창출했다는 점이다. 의약품을 비롯한 아이템 단위 태깅 시장 규모는 세계적으로 2억 개(2006년 기준) 이상에 달한다. 그 중에서도 RFID 수요 창출을 선도할 수 있는 유력한 분야가 바로 서적, 의류, 의약품 등이다. 즉 의약품뿐 아니라 타 산업에서도 RFID 도입을 확대할 수 있는 기폭제가 될 수 있는 것이다. 이제 시작이지만 믿고 신뢰 할 수 있는 의약품, 그리고 한발 더 나아가 진정한 유비쿼터스 의료 서비스가 실현될 날을 기대해봐도 좋을 것 같다.

(a)듀로제식 패취 태깅작업

(b)생산포장 시 소포장 단위 적용

(c)주문 출고

[그림 5-5] 오토라벨링 시스템

- 번들 박스(Bundle Box) : 운반·저장에 편리하도록 포장한 묶음의 단위. 여러 개의 카톤 박스를 한 묶음으로 포장한 것.
- 카톤 박스(Carton Box) : 판지를 이용하여 만든 가장 흔히 볼 수 있는 포장용 박스. 일례로 한 제약회사에서 생산한 감기약의 포장 단위를 생각하면 된다.

5.1.2 RFID 기반 항공화물 공통 RFID 인프라 구축사업

- 사업명 : RFID 기반 항공화물 공통 RFID 인프라 구축사업
- 주관기관 : 인천국제공항공사
- 주관사업자 : 삼성SDS 컨소시엄
- 사업추진일정 및 소요예산 : 2006년 6월~12월 / 8억 4,500만원
- 주요사업내용 : 삼성전자 기흥공장과 온양공장에서 출하되는 반도체 제품 중 일본에 수출되는 제품에 RFID 태그를 부착하고, 운송부터 기적되는 과정까지의 정보를 실시간으로 화주및 포워더 항공사에 제공
- 사업대상 : 대한항공, 아시아나항공, 삼성전자

국제 여객 운송 세계 10위. 국제 화물 처리 세계 3위.

2001년 3월 1,700만 평의 영종도와 영유도 사이의 바다를 메워 조성된 인천국제공항의 2006년 성적표다. 개항 6년이 채 지나지 않았음에도 불구하고 세계적인 공항으로 발돋움하고 있는 인천국제공항의 오늘이자 내일이기도 하다.

33만여 평의 부지에 연 283만 톤의 처리 능력을 갖고 있는 화물 터미널 역시 부산항과 더불어 국내최대의 무역 관문으로 통한다. 현재 수출입 물량의 경우 항만이 전체 물량의 99.7%를, 항공이 0.3%를 차지하고 있어 외형적으로는 왜소해 보일지 몰라도 이는 드러나는 수치

일 뿐, 그 안을 들여다 보면 사정이 달라진다. 비록 전체 물량의 0.3%에 불과하지만, 수출 금액은 무려 33%를 차지하고 있어 항공화물이 고부가가치 산업의 역할을 톡톡히 담당해 내고 있는 셈이다.

[표 5-4] RFID 구축사업에 따른 비용 절감 효과

(단위 : 억 원)

내용	절감비용
항공정보 제공 네트워크망 사용 절감	4
화물터미널 사용의 효율화	100
화물 탑재용기 손실 감소	421
리드타임 감소	146
합계	671

특히 오는 2008년 7월이면 2단계 사업이 조기 완료될 예정으로, 공사가 완료되면 항공기 운항횟수는 연간 24만 회에서 41만 회로, 여객은 지금의 3,000만 명에서 4,400만 명으로 증가하는 초대형 국제공항으로 변신, 항공화물 또한 급속하게 증가할 것으로 예상되고 있다.

이처럼 세계 어느 나라 공항과 비교해도 손색없는 인천국제공항이지만, 한 단계 더 발전하기 위해 또 다른 모습으로 변화를 시도하고 있다. 바로 RFID 기술을 항공화물에 접목한 'u-Airport'가 그것. 이를 위해 2006년 6월부터' RFID 기반 항공화물 공통 RFID 인프라 구축사업' 을 총 8억 4,500만원의 비용을 들여 시작, 6개월만인 12월에 1단계 사업을 완료했다. 인천국제공항이 RFID 구축사업에 뛰어들게 된 것은 아시아 물류 허브 공항으로서의 입지를 다지기 위한 준비였다. 여기에는 아시아의 중심 공항이 되기 위해 치열한 경쟁을 벌이고 있는 일본과 중국에 맞서 차별화된 경쟁력을 확보하고, 특히 2008년 베이징 올림픽과 2010년 상하이 엑스포 개최를 통해 급성장할 것으로 예상되는 중국 공항들의 추격을 따돌리기 위해 인천국제공항만의 경쟁력을 찾아 나선 것이기도 하다.

이를 위해서는 항공화물 처리의 바로미터라고 할 수 있는 '정시성(시간의 정확성)'을 확보하는 것이 급선무라고 판단, 정시성을 확보할 수 있는 RFID 중심의 수출 물류 서비스 구축으로, 리드타임 단축이나 비용 절감 기회 제공 등을 통해 한층 업그레이드된 고객 서비스가 절실히 요구되었다. 사실, 항공화물은 반도체나 LCD, 휴대전화와 같은 고가의 수출제품이 주를 이룬다. 반도체 98%, 휴대폰 85%, 컴퓨터의 68%가 항공을 통

해 수출되고 있다. 이들 제품의 특성상 무엇보다 정확성과 신속성이 요구되기 때문에 화물의 정확한 상태 정보와 처리시간의 최소화는 공항의 경쟁력을 가늠할 수 있는 척도가 될 수 있다. 인천공항공사가 항공물류 분야에 기존의 바코드 시스템에 비해 우수한 성능을 갖고 있는 RFID 기술 도입을 추진하게 된 것은 이 때문이었다.

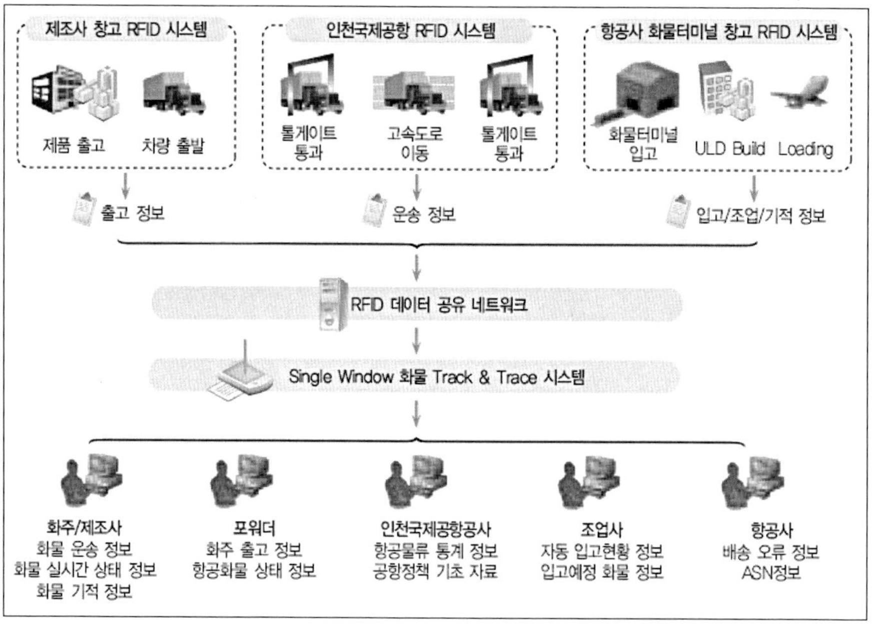

[그림 5-6] 항공화물 공동 RFID 인프라 서비스 개념도

이번 시범사업에 대한항공과 아시아나항공, 반도체 시장점유율 1위 기업인 삼성전자가 화주 기업으로 참여한 것은 성공 요소를 한층 더 높여주는 발판이 되기에 충분했다.

<u>*기존 수작업 화물처리로 인한 '혼란'*</u>

"김 과장님. 잠시 이리 좀 와 보세요."

"왜요?"

"이 안에 뭐 들었어요?"

"예. 컴퓨터입니다. 일본으로 9시에 출발하는 겁니다."

"그래요? 제대로 좀 작성해 주시지. 일을 꼭 두 번 하게 하시네. 바빠 죽겠는데."

인천공항 화물터미널에서 흔히 볼 수 있는 풍경이다. 화물 트럭에서 하차된 화물을 항공기 내에 적재하기 전 시행하는 서류 확인 과정에서 발생된다. 아주 사소한 일이지만, 너무 빈번히 일어나 공항 입장에서는 골칫거리가 아닐 수 없었다.

이 같은 문제는 화주가 요청한 화물에 대해 포워더가 화주 창고에서부터 항공화물 터미널로 운송해 항공사에 전해주는 과정에서 화물에 대한 정확한 정보 처리가 제대로 이루어지지 않기 때문에 발생한다. 한마디로 항공화물 운송에 관계된 화주, 포워더, 항공사의 정보 네트워크 간의 긴밀한 연결 부족과 수작업 정보처리 과정에서 일어나는 일이었다.

물론 필요한 경우 화주와 포워더 그리고 항공사 간 화물에 대한 정보 교환이 일부 이뤄지지만, 대부분 수작업으로 진행되어 성수기 때나 화물량이 많이 적체되었을 경우 신속한 처리가 미흡해 결국 화물처리 능력을 떨어뜨리는 결과를 가져오기도 한다.

이 같은 문제점을 파악한 인천국제공항은 제품 출하부터 수출이 완료될 때까지의 전 과정을 한눈에 파악할 수 있는 시스템을 구축키로 하고 삼성전자 기흥공장과 온양공장에서 출하되는 반도체 제품 중 일본으로 수출되는 화물에 우선 적용하기로 했다.

이를 위해 수출 제품에 대해 출하 단계부터 RFID 태그를 부착하는 한편 기흥, 서평택, 신공항 등 다섯개 톨게이트에 RFID 리더기를 설치하고 시범화물 트럭의 위치를 추적할 수 있는 시스템을 구축했다.

또한 화물터미널에도 RFID 리더기를 설치해 화물트럭이 공항에 도착하면 배송정보 시스템과 연계된 포워더들에게 RFID 시스템을 통해 수집된 정보를 실시간으로 제공할 수 있도록 했다.

[그림 5-7] RFID 자동 수화물 처리 시스템

이에 따라 삼성전자 공장에서 생산 출하된 반도체가 일본으로 수출될 경우, 이동 경로 및 공항까지의 도착시간을 실시간으로 추적할 수 있을 뿐만 아니라, RFID 태그를 부착한 수출 반도체 박스가 주요 거점을 지날 때 전국 주요 고속도로에 설치된 RFID 리더기가 유통 흐름을 실시간으로 파악할 수 있는 성과를 얻게 됐다.

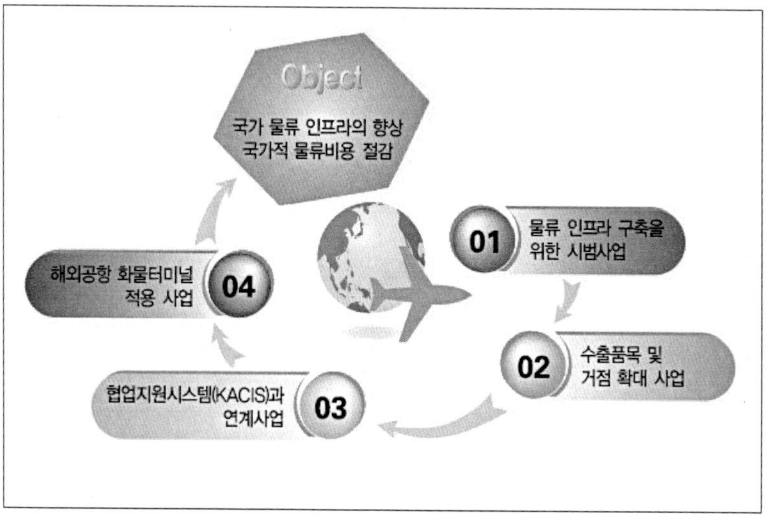

[그림 5-8] 단계별 추진 계획

2007년 1월부터 6개월 동안 이번 사업을 통해 구축된 시스템의 실제 운영에 들어간 인천국제공항공사.

2006년 시범사업을 성공적으로 마무리했다는 평가를 받지만, 어쩌면 지금까지 온 길보다 앞으로 가야할 길은 더 멀고 험난할 지도 모른다. 특히 현재 삼성전자 한 곳 뿐인 화주 참여 기업을 얼마만큼 다양화해 확대시키느냐에 이 사업의 성패가 달려 있다 해도 과언이 아니다. 인천국제공항공사는 공항물류단지 내에 입주해 있는 업체들을 대상으로 RFID 인프라 구축을 확대 실시해 수출 품목을 다양화 할 계획이다. 뿐만 아니라 현재 진행 중인 항공물류정보시스템(KACIS)과의 연계를 통해 항공화물을 보다 신속하고 정확하게 운송할 수 있도록 항공물류 운영 주체 간에 관련 정보를 공유할 수 있는 기반을 마련 중이다. 또한 수출입 화물의 통관을 담당하는 관세청 시스템과 연동해 화물 반출입 및 물류 효율화를 지속적으로 추진하기로 했다.

5.1.3 RFID 기반 식품안전정보관리 공통시스템 구축사업

- 사업명 : RFID 기반 식품안전정보관리 공통시스템 구축사업
- 주관기관 : 한국식품공업협회
- 주관사업자 : KPC 컨소시엄
- 사업추진일정 및 소요예산 : 2006년 6월~12월 / 7억 8,800만원
- 주요사업내용 : 식품 완제품 박스에 태그를 부착해 생산 및 물류, 유통 등 전 과정을 추적, 관리할 수 있는 RFID 기반 식품안전 정보관리 공통시스템 구축

- 사업대상 : 네 개 식품업체 상품 4종

학교 식중독, 조류독감, 분유 대장균 검출에서 최근의 트랜스 지방까지 식품 관련 불안요인은 우리 주변에 언제나 널려 있다. 이 때문에 식품업체들은 자사와 특별히 관련이 없는 식품 관련 안전사고가 발생해도 문제만 터지면 유사 품목을 공급한다는 이유 하나만으로 소비자 원성의 표적이 되거나 막대한 손실을 입기 일쑤였다.

3년 전에도 그랬다. 만두파동이 일파만파로 퍼지면서 냉장식품 등을 생산하는 업체들은 잘잘못을 따질 겨를도 없이 엄청난 손해를 감수할 수밖에 없었다. 매 번 비슷한 일들이 주기적으로 반복되었고, 식품 안전사고가 터질 때마다 업체들이 한꺼번에 욕을 먹는다. 특히 인터넷이 일반화되면서 근거 없는 비방이나 욕설이 횡행하는 경우도 있고, 특정 업체 제품에 대한 불매운동이 일어나는 것도 다반사였다. 특정 업체가 잘못이 있다면 당연히 책임을 져야하지만 타 업체들까지도 한꺼번에 손해를 보는 경우가 많아 업계 차원의 대응책이 필요했다.

식품산업의 건전한 발전을 대변하는 기관인 한국식품공업협회(이하 협회) 주축으로 식품산업정보화추진 위원회를 구성하고, 대비책 마련에 나선 것은 업계가 초토화되다시피 한 3년 전 만두파동 이후였다. 뜻을 같이하는 CJ, 농심 등 대기업을 중심으로 20여 개 식품회사가 적극적으로 위원회에 참여했다.

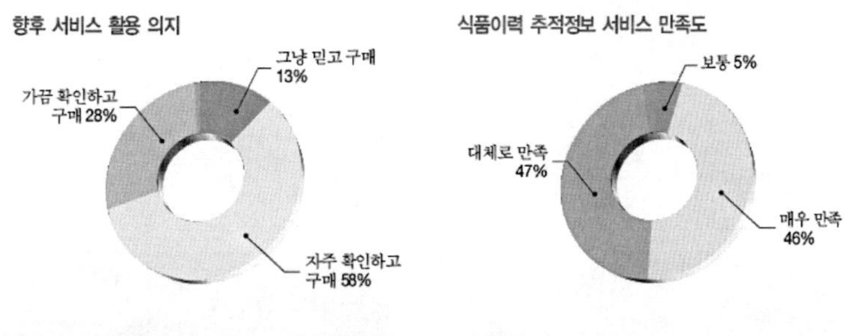

※조사대상 : 1,359명(성비 : 여자 77%, 남자 23% / 직업비 : 주부 52%, 직장인 23%, 학생 15%, 기타 9%)

[그림 5-9]　식품이력 추적정보 소비자 만족도 조사

그러나 여러 업체, 그것도 국내 식품업계를 좌지우지하는 대기업들을 모아놓다 보니 실질적인 사업추진은 생각만큼 빠르게 진척되지 않았다. 그래도 몇 차례의 논의 끝에 향후 발전 방향의 근간이 될 ISP(정보전략계획)를 수립하는 성과를 거뒀다. ISP를 통해 나온 결론은 정확한 식품 유통과 제조 이력을 추적해 업계의 잘잘못을 명확히 할 수 있는 구조를 만들자는 것. 그러나 식품 이력을 추적할 대안을 놓고 또다시 논란이 분분했다. '바코드냐? RFID냐?'에 대한 논란이었다. 널리 사용되고 있는 바코드 기술을 선호하는 의견들이 많았지만 이력 추적이 정확하고 보다 많은 양의 정보를 담을 수 있는 RFID 쪽으로 최종 결론이 났다. 그러나 시스템 구축에 필요한 자금 확보가 또다시 문제로 대두됐다. 뿐만 아니라 시스템 구축에 참여하겠다는 업체와 그렇지 않은 업체로 의견이 나뉘면서 업체간 분열 양상까지 나타났다. 이 때문에 RFID 도입이라는 큰 방향은 설정했지만 거기서 한 발짝도 더 앞으로 나아가지 못했다.

정보화추진위원회가 수립한 ISP가 별다른 진전 없이 몇 개월을 그냥 흘려보내고 있던 2005년 4월, 정보통신부·한국정보사회진흥원이 공공·민간부문을 대상으로 유비쿼터스 기반 기술인 RFID를 보급하기 위해 '2006 RFID/USN 시범사업'을 시작한다는 공고가 나왔다.

시범사업에는 식품가공업체 4곳, 물류회사 및 대형 할인마트 각각 1개사가 공동으로 참여하게 되었다. 한국식품공업협회는 시범사업 대상 제품으로 파리크라상의 버터케이크, CJ 햇반, 농심 신라면, 동원 F&B 보성녹차를 선정했다.

식품에 RFID를 적용하는 첫 사업이니만큼 우리나라 사람들이 가장 많이 찾는 식품을 선정해야 사업이 완료된 후 산업적으로 파급효과가 크고 다른 식품업체들의 참여를 유도할 수 있다는 판단에서 위와 같은 식품들을 선정하였다.

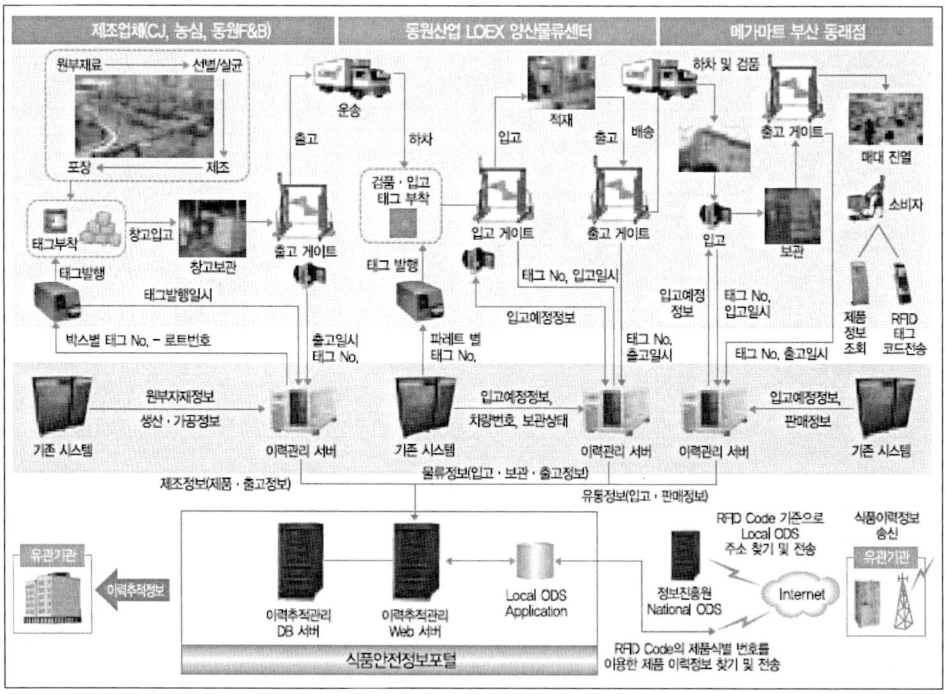

[그림 5-10] RFID 기반 식품안전정보관리 공통시스템 전체 업무 흐름도

RFID 기반 식품안전정보관리 공통시스템 구축사업은 식품인증·추적관리시스템 구축, 표준식품이력 관리시스템 구축, 식품안전정보포털 구축, 식품이력 모바일 서비스 구축, 식품안전정보표준 인증체계 구축 및 ISP, 사업 홍보 등의 영역으로 나누어 수행되었다.

식품가공업체 파리크라상의 경우 성남공장 생산 라인에서 RFID 태그를 발행하고 부착하여 제품출하 창고에 입·출고하고 파리바게트 서울 수서점에 입고되어 포털 및 모바일 서비스를 통해 식품정보를 검색·조회할 수 있도록 시스템이 구성되었다. 물류 시스템의 경우 파리크라상과 나머지 세 개 업체의 시스템이 달라 각각 두 가지 형태로 구축하기로 하고, 구체적인 작업에 착수했다. 파리크라상은 성남 공장에서 서울 수서점까지, CJ 등 세 개 업체는 동원산업 로엑스 양산 물류센터를 거쳐 메가마트 부산 동래점까지의 유통 과정을 대상으로 RFID 시스템을 구축했다.

6월부터 시스템 구축 작업이 본격화되면서 이후 과정은 급물살을 탔다. 시스템의 현장 적용 시 발생할 수 있는 문제점을 수정·보완하기 위해 1차 시스템 구축 일정을 최대한 빨리 끝내고 현장 테스트에 들어갔다.

파리크라상의 경우 적재팔레트 30박스에 부착된 RFID 태그의 인식거리나 인식률 면에서 100% 만족스런 성과가 나와 추가 보완 없이도 곧바로 적용할 수 있는 상태였다. 그러나 신라면, 햇반, 보성녹차가 공급되는 메가마트 현장 테스트에서는 두 제품만 100% 인식률이 나왔고, 농심 신라면의 인식률은 예상 밖의 낮은 결과가 나왔다.

문제의 원인을 파악한 결과, 농심 신라면 70박스에 RFID 태그를 부착하고 실시한 테스트에서 인식거리와 인식률에서 저조한 것은 라면의 포장재 알루미늄 성분이 전파를 차폐하는 역할을 했기 때문이었다. 이러한 문제 해결을 위해 2주 정도 더 장비와 태그를 점검한 후 두 번째 현장테스트를 실시, 다행히도 2차 테스트에서 신라면의 경우 1차 때와 달리 2배나 향상된 결과가 나왔다. 모든 테스트를 완료한 후 네 개 제품에 총 29만 9,000매(농심 15만 매, 파리크라상 10만 8,000매, CJ 4만 매, 동원F&B 1,000매)의 RFID 태그를 탑재하고, 메가마트 부산 동래점에는 고정형, 휴대용 리더기 각 1대와 키오스크, 식품 이력관리 서버를 설치했다.

[그림 5-11] 키오스크를 통한 식품안전정보서비스 이용 사례

우여곡절 끝에 완성된 식품업계의 RFID 시스템은 이제 몇 개 업체를 대상으로 하는 시범사업이 아니라 더 많은 업체를 참여시켜 소비자들에게 안전한 먹거리를 제공하기 위한 장기적인 사업으로 그림을 옮겨가고 있다. 협회를 중심으로 ▲RFID 기반 식품 이력관리 시스템 운영과 확산 ▲식품안전정보 인증과 사후관리 ▲식품산업정보 포털 운영과 확대 ▲중소업체를 위한 원스톱 서비스 운영 등을 담당할 식품안전정보관리센터(가칭) 설립 계획이 구체화되고 있는 것이다.

(a)물류센터에 RFID 식품이력 추적 관리시스템 도입 (b)배송창고 내 설치된 입·출고 게이트

[그림 5-12] 물류센터 RFID 식품이력추적 관리시스템 도입

보건복지부, 식품의약품안전청 등 식품 관련 주무부처에서도 이에 관한 논의를 활발히 진행하고 있고, 지난해 상반기 국회에 관련 법안도 제출했다. 지난해 9월 메가마트에서 RFID 시스템 2차 테스트를 실시하면서 현장을 방문한 소비자들을 대상으로 실

시한 만족도 조사에서 93% 만족이라는 결과가 나온 것도 사업추진 관계자들을 고무시키기에 충분했다.

5.1.4 RFID/USN 기반 양식지능화 시스템 개발

- 사 업 명 : RFID/USN 기반 양식지능화 시스템 개발
- 주관기관 : 제주특별자치도
- 주관사업자 : 현대정보기술 컨소시엄
- 사업추진일정 및 소요예산 : 2006년 6월~12월 / 3억 7,800만원(자부담 3억 원)
- 주요사업내용 : 양식장에서 수행하고 있는 혼합사료 제조, 먹이 급이, 약품 투여현황 등의 업무를 체계적으로 관리하며, 공급해수의 온도, 염도, 용존산소량을 실시간으로 수집하여 최적의 양식장 환경을 유지할 수 있도록 지원
- 사업대상 : 도내 280개 넙치 양식 사업장

'수조의 해수 온도와 염도, 용존산소량 등을 실시간으로 체크해서 양식장 환경을 최적화 상태로 유지할 수는 없을까?''수조 수위가 갑자기 내려가거나 수온이 급상승하는 것을 미리 파악해서 집단 폐사를 막을 수는 없을까?'수조 양식장을 운영하는 어민들의 절대적인'희망 사항'이다.

수조 양식장은 자연의 혜택을 받는 동시에 언제든지 그 자연으로부터 큰 피해를 볼 수 있는 곳이다. 특히 단 한 번의 피해로도 평생을 바쳐 꾸려온 삶의 기반까지 송두리째 빼앗아가 버리는 자연이, 그래서 더 두려운 존재이기도 하다. 때문에 양식장 어민들은 만일의 피해에 대비하고 또 그 피해 규모를 최소화하기 위해 갖가지 방법들을 동원하지만, 피해에 대한 예방보다는 복구에 더 힘을 쏟는 것이 지금까지는 가장 현실적인 방안이었다.

하지만 정보통신부·?한국정보사회진흥원과 제주특별자치도가 지난해 'RFID/USN 기반 양식지능화 시스템 개발'사업을 완료함으로써 예측, 예방이 가능한 양식장이 어민들 곁으로 한 발자국 더 가깝게 다가왔다.

수조에 지능형 센서가 부착되어 수조 수위가 갑자기 줄어드는 등 비상 시에는 SMS 문사메시지를 곧바로 보내줘 대량 폐사 등을 사전에 예방할 수 있게 됐을 뿐만 아니라, 치어의 입식 정보부터 출하 및 배송까지 양식과 관련된 모든 정보도 한눈에 파악할 수

있다. 또 유통업체와 소비자들은 수조차에 부착된 전자태그를 통해 생산이력을 파악할 수 있어 신뢰도를 한층 높일 수 있다는 평가다.

[표 5-5] RFID 시스템 구축에 따른 기대효과

구 분	기대 효과
청정 브랜드 이미지 제고	양식 환경의 체계적 관리를 통한 수산물의 품질 향상 이력제공에 의한 고객신뢰 확보와 청정 브랜드 인식 확대 타 지역과의 차별화를 통한 경쟁력 우위 확보
재난/비상 대응력 강화	폭우, 폭풍, 전염병 감염 재난 시 대량 폐사 예방 경보 체계 확립 수위, 단전 등의 양식장별 위험 발생 상황 사전 감지 및 대응 수단 제공
수익성 강화	브랜드 가치 향상 매출 상승(내수 및 수출 10% 상승 기대) 넙치 양식량 증대
RFID/USN 부문 사업 활성화	타 어종 생산이력제 및 양식지능화 사업으로 확대 식수, 자연수 부문 USN 사업 활성화 폐수관리 부문 USN 실용화

제주특별 자치도는 우리나라 넙치 양식의 메카이다. 지난 1986년부터 넙치 양식 위주로 변화되면서 넙치 생산량이 3만여 톤에 달하며, 지난해 수익은 2,000억 원을 돌파했다. 뿐만 아니라 지난 2005년에는 산업자원부로부터 세계일류상품으로 선정되는 영예를 거머쥐며, 다른 지역산 넙치와 차별화를 이뤄내는 성과도 올렸다.

제주특별자치도의 넙치 양식 산업의 발전은 공장 등 산업시설에 의한 오염원이 적어 청정 해역을 유지할 수 있을 뿐만 아니라 겨울철 최저 수온이 12° 이상, 겨울철 최고 수온이 28° 이하가 유지되는 등 수산물 양식에 필요한 최적의 조건을 갖추고 있어 가능했다. 하지만 이러한 천혜의 환경과 양적 성장에도 불구하고 양식 어민들은 많은 어려움을 겪어야만 했다. 생산한 넙치의 많은 양을 일본으로 수출을 하고 있는 상황에서 엔화 가치 하락으로 채산성이 악화되고 있을 뿐 아니라 중국이나 동남아 등지로부터 들여오는 수입량이 날로 증가하면서 가격 경쟁력도 떨어지고 있었기 때문이다.

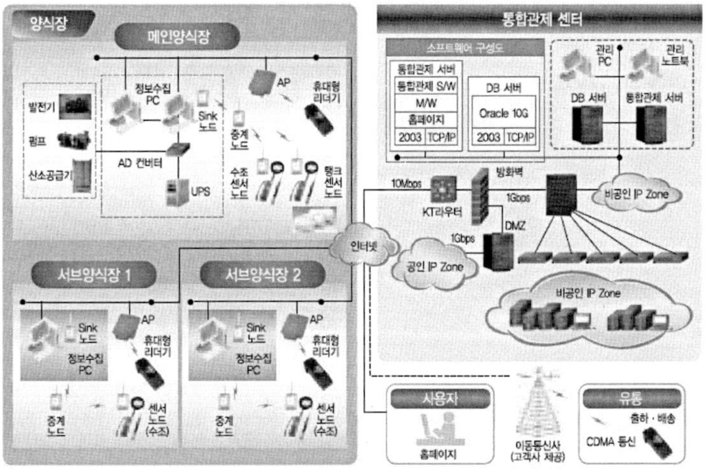

[그림 5-13] RFID/USN 기반 양식지능화 시스템 구성도

내수시장도 불안하기는 마찬가지였다. 시기적으로 출하량이 몰리는 데다 제주특별자치도와 경쟁을 벌이는 완도산 출하물량과 겹쳐 과도한 출혈 경쟁이 벌어지고 있었다. 제주특별자치도는 이 때문에 넙치 양식 업무에 RFID/USN 기술을 활용해 과학적이고 체계적인 양식장 관리를 하고, 이를 통해 품질 향상과 청정 브랜드 이미지를 갖춘 안전한 수산물을 생산, 제주 지역의 주요 1차 산업인 넙치 양식의 경쟁력을 향상시킬 필요성을 절실히 느꼈다. 이에 따라 2006년 6월부터 12월까지 총 6억 7,800만원의 사업비를 들여 한국정보사회진흥원, 현대 정보기술 컨소시엄과 공동으로 'RFID/USN 기반 양식지능화 시스템 개발'사업을 시작했다. 특히 이 사업은 국내뿐만 아니라 전 세계적으로 아직 활용 사례가 보고된 바 없는 최초의 시도였기 때문에 성공 여부에 관심이 집중되기도 했다.

6개월의 사업 기간을 거쳐 현대정보기술 컨소시엄이 개발한 이 시스템은 기존 양식장 업무에 RFID/USN의 최신 기술을 접목함으로써, 양식장에서 수행하고 있는 혼합사료 제조, 먹이 급여, 약품 투여현황 등의 업무에 RFID를 이용해 체계적으로 관리하고, 공급 해수의 온도, 염도, 용존산소량을 실시간으로 수집해 최적의 양식장 환경을 유지할 수 있도록 지원하고 있다. 또한 양식장의 수위정보, 조도정보를 제공함으로써 대량폐사 상황을 사전에 예방할 수 있도록 SMS 기능을 통해 양식장 관리자에게 전송할 수 있는 시스템을 구축했다. 또 기존 발전 설비인 상용 전원, 해수·A지하수 펌프 등의 동작 상태를 실시간으로 수집해 수온이 급상승하는 등의 비상 상황에도 즉각 대응할 수 있도록 했다.

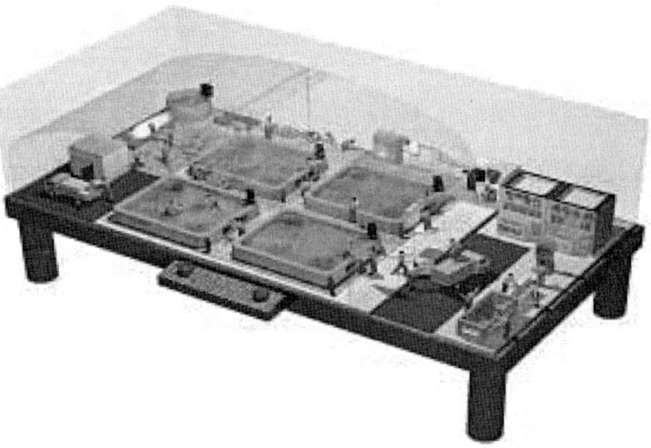

[그림 5-14] RFID/USN 양식지능화 시스템을 구축한 양식장의 투시도

RFID/USN 시스템 설치 작업은 수월하지 않은 일이었다. 양식장이라는 특수한 환경에서 각종 센서나 태그 등을 가장 적합한 위치에 설치해야 했고, 염분으로 인한 시스템의 손상이 우려되어 수십 번의 장비 테스트를 거쳐야 했다. 또한 애초에는 센서를 이용해서 전염병까지 파악할 수 있는 시스템을 개발하려 했으나 아직 전염병 측정 센서가 개발되지 않아 적용하지 못한 점에 대해서 관계자들은 아쉬워하고 있다. RFID를 활용해 각각의 넙치를 별도로 관리할 수 있는 방안도 모색했으나, 수십 수백만 마리를 일일이 관리하는 것이 불가능해 결국 수조별 관리 방안을 만들 수밖에 없었다. 하지만 시범사업을 통해 개발한 시스템은 완벽하진 않지만 생산에서부터 관리 유통까지의 전 과정을 관리할 수 있는 방법뿐만 아니라 폐사 사고를 미연에 방지할 수 있는 안전체계 구축이 가능해 졌다는 평가를 받고 있다.

제주특별자치도는 시범사업의 결과물을 도내의 모든 양식장으로 확산 추진할 계획이다. 하지만 이 시스템을 신규 양식장에 도입하려면 총 5,000여 만원의 사업비가 소요된다. 대부분의 양식 어민들에게는 큰 부담이다. 이 때문에 제주특별자치도는 정부에 적극적인 지원을 요청하는 한편, 자체적으로 지원을 확대하기 위해 유관 부서와 협의를 거쳐 곧 해결 방안을 내놓을 계획이다. 뿐만 아니라 제주 넙치의 청정브랜드 이미지를 제고하고 타 지역 및 외국 활어와의 차별화를 통해 경쟁력을 향상시킨다는 계획이다. 이를 위해 현재 세 개 시범 양식장에서 운영 중인 이 시스템을 제주 전역 280여 개 넙치 양식장으로 확대 보급하기 위해 지속적인 홍보를 추진하고 있다.

[표 5-6] u-Fishfarm의 사용자별 제공 서비스

구분	서비스	구분	서비스	구분	서비스
양식장 관리자	치어 입식정보 혼합사료 제조 현황 사료재고 현황 사료 급여 통계 수조별 생육 현황 약품 작업 내역 수조/탱크 환경 정보 전력 설비 운영 현황 출하/검사/배송 정보 넙치 양식 기술 정보 넙치 시세 등	양식장 작업자	혼합사료 제조 정보 사료 재고 현황 사료 급여 현황 수조별 생육 현황 약품 작업 내역 수조/탱크 환경 정보 넙치 양식 기술 정보 각종 공지 사항	유관기관 사용자	출하 통계 정보 넙치 양식 기술 정보 양식장 생태 정보 양식 통계 정보 넙치 양식 연구용 자료 Down 넙치 시세
시스템 관리자	양식장 관련 기관 정보 양식장 통계 정보 SMS 현황 기상/특보 정보 공지/게시 정보 넙치 시세	유통 업체	먹이 급여 이력 약품 투여 이력 안정성 검사 결과 배송현황 및 도매점 입하 결과	일반 사용자	u-Fishfarm 정보 양식장 정보 사료급여 이력 약품투입 이력 출하/배송 정보

5.1.5 모바일 RFID u-포털 서비스(SKT)

- 사 업 명 : 모바일 RFID 서비스
- 주 관 기 관 : 정보통신부
- 주관사업자 : SKT 컨소시엄
- 사업추진일정 및 소요예산 : 2006년 6월~12월 / 4억 9,900만원(자부담 34억 원)
- 주요사업내용 : 음악, 영화, 도서 등 오프라인 매장의 제품에 RFID 태그를 부착, 디지털 콘텐츠를 휴대전화를 통해 확인할 수 있게 하고 나아가 직접 구매로까지 이어질 수 있게 하는 서비스
- 사 업 대 상 : 오프라인 판매매장

유비쿼터스, 키오스크, 위젯, RFID….

여러 미디어에서 한번쯤은 들어봄직한 용어들이지만 일반인들에게는 생소할 수도 있다.

그러나 용어 자체는 모르더라도 우리는 실생활에서 하루에도 몇 차례씩 그 기술을 응용한 여러 가지 경험들을 하게 된다. 바코드가 처음 나왔을 때만 해도 일일이 수작업을 거치지 않고 자동으로 제품 정보를 읽어 들이는 것이 신기했다. 요즘에는 그보다 더 많은, 더 빠른 데이터를 처리할 수 있는 기술이 개발되면서 격세지감을 느끼기도 한다.

향후 10년 내 세상을 변화시킬 기술 중 하나로 꼽히는 RFID가 그 중심에 서 있다. RFID는 현재 물류나 유통을 중심으로 확산되는 추세지만 물류, 유통에만 국한되는 것은 아니다.

[그림 5-15] SKT 의 상용화 서비스인 '터치-북스토어' 시연장면

모든 분야에 응용이 가능하다는 말이다. 요일제 차량에 RFID를 장착하면 운휴일 준수 여부를 쉽게 파악할 수 있고, RFID를 통해 고속도로 통행료를 나중에 정산할 수도 있으며 마라톤 경주자의 기록을 체크할 수도 있다. 또한 선박에 달면 운항기록이 바로 파악되고, 사원증에 부착하면 자동으로 근태관리를 할 수 있다. 이 정도면 가히 만능이라 할 수 있다.

그러나 고가의 태그와 전환 인프라 구축의 한계 등으로 아직 실생활까지 파고드는 데는 어려움이 있는 것이 사실이다. 때문에 정보통신부·한국정보사회진흥원은 유비쿼터스 구현에 반드시 필요한 RFID 기술을 일반으로 확산시키기 위해 모바일을 적용한 RFID 시범서비스를 활발히 전개해 왔다. 물론 시범서비스의 중심에는 국내 제1 이동통신사업자인 SKT가 사업을 견인하고 있다.

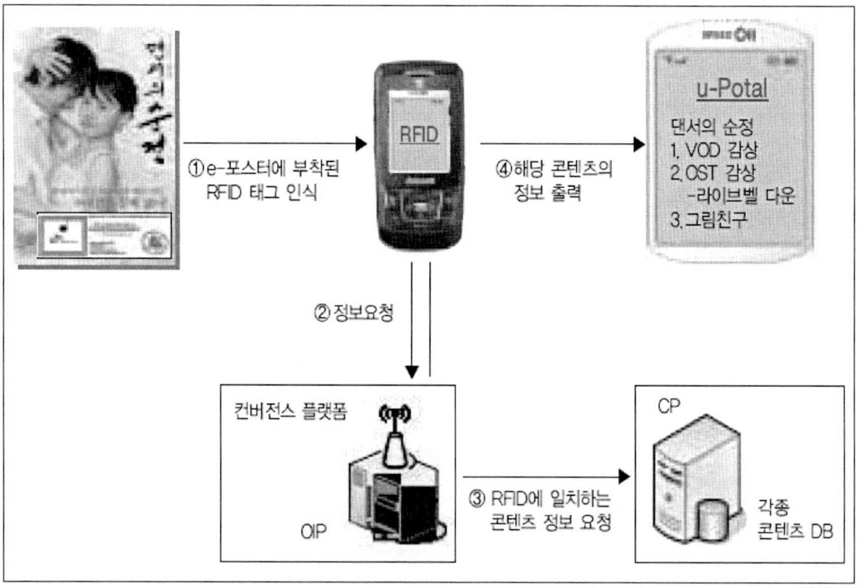

[그림 5-16] 모바일 RFID u-포털 서비스 개념도

지난해 모바일 RFID 서비스 사업자로 선정된 SKT는 먼저 u-포털 서비스를 선보였다. u-포털 서비스는 음악, 게임, 생활정보 등 디지털 콘텐츠의 게이트 역할을 함으로써 신상품에 대한 홍보, 장소별 특성을 살린 적절한 콘텐츠를 제공할 수 있게 되었다. 또한 편리한 사용자 인터페이스를 통해 고객의 데이터 사용 활성화도 유도할 수 있을 것으로 기대된다.

RFID 대중화의 가장 큰 과제는 태그 저변 확대가 활성화되지 않았다는 점이다. 고가의 태그 가격 때문 이다. 태그 가격은 2004년 2,000원에서 2005년에는 500원, 2006년에는 250원까지 하락했고, 2010년까지 약 50원으로 떨어뜨리겠다는 것이 정부의 계획이다.

[표 5-7] SKT가 추진하는 시범사업

구분	u-포털 서비스	공공부문 서비스
목적	▪ 디지털 컨텐츠의 오프라인 공간에서의 판매가능 여부 확인 ▪ 편리한 UI를 통한 고객의 데이터 사용 활성화 유도 ▪ 향후 상용서비스의 기반 구축	▪ B2C 서비스에 대한 고객의 반응 및 행태 조사 분석 ▪ 공공기관을 활용한 분위기와 기반 환경 조성 ▪ 향후 상용서비스 비즈니스 모델 개발
추진방향	▪ 오프라인에서 음악, 게임, 생활정보 등 디지털 콘텐츠의 게이트웨이 역할로 데이터 사용량 증대 ▪ 장소별 특성을 살려 적절한 콘텐츠 제공 ▪ 신상품 홍보, 숨어 있는 콘텐츠의 노출 등 다양한 마케팅 툴 제공 ▪ 사업 파트너에게 직접적인 마케팅 채널 제공	▪ 공공성과 이동통신 3사간 망 연동이 주요 이슈 ▪ 제한된 지역 및 상품의 공공서비스가 활성화되면 타 지역 및 타 상품으로 확산 가능성을 염두에 둔 시범사업 수행 ▪ B2B 사업 활성화되면 B2B2C 수요 확대가 예상되므로 관련 부문 추세를 지속적으로 모니터링 하면서 협력해 나가야 함

또한 RFID가 갖고 있는 장점에도 불구하고 인식률 오류가 빈번한데다 정보를 불러들일 수 있는 리더기가 주로 외장형으로 공급되는 것도 그 요인이다. 그러나 태그 가격 하락과 시범사업을 통한 기술 축적으로 올해부터는 RFID 산업이 활성화 될 것으로 보이며, 대중화의 첨병은 모바일 서비스가 앞서 나갈 것으로 전망된다. 지난 2002년 처음으로 모바일 데이터 사업을 시작한 당시에는 음성대비 7.7%에 불과했던 데이터 매출이 2004년 23.9%로 증가했던 것처럼 RFID 같은 유비쿼터스 컴퓨팅 서비스는 데이터 서비스를 확산시키고 새로운 성장엔진을 찾는데 꼭 필요한 기술이라는 것이 전문가들의 공통된 의견이다.

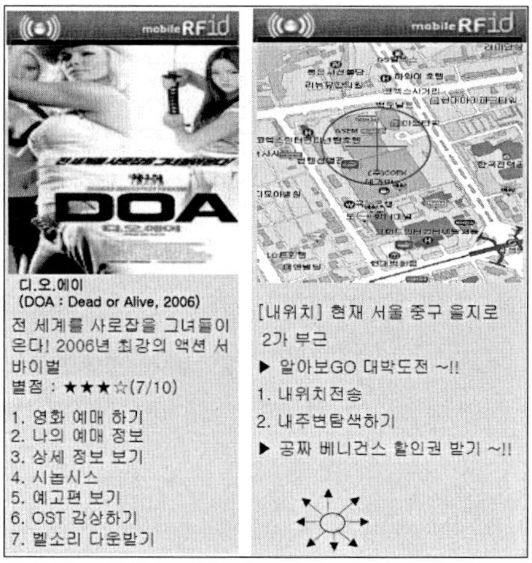

[그림 5-17] 모바일 RFID u-포털 서비스

SKT가 인프라 기반의 서비스 영역과 어플리케이션을 RFID 비즈니스 모델로 꼽은 이유이기도 하다. SKT는 현재 동글형 외장리더를 사용한 서비스를 제공하고 있으나 사용상의 불편 때문에 실제 고객을 대상으로 서비스를 제공하기에는 어려움이 따르는 것이 사실이다. 이에 따라 SKT는 한국전자통신연구원(ETRI)과 공동으로 단말기에 내장할 수 있는 태그를 개발했으며, 이를 적용한 시험 단말 개발에도 성공했다. 이와 함께 모바일 RFID 킬러 서비스 발굴을 위해 현재 다양한 시범 서비스를 추진하고 있으며, 향후 시장성 테스트를 거쳐 수익성 있는 사업모델로 구체화 한다는 복안이다.

국내에서 처음으로 모바일 RFID 상용화에 성공한 SKT는 올해 공공부문 서비스도 강화할 예정이다. 중복 투자를 막기 위해 시범사업자로 함께 선정된 KTF와 관광정보, 의약품 안전정보, 택시안심정보, 식품정보, 한우정보 서비스 등을 제공하게 된다.

먼저 관광정보 서비스는 관광지에서 유물, 식당, 숙박 등의 정보와 관광경로, 특산물, 쿠폰 등의 부가서비스를 제공함으로써 쇼핑, 예약 등 커머스 기능 확대를 기대할 수 있다.

의약품 생산이력 정보서비스는 의약품에 태그를 부착하여 의약품의 진위 여부를 확인할 수 있는 정보를 제공하는 것으로 안전한 이력관리가 가능하다. 또 택시안심정보 서비스는 7만여 대에 이르는 서울시 택시 전체에 태그를 부착해 승객이 택시정보를 확인해 가족이나 친구에게 SMS로 전송하는 서비스다. 마지막으로 식품정보 안전정보관리서비스는 식품의 생산 및 유통 이력정보를 제공함으로써 식품안전사고 발생 시 신속한 원인 규명 및 추적 관리가 가능한 것이 특징이다.

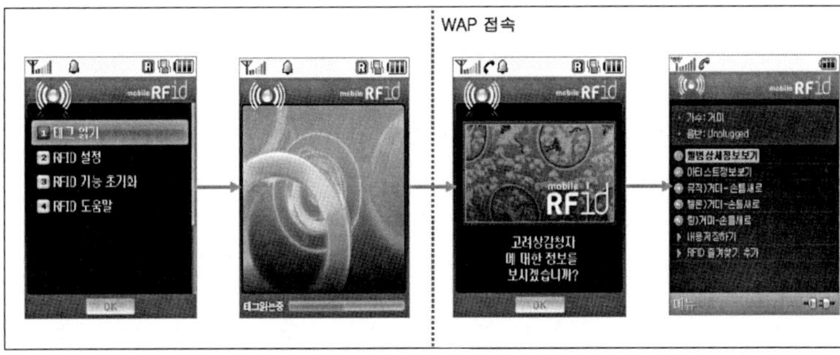

[그림 5-18] RFID 단말 Application]

RFID 대중화의 첨병을 담당하게 된 모바일 RFID 서비스는 이제 막 첫발을 내딛는 시점이다. 지난해까지 시범서비스에 주력했던 SKT가 올해 본격적인 상용화 서비스를 개시하면서 모바일 RFID 시장은 더욱 활성화될 것으로 전망된다. RFID 태그를 통해 휴대폰으로 서평, 요약 내용 등의 도서 정보를 확인할 수 있는 터치-북스토어 서비스는 가장 최근에 선보인 서비스다. 현재 SKT는 이미 시작된 상용화 서비스를 정착시키기 위해 데그 확산 및 관련 투자비용을 고려해 전국적으로 유통망을 갖고 있는 여러 업체들과 협력을 추진 중인 것으로 알려졌다.

[그림 5-19] 모바일 RFID를 위한 UHF 대역 동글

또한 기존에 소개됐던 서비스가 아닌 신규 서비스 개발에도 지속적인 투자를 하고 있다. 특히 리더기(동글) 탑재 단말기 공급이 시장 활성화의 관건이 될 것으로 예상되는 가운데 이른 시기에 삼성전자에서 모바일 RFID용 동글 및 휴대폰에 리더기를 내장하기 위한 RFID one-chip 솔루션을 개발해 단말기 시장의 추이도 관심을 끄는 대목이다.

5.1.6 모바일 RFID u-스테이션 서비스(KTF)

- 사 업 명 : 모바일 RFID 서비스
- 주 관 기 관 : 정보통신부
- 주관사업자 : KTF 컨소시엄
- 사업추진일정 및 소요예산 : 2006년 6월~12월 / 4억 9,900만원(자부담 26억 원)
- 주요사업내용 : 버스정류장, 전철역 등 일정 장소의 시설에 부착된 전자 태그를 휴대폰으로 읽어 도착 예정시간, 목적지까지 소요 예정시간, 노선정보 등 각종 교통관련 및 주변지역 정보를 즉시 얻을 수 있는 생활밀착형 서비스
- 사 업 대 상 : 각 시・도 지자체

우리나라에서 RFID가 상용화되는데 가장 큰 걸림돌은 기업들이 RFID를 단순히 바코드 대체수단 으로 인식하고 있다는 점이다. RFID 기술은 지금 폭넓게 이용되고 있는 바코드와 비슷하지만 정보의 양이나 인식률에서 한 차원 높은 성능을 보이고 있다. 현재 RFID 산업의 성장 잠재력에 대한 인식이 높아지면서 기존의 물류와 유통 부문을 넘어 활용분야가 확대되고 있다는 긍정적인 측면이 있다.

하지만 기술적인 면에서 아직은 충분치 않은 인식률과 바코드 교체 인프라에 소요되는 비용 등이 선뜻 기업들이 투자의지를 주저하게 만들고 있는 상황이다. 또한 전문 인력과 성공사례의 부재도 활성화를 가로막는 요소다.

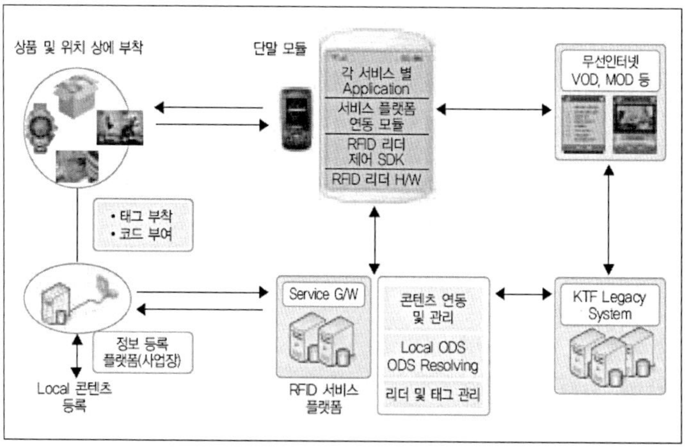

[그림 5-20] KTF 모바일 RFID 기술개발 범위

정보통신부·한국정보사회진흥원이 추진하고 있는 모바일 RFID 시범서비스는 기업 영역에 국한돼 있는 RFID 기술을 대중화하기 위한 시도이다. 4,000만 명으로 추산되는

휴대전화 가입자를 대상으로 서비스를 실시해 생활 속의 RFID 기술을 실현한다는 구상이다.

휴대폰에 리더기를 장착하거나 태그가 내장된 전화기를 통해 각종 서비스 제공이 가능하기 때문에 일반 국민들의 인식 확산 및 새로운 수요창출을 통한 시장 활성화를 기대할 수 있다.

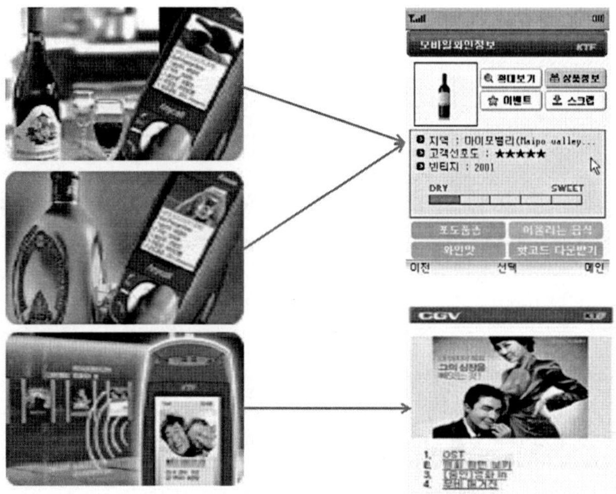

와인 정보 제공 서비스와 영화 정보 제공 서비스

[그림 5-21] KTF u-커머스 서비스

정보통신부와 한국정보사회진흥원은 지난해 모바일 RFID 시범서비스 사업자를 선정하고 일반인들이 서비스를 체험할 수 있는 장을 마련했다. 모바일 RFID 시범서비스는 이동통신사에서 자체적으로 제공하는 서비스와 공공부문 서비스 2분야로 진행된다.

시범사업자로 선정된 KTF는 u-스테이션과 u-커머스 부문에서 자체 서비스를 선보였다.

또한 공공부문 서비스로는 관광정보, 식품 안전정보, 의약품 안전정보, 한우 정보서비스 등을 제공할 예정이다.

u-스테이션은 버스정보서비스와 택시 안심정보서비스 등을 들 수 있다. 이 중 KTF가 경기도에서 시범서비스를 제공하고 있는 버스정보서비스는 버스 정류장, 전철역 등 일정 장소의 시설에 부착된 전자태그를 휴대폰으로 읽어 버스 도착 예정시간, 목적지까지의 소요 예상 시간, 노선정보 등 승객이 필요한 각종 교통 관련 정보 및 주변지역 정보를 얻을 수 있는 생활 밀착형 서비스다.

또 택시안심정보서비스는 승객이 택시 내부에 부착된 전자태그를 휴대폰으로 읽으면 차량번호, 탑승시간, 택시정보 등과 함께 탑승자의 위치 정보를 실시간으로 제3자에게 전송하는 서비스다. u-커머스는 상품에 부착된 전자태그를 휴대폰으로 읽어 상품정보를 얻고 무선 인터넷을 통해서 휴대폰으로 구매·G결제를 수행할 수 있는 서비스를 말한다. 공공부문 서비스는 지난해 시범사업자로 함께 선정된 SKT가 공동으로 서비스를 제공하게 된다.

KTF는 이미 지난 2004년부터 모바일 RFID에 대한 연구에 뛰어들었다. 연구 초기에는 대내외의 우려 섞인 시각도 적지 않았다.

RFID는 물류나 유통분야에서 할 일이지 왜 이동통신사가 해야 하느냐는 지적이 많았다. 그러나 모바일 RFID 기술 개발은 물류를 하겠다는 것이 아니라 적은 투자로 큰 부가가치를 낼 수 있는 아이템이라는 것이 KTF 경영진의 판단이었다. 이미 이동통신 가입자와 기간망이 인프라로 구축되어 있기 때문에 기술 여부에 따라 부가 서비스와 부가 이익 창출이 가능하다고 보았기 때문이다.

[그림 5-22] KTF 모바일 RFID u-Station 서비스

물론 초기에는 여러가지 시행착오도 겪었다. 모바일 RFID 주파수 표준이 정해지지 않은 연구 초기에는 당시 세계적인 추세였던 13.56㎒ 대역과 900㎒ 대역 중 어느 것이 국내 실정에 적합한가라는 문제로 고민하기도 했다. 결국 접촉 거리가 길어 다양한 응용서비스 창출이 가능하다는 결론을 얻어 모바일 RFID 주파수는 900㎒ 대역에서 결정됐고, KTF는 지난해 10월 세계 최초로 이 서비스를 선보였다. 이 서비스는 휴대폰과 900㎒용 RFID 리더를 연결한 것으로 태그와 리더가 떨어진 상황에서도 모바일 RFID

서비스를 이용할 수 있는 것이 특징이다.

KTF는 현재 신촌 신나라레코드 내에서 모바일 RFID 상설 전용 전시관을 운영하고 있다. 여기서 u-스테이션과 u-커머스 시범서비스를 직접 체험할 수 있다. CD와 DVD 정보 제공뿐만 아니라 RFID를 이용한 가상 쇼핑도 가능하다. 또한 롯데마트 서울역점에서는 와인정보서비스도 경험할 수 있다. 리더가 장착된 휴대폰을 이용하여 와인의 맛과 생산지, 어울리는 음식, 빈티지 등 다양한 제품 정보를 제공받을 수 있다. 이밖에도 식품과 의약품, 한우, 관광지 등을 대상으로 하는 공공부문 서비스도 내놓을 계획이다.

KTF는 시범서비스를 거쳐 빠르면 2007년 3월부터 일반인들을 대상으로 하는 상용서비스를 선보일 예정이다. 특히 RFID를 WCDMA 서비스와도 접목하기 위해 900㎒에 이어 13.56㎒ 대역에서도 상용서비스를 계획하고 있어 관심을 끌고 있다. 현재는 동글형 외장리더를 채용하고 있지만 향후 태그가 내장된 휴대폰 개발이 가시화되어 있기 때문에 개인 프라이버시 논란이 제기될 수 있어 현재 RFID 보안성 문제 해결을 위한 연구개발에 박차를 가하고 있는 상황이다.

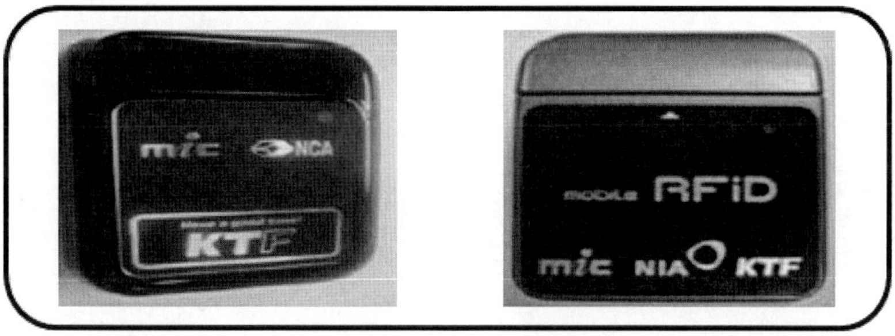

(a)Type A(원거리용 1m) (b)Type B(소형, 20cm)

[그림 5-23] KTF 모바일 RFID용 외장형 리더(동글)

모바일 RFID의 가장 큰 매력은 B2B에서 B2C를 넘어 향후에는 개인의 일상생활까지 적용 영역이 확대될 수 있다는 점이다. 생산과 제조는 물론 유통과 물류, 금융, 커머스, 의료, 가정, 교통 등 실생활에서 적용되는 시점이 멀지 않아 휴대폰 하나로 보다 윤택한 생활을 할 수 있는 시대가 열릴 것으로 보인다.

5.2 RFID 확산사업

RFID 확산사업 과제는 RFID를 활용한 군수물자관리시스템 확산(공군군수사령부), RFID를 활용한 u-기록물관리 확산(국가기록원), u-의약품 종합관리시스템 구축(보건복지부), RFID 기반 검찰청 기록관리 시스템 확장(서울중앙지검), RFID 기반 국가물품관리서비스 고도화(조달청), 항공수하물 RFID 인프라 구축(한국공항공사), 안전안심 u-먹거리 시스템 구축(한국식품공업협회) 등 일곱 개 분야다.

[표 5-8] 2007년도 RFID 확산사업

사업명	사업기관
RFID 기반 국가물품관리 서비스 고도화	조달청
RFID를 활용한 군수물자 관리시스템 확산사업	공군군수사령부
RFID를 활용한 u-기록물관리사업	국가기록원
u-Airport 구현을 위한 항공수하물 RFID 인프라 구축	한국공항공사
u-의약품 종합관리 시스템 구축사업	보건복지부
안전안심 u-먹거리 구축사업	한국식품공업협회
RFID 기반 검찰청 기록관리 시스템 확장사업	서울 중앙지방 검찰청

5.2.1 RFID를 활용한 군수물자관리시스템 확산사업

공군은 2005년 시범사업의 경우 F-15K, 작년 공군 자체사업에서는 F-16 수리부속에 RFID 기술을 적용한 자산관리 시스템을 제한적으로 적용했었다.

5.2.1.1 확산사업 구축범위

이번 확대사업에서는 13개 비행단과 여덟 개 보급/정비창으로 RFID를 활용한 군수물자관리시스템이 확대 보급된다. RFID가 적용되는 업무영역도 당초 시범사업에서 수령, 불출, 저장 기능에 국한돼 진행됐던 것을 이관, 반납, 소모처리 등을 포함해 군수업무 전반으로 확대된다.

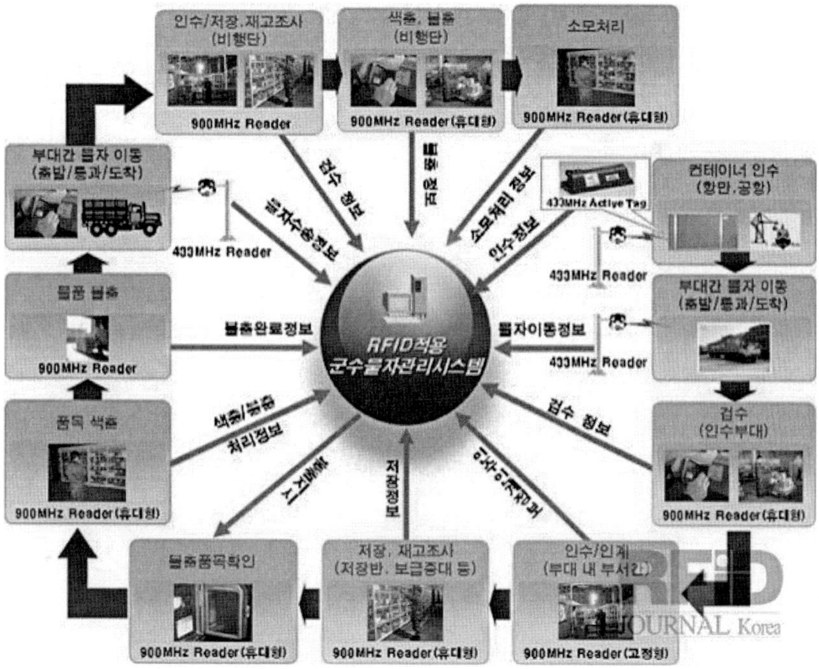

[그림 5-24] RFID 적용 군수물자관리시스템 서비스 개념도(출처:공군사령부)

확산사업으로 공군은 보유한 자산의 운영 상태를 언제 어디서나 실시간으로 파악이 가능하기 때문에 향후 소요를 예측할 수 있도록 공군 장비정비 정보체계, 국방물자체계, 수송정보체계 등 국방군수체계와 연계 가능한 공군 군수물자관리시스템을 구축할 계획이다. 공군은 이를 토대로 타군에 적용 가능한 범용적 시스템 모델을 제시한다는 방침이다. 더 나아가서는 RFID 기술 적용을 통해 각 기능별 군수업무를 자동화된 형태로 통합함으로써 향후 u-군수시스템 구현이 가능한 기반체제를 구축하고, 전장정보체계 등과 연동가능하게 USN 기술도입을 위한 기반을 조성할 예정이다.

공군은 향후 이 시스템을 ASIS-2000과 연계하며, 구축 완료시 공군 장비정비 정보체계(DELIS/F), 미군 ITV 등과도 연계할 계획이다.

5.2.1.2 기대효과

공군 사령부는 이번 확산사업을 통해 정량적 기대효과로 △ 실시간 입출고량 파악시간 단축 △ 실시간 발송량 파악시간 단축 △ 수령예정품목과 현물 대조 확인시간 단축 △ 불출/해외 요수리 품목의 색출시간 단축 △ 불출 대상 물자의 저장 위치 파악시간 단축 △ 미수록 수령 품목 파악시간 단축 △ 물자에 대한 입고/출고/발송 착오방지 향상 △ 물자에 대한 정보 생성 및 관리업무 향상 △ 물자에 대한 초과/부족 수량 파악시간 단축 △ 물자에 대한 이관 품목량 실시간 파악시간 단축 △ 물자에 대한 재고수량 실시간 파악시간 단축 등을 꼽았다.

우선 공군 군수사령부에 따르면, 경제적으로 군수 물류분야 RFID 사업을 통한 군수 RFID 신규 시장 수요창출에 기여할 것이다. 또 군수품 자산관리 업무의 자동화를 통한 업무 정확화, 간소화, 시간단축 등의 물자관리 효율성 제고 및 향상을 가져올 수 있다. 이와함께 신 무기체계 우선 도입을 통한 고가장비의 효율적 수요예측에 의한 예산 절감이 가능할 것으로 보고 있다. 기술적으로는 도입 군수품에 대한 자동화된 자산/물류 관리를 위한 RFID 기술 표준을 정립할 수 있고, 타 체계와의 상호 운영성을 보장하는 표준시스템을 구현할 수 있다. 향후에는 국방 군수품 관리 및 물류분야의 선도적 표준 모델로 제시할 수도 있을 것이다.

군 특성상 전략적으로 봤을 때, 물자 획득 및 물자의 라이프 사이클을 효율적으로 관리해 전투력 발휘의 극대화에 기여할 수 있을 것으로 공군 사령부는 보고 있다. 또 미 국방성 물자 전략 표준연계를 통한 상호 협력과 더불어 자산 가시화를 통한 군 자산의 분석체계를 강화할 수 있을 것으로 전망하고 있다.

5.2.2 RFID를 활용한 u-기록물관리 확산사업

행정자치부 국가기록원이 추진하는 이 사업은 국가 중요 기록물에 대한 안전관리를 위해 RFID 기반 체계 구축 필요성 차원에서 진행된다. RFID 활용 기록물관리체계는 각급 행정기관의 기록물 인수 이후 기록물 등록, 서고배치, 장수점검, 평가/복원/폐기 등 업무 전 프로세스에 적용이 가능하다.

5.2.2.1 확산사업 구축범위

이번 확산사업의 구축범위는 크게 네 가지다. 첫째 이미 구축된 RFID 기록물관리체계 응용시스템을 고도화하는 것이다. 이를 위해 △ 생산, 보존, 활용 기록물관리의 엔드투엔드 실행을 위한 시범사업 일부 구축 내용과 연계한 고도화된 시스템 구축 △ 복제 M/F 관리를 위한 업무 프로세스 변경 및 구현 △ 복제된 시청각 기록물 관리를 위한 업무 프로세스 변경 및 기능 구현 △ 기록물 외 M/F , 보존 매체 등 서고배치, 반출반입, 정수점검 등의 서고 관리기능 고도화 △ 기록물 유형별, 생산기관별 통계, 보존서고별, 작업장별 통계, 서고배치 현황, 기록물 반입 반출 통계 등 RFID를 활용한 통계관리를 강화하는 작업들이 이루어 지게 된다.

둘째, 확산사업을 통해 RFID 인프라 구축이 확장된다. 대전본원 및 성남지원의 고정형리더, 휴대형 리더 등 RFID 인프라를 구축하고, 36만 권에 달하는 일반기록물에 RFID 태그 적용 및 DB 연계, 시청각 및 마이크로필름 등 특수기록물의 RFID 시범 적용하는 것 등이다.

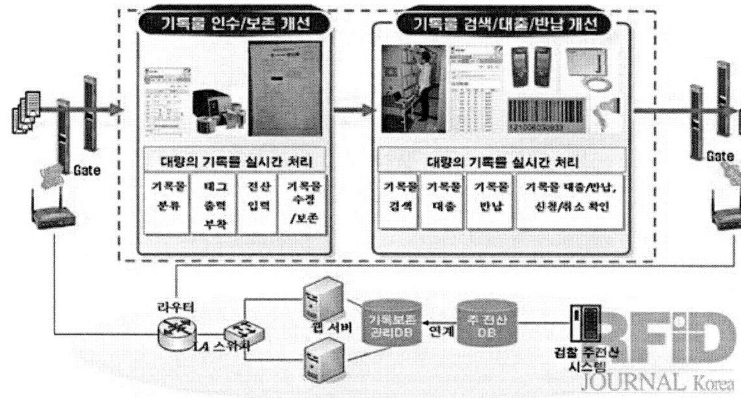

[그림 5-25] RFID 기반 검찰청 기록관리시스템 서비스 구성도(출처:서울중앙지방검찰청)

셋째, 국가기록원은 중앙기록물 관리시스템(CAMS+RFCAMS)과 RFID 인프라를 연계할 계획이다. 이번 확산사업의 대상인 대전 본원과 성남지원과의 시스템을 연계하는 것이다.

넷째, 각급기관 연계방안 마련을 통한 적용 모델을 설정하는 작업도 확산사업의 일환으로 진행된다. RFID 기록물관리체계 활용을 통한 중앙행정기관 연계방안을 마련할 예정이다. 국가기록원은 RFID 확산사업을 연도별 목표수립을 통해 단계별로 확산한다는 방침이다.

올해는 국가기록원 대전 본원 및 성남지원 서고 및 작업장을 대상으로 사업이 행해지고, 2008년 2단계에서는 국가기록원 부산지원 서고 및 작업장이 대상이며, 이때 중앙행정기관 에 적용할 모델도 설계할 계획이다. 3단계는 오는 2010년까지로 지방자치단체 및 기록관을 단계별로 확산할 계획이다.

[그림 5-26] RFID 기반 기록물 관리시스템 개념도(출처 : 국가기록원)

더 나아가 국가기록원은 기록물관리 분야의 태그 코드 표준화를 정립하고, KS 코드화를 추진하고 공공민간 부문의 기록물 코드 표준을 제시할 계획이다. 또한 기록물 종류별 특성에 맞는 태그 디자인 도안 및 부착위치의 지침을 제시해 인식률 향상 및 관리의 일원화를 달성한다는 방침이다.

5.2.2.2 기대효과

국가기록원은 RFID 기록물관리 확산, 고도화에 따라 연간 약 45.2억원의 비용절감 효과를 나타낼 것으로 보고 있다. 시범사업결과 정수점검 시간이 기존에는 1일에 5,000권이었으나, RFID 도입으로 1일에 40,000권으로 획기적으로 줄었다. 확산사업으로 기록물 RFID 태그 부축 유도를 통한 태그(약 600만개 이상)와 리더기(약 123개 이상) 수요도 늘어날 것이다.

기록원이 보는 기대효과로 RFID 활용 보안시스템을 국가기록원 시범적용 후 정부부처, 지방자치단체, 기타 공공기관 등으로 단계적인 확산이 가능하므로, 기록물관리 보안 분야에서 RFID 인프라 확산의 계기를 마련했다는 것을 찾을 수 있다. 또 중요 국가기록물이 대외 유출시 외교적 문제 및 국가 안전에 유해할 수 있는 요소를 사전에 차단하게 될 것이다. 이와 함께 세계 최초 기록물 RFID 선도적 모델을 제시하는 것도 기대효과다. 즉 기록물 RFID 표준규격 정립으로 기록물관리 및 민간 물류 모델을 제시할 수 있다.

5.2.3 RFID 기반 국가물품관리서비스 고도화

조달청의 RFID 기반 국가물품관리서비스 고도화 사업은 정부 물품의 효율적이고 정확한 상태관리와 정보서비스 제공을 위한 일원화된 RFID 기반 물품관리 시스템을 구축하는 것이다. 조달청은 2005년 RFID 기반 국가물품관리시스템을 시범구축하고, 작년이 시스템을 교육부, 대통령경호실, 통합전산센터 등 세 개 기관에 적용했다.

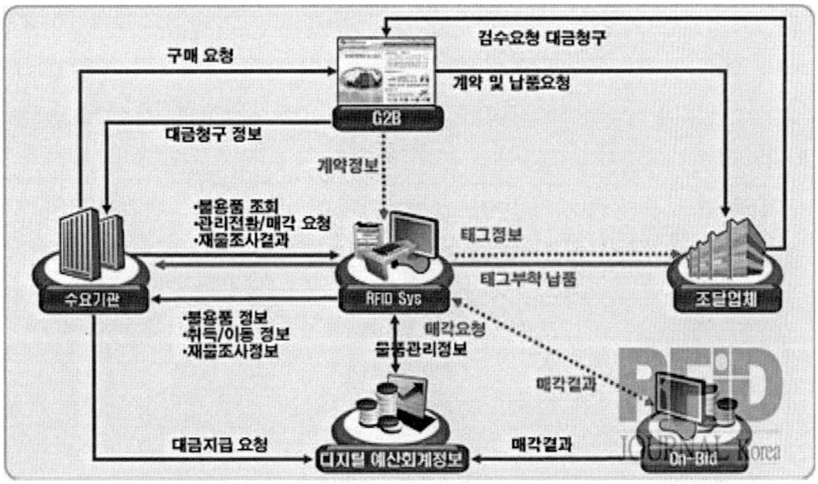

[그림 5-27] RFID 물품관리 포탈시스템 구성도(출처 : 조달청)

5.2.3.1 확산사업 구축범위

RFID 물품관리서비스 고도화 사업은 크게 여섯 가지 측면에서 이뤄진다. RFID 물품관리 포탈시스템 구축, RFID 물품관리시스템 확산, 태그부착 납품 제도화, 유관시스템 연계, RFID 표준화, 부가서비스 제공 등 여섯 가지다.

RFID 물품관리 포탈시스템 구축은 정부기관, 조달업체 등 다양한 이용자가 효율적으로 사용할 수 있도록 별도의 포털을 구축하고, 용량 및 기능을 충분히 증설할 계획이다. 이용을 희망하는 어느 기관이라도 조달청으로부터 동 포털시스템 이용권한을 부여받아 RFID 태그를 발행하고 보유물품을 관리할 수 있는 시스템을 구축한다는 것이다. 또한 디지털예산회계시스템, 나라장터 등 유관시스템 연계와 함께 물품관련 법령, 교육 등의 정보를 일괄 제공해 이용기관이 유기적으로 업무를 수행할 수 있도록 함으로써 물품관리분야의 싱글 윈도우로 정착한다는 복안이다.

RFID 기반 물품관리시스템 확산의 경우, 이 시스템을 올해부터 2010년까지 이용을 희망하는 전 정부기관으로 연차 확산하고, 지자체, 교육기관 등도 희망시 시스템과 기술을 지원할 계획이다. 작년 3개 정부기관 올해 다섯 개 정부기관 등 2010년전 정부기관으로 확산한다는 것이다.

조달물품에 대한 태그부착 의무화 등 제도개선이 이뤄진다. RFID 시스템 이용기관의 태그부착 물품, 시기, 장법, 입력내용 등을 규정한 '전파식별지 부착대상 물품관리규정'(가칭)을 제정해 RFID 시스템 이용기관에 물품 납품시 조달업체가 태그를 부착토록 규정하고, 이를 계약추가특수조건에 반영한다는 계획이다. 우선 PC 등 납품액 상위 3~4개 물품에 대해 시범 적용한 후 단계적으로 확대할 방침이다.

조달청은 유관기관 시스템의 연계를 위해 나라장터시스템과 계약정보, 물품목록정보의 연계, 디지털예산회계시스템과 물품관리정보, 거래내역 등을 연계할 방침이다. 또한 자산관리공사 On-Bid 시스템과 불용물품 매각정보 연계 방안도 계획하고 있다.

RFID 기반 물품관리 표준화를 위해 조달청은 확산사업을 통해 태그부착 물품 및 태그부착 가이드 등 RFID 적용 가이드라인 마련, 산자부 등 관계부처와 협의해 국제적 기준에 부합하는 RFID 국가표준코드를 마련할 계획이다.

5.2.3.2 기대효과

조달청은 향후 4년 간 전 정부기관으로 RFID 물품관리시스템을 확산하고, 보유물품 1,160만 여개에 태그를 부착해 물품관리업무를 수행할 경우, 2014년까지 약 2,238억원의 절감효과가 발생할 것으로 추정하고 있다. 산업 파급효과로는 이 시스템 확산에 따라 올해부터 4년간 717억원의 생산 유발효과와 375억 원의 부가가치 유발효과, 754명의 고용유발효과가 있을 것으로 조달청은 전망하고 있다.

이밖에도 조달청은 정부물품관리의 투명성 확보 및 생산성과 효율성 향상, 물품관리업무 선진화, RFID 산업기반 활성화, 대국민 서비스 개선 등이 이뤄질 것으로 보고 있다.

5.3 적용사례

5.3.1 스마트형 유아 안심관리 유니폼

부모 입장에선 아이들이 집을 나서는 순간, 걱정부터 앞선다. 등·하교길에 위험은 없는 지, 혹시 나쁜 어른들의 꾐에 넘어가지는 않는 지 등 아이를 가진 부모라면 아이의 외출에 사소한 것 하나하나가 신경 쓰일 것이다.

한국봉제기술연구소는 국내 최초로 도전사(정전기를 방지하는 기능성 섬유)를 활용해 '스마트형 유아 안심관리 유니폼'을 개발하였다.

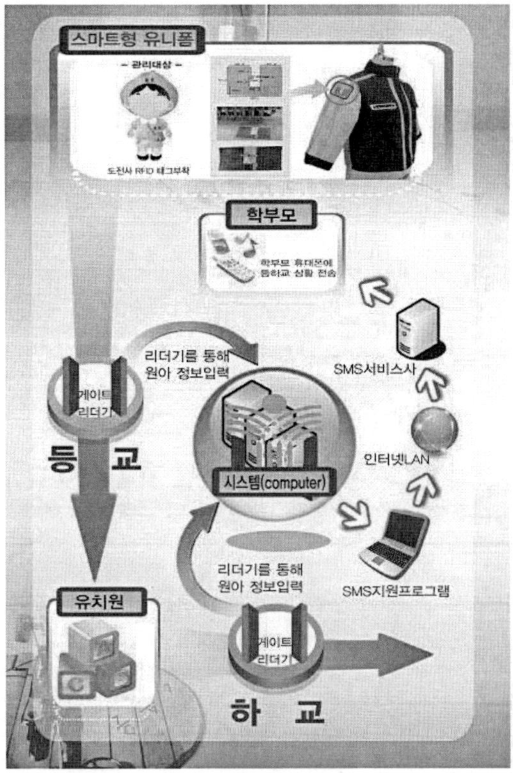

[그림 5-28] 스마트형 유아안심관리 시스템

2007년 12월 20일, 대구 서구에 위치한 '영재어린이집'에서 만 4세에서 6세의 유아를 대상으로 시연회를 개최한 가운데, 도전사와 RFID 칩이 내장된 특수 유아 유니폼을 착용한 어린이들의 입교 및 하교를 통한 어린이집 유아 관리와 학부모 핸드폰 통보 등에 따른 효율성과 안전성을 제시했다.

연구소의 이 신제품 개발사업은 '스마트형 유아 안심관리 유니폼'에 대한 수요조사와 의류, IT, 융합(Integration) 등 각계 전문가로 구성된 Cell 그룹의 타당성 조사 결과를 근거로 추진됐다.

도전사와 RFID Chip을 융합한 Tag를 이용해 제작된 '스마트형 유아 안심관리 유니폼'은 유니폼의 Chip에 저장된 정보를 RFID Reader가 인식해 메인 컴퓨터로 자동 전달하고, SMS (문자 메시지)를 통해 유아의 등·하교 정보를 실시간으로 보호자에게 전달하는 유비쿼터스형 모니터링 서비스 시스템이다.

여기서 도전사라 함은 전기적인 성질을 지닌 금속사가 함입된 도전사를 말한다. 스마트 의류에 사용될 목적으로 만들어 졌으며, 탄소 미립자를 합성섬유의 원료 중에 혼입시킨 섬유를 소재로 하는 도전성 소재다. 도전사는 0.03mm 내지 0.08mm의 직경을 가진 구리 금속사 및 상기 금속사를 커버링하고 있는 절연성을 가진 섬유를 포함한다.

그리고 도전직물이라 함은 제조된 도전사, 이 도전사를 이용하여 제조된 정전기 방지성 폴리프로필렌 직물을 말한다. 즉, 도전사(conductive yarn 또는 electro-thread)와 그라운드사(ground yarn)를 함께 제직하면서 제직시 대전 방지 용액으로 처리하여 폴리프로필렌 직물을 제조한 것이다.

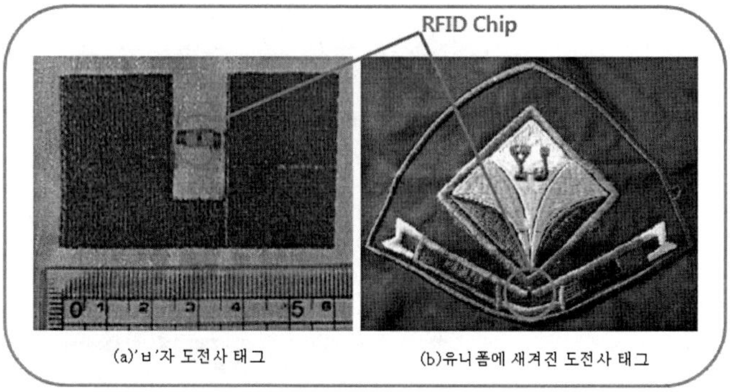

[그림 5-29] 도전사를 이용한 RFID 태그

한국봉제기술연구소는 이번 연구개발 사업을 추진하면서 특허출원 1건과 신규 연구개발과제도출 등의 성과를 나타내기도 했다.

연구소 관계자는 "시연회를 통한 효율성과 안정성 입증으로 향후 전국 유아원과 노인요양원등으로 시범사업을 확대할 계획이며, '08 PID(대구국제섬유박람회)'에서 '스마트형 유아 안심관리 유니폼'과 현재 제일모직과 공동으로 개발 중인 스마트 의류들을 함께 전시·홍보할 예정"이라고 한다.

한편 한국봉제기술연구소는 오는 '2011년 대구세계육상 선수권대회'에서도 도전사로 제작한 심볼 마크를 부착해 '실시간 출입자 정보 관리가 가능한 유니폼'을 보급·운영해 첨단 의류산업도시로서의 대구 이미지를 세계적으로 홍보하고 대구 섬유·봉제 산업의 새로운 성장 동력 사업으로 추진한다는 계획이다.

특히 이번 '스마트 유아안전 시스템'은 의류와 IT가 융합된 스마트 의류가 머지않아 우리 생활에 어떻게 활용될 수 있는지를 엿볼 수 있는 기회일 뿐만 아니라 앞으로 섬유 봉제 산업의 새로운 시장 영역 개척과 인식 제고 도모 할 수 있는 의미 있는 사례이다.

5.3.2 RFID 자산관리

기업 내 자산관리가 RFID 기술의 블루오션으로 떠오르고 있다. 최근들어 세종대학교, 동국대학교 등 대학교를 비롯, 공공기업인 한국도로공사도 RFID 자산관리 시스템을 구축한 바 있으며, AIG 손해보험, 기업체의 IDC 센터 등에서 자산관리에 RFID 시스템을 활용하고 있어, 앞으로 공공과 민간 분야에서의 이러한 수요는 지속적으로 늘어날 것으로 전망되고 있다.

5.3.2.1 RFID 자산관리 시장 규모

2007년 RFID 자산관리 시장은 250여억 원으로 추산되고 있다. 관련 업계에 따르면, 이 시장은 주로 공공시장 위주로 형성돼 있으며, 최근 들어 대학 시장과 일반 기업체 시장이 열리고 있다. 그만큼 회사 내부의 자산관리에 RFID 기술을 활용하면 효율성을 기할 수 있다고 판단하기 때문이다. 이렇게 되면 RFID 기반 자산관리 시장은 상당한 규모가 될 것으로 전망된다. 특히, 2008년 이 분야 시장은 344.4억원, 2009년에는 430억 규모로 확대될 것으로 업계에서는 내다보고 있다.

5.3.2.2 RFID 자산관리의 필요성

여태까지 대부분의 기업이나 관공서, 연구소 등의 자산관리는 대부분 바코드를 활용하고 있거나 아니면 수작업으로 일일이 확인하고 있을 뿐이다. 이렇다보니 실물과 대장의 불일치는 빈번하게 발생하고 있다.

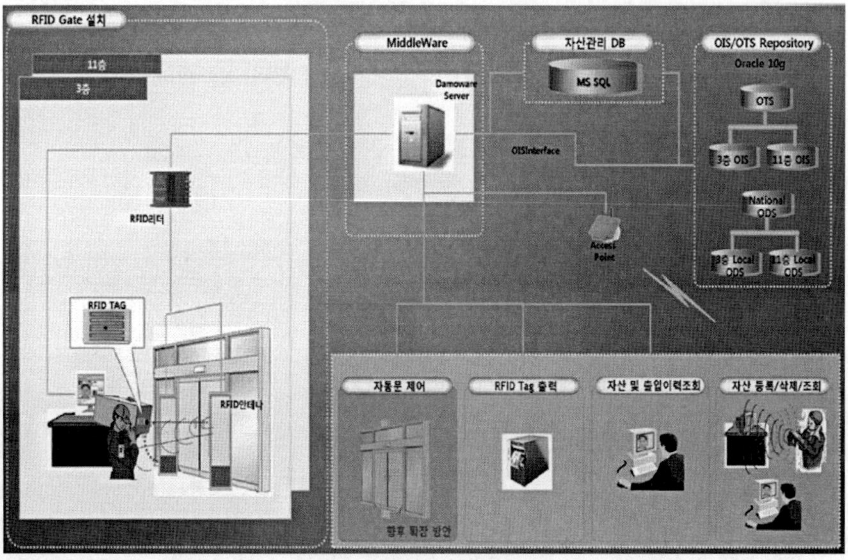

[그림 5-30] RFID 자산관리 시스템 구성도 [5-4]

기업의 경우 빈번한 인사발령 조직개편, 퇴직 등으로 인해 집기 비품의 개별 이력관리가 곤란한 실정이다. 뿐만 아니라 자산의 위치 및 수량 파악이 안돼 중복 구매가 발생하기 일쑤이며, 자산분실에 대한 현황파악이 잘 되지 않고 있고, 자산관리의 사각지대도 존재하기도 한다. 더욱이 리스자산의 반납시 수량 부족이 발생해 곤란을 겪는 경우도 발생하고 있다. 제대로된 시스템이 갖춰지지 않다 보니 자산신청, 구매, 설치시까지의 진행상태 파악이 곤란하다. 또한 PC A/S 등의 사양변경 등 이력관리가 곤란한 상황이다. 이렇듯 자산관리에 있어 다양한 문제점이 발생하고 있다. 이렇다보니 자산관리에 RFID 기술을 활용하는 사례가 늘어나고 있는 것이다.

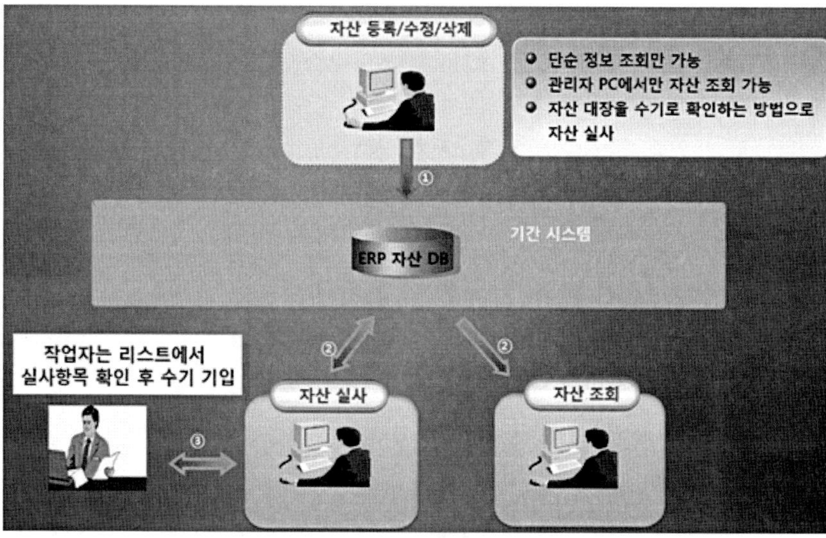

[그림 5-31] 기존의 자산관리 시스템

5.3.2.3 RFID 자산관리의 효과

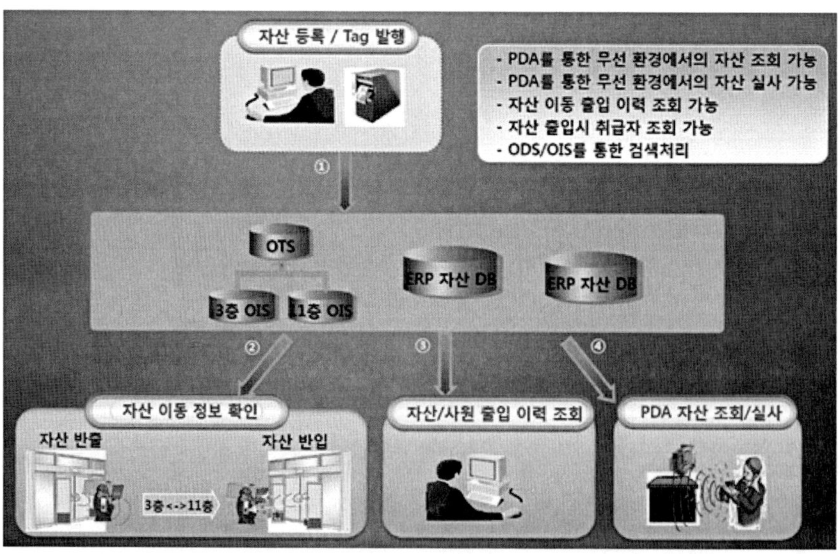

[그림 5-32] RFID를 이용한 자산관리 시스템

제대로 된 자산관리는 무엇보다도 비용절감을 가져오며, 특정한 날을 잡아 기업체의 자산관리를 해야 하는 번거로움을 없앨 수 있다. 특히, 관련 솔루션을 활용하면 자산관리의 운영 및 평가, 자산의 이동 및 유지보수, 적재 적소 분배 및 배치, 자산의 이력관리로 제품수명 연장 등 체계적인 자산관리와 관련 예산의 효율적 집행이 가능하다. 사용자 측면에서 볼 때 명확한 관리 범위의 설정이 가능하고, 실제 관리자 측면에서는 이중작업의 제거 등으로 자산운영 및 자산평가가 더욱 용이해진다. 또 경영진 측면에서는 명확한 자산 평가 및 다양한 산출자료 제공에 의해 최종 의사결정이 수월하다. 따라서 기업의 자산관리 효율성과 생산성을 높일 수 있을 것으로 판단되고 있다.

5.3.2.4 업계현황

현재 RFID 기반의 자산관리 시장의 벤더 구도는 대신엔에스를 중심으로 소프트체인, 제이소프트기술, 유플로우 등으로 짜여져 있다. 또한, 일부 RFID 전문업체들이 솔루션을 개발하고 있으며, 자산관리 프로그램 개발업체와 협력해 이 시장공략을 강화할 준비를 하고 있다.

RFID 자산관리 분야의 가장 대표적인 업체는 대신엔에스다. 대신엔에스는 2~3년의 공을 들여 자체 개발한 '와이드어셋(WideAsset)'이라는 RFID 자산관리시스템을 보유하고 있다. 이를 통해 대신엔에스는 현재 이 시장의 80~90% 이상을 장악하고 있다. 올해 각 산업별 패키지 출시를 통해 도입 비용을 낮춰 중소기업 시장 공략을 강화할 계획이다.

소프트체인은 자산지킴이 'AssetCop'을 통해 RFID 하드웨어 업체와 연계한 사업을 펼치고 있다. 이 시스템은 유형고정자산 중 특히 물품(비품) 및 기자재, 전산장비 등을 PDA와 바코드 또는 RFID 시스템을 통해 효과적으로 관리하는 시스템으로, 최근 하나투어에 RFID 자산관리 시스템을 구축한 바 있다. 소프트체인 역시 앞으로 RFID 자산관리 시장 공략을 강화하기 위해 더욱 업그레이드된 솔루션을 출시할 예정이다.

제이소프트는 자체 개발한 RFID 고정자산 관리 솔루션인 'RFID JAMS'를 보유하고 있다. 지난 2005년 조달청의 RFID를 이용한 물품관리 시스템 개발에 시험 적용해 조달청 보유 2만 가지 물품을 대상으로 등록부터 이관 및 폐기 업무까지 실증 실험했다. 최근 울산지역의 공공기관이나 기업체를 대상으로 영업을 활발히 펼치고 있다.

유플로우는 기존의 자산관리 프로그램 개발업체와 협력해 RFID 장비와 미들웨어 분야에 특화된 업체다. 현재 자산관리 프로그램 업체와 RFID 시스템을 연동시키는 작업을 수행해 앞으로 번들형식으로 시스템을 제공할 계획이다. 유플로우 역시 올해 RFID

기반 자산관리 시장을 낙관적으로 보고 있으며, 번들형식의 시스템이 완료되는 데로 본격적인 영업을 할 계획이다.

이밖에도 일부 RFID 전문 업체들도 자산관리 솔루션 개발을 통해 자산관리 시장의 진출도 계획하고 있는 것으로 알려지고 있다. [5-5]

5.3.3 RFID를 이용한 RTLS(Real Time Location Systems)의 응용

RTLS(Real Time Location Systems), 즉 RFID를 이용한 실시간 위치 추적 시스템이 어떻게 활용 되었는지 적용 사례를 통해 알아본다.

5.3.3.1 박물관 적용사례

2000년 1월 1일 영국 옥스포드의 Ashmolean Museum에서 $5.9million(약 55억원) 가치의 미술품이 도난당하는 일이 발생했다. 이로 로해 런던 국립박물관에서는 RFID 능동형 태그를 도입해 미술품의 도난방지, 위치 및 이동경로 추적, 그리고 재고 및 유지관리 상황을 실시간 모니터링하고 있다.

[그림 5-33] 미술품 RTLS 적용사례

미술품의 뒷면에 신용카드 크기와 두께의 RFID 능동형 태그를 부착한다. 부착된 태그는 고유번호가 부여돼 있어 모조 태그가 부착된 모조 미술품과의 무단 교체를 사전에 차단한다. 부착된 태그에서 주기적으로 신호를 발생시켜 RFID 리더에 신호를 전달하며, RFID 리더는 받은 정보를 서버에 전달해 관리실에서 실시간으로 고가 미술품의 위치 및 이동 상황을 관리한다.

또한, RFID 능동형 태그에 도난방지 센서를 부착해 미술품에 부착된 능동형 태그 제거시 태그에 장착된 센서에서 이를 감지해 경고 신호음을 울리거나, 관리실 모니터에 경고음 및 경고창을 실시간으로 나타내준다. 그 외의 여러 가지 센서를 부착해 만일의 사태에 대비한다. 예를 들어 고가의 미술품에 진동이 발생하거나 약간의 기울어짐을 감지해 경고할 수도 있다.

수장고에 비치된 고가의 미술품 또한 부착된 태그가 주기적으로 현재 위치를 알려주는 신호음을 발생해 도난이나 임의로 미술품의 보관위치를 변경하는 경우에 대비한 실시간 관리가 가능하다. 또한, 태그에 주위 온도를 감지하는 센서를 부착하고, 수장고의 실시간 온도를 감지해 그 정보를 서버에 전달하는 방법으로 미술품의 보관 및 유지 관리가 자동으로 이루어질 수 있다. 수장고 및 전시실에 있는 미술품이 위치를 이동할 때, 다시 말해 수장고에서 전시실로, 전시실에서 수장고로 이동할 때 각 지역에 설치된 RFID 리더에 능동형 태그가 신호를 보내 미술품이 이동하고 있음을 모니터에 실시간으로 나타내주며, 현재 위치 및 이동경로 또한 프로그램 상에 표시해준다.

5.3.3.2 건설현장 출입통제 관리 적용사례

RFID가 출입통제 관리에 적용되는 사례는 국내외에서 흔히 찾아볼 수 있다. 현재 사용되고 있는 RFID는 13.56㎒ 수동형 태그로써 출입자가 직접 RFID 리더에 태그를 약 10cm 이내의 거리 안에 가까이 접촉시켜야 하는 시스템이다. 하지만 여기서 소개하고자 하는 사례는 이와 다른 기능을 가진 RFID 능동형 태그 방식이다. 현재 한국전력 남동발전소 건설현장에 설치돼 넓은 공사현장에서 무인으로 공사인원과 차량이 출입통제를 가능케 하는 시스템이다.

수력발전소 터널 공사현장에서 차량에 탑승한 근무자를 자동 인식해 출입자 및 출입차량 통제관리를 목적으로 한다. 수력발전소 공사현장은 차량에 의한 통행이 빈번한 야외 공사현장으로 출입자가 차량에서 하차해 일일이 출입을 확인하는 것이 아니라, 차량에 탑승한 채 자동으로 출입자 및 차량을 인식하고 출입문을 개폐한다. 또한, 출입 기록은 서버에 입력된다. 넓은 공사 현장의 무인 출입통제 시스템은 보다 효율적이고 신속하며, 정확한 출입통제가 요구된다.

출입자의 건설현장 작업모에 RFID 능동형 태그를 부착한다. 부착된 태그가 출입지역 바닥에 매설된 RFID 안테나 지역으로 들어오면 작업모에 부착된 태그를 활성화시켜 태그 정보를 RFID 리더에 전달하며, 이 정보는 컨트롤러에 전달돼 출입문을 자동 개폐하게 된다. 또한, 이러한 정보는 최종적으로 서버에 전달돼 멀리 떨어져 있는 관리실에서 실시간으로 누가, 어떤 차량으로 출입했는지 파악할 수 있게 해준다. 여기서 중요한 특징은 출입자가 차량에서 내려서 일일이 자신의 출입을 확인하는 절차가 필요 없이 차량에 탑승한 채 무선으로 출입상황을 인식할 수 있다는 것이다.

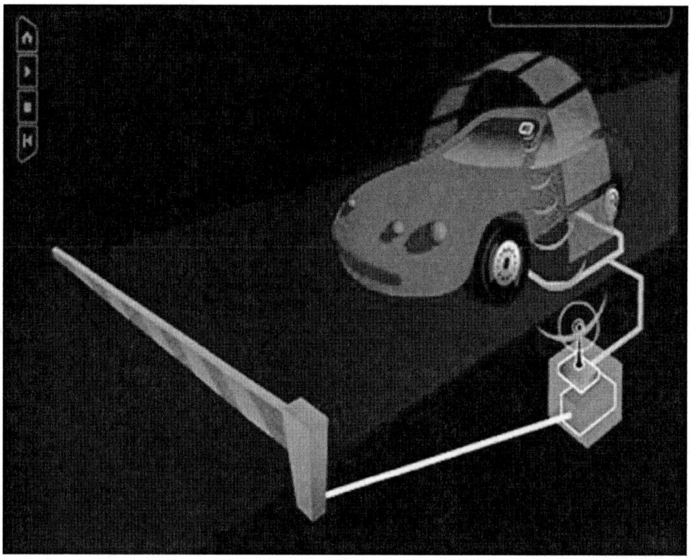

[그림 5-34] 차량 탑승자 무선인식 시스템

이런 시스템을 확장하면 넓은 건설 현장의 주요 장소에 RFID 리더를 설치해 RFID 능동형 태그를 지닌 사람이나 차량은 물론 건설 자재 및 자산 등의 출입 및 이동 경로, 그리고 위치추적을 관리실에서 실시간 모니터링 및 관리할 수 있게 된다. 이것이 바로 RFID 기반 RTLS의 장점인 것이다.

5.3.3.3 유통산업 적용사례

이번에는 영국에 있는 대형 유통업체인 Woolworths가 어떻게 RFID 기반의 RTLS 기술을 상품 유통과정 속에서의 상품 도난방지 및 유통차량의 실시간 위치추적을 목적으로 적용했는가에 대해 살펴본다. 이번 적용사례는 규모가 매우 큰 것이 특징이며, 여러 가지 기술과 연동되어 구현됐다.

Woolworths는 네 개의 대형 유통센터와 대략 900개의 대형매장을 보유한 회사로, 가정용품, 장난감, 의류, 전자제품 등 우리 생활에 밀접한 제품들을 유통하고 판매하는 회사이다. 이 회사가 RFID 기반의 RTLS를 도입하고자 한 목적은 우선적으로 보안 측면에서 상품유통과정에서의 도난방지와 물류유통 측면에서 상품유통의 가시성에 의한 재고물량의 감소, 그리고 정확한 소매점 주문배송을 하고자 하는 것이었다. 이와 같은 도입목적의 배경에는 당시 영국정부의 고민거리 해결이라는 과제가 있었다.

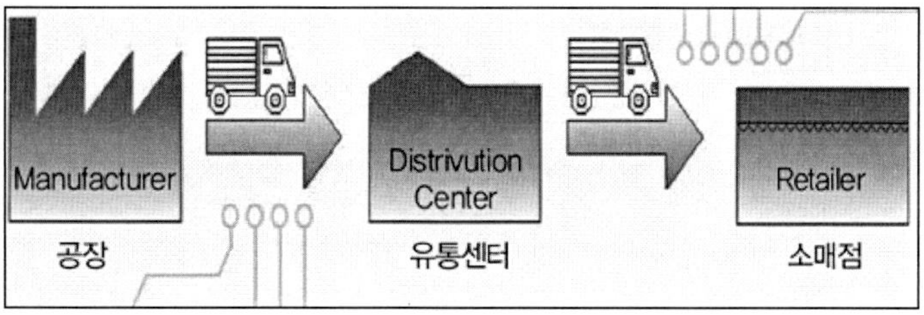

[그림 5-35] 일반적인 물류 유통 시스템

2000년 5월 당시 영국 내무부는 도난상품이 다른 여러 종류의 범죄자금 원천이 된다는 것을 파악하고, 유통 공급체인의 향상된 보안체계를 통해 도난을 감소시키고, 범죄를 줄일 수 있는 방법을 찾고 있었다. 이렇듯 소매업유통 분야의 도난에 대한 이슈를 직접적으로 언급함으로써 내무부는 상품의 틈새유출과 재고의 불투명한 감소에 대한 방지책에 집중하는 상황이었다.

이로 인해 WoolWorths는 영국 내무부 출자 자금의 후원을 받아 유통센터를 떠나는 시간부터 특정한 매장에 도착하기까지 상품을 추적하도록 하는 시스템을 구축하기 시작했다.

Woolwoths는 기존에 상품과 상품을 담은 박스에 바코드를 사용하고 있었다. 하지만 그 박스들을 담고 운반하는 철재로 된 운반수레에 대한 보안에는 허술했었다. 그런 연유로 사업은 바코드가 부착된 박스와 RFID 능동형 태그가 붙은 운반수레의 유통과정을 유통센터에서부터 소매점 입고까지 실시간 추적하기로 한 것이다.

물품을 유통센터에서 적재하고 소매점에 배달하는 과정 속에서 물품의 손실과 도난을 감소시키기 위해 단지 RFID 기술만이 아닌 여러 가지 기술들이 연동 사용되었다. 각각의 아이템과 물품 박스에 대한 바코드 부착·유통센터 내에서의 움직임을 탐지하기 위한 장단거리의 RFID 장치·유통센터로부터 소매점까지의 움직임을 추적할 수 있는 휴대용 RFID 리더기·배송차량을 추적할 수 있는 GPS(Global Positioning System)·시스템을 컨트롤하고 데이터를 전달하는 광대역 무선 네트워크·16,000개의 능동형 RFID 태그·Woolworths의 운영과 운송기획 시스템으로 이루어진 통합 서비스 이러한 기술들의 연동과 통합으로 Woolworths는 각각의 태그가 부착된 운반수레의 움직임에 대해 실시간 위치 및 경로를 추적 관리하는 완전한 가시성을 갖게 되었다. 그리고 이것은 상품과 유통자산에 대한 보안을 향상시킬 수 있었다.

모든 박스에는 기존의 바코드가 부착돼 있어 동일 소매점으로 가는 박스는 자동으로 10박스씩 운반 수레에 쌓여 배송된다. 시범사업 전에는 운반 수레에 바코드 또는 고유의 식별자가 없었다.

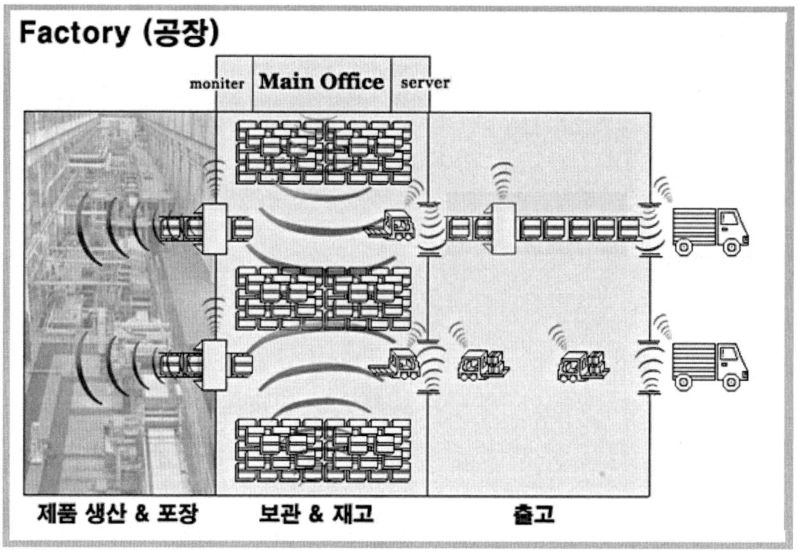

[그림 5-36] RTLS를 이용한 화물 추적 시스템

하지만 이 사업에서는 Savi Echo Point 능동형 RFID 태그를 각 운반수레의 바퀴에 부착해 운반수레의 유통과정이 배송트럭에 적재되는 지역에서부터 자동 기록되도록 했다. 기록을 담당하는 소프트웨어 시스템은 운반수레에 부착된 RFID 능동형 태그와 동시에 박스에 붙은 바코드도 읽을 수 있게 된다. 그래서 시스템은 어떤 품목이 어떤 박스에 있는지, 또 어떤 박스가 어떤 운반 수레에 실려 있는지 자동 관리된다.

Woolworths가 이번 사업에서 역점을 두는 분야 중에 하나가 배송차량이 물품적재 지역에 도착한 시간과 차량의 목적지 도착시간을 실시간 추적할 수 있게 하는 것이었다. 약 6m 정도에서 태그를 감지할 수 있는 중간범위의 RTLS 리더는 물품 적재지역에 설치돼 직원이 운반수레를 차량에 적재시키면, RFID 능동형 태그가 활성화되고, 시스템에 사전 입력된 차량 ID 번호와 비교하게 된다. 만약 잘못된 운반수레가 적재되면 경고등이 켜지고 바로 시정에 들어간다. 일단 차량에 정확한 운반수레의 적재가 이루어지면 트럭의 문이 닫히게 되고, 암호화된 봉인, 전자적인 잠금장치가 문을 봉인하게 된다. 각 운전기사는 제각기 휴대용 키트를 갖고 있으며, 이 키트에는 Woolworths 유통센터와 소매점 사이를 이동하는 트럭의 움직임을 추적할 수 있도록 GPS 송신기가 내장돼 있다. GPS 송신기는 운전기사가 이동하는 동안 여러 종류의 간격으로 신호를 보내게끔 세팅돼 있어 만약 운반된 물건이 저렴한 것이라고 하면, 신호의 간격이 길어지지만 값비싼 물건이 운반된다고 하면 간격은 5초 또는 10초로 짧아진다.

운전자가 소매점에 도착하게 되면, 그는 물품을 배송할 해당 소매점 여부를 인식하는데 사용되는 4자리수의 번호를 입력하게 된다. 그러면 'geo-fencing'이라는 시스템에 의해 확인절차가 이루어진다. 운전기사가 정확한 위치에 있다는 사실이 파악되면 네 자리의 봉인번호를 치고 차량에 진입해 물품을 하역하기 시작하는데, 이 소매점에 어떠한 박스와 운반수레를 내려야 하는지는 Handheld 단말기를 통해 지시가 내려지고 그 지시에 따라 운전기사는 선별적으로 하역작업을 하게 된다. 하역시 RFID 시스템은 그가 내려놓은 짐이 정확한지를 확인하게 되는데, 만약 운반을 더 많이 했거나 너무 적게 했거나 또는 잘못된 것으로 했을 경우에는 RFID 시스템이 그에게 경고를 주게 된다.

일단 하역이 완료되면 운전기사는 소매점의 매니저로부터 주문한 물품을 받았다는 전자적인 서명을 Handheld 단말기에 받는다. 그때 또한 유통센터로 반품되는 물품을 받아 싣게 되면 그 내역을 입력한다. 운전기사가 운전석으로 돌아와 모든 거래가 기록된 Handheld 단말기를 기지국과 연결하고 모든 정보를 물품관리센터로 보내게 된다. 이 시점에 데이터는 자산의 움직임 내역이 기록되는 센터 플랫폼으로 전달되는 것이다. 이렇게 해서 물품 배송 차량의 위치추적이 종료된다.

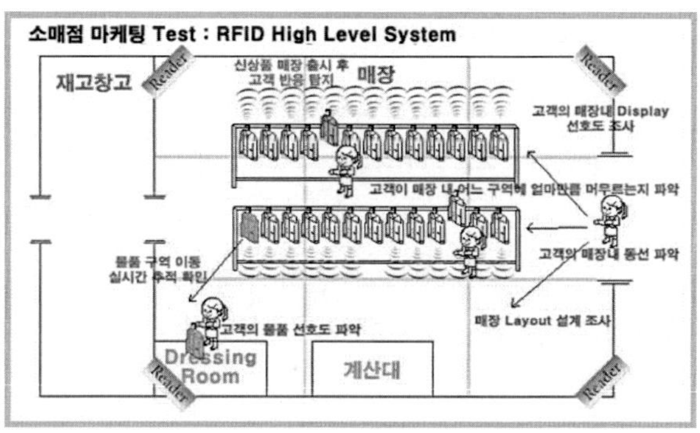

[그림 5-37] RTLS를 이용한 매장관리 시스템

시범사업의 가장 중요한 목표는 공급망 구조 속에서의 물품의 도난 및 손실을 감소시키는 것이고, 또한 그러한 목적을 달성하기 위해 배송차량과 차량에 실린 상품들의 실시간 위치 및 경로를 추적해 상품유통의 가시성을 확보하는 것이다. 재고 물품이 어디에 있느냐에 대한 향상된 가시성을 확보함으로써, 수행절차 및 배송에 대한 에러를 확인하고 실시간으로 정정할 수 있게 됐으며, 손실 발생건에 대한 자동화된 추적 정보를 제공받을 수 있었다. 또한, 운반수레와 같은 가치 있는 자산들이 실시간으로 어디에 있는지가 파악되므로 불필요한 재구입이나 찾으러 다니는 시간적인 낭비를 상당히 줄일 수 있었다.

자동화된 차량에 대한 추적은 비단 보안에 관련된 이익뿐만 아니라 보다 개선된 차량의 운용, 운전기사의 능력과 훈련, 차량의 가용성을 가져 다 주었다. [5-6][5-7]

5.3.4 RFID를 이용한 도서관리

국립중앙도서관은 2005년 7월 이용자 등록제와 연계하여 RFID 시스템을 도입 운영하였다. 무엇보다도 RFID를 활용하여 유비쿼터스 도서관 실현을 위한 기반을 조성하고 이용자 서비스를 개선하고자 하였다. 특히 2004년 11월부터 도입한 주제전문서비스와 연계하여 이용자 서비스의 질을 높이고 이용자권한 강화에 RFID를 활용하고자 했다.

한국에서의 도서관 RFID시스템 도입은 정부나 지방자치단체의 주도하에 이루어졌다. 시초는 문화관광부 주도하에 시작한 "2002년도 공공도서관 디지털자료실 구축 사업"으로 국내 네 개 도서관을 RFID시스템 시범사업대상으로 포함시켜 추진하면서부터였다. 2003년5월 한국에서 최초로 은평구립도서관이 RFID시스템을 도입하였으며 국립중앙도서관은 2003년 6월 RFID 태그 30만개를 도입하고, 2004년 9월부터 2006년 8월까지 3개년에 걸쳐 RFID 적용 경영정보시스템(MIS) 구축 계획을 추진하였다. 이 계획에 의하여 2005년 7월에 이용자 등록제도와 연계된 RFID 시스템이 본격 운영되게 되었다. 국립중앙도서관의 RFID 시스템 도입은 도서관이 유비쿼터스 사회 구현 즉 U-KOREA와 U-LIBRARY 구현을 위한 연장선상에 있게 하였다. RFID 시스템을 도입함에 있어 사서들은 어떻게 국립중앙도서관의 특성에 맞게 시스템을 운영하여 U-LIBRARY의 기반을 조성하고 궁극적으로 이용자에게 만족스러운 서비스를 제공 할 수 있을 것인가? 라는 고민에 빠지게 되었으며 이를 해결하기 위하여 테스크 포스팀을 구성하고 시스템 운영체계의 밑그림을 그리기 시작하였다.

국립중앙도서관의 RFID시스템 도입의 궁극적인 목표는 유비쿼터스 사회에서의 U-Library실현으로 국민 개개인이 원하는 지식정보자원을 언제, 어디서나 활용 가능하게 하여 그들의 성장을 지원하며 삶을 풍요롭게 하는 것이다. 언제 어디서나 이용자가 원하는 정보서비스를 제공 할 수 있는 외부 환경은 이미 실행단계에 와있다. 2006년 이미 한국에서 상용화된 와이브로(WiBro, Wireless Broadband) 휴대인터넷 서비스는 이동하면서도 인터넷 접속이 가능한 환경을 제공하였으며 이는 인테넷 상에서의 정보서비스 수요를 증가 시킬 것이다. 각종학술 DB, 디지타이징된 자료, 디지털레퍼런스 등 인터넷을 통한 서비스 제공 방법들은 이미 잘 알려진 상태이다. RFID 태그는 실물자료에 부착되어 자료의 위치 정보 및 사용정보를 실시간으로 제공하여 웹상에서의 이용자와 서비스를 연결하는 역할을 할 수 있다. RFID는 오프라인 상에서의 자료의 흐름을 감지하게 하며 이용자 정보와 결합하여 이용패턴 분석을 가능하게 하여 1:1서비스의 기반을 제공하게 된다.

RFID 시스템을 도입하여 이용자카드(Library Card)와 ILS(KOLIS) 시스템을 연계하여 실시간으로 이용자와 자료의 흐름을 파악하는 것이 가능해져 실시간의 국립중앙도서관 경영정보시스템(MIS) 운영이 가능해 졌다. RFID 태그를 부착하고 RFID 시스템을 기존 ILS(KOLIS) 시스템과 연동하여 자료의 실시간 이용 상태를 확인 가능하게 하고 이용자 정보와 이용정보를 결합하여 종합적인 이용분석을 가능하게 하는 것이다. 국립중앙도서관은 서비스, 자료, 이용자를 실시간으로 연결시키는 RFID 시스템의 세부 목표로 첫째, 이용자 서비스 개선 위한 서비스 질 향상 및 이용편의 제공과 둘째, 도서관의 효율적 경영을 위한 국립중앙도서관 경영정보시스템(MIS) 구축으로 선정하고 운영체계를 만들어 갔다.

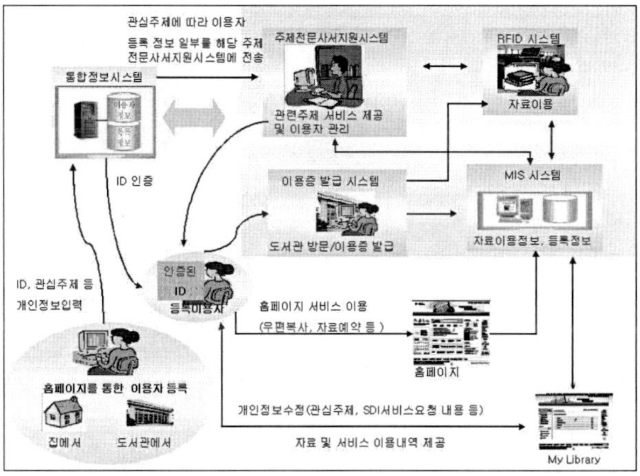

[그림 5-38] 국립중앙도서관의 RFID 시스템

도서관 방문이용자를 대상으로 한 서비스 편의 제공으로는 도서관내 대출에 사용되던 대출양식을 없애고 이용증과 RFID 태그가 부착된 자료를 리더기 올려놓는 것으로 대체하여 이용자와 사서의 시간을 절약하고 자료 반납 시 자가 반납기를 사용하게 하여 이용자 스스로반납이 가능한 시스템을 구축하였다. RFID가 부착되지 않은 폐가자료의 경우 ILS(KOLIS) 시스템에서 자료검색 후 바로 그 화면에서 직접 대출신청을 ID로 하게 함으로써 이용자의 대출동선을 간략하게 하였다.

온라인 이용자를 위한 편의 제공으로는 홈페이지에서 이용자 등록을 통해 부여된 ID로 홈페이지 상의 서비스를 이용할 때 매번 반복 입력해야 했던 정보들을 생략 하게 하며 "My Library"에 자신이 이용한 온·오프라인상에서의 정보원을 제공함으로써 이용자에게 혹시 반복될 수 있는 정보요구를 제어하고 정보원을 활용 할 수 있게 하였다. 또한 자신이 신청한 서비스의 진행 상황을 "My Library"를 통해 제공하여 이용자가 좀 더 편리하게 도서관 서비스를 이용하게 하였다.

도서관의 효율적 경영을 위한 국립중앙도서관 경영정보시스템(MIS)은 온오프라인상에서의 자료이용 흐름과 정보서비스 이용 및 이용자의 흐름을 실시간으로 파악 할 수 있게 하는 통계정보 시스템이다. 사서에게는 이용자 분석을 통한 1:1 서비스 제공을 지원하고 도서관 경영자에게는 도서관 자원배분을 결정 할 수 있도록 의사결정을 지원하는 시스템이다.

[그림 5-39] My Laibrary 에서의 서비스 이용 현황

그리고 이용자에게는 자신의 관심주제와 관련된 정보의 이용과 흐름을 파악 할 수 있도록 하는 일종의 부가서비스를 제공하는 시스템이다.

사실 도서관 경영지원에 있어 RFID 시스템의 부각되는 장점은 소장 자료의 관리적 측면이다. 장서점검이나 자료의 위치정보 관리는 실질적으로 태그가 다 부착되지 않은 560만권이나 되는 장서를 관리하기엔 아직 기술적으로 효율적이지 못하였다. 그리하여 RFID 시스템 구축의 초기 목표 중 하나로 국립중앙도서관 경영정보시스템(MIS) 구축으로 잡은 것은 발달된 기술을 이용하여 도서관의 이용자와 자료, 서비스의 흐름을 파악하고자 하는 기본적인 요구에 의해서다. 국립중앙도서관 경영정보시스템(MIS)은 온오프라인상의 방문 이용자수, 주제별 자료 이용현황, 이용자 정보의 실시간 제공이 가능하며 최근 온라인에서의 서비스 이용현황을 보완하고 있다.

한편 시스템은 등록한 이용자의 관심주제에 따라 서비스에 필요한 일부이용자 정보를 해당 주제자료실의 주제전문사서지원시스템에 제공하여 담당사서가 관리할 이용자를 파악하게 한다. 등록한 이용자가 도서관을 방문 할 경우 이용증을 발급 받아 자료를 이용하면 이용한 자료의 정보는 일부 개인정보가 삭제되어 국립중앙도서관 경영정보시스템(MIS)에 제공되고, 이용분석을 위하여 주제전문사서지원시스템에 제공된다. 이용자에게 이용한 자료 또는 서비스 이용내용이 “My Library”에 제공되며 이용된 자료의 서지사항을 다운 가능하게 하여 이용자의 정보 활용을 돕고자 했다.

[그림 5-40] MIS 주제별 실시간 자료이용현황

경영정보시스템(MIS)에서 제공하는 데이터를 활용하여 실제 서비스를 관리하는 주제전문사서지원시스템은 이용자의 성향을 파악해서 1:1 서비스를 제공하기위한 시스템으로 등록 이용자를 관심 주제에 따라 그룹핑하여 관련 주제의 사서가 집중관리 할 수 있게 지원한다. 이를 활용하여 주제자료실별로 개별 고객 분석을 하고 핵심고객을 선정하며 차별화된 서비스 개발을 효율적으로 추진하고자 하였다. 이는 2004년 11월부터 실시된 국립중앙도서관의 주제정보 서비스 실시와 주제전문사서 육성을 위한 과정과 연계를 가진다. 서비스 품질을 높이기 위한 주제전문사서에 의한 고객 전담제의 일종이라고 볼 수 있다. [5-8]

5.3.5 u-헬스케어(Healthcare)

u-헬스케어(Healthcare)란 정보통신기술을 의료산업에 접목함으로써 "언제나, 어디서나"이용가능한 건강관리 및 의료서비스를 지칭하는 단어이다. 의료이용의 편리성과 의료공급의 효율성을 도모하기 위해 유무선 네트워크킹 등 정보통신기술을 의료산업에 적용한 것이다. 환자의 질병을 원격으로 관리하는 서비스에서부터 일반인의 건강을 유지·향상하는 서비스까지 포괄적인 의미를 가지고 있다.

또한, 병원 내 환자치료의 편리성과 효율성을 제고하기 위해 도입된 유헬스기기 및 솔루션도 유헬스의 주요 영역이며, 의사, 간호사 등 의료제공자가 PDA를 이용하여 환자의 건강정보를 언제 어디서나 조회하는 병원의 모바일화도 유헬스의 하나이다.

유헬스는 개인의 생체 신호 및 건강정보의 측정 및 전송 → 분석 및 피드백의 과정

으로 구성되며, 혈당, 혈압 등 개인의 생체신호 및 건강정보를 측정(sensing)해서 건강관리 회사나 의료기관이 운영하는 건강정보시스템으로 전송한다.

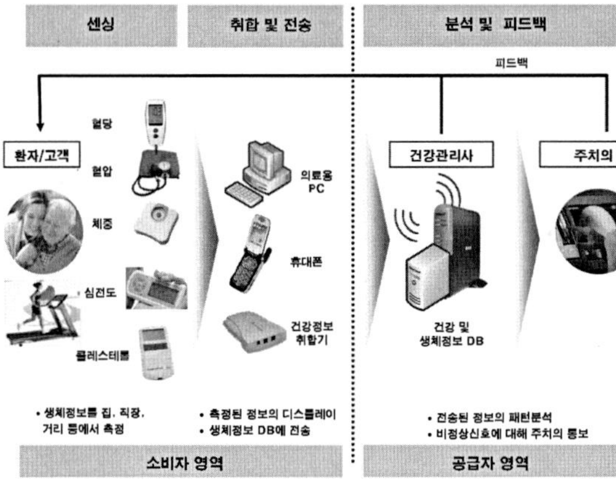

[그림 5-41] u-헬스케어(Healthcare)의 흐름도 [5-9]

5.3.5.1 u-Hospital

무선통신, RFID 등을 이용해 언제 어디서나 진료가 가능한 유비쿼터스 병원이 점차 출현하고 있는 실정이다. 또한, 병원 내 IT 시스템 도입으로 의료정보화가 더욱 확대되고, 모바일 병원도 확산 중이며, 미국의 경우 병원의 의료정보화 관련 시장규모는 2005년 164억달러에서 2011년에는 347억 달러로 확대되고, 2003년 'Mobile Hospital' 시스템을 도입한 삼성서울병원은 PDA폰을 통해 전국 어디서든 환자정보와 영상 이미지의 조회가 가능하도록 하였다. RFID가 환자, 의약품, 병실 등에 부착되어 의료서비스의 오류를 막고 환자의 진료 및 환자 이력체크, 약품 체크 등 병원 업무의 신속함을 가져다주고 있다.

인텔은 필립스와 함께 'Clinical Mobile Assistant'라는 RFID 인식기가 내장된 병원용 모바일기기를 병원에 공급하고, 스마트카드를 이용해 개인별 건강정보, 예약, 수납, 처방 기록을 관리하는데 사용 가능하다.

[그림 5-42] 인텔/필립스의 Clinical Mobile Assistant

한국의 세브란스병원은 스마트카드 기능을 탑재한 진료카드를 이용하여 다양한 원내 서비스와 원외 서비스를 고객에게 제공하고 있다. 주요 서비스로는 주차장 입구를 통과 시 고객 정보를 센싱하여 주차 시간을 입력하고 '병원정보시스템'에 등원체크하게 된다. 주차장에 마련되어 있는 '도우미 KIOSK'를 통하여 진료일정, 병실위치 · 주차위치 등을 안내 받을 수 있으며, 원외 서비스로는 온라인 증명서 발급 및 내원정보 조회를 할 수 있도록 하였다.

체코 남부 지방에 있는 마사릭 암병원(Masaryk Memorial Cancer Institute)은 암 환자 치료를 위한 화학요법에 RFID기술을 활용하기 위해 IBM 체코 지사와 협력관계를 맺었다.

항암 화학요법 (chemotherapy)은 분열하는 암세포를 공격하고 죽이는데 사용되는

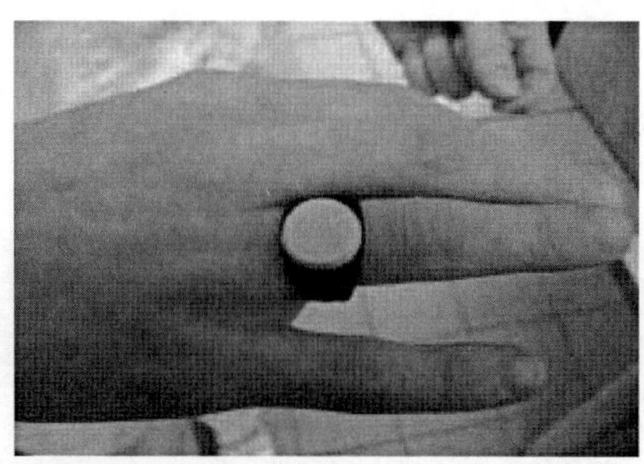

[그림 5-43] RFID 기술을 활용한 화학요법

치료법으로 적절히 관리되는 경우조차도 구역질, 탈모, 궤양, 혈구 생산의 둔화 같은 심각한 부작용을 유발할 수도 있으며, 부정확하게 투약된 경우 새로운 암을 야기하거나 DNA를 기형으로 만드는 등 위험이 있고 심지어는 생명을 잃을 수 있는 치료로서 환자의 치료 이력과 약품관리 주의를 요하고 있다.

주요 시스템 내용은 성장억제 앰플(ampoules of cytostatics)이라 불리는 암 약품 각각

에 RFID로 태그를 부착하여 약품을 수령한 시점부터 이력 관리가 가능하게 되었으며, 아이솔레이터 안에서 성장 억제제는 환자의 IV 백으로 옮겨지는데 약제, IV 백, 기술자 모두 RFID에 의해 기록하게끔 하였다. 각각의 치료는 개별 환자 및 암의 종류에 따라 맞추어 진행될 수 있도록 RFID 태그로 이력 관리를 하고 있다. 마사릭 암병원의 예방 의료 담당 차장인 파블 안드레스(Pavel Andres) 박사는 RFID 기술을 이용해 환자에게 투여되기 전에 여러 체크포인트에서 약제의 정확성을 확인할 수 있다며 신규 도입된 기술의 중요성을 강조하였으며, 마사릭 암병원은 향후 직원, 환자, 자산의 식별 그리고 기타 물류 지원 프로세스 등 많은 영역에 RFID 기술 활용을 확대 할 계획이라고 밝혔다.[5-9]

5.3.5.2 홈모바일 헬스케어

홈모바일 헬스케어는 환자의 혈압, 맥박, 혈당 등 생체 및 건강정보를 병원 외부에서 측정하고 운동·식이·투약 등 원격서비스를 제공하며 질병을 지속적으로 관리하는 서비스로서 가정에서 측정한 생체신호를 유무선 네트워크를 통해 중앙의 데이터센터로 전송하며 장기간에 걸쳐 데이터를 축적하고, 데이터센터에서는 건강 관리사들이 24시간 환자의 상태를 모니터링하고, 이상이 발생한 환자에게는 가정간호사 파견 및 주치의 서비스 제공하게 된다.

주요 글로벌기업들도 만성질환자를 대상으로 한 홈&모바일 헬스케어 사업에 적극적으로 진출하는 추세를 보이고 있다.

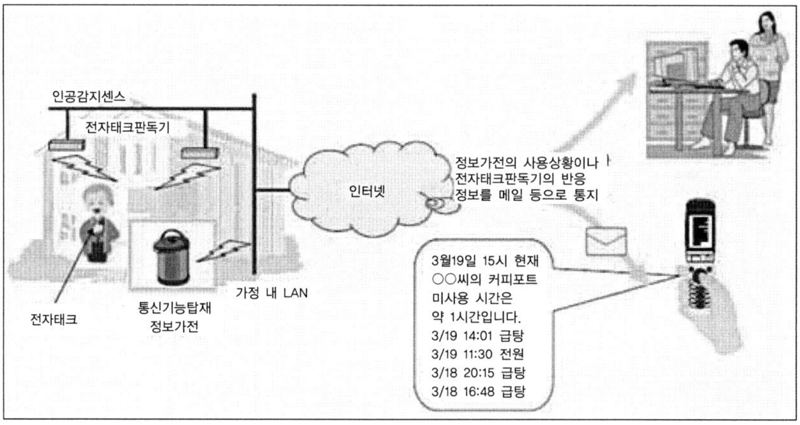

[그림 5-44] 고령자 상태파악 시스템

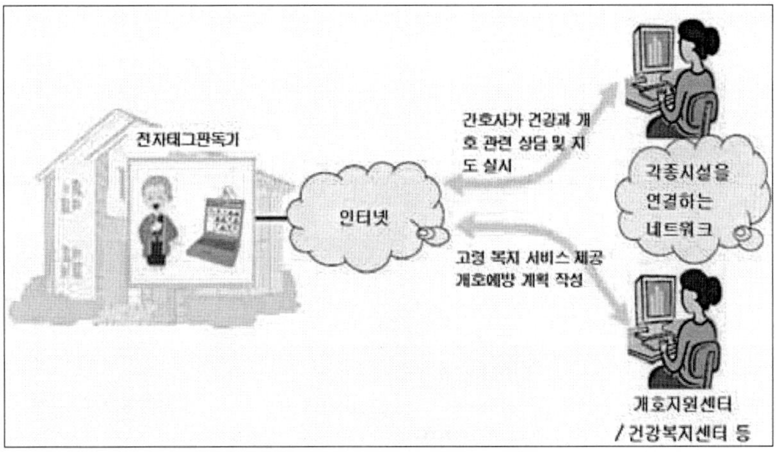

[그림 5-44] 고령자 감시 시스템

일본의 요코스카시 건강 복지부와 후지쯔 주식회사는 고령자 상태파악 시스템을 개발하여 집에 혼자 있는 고령자의 안전에 신경을 쓰고 있다. 고령자가 통신기능이 내장된 정보가전을 이용하거나 집안에 설치한 전자태그 판독기에 반응을 보이면 그 정보가 네트워크를 경유하여 가족의 휴대전화나 PC로 전달되는 시스템이다. 집안에 있을 경우 거의 모든 곳에서 통신기능이 탑재된 정보가전과 전자태그를 이용할 수 있어서 집안 어느 곳에서나 사용가능하며, 이 서비스를 이용하면 독거노인의 생활을 원격지에서 확인함으로써 가족의 걱정을 덜어줄 수 있으며, 자연스럽게 고령자의 건강상태 및 다른 생체 상태를 확인 할 수 있으므로 응급상황에 빠르게 대처 할 수 있다는 장점이 있다. 간호사나 간병인이 원격지에서 네트워크를 경유하여 고령자를 대상으로 건강 관련 상담 및 지도를 하거나, 고령자의 정보를 데이터베이스화함으로써 네트워크로 연결된 각종지원시설이 연계하여 고령자에게 고도의 복지서비스를 제공할 수 있게 해준다. [5-10]

5.3.5.3 웰니스(Wellness)

웰니스(Wellness)란 가정 및 이동공간에서 일반인의 건강증진을 도모하는 새로운 단어로서 언제 어디서나 운동량을 지속적으로 측정하고 관리할 수 있으며, 다양한 동작 감지 센서를 사용하여 운동량을 측정하고, 온라인 및 모바일을 사용해 이용자의 건강 상태에 맞춘 트레이닝 프로그램을 제시해주는 헬스 서비스이다.

코나미 스포츠 & 라이프는 피트니스클럽 뿐만 아니라 가정이나 야외에 서의 운동량도 통합 관리하여 최적의 운동프로그램을 제안했는데, 이는 팔에 부착된 RFID 태그로 사용자를 인식해 개인별 운동량을 측정하고, 측정데이터를 운동기기와 연결된 서버로 송신하게 된다. 야외나 가정에서의 운동량은 만보계에 기록되고, 만보계를 가정의 PC나 피트니스클럽의 기기에 접속하면 서버에 데이터가 기록되어 사용자가 자신의 운동량을 관리 할 수 있게 된다.

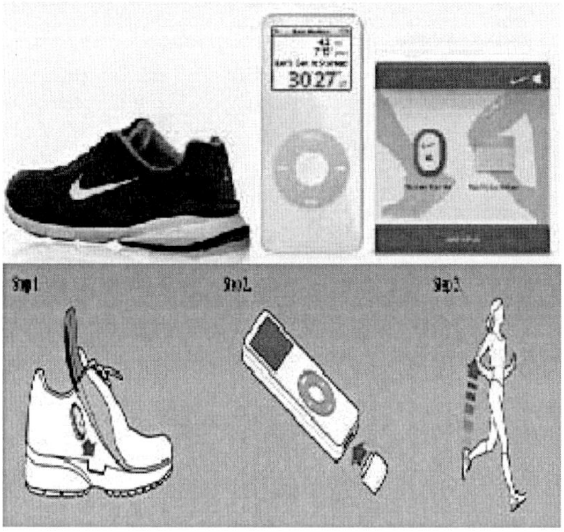

[그림 5-46] Nike+iPod Sport Kit

2006년 7월에는 세계적인 스포츠 업계 나이키와 애플이 제휴해 미국에서 발매한 'Nike+iPod Sport Kit'는 왼쪽 신발 바닥에 센서를 장착해 사용자의 주행상황을 측정하여 iPod nano의 디스플레이로 표시해주는 새로운 서비스를 가능하게 해주었다. 'Nike+Experience' 웹사이트에서 사용자가 자신의 주행 이력을 분석하거나 50명까지의 주행 이력을 보고 비교할 수 있으며, 주행에 맞는 음악을 추천해주기도 한다.

휴대전화로 스트레스지수, 자율신경 평형도 등을 측정하여 음악치료・운동요법・심리치료 전문가의 문자 상담과 스트레스를 풀 수 있는 게임・동영상 등 콘텐츠 제공하는 서비스도 새롭게 선보이고 있다.

다이어트 폰을 통해 자신의 운동량과 체지방을 측정해 다이어트 교육, 식이요법, 운동요법 등에 대한 전문가 상담을 실시간 제공받을 수 있게 해주는 서비스하며, foodconsultant.co.kr 사이트는 냉장고에 있는 음식을 카메라폰으로 찍어서 업로드하면 식습관에 대한 조언과 가정에 있는 음식재료로 구성된 개인맞춤형 다이어트 식단을 제공해주는 서비스 등 다양한 웰니스 서비스가 등장하고 있다. [5-9]

[5-1] 디지털 타임스, www.dt.co.kr, 2008년 1월 23일, 한지숙기자
[5-2] 삼성경제연구소, www.seri.org
[5-3] 04~06 RFID 시범사업 결과보고서, NIA
[5-4] (주)한도하이테크, 솔루션 사업부, 이춘우
[5-5] RFID 저널 코리아
[5-6] 월간 시큐리티월드 통권 제129호, www.boannews.com
[5-7] http://www.initiatcs.com/
[5-8] 서비스 개선을 위한 RFID 활용사례, 김서정, 국립중앙도서관
[5-9] "u-health의 경제적 효과와 성장전략", 강성욱, 삼성경제연구소, 2007.7
[5-10] 일본 유비쿼터스 기술 활용 사례보고서, NIA

정가 16,000원

최신 RFID 기술

2008년 8월 25일 초 판 인쇄
2008년 8월 30일 초 판 발행
저 자 : 여 준 호
발행자 : 우 명 찬 · 송 준
발행처 : 홍릉과학출판사
주 소 : 서울시 강북구 수유5동 455-60
142-885
등 록 : 1976년 10월 21일 제5-66호
전 화 : 999-2274 ~ 5, 996-8341, 903-7037
팩 스 : 905-6729
hongpub@hongpub.co.kr
www.hongpub.co.kr

저자와의
협의하에
인지생략